安装工程工程量清单
分部分项计价与预算定额计价对照
实 例 详 解

(依据 GB 50856—2013)

(第三版)

通风空调工程·自动化控制仪表安装工程
刷油、防腐蚀、绝热工程·通信设备及线路工程

工程造价员网　张国栋　主编

中国建筑工业出版社

图书在版编目（CIP）数据

安装工程工程量清单分部分项计价与预算定额计价对照实例详解（依据 GB 50856—2013）3 通风空调工程．自动化控制仪表安装工程·刷油、防腐蚀、绝热工程．通信设备及线路工程/张国栋主编．—3 版．—北京：中国建筑工业出版社，2015.7

ISBN 978-7-112-18271-8

Ⅰ.①安… Ⅱ.①张… Ⅲ.①建筑安装-工程造价②建筑安装-建筑预算定额 Ⅳ.①TU723.3

中国版本图书馆 CIP 数据核字（2015）第 155441 号

本书根据《全国统一安装工程预算定额》的章节，结合《通用安装工程工程量计算规范》GB 50856—2013 中工程量清单项目及计算规则，以一例一图一解的方式，对安装工程各分项的工程量计算方法做了较详细的解释说明。本书最大的特点是实际操作性强，便于读者解决实际工作中经常遇到的难点。

责任编辑：刘　江　周世明
责任设计：李志立
责任校对：陈晶晶　刘梦然

安装工程工程量清单
分部分项计价与预算定额计价对照实例详解
（依据 GB 50856—2013）

❸

（第三版）

通风空调工程·自动化控制仪表安装工程
刷油、防腐蚀、绝热工程·通信设备及线路工程
工程造价员网　张国栋　主编

中国建筑工业出版社出版、发行（北京西郊百万庄）
各地新华书店、建筑书店经销
北京红光制版公司制版
北京云浩印刷有限责任公司印刷

开本：787×1092 毫米　1/16　印张：25¾　字数：638 千字
2015 年 9 月第三版　2015 年 9 月第五次印刷
定价：**58.00** 元
ISBN 978-7-112-18271-8
（27510）

编　委　会

主　编　工程造价员网　张国栋

参　编　赵小云　郭芳芳　荆玲敏　李　锦

段伟绍　董明明　冯雪光　冯　倩

杨进军　郭小段　马　波　王春花

王文芳　黄　江　杨家林　池永丽

陆彩云　张学敏　韩海敏　许　琨

春晓瑞　张　姣　赵　利　王园园

马　彬　吕荣景　史昆仑

第 三 版 前 言

根据《全国统一建筑工程基础定额》、《建设工程工程量清单计价规范》（GB 50500—2013）、《通用安装工程工程量计算规范》（GB 50856—2013）编写的《安装工程工程量清单分部分项计价与预算定额计价对照实例详解》一书，被众多从事工程造价人员选作为学习和工作的参考用书，在第二版销售的过程中，有不少热心的读者来信或电话向作者提供了很多宝贵的意见和看法，在此向广大读者表示衷心的感谢。

为了进一步满足广大读者的需求，同时也为了进一步推广和完善工程量清单计价模式，推动《建设工程工程量清单计价规范》（GB 50500—2013）、《通用安装工程工程量计算规范》（GB 50856—2013）实施，帮助造价工作者提高实际操作水平，让更多的学习者获得受益，我们特对《安装工程工程量清单分部分项计价与预算定额计价对照实例详解》（第二版）一书进行了修订。

该书第三版是在第二版的基础上进行了修订，第三版保留了第一、二版的优点，并对书中有缺陷的地方进行了补充，最重要的是第三版书中计算实例均采用最新的 2013 版清单计价规范进行讲解，并将读者提供的关于书中的问题进行了集中的解决和处理，个别题目给予了说明，为广大读者提供便利。

本书与同类书相比，其显著特点是：

（1）采用 2013 最新规范，结合时宜，便于学习。

（2）内容全面，针对性强，且项目划分明细，以便读者有目标性的学习。

（3）实际操作性强，书中主要以实例说明实际操作中的有关问题及解决方法，便于提高读者的实际操作水平。

（4）每题进行工程量计算之后均有注释解释计算数据的来源和依据，让读者学习起来快捷、方便。

（5）结构层次清晰，一目了然。

本书在编写过程中得到了许多同行的支持与帮助，借此表示感谢。由于编者水平和时间的限制，书中难免有错误和不妥之处，望广大读者批评指正。如有疑问，请登录 www.gczjy.com（工程造价员网）或 www.ysypx.com（预算员网）或 www.debzw.com（定额编制网）或 www.gclqd.com（工程量清单计价网），或发邮件至 zz6219@163.com 或 dlwhgs@tom.com 与编者联系。

目　录

第一章　通风空调工程 ·· 1
　　第一节　分部分项实例 ·· 1
　　第二节　综合实例 ·· 129
第二章　自动化控制仪表安装工程 ······································ 310
　　第一节　分部分项实例 ·· 310
　　第二节　综合实例 ·· 318
第三章　刷油、防腐蚀、绝热工程 ······································ 353
　　第一节　分部分项实例 ·· 353
　　第二节　综合实例 ·· 367
第四章　通信设备及线路工程 ·· 373
　　第一节　分部分项实例 ·· 373
　　第二节　综合实例 ·· 390

第一章 通 风 空 调 工 程

第一节 分 部 分 项 实 例

项目编码：030702001　　项目名称：碳钢通风管道

【例1】　如图1-1所示，有100m长直径为400mm的薄钢板圆形风管，其工程量如何计算？（$\delta = 2mm$ 焊接）

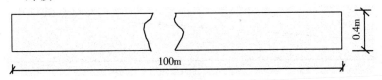

图1-1　风管尺寸示意图

【解】　（1）清单工程量：

因通风空调中，风管按施工图示不同规格以展开面积计算，不扣除检查孔、测定孔、送风口、吸风口等所占面积。圆管 $F = \pi DL$

式中　F——圆形风管展开面积（m^2）；

　　　D——圆管直径（m）；

　　　L——管道中心线长度（m）。

计算风管长度时，一律以施工图示中心线长度为准

工程量计算式 $F = \pi DL = 3.14 \times 0.4 \times 100 m^2 = 125.60 m^2$

清单工程量计算见表1-1。

清单工程量计算表　　　　　　　　　　　　　　　　　　表 1-1

项目编码	项目名称	项目特征描述	单位	数量	计算式
030702001001	碳钢通风管道	碳钢通风管道，管道中心线长度100m，直径0.4m，厚度为2mm，焊接	m^2	125.60	$3.14 \times 0.4 \times 100$

（2）定额工程量：

定额工程量计算同清单工程量。

套用定额9-10，计量单位：$10m^2$，基价：634.78元；其中人工费348.53元，材料费183.66元，机械费102.59元

【例2】　某通风系统采用圆形渐缩风管均匀送风，风管小头直径 $D_x = 200mm$，风管大头直径 $D_d = 400mm$，管长10m，试计算工程量并套用定额，如图1-2所示（$\delta = 2mm$）。

【解】　（1）清单工程量：

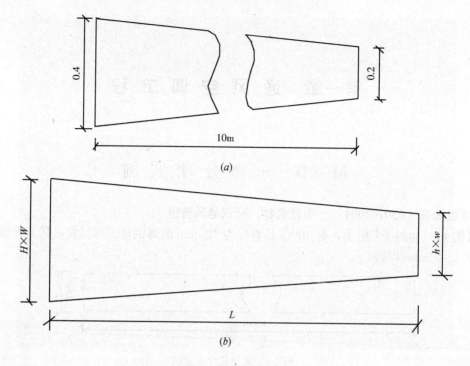

图 1-2

(a) 风管尺寸示意图；(b) 矩形异径管示意图

因各类通风管道的整个通风系统的设计采用渐缩管均匀送风，圆形风管按平均直径，矩形风管按平均周长套用相应规格子目，其人工费则乘以系数 2.5。

平均直径 $D=(D_d+D_x)/2=(0.2+0.4)/2m=0.3m$

则工程量计算式：$F=\pi DL=\pi(D_d+D_x)L/2$

$$=3.14\times0.3\times10m^2=9.42m^2$$

清单工程量计算见表 1-2。

清单工程量计算表 表 1-2

项目编码	项目名称	项目特征描述	单位	数量	计算式
030702001001	碳钢通风管道	小头直径 $D_x=200mm$ 大头直径 $D_d=400mm$，管长 10m	m²	9.42	$3.14\times\dfrac{0.2+0.4}{2}\times10$

对于图 1-2(b)所示矩形异径管的工程量计算如下：

$$F=(H+W+h+w)\cdot L$$

大头周长为 $(H+W)\times2(m)$，小头周长为 $(h+w)\times2(m)$

平均周长为 $\dfrac{(H+W)\times2+(h+w)\times2}{2}=H+W+h+w$

面积 $F=$ 平均周长乘以长度

（2）定额工程量：

定额工程量计算同清单工程量。

圆形异径管套用定额 9-10，计量单位：10m²，基价：634.78 元；其中人工费 348.53 元，材料费 183.66 元，机械费 102.59 元

矩形异径管按平均周长套用相应规格子目，计量单位：10m²

项目编码：030702001   项目名称：碳钢通风管道

项目编码：030702008   项目名称：柔性软风管

项目编码：030703001   项目名称：碳钢阀门

【例3】 计算图 1-3 所示管道的工程量并套用定额（$\delta = 2mm$，不含主材费）。

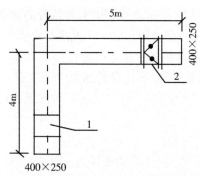

图 1-3 管道尺寸示意图

注：1. 帆布软连接，长 300mm。

2. 对开式多叶调节阀长 210mm。

【解】（1）清单工程量：

1）风管（400×250）工程量计算：长度 $L_1 = (4-0.3+5-0.21)m = 8.49m$

工程量 $F = 2 \times (0.4+0.25) \times L_1 = 2 \times 0.65 \times 8.49m^2 = 11.04m^2$

2）帆布软连接工程量计算：长度 $L_2 = 0.3m$

工程量 $L_2 = 0.3m$

3）400×250 手动密闭式对开多叶阀工程量为 1 个

【注释】 4、5 为图中已标注的尺寸，0.3 为帆布软连接长度，0.21 为对开式多叶调节阀长度，400×250 为风管的截面面积即风管的长度×风管的宽度，$2 \times (0.4+0.25)$ 为风管的截面周长，8.49 为风管的长度。

清单工程量计算见表 1-3。

清单工程量计算表   表 1-3

序号	项目编码	项目名称	项目特征描述	单位	数量	计算式
1	030702001001	碳钢通风管道	尺寸 400×250	m²	11.04	$2 \times (0.4+0.25) \times (4-0.3+5-0.21)$
2	030702008001	柔性软风管	长度 0.3m	m	0.30	
3	030703001001	碳钢阀门	管径 400×250	个	1	

（2）定额工程量：

1）风管（400×250）工程量计算同清单中工程量的计算

套用定额 9-14，计量单位：10m²，基价：533.38 元；其中人工费 254.72 元，材料费 196.63元，机械费 82.03 元

2）帆布软接头工程量计算：

长度 $L_2 = 0.3m$

工程量 $F = 2 \times (0.4 + 0.25) \times 0.3m² = 0.39m²$

套用定额 9-41，计量单位：m²，基价：171.45 元；其中人工费 47.83 元，材料费 121.74 元，机械费 1.88 元

【注释】 400×250 为风管的截面面积，0.4 为风管的截面长度，0.25 为风管的截面宽度，2×(0.4+0.25)为风管的截面周长，0.3 为帆布软接头的长度。

（3）400×250 手动密闭式对开多叶阀工程量：

查《全国统一安装工程预算定额》第九分册通风空调工程

GYD-209-2000 T308-1 序号 11，250×400 手动密闭式对开多叶阀为：11.10kg/个，共 1 个，故：

工程量为 11.10×1kg＝11.10kg

【注释】 11.10kg/个为 250×400 手动密闭式对开多叶阀的基价，共有 1 个故乘以 1。

1）手动密闭式对开多叶阀制作

套用定额 9-62，计量单位：100kg，基价：1103.29 元；其中人工费 344.58 元，材料费 546.37 元，机械费 212.34 元

2）手动密闭式对开多叶阀安装

套用定额 9-84，计量单位：个，基价：25.77 元；其中人工费 10.45 元，材料费 15.32 元

项目编码：030702001 项目名称：碳钢通风管道。

【例4】 计算图 1-4 所示管道的工程量并套用定额($\delta = 2mm$，不含主材费)。

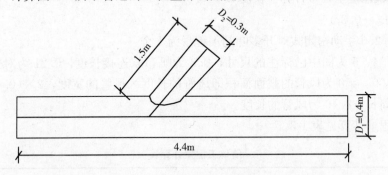

图 1-4 管道尺寸示意图

注：通风管道主管与支管从其中心线交点处划分以确定中心线长度

【解】 （1）清单工程量：

$D_1 = 400mm$ 工程量为 $F = \pi D_1 L_1 = \pi \times 0.4 \times 4.4m² = 5.53m²$

$D_2 = 300mm$ 工程量为 $F = \pi D_2 L_2 = \pi \times 0.3 \times 1.5m² = 1.41m²$

【注释】 由图知，L_1 长度为 4.4m，L_2 长度为 1.5m。

清单工程量计算见表 1-4。

清单工程量计算表   表 1-4

序号	项目编码	项目名称	项目特征描述	单位	数量	计算式
1	030702001001	碳钢通风管道	直径为 400mm，长度 4.4m	m²	5.53	π×0.4×4.4
2	030702001002	碳钢通风管道	直径为 300mm，长度 1.5m	m²	1.41	π×0.3×1.5

（2）定额工程量：

定额工程量计算同清单工程量计算。

$D_1=400mm$，$D_2=300mm$，套用定额 9-10，计量单位：10m²，基价：634.78 元；其中人工费 348.53 元，材料费 183.66 元，机械费 102.59 元

项目编码：030702001 **项目名称：碳钢通风管道**

项目编码：030703009 **项目名称：塑料风口、散流器、百叶窗**

【例 5】 试计算图 1-5 所示管道的工程量并套用定额（$\delta=2mm$，不含主材费）。

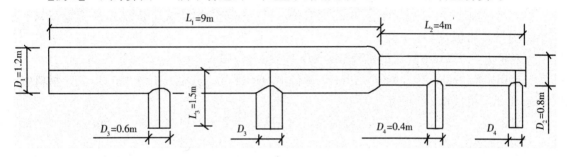

图 1-5 管道尺寸示意图

【解】 （1）清单工程量：

对于 $D_1=1200mm$ 风管的工程量为 $\pi D_1 L_1 = \pi \times 1.2 \times 9m^2 = 33.91m^2$

对于 $D_2=800mm$ 风管的工程量为 $\pi D_2 L_2 = \pi \times 0.8 \times 4m^2 = 10.05m^2$

对于 $D_3=600mm$ 风管的工程量为 $2 \times \pi D_3 L_3 = 2 \times \pi \times 0.6 \times 1.5m^2 = 5.65m^2$

之所以要乘以 2 是因为有两根 $D_3=600mm$ 的风管

对于 $D_4=400mm$ 风管的工程量为 $2 \times \pi D_4 L_4 = 2 \times \pi \times 0.4 \times 1.5m^2 = 3.77m^2$

乘以 2 的原因同上

又 $D_3=600mm$ 的风管接了尺寸为 400×240 的单层百叶风口，$D_4=400mm$ 的风管接了尺寸为 200×150 的单层百叶风口

故 400×240 的单层百叶风口的工程量为下列所示

400×240 的单层百叶风口工程量为 2 个，同理，200×150 的单层百叶风口工程量为 2 个

【注释】 由图知，$L_1=9m$，$L_2=4m$，$L_3=1.5m$，$L_4=1.5m$。

清单工程量计算见表 1-5。

清单工程量计算表   表 1-5

序号	项目编码	项目名称	项目特征描述	单位	数量	计算式
1	030702001001	碳钢通风管道	直径为 1200mm，长度 9m	m²	33.91	3.14×1.2×9
2	030702001002	碳钢通风管道	直径为 800mm，长度 4m	m²	10.05	3.14×0.8×4

序号	项目编码	项目名称	项目特征描述	单位	数量	计算式
3	030702001003	碳钢通风管道	直径为 600mm，长度 1.5m	m²	5.65	3.14×0.6×1.5×2
4	030702001004	碳钢通风管道	直径为 400mm，长度 1.5m	m²	3.77	3.14×0.4×1.5×2
5	030703009001	塑料风口散流器、百叶窗	单层百叶塑料风口 1.94kg/个，400×240	个	2	
6	030703009002	塑料风口散流器、百叶窗	单层百叶塑料风口 0.88kg/个，200×150	个	2	

（2）定额工程量：

对于 $D_1 = 1200$mm 风管的工程量为 $\pi D_1 L_1 = 3.14 \times 1.2 \times 9$m² $= 33.91$m² $= 3.39$（10m²）

套用定额 9-12，计量单位：10m²，基价：558.86 元；其中人工费 251.70 元，材料费 235.69 元，机械费 71.47 元

对于 $D_2 = 800$mm 风管的工程量为 $\pi D_2 L_2 = 3.14 \times 0.8 \times 4$m² $= 10.05$m² $= 1.00$（10m²）

套用定额 9-11，计量单位：10m²，基价：541.81 元；其中人工费 256.35 元，材料费 211.04 元，机械费 74.42 元

对于 $D_3 = 600$mm 风管的工程量为 $2 \times \pi D_3 L_3 = 2 \times 3.14 \times 0.6 \times 1.5$m² $= 5.652$m² $= 0.5652$（10m²）

（之所以要乘以 2 是因为有两根 $D_3 = 600$mm 的风管）

套用定额 9-11，计量单位：10m²，基价：541.81 元；其中人工费 256.35 元，材料费 211.04 元，机械费 74.42 元

对于 $D_4 = 400$mm 风管的工程量为 $2 \times \pi D_4 L_4 = 2 \times 3.14 \times 0.4 \times 1.5$m² $= 3.768$m² $= 0.3768$（10m²）

（有两根 $D_4 = 400$mm 风管故乘以 2）

套用定额 9-10，计量单位：10m²，基价：634.78 元；其中人工费 348.53 元，材料费 183.66 元，机械费 102.59 元

400×240 单层百叶风口的工程量计算与 200×150 单层百叶风口的工程量计算是不同的：

$D_3 = 600$mm 的风管接了尺寸为 400×240 的单层百叶风口

$D_4 = 400$mm 的风管接了尺寸为 200×150 的单层百叶风口

400×240 单层百叶风口的工程量计算如下：

查《全国统一安装工程预算定额》第九分册 通风空调工程

GYD-209-2000 T202-2 序号 5 可知尺寸为 400×240 的单层百叶风口标准重量为 1.94kg/个，所以 400×240 单层百叶风口工程量为 1.94×2kg $= 3.88$kg $= 0.0388$（100kg）（因有两个，故乘以 2）

1）单层百叶风口制作 套用定额 9-94，计量单位：100kg，基价：2014.47 元；其中人工费 1477.95 元，材料费 520.88 元，机械费 15.64 元

2）单层百叶风口安装 套用定额 9-134，计量单位：个，基价：8.64 元；其中人工

费5.34元，材料费3.08元，机械费0.22元

同理：

200×150 的单层百叶风口工程量为 2×0.88kg＝1.76kg＝0.0176(100kg)

1）单层百叶风口制作　套用定额 9-94，计量单位：100kg，基价：2014.47 元；其中人工费 1417.95 元，材料费 520.88 元，机械费 15.64 元

2）单层百叶风口安装　套用定额 9-133，计量单位：个，基价：6.87 元；其中人工费4.18元，材料费 2.47 元，机械费 0.22 元

定额工程量计算见表1-6。

定额工程量计算表　　　　　　　　　　　　　　　　　　表 1-6

序号	项目名称规格	单位	工程量	计算式
1	风管 D_1＝1200mm	m²	33.91	3.14×1.2×9
2	风管 D_2＝800mm	m²	10.05	3.14×0.8×4
3	风管 D_3＝600mm	m²	5.65	3.14×0.6×1.5×2
4	风管 D_4＝400mm	m²	3.77	3.14×0.4×1.5×2
5	单层百叶塑料风口(400×240)(1.94kg/个)	kg	3.88	2×1.94
6	单层百叶塑料风口(200×150)(0.88kg/个)	kg	1.76	2×0.88

项目编码：030702001　　项目名称：碳钢通风管道

【例6】　计算图 1-6 所示管道的工程量并套用定额(δ＝2mm，不含主材费)。

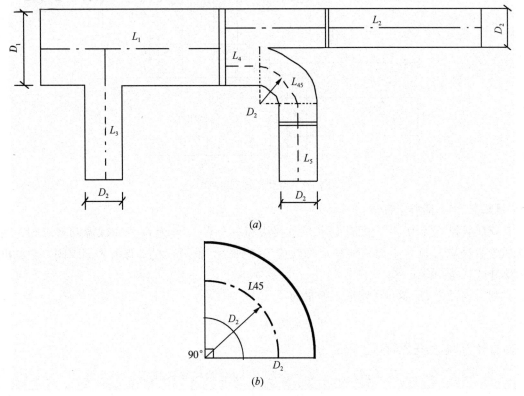

(a)

(b)

图 1-6　风管示意图

(a)管道平面图；(b)管径 D_2，长 L_{45} 风管详图

【解】 (1) 清单工程量：

管径为 D_1 的风管工程量为 $F_1 = \pi D_1 L_1$

管径为 D_2，长为 L_2 的风管工程量为 $F_2 = \pi D_2 L_2$

管径为 D_2，长为 L_3 的风管工程量为 $F_3 = \pi D_2 L_3$

管径为 D_2，长为 L_4 的风管工程量为 $F_4 = \pi D_2 L_4$

管径为 D_2，长为 L_5 的风管工程量为 $F_5 = \pi D_2 L_5$

管径为 D_2，长为 L_{45} 的风管工程量计算如下：（见详图）

故面积为 $F_{45} = \dfrac{1}{4} \pi^2 D_2^2$

(2) 定额工程量：

定额工程量计算与清单工程量计算相同。

各风管按管径大小用相应规格子目，计量单位：10m^2

项目编码：030701003   **项目名称：空调器**

项目编码：030702001   **项目名称：碳钢通风管道**

项目编码：030703001   **项目名称：碳钢阀门**

【例 7】 计算图 1-7 所示工程量并套用定额（$\delta = 2\text{mm}$，不含主材费），空调器为吊顶式，重量 200kg。

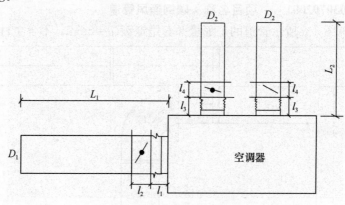

图 1-7   空调器管道示意图

【解】 (1) 清单工程量：

新风管道直径为 D_1 上面有 l_1 长的软接头和一个 $\phi 500$ 长为 l_2 的非保温圆形蝶阀，两送风管直径均为 D_2，上面分别有 l_3 的软接头和 $\phi 320$、长为 l_4 的非保温圆形蝶阀，空调机为落地式，重 100kg

则：直径为 D_1 的新风管道工程量为：

$$F_1 = \pi D_1 (L_1 - l_1 - l_2)$$

直径为 D_2 的送风管道工程量为：

$$F_2 = \pi D_2 (L_2 - l_3 - l_4) \times 2 \text{（因有两相同送风管）}$$

注：$(L_1 - l_2 - l_1)$ 表示直径为 D_1 的新风管道长度（中心线为准），l_1 为软接头长度，l_2 为圆形蝶阀的长度，根据《通用安装工程工程量计算规范》可知：风管的长度应除去这两部

分的长度。

长为 l_1 的软接头工程量为：l_1

长为 l_3 的软接头工程量为 $l_3 \times 2 = 2l_3$

（2）定额工程量：

风管定额中工程量的计算同清单中工程量的计算。

各管径按管径大小套用相应规格子目，计量单位：$10m^2$。

软接头工程量 $\pi D_1 l_1$ 和 $2l_3 \pi D_2$

套用定额 9-41，计量单位：$10m^2$，基价：171.45 元；其中人工费 47.83 元，材料费 121.74 元，机械费 1.88 元

$\phi 500$ 的圆形蝶阀工程量：

$\phi 500$ 的非保温圆形蝶阀（拉链式）查《全国统一安装工程预算定额》第九册　通风空调工程（GYD-209-2000）中的"国标通风部件标准重量表"中"圆形蝶阀（拉链式）"序号 9 所对应的非保温 T302-1 可查得 $\phi 500$ 的非保温圆形蝶阀（拉链式）的标准重量是 13.22kg/个，则工程量是 $1 \times 13.22kg = 13.22kg = 0.1322(100kg)$。

套用定额 9-52，计量单位：100kg，基价：872.86 元；其中人工费 265.64 元，材料费 418.17 元，机械费 189.05 元

同理可查得 $\phi 320$ 的非保温圆形蝶阀（拉链式）的标准重量为 5.78kg/个，

则工程量是 $2 \times 5.78kg = 11.56kg = 0.1156(100kg)$（有两个 $\phi 320$ 的圆形蝶阀所以乘以 2）。

套用定额 9-52，计量单位：100kg，基价：872.86 元；其中人工费 265.64 元，材料费 418.17 元，机械费 189.05 元

空调器的工程量是 1 台。

空调器安装套用定额 9-238，计量单位：台，基价：318.77 元；其中人工费 315.79 元，材料费 2.92 元

定额工程量计算见表 1-7。

定额工程量计算表　　　　　　　　　　　　　　　　表 1-7

序号	项目名称规格	单位	工程量	计算式
1	风管 D_1	m^2	$\pi D_1(L_1-l_1-l_2)$	$\pi D_1(L_1-l_1-l_2)$
2	风管 D_2	m^2	$2 \times (L_2-l_3-l_4)\pi D_2$	$2 \times (L_2-l_3-l_4)\pi D_2$
3	$\phi 500$ 非保温圆形蝶阀	kg	13.22	1×13.22
4	$\phi 320$ 非保温圆形蝶阀	kg	11.56	2×5.78
5	直径为 D_1 的软接头	m^2	$\pi D_1 l_1$	$\pi D_1 L_1$
6	直径为 D_2 的软接头	m^2	$2l_3 \pi D_2$	$2\pi D_2 L_3$
7	空调器（落地式）	台	1	

故：$\phi 500$ 的圆形蝶阀工程量为 1 个

$\phi 320$ 的圆形蝶阀工程量为 2 个

空调器的工程量为 1 台

项目编码：**030701004**　　项目名称：**风机盘管**

项目编码：**030702001**　　项目名称：**碳钢通风管道**

项目编码：**030703021**　　项目名称：**静压箱**

【例 8】　如图 1-8 所示静压箱尺寸为 1.5m×1.5m×1m²

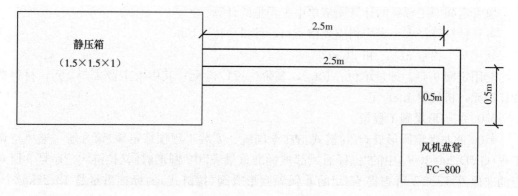

图 1-8　静压箱尺寸示意图

落地式风机盘管型号为 FC-800

风道直径为 $\phi400$，计算工程量并套用定额（$\delta=2$mm）

【解】　（1）清单工程量：

风管 $\phi400$ 工程量为 $\pi Dl=\pi\times0.4\times(2.5+0.5)$m² $=3.77$m²

FC-800 的工程量为 1 台

静压箱（1.5×1.5×1）的工程量为：$2\times(1.5\times1.5+1.5\times1+1.5\times1)$m² $=10.5$m²

【注释】　0.4 为风管的直径，（2.5+0.5）为风管的总长度。1.5×1.5×1 为静压箱的体积，静压箱共有六个面，（1.5×1.5+1.5×1+1.5×1）为各个面的面积，由于对立的两个面的截面面积相同故应乘以 2，$2\times(1.5\times1.5+1.5\times1+1.5\times1)$ 为六个面的总面积。

清单工程量计算见表 1-8。

清单工程量计算表

表 1-8

序号	项目编码	项目名称	项目特征描述	单位	数量	计算式
1	030702001001	碳钢通风管道	$\phi400$，长度为 0.4m	m²	3.77	$\pi\times(2.5+0.5)\times0.4$
2	030703021001	静压箱	尺寸 1.5m×1.5m×1m	m²	10.50	$2\times(1.5\times1.5+1.5\times1+1.5\times1)$
3	030701004001	风机盘管	型号 FC-800	台	1	

（2）定额工程量：

定额中风道的工程量同清单中风道的工程量。

套用定额 9-10，计量单位：10m²，基价：634.78 元；其中人工费 348.53 元，材料费 183.66 元，机械费 102.59 元

定额中风机盘管的工程量同清单中风机盘管的工程量。

落地式风机盘管套用定额 9-246，计量单位：台，基价：26.26 元；其中人工费 23.45 元，材料费 2.81 元

静压箱制作工程量为：

静压箱面积 $2\times(1.5\times1.5+1.5\times1+1.5\times1)m^2=10.5m^2=1.05(10m^2)$

套用定额 9-252，计量单位：$10m^2$，基价：468.28 元；其中人工费 283.28 元，材料费 166.14 元，机械费 18.92 元

【注释】　定额工程量解释同清单工程量。

定额工程量计算见表 1-9。

定额工程量计算表

表 1-9

序号	项目名称规格	单位	工程量	计算式
1	$\phi400$ 风管	m^2	3.768	$3.14\times(2.5+0.5)\times0.4$
2	FC-800	台	1	
3	静压箱$(1.5\times1.5\times1)$ 板厚 1.5mm	m^2	10.50	$(1.5\times1.5+1.5\times1+1.5\times1)\times2$

项目编码：030702001　　项目名称：碳钢通风管道
项目编码：030703007　　项目名称：碳钢风口、散流器、百叶窗

【例9】　如图 1-9 所示，干管为 800×800 的送风管道，四支管为 $\phi400$，并各接一散流器由图所示尺寸计算总的工程量并套用定额($\delta=2mm$)。

【解】　(1) 清单工程量：

800×800 风管工程量为 $6.5\times(0.8+0.8)\times2m^2=20.8m^2$

$\phi400$ 风管工程量为 $4\times\left[1.5\pi\times0.4+(1-0.4)\pi\times0.4+\dfrac{1}{4}\pi^2\times0.4^2\right]m^2=12.13m^2$

之所以乘以 4 是因为有 4 根相同的支管。

散流器的工程量为 1×4 个 $=4$ 个。

【注释】　800×800 为风管的截面面积，0.8、0.8 为风管的长度、宽度，(0.8+0.8)×2 为风管的截面周长，6.5 为风管的长度，0.4 为风管的直径。

清单工程量计算见表 1-10。

清单工程量计算表

表 1-10

序号	项目编码	项目名称	项目特征描述	单位	数量	计算式
1	030702001001	碳钢通风管道	尺寸 800×800，长度 6.5m	m^2	20.80	$6.5\times(0.8+0.8)\times2$
2	030702001002	碳钢通风管道	$\phi400$，4 根	m^2	12.13	$4\times[1.5\pi\times0.4+(1-0.4)\pi\times0.4+\dfrac{1}{4}\pi^2\times0.4^2]$
3	030703007001	碳钢风口、散流器、百叶窗	$\phi320$	个	4	

(2) 定额工程量：

定额中风管工程量的计算同清单中工程量的计算。

800×800 风管套用定额 9-15，计量单位：$10m^2$，基价：410.82 元；其中人工费

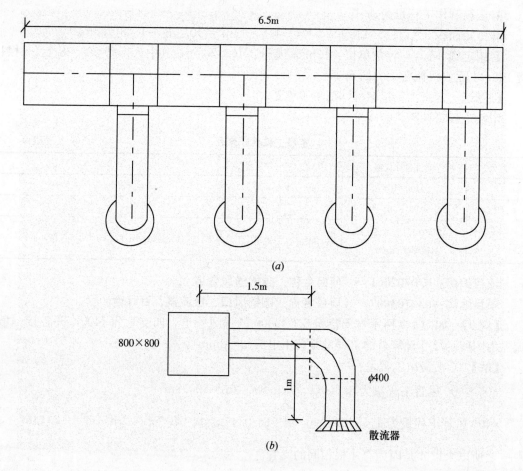

图 1-9　送风管道尺寸图

（a）平面图；（b）立面图

179.72 元，材料费 180.18 元，机械费 50.92 元

φ400 风管套用定额 9-18，计量单位：10m², 基价：752.96 元；其中人工费 398.22元，材料费 252.87 元，机械费 101.87 元

散流器(φ320)的工程量：

查《全国统一安装工程预算定额》第九册　通风空调工程 GYD-209-2000 中的"国标通风部件标准重量表"中"圆形直片散流器"CT211-1 序号 7 可查得 φ320 圆形直片散流器单重为 8.22kg/个，则 φ320 圆形直片散流器工程量为 4×8.22kg＝32.88kg＝0.3288(100kg)

因有四个圆形直片散流器所以乘以 4。

1）散流器制作套用定额 9-111，计量单位：100kg，基价：1805.69 元；其中人工费862.62元，材料费578.68元，机械费 364.39 元

2）散流器安装套用定额 9-150，计量单位：个，基价：8.82 元；其中人工费 7.89 元，材料费 0.93 元

定额工程量计算见表 1-11。

定额工程量计算表

表 1-11

序号	项目名称规格	单位	工程量	计算式
1	800×800 风管	m²	20.80	$2×(0.8+0.8)×6.5$
2	$\phi400$ 风管	m²	12.13	$4×(1.5×3.14×0.4+(1-0.4)×3.14$ $×0.4+\frac{1}{4}\pi^2×0.4^2)$
3	$\phi320$ 圆形直片散流器	kg	32.88	$8.22×4$
	(8.22kg/个，4 个)	个	4	$1×4$

项目编码：**030702001**　　项目名称：**碳钢通风管道**

项目编码：**030703007**　　项目名称：**碳钢风口、散流器、百叶窗**

【**例 10**】　计算图 1-10 所示的工程量并套用定额（$\delta=2mm$，不含主材费）。

（1）清单工程量：

【**解**】　如图所示两支管各连有一散流器。

ϕD_1 的风管的工程量为 $F_1=\pi D_1 L_1$

ϕD_2 的风管的工程量为 $F_2=2\pi D_2 L_2$（因有两支管则乘以 2）

ϕD_3 的风管的工程量为 $F_3=[2\pi D_3 L_3+2\pi D_3 L_4+2×\frac{1}{4}\pi^2 D_3^2]$

$$=2\pi D_3(L_3+L_4+\frac{1}{4}\pi D_3)$$

散流器工程量为　$1×2$ 个$=2$ 个

按设计图示数量计算百叶风口、矩形送风口、矩形空气分布器、风管插板风口、旋转吹风口、圆形散流器、方形散流器、流线型散流器、送吸风口、活动算式风口、网式风口、钢百叶窗等。

（2）定额工程量：

定额中风管工程量的计算同清单工程量的计算。

各风管按管径大小套用相应规格子目，计量单位：10m²

散流器（$\phi400$）的工程量：

查《全国统一安装工程预算定额》第九册通风空调工程 GYD-209-2000 中的"国标通风部件标准重量表"中"圆形直片散流器""CT211-1"序号 9 可查得 $\phi400$ 圆形直片散流器单重为 10.88kg/个。

则 $\phi400$ 圆形直片散流器的工程量为 $10.88×2kg=21.76kg=0.2176(100kg)$

因为有两个 $\phi400$ 圆形直片散流器。

1）散流器制作套用定额 9-111，计量单位：100kg，基价：1805.69 元；其中人工费862.62 元，材料费578.68 元，机械费 364.39 元

2）散流器安装套用定额 9-151，计量单位：个，基价：11.60 元；其中人工费 10.22元，材料费 1.38 元

定额工程量计算见表 1-12。

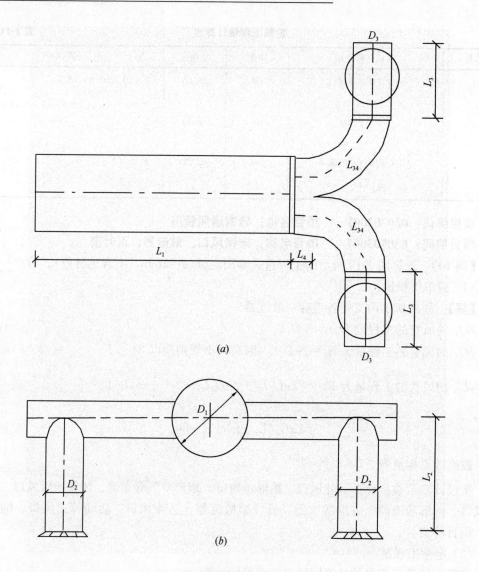

图 1-10 管道示意图

(a)平面图；(b)立面图

定额工程量计算表   表 1-12

序号	项目名称规格	单位	工程量	计算式
1	ϕD_1 风管	m²	$\pi D_1 L_1$	$\pi \times D_1 \times L_1$
2	ϕD_2 风管	10m²	$0.2\pi D_2 L_2$	$2 \times \pi \times D_2 \times L_2$
3	ϕD_3 风管	m²	$2\pi D_3(L_3 + L_4 + \frac{\pi D_3}{4})$	$2\pi D_3(L_3 + L_4) + 2\pi D_3 \times \frac{1}{4}\pi D_3$
4	$\phi 400$ 圆形直片散流	kg	21.76	2×10.88
5	器(10.88kg/个，2个)	个	2	2×1

项目编码：030108001　　项目名称：离心式通风机

项目编码：030108003　　项目名称：轴流式通风机

项目编码：030702003 项目名称：不锈钢板通风管道
项目编码：030703001 项目名称：碳钢阀门
项目编码：030703019 项目名称：柔性接口

【例11】 计算图1-11所示工程量并套用定额（$\delta=2mm$，不含主材费）。

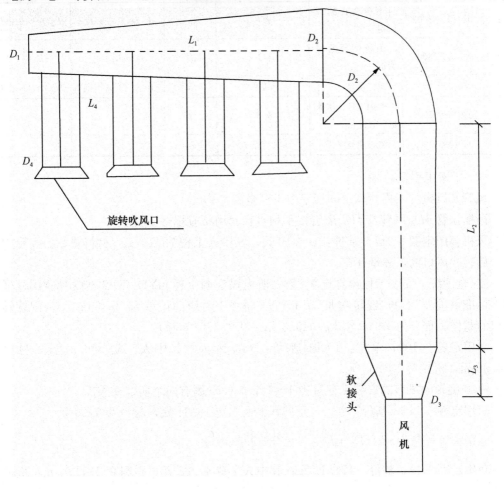

图1-11 风管平面图

【解】 （1）清单工程量：

ϕD_1 的渐缩风管工程量为 $L_1\dfrac{\pi(D_1+D_2)}{2}=\dfrac{L_1}{2}\pi(D_1+D_2)$

ϕD_2 的风管工程量为 $(\pi L_2 D_2+\dfrac{1}{4}\pi^2 D_2^2)$

柔性接口的工程量为 $L_3\pi(D_2+D_3)/2=\dfrac{L_3}{2}\pi(D_2+D_3)$

ϕD_4 的风管工程量为 $\pi D_4 L_4\times 4$（因为4根支管），旋转吹风口的工程量为1个$\times 4=4$个，6号离心式通风机的工程量为1台。

清单工程量计算见表1-13。

清单工程量计算表　　　　　　　　　　　　　　表 1-13

序号	项目编码	项目名称	项目特征描述	单位	工程量	计算式
1	030702003001	不锈钢板通风管道	ϕD_1，长度 L_1	m²	$\frac{\pi L_1}{2}(D_1+D_2)$	$\frac{\pi L_1}{2}(D_1+D_2)$
2	030702003002	不锈钢板通风管道	ϕD_2	m²	$\pi L_2 D_2 + \frac{1}{4}\pi^2 D_2^2$	$\pi L_2 D_2 + \frac{1}{4}\pi^2 D_2^2$
3	030702003003	不锈钢板通风管道	ϕD_4	m²	$\pi D_4 L_4 \times 4$	$\pi D_4 L_4 \times 4$
4	030703019001	柔性接口	长度 L_3	m²	$\pi L_3/2 \times (D_1+D_2)$	$\pi L_3/2 \times (D_1+D_2)$
5	030703007001	碳钢风口、散流器、百叶窗	旋转型吹风口，D_4	个	4	
6	030108001001	离心式通风机	6 号离心式	台	1	

(2) 定额工程量：

风管及风机的工程计算量同清单中工程量的计算。

渐缩风管 ϕD_2 风管及 ϕD_4 风管按平均直径套用相应规格子目。

风机套用定额 9-217，基价：104.10 元；其中人工费 78.48 元，材料费 25.62 元

旋转吹风口的工程量计算：

查《全国统一安装工程预算定额》第九册通风空调工程 GYD-209-2000 中的"国标通风部件标准重量表"中的"旋转吹风口"T209-1 序号 1 对应的单重为 10.09kg/个，则旋转吹风口的制作工程量为 10.09×4kg＝40.36kg＝0.4036(100kg)

套用定额 9-109，单位：100kg 基价：961.86 元；其中人工费 306.27 元，材料费 524.06 元，机械费 131.53 元

$\phi 400$ 旋转吹风口的安装工程量为 1×4 个＝4 个(因有四个所以要乘以 4)

套用定额 9-144，基价：20.53 元；其中人工费 10.91 元，材料费 9.62 元

软接头工程量为 $\pi L_3(D_2+D_3)/2 = \frac{\pi L_3}{2}(D_2+D_3)$

套用定额 9-41，基价：171.45 元；其中人工费 47.83 元，材料费 121.74 元，机械费 1.88元

定额工程量见计算表 1-14。

定额工程量计算表　　　　　　　　　　　　　　表 1-14

序号	项目名称规格	单位	工程量	计算式
1	渐缩管(ϕD_1, ϕD_2)	m²	$\frac{\pi}{2}L_1(D_1+D_2)$	$\frac{1}{2}\pi(D_1+D_2)\times L_1$
2	ϕD_2 风管	10m²	$\pi L_2 D_2 + \frac{1}{4}\pi^2 D_2^2$	$\pi L_2 D_2 + \frac{1}{4}\pi D \times \pi D$
3	软接头(ϕD_3)	m²	$\frac{\pi}{2}L_3(D_2+D_3)$	$\frac{1}{2}\pi D_2 L_3 + \frac{1}{2}\pi D_3 L_3$
4	ϕD_4 风管	m²	$4\pi D_4 L_4$	$4\times \pi D_4 L_4$
5	风机	台	1	
6	旋转吹风口制作($\phi 250$)	kg	40.36	4×10.09
7	旋转吹风口的安装	个	4	1×4

项目编码：030702001　　项目名称：碳钢通风管道

【例12】 试计算图 1-12 所示天圆地方管道的工程量并套用定额(δ＝2mm，不含主材费)。

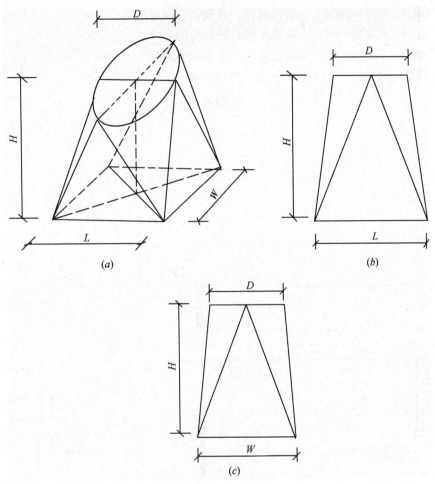

图 1-12　管道示意图

(*a*) 立面图；(*b*) 正立面图；(*c*) 侧立面图

【解】 (1) 清单工程量：

工程量为 $\frac{1}{2}(\pi D+2L+2W)H$

圆的周长为 πD，矩形的周长为 $2(L+W)$，

则圆和矩形的平均周长为 $\frac{1}{2}[\pi D+2(L+W)]=\frac{1}{2}\pi D+L+W$

则工程量为 $(\frac{1}{2}\pi D+L+W)H$(H 为天圆地方管道的长度)。

(2) 定额工程量：

定额中工程量的计算同清单中工程量的计算。

按平均周长套用定额相应规格子目。

项目编码：030108001　　项目名称：离心式通风机

项目编码：030108003　　项目名称：轴流通风机

项目编码：030702006　　项目名称：玻璃钢通风管道

项目编码：030703005　　项目名称：塑料阀门

项目编码：030703015　　项目名称：铝板伞形风帽

【例13】 计算图1-13所示工程量并套用定额。

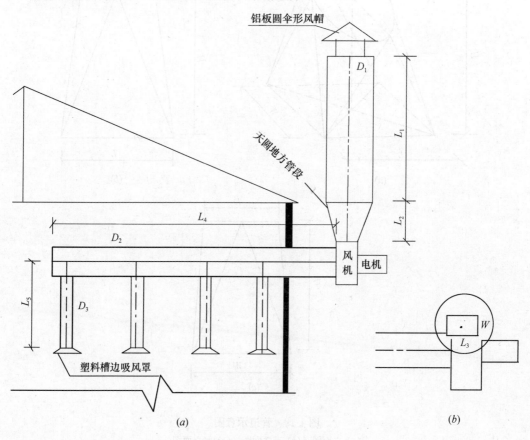

图1-13　通风机示意图

(a) 立面图；(b) 未包含风帽的大样图

【解】 ϕD_1 的工程量为 $\pi D_1 L_1$

ϕD_2 的工程量为 $\pi D_2 L_4$

ϕD_3 的工程量为 $\pi D_3 L_5 \times 4$(有四根支管)

天圆地方管段的工程量为 $\left(\dfrac{1}{2}\pi D_1 + L_3 + W\right)L_2$(见例12详解)。

6号离心式通风机工程量为1台。

塑料槽边吸风罩的工程量为 $1 \times 4M = 4M$(M是风罩尺寸对应的单个重量)。

铝板圆伞形风帽的工程量为1个。

铝板伞形风帽制作以 kg 计算，安装以个计算。

ϕD_1、ϕD_2、ϕD_3 管道按不同直径分别套用定额相应规格子目。

天圆地方管道按平均周长套用定额相应规格子目。

风机套用定额 9-217，基价：104.10 元；其中人工费 78.48 元，材料费 25.62 元

塑料槽边吸水罩套用定额 9-318，计量单位：100kg，基价：2860.73 元；其中人工费 854.50 元，材料费 1388.36 元，机械费 617.87 元

铝板圆伞形风帽制作套用定额 9-286，计量单位：100kg，基价：1844.47 元；其中人工费 413.32 元，材料费 1409.72 元，机械费 21.43 元

项目编码：030108001　　项目名称：**离心式通风机**

项目编码：030702004　　项目名称：**铝板通风管道**

项目编码：030703005　　项目名称：**塑料阀门**

项目编码：030703015　　项目名称：**铝板伞形风帽**

【例14】　如图 1-14 所示风机进出口软连接长度都为 0.5m，图示为某厂房的排风系统试计算风管及部件的工程量（支管末端各接一塑料槽边吸风罩）及套用定额（$\delta=2$mm，不含主材费）

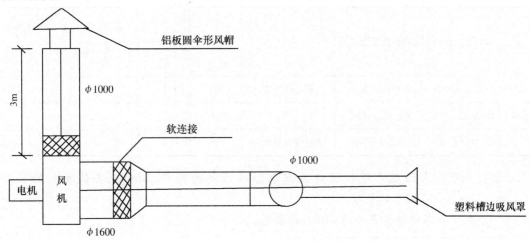

图 1-14　排风系统示意图

【解】　（1）清单工程量：

$\phi 1000$ 风管的工程量为 $\left\{\pi \times 1.0 \times \left[\underset{①}{\frac{(3-0.5)}{}} + \underset{②}{\frac{(3.2+1+3+3)}{}}\right] + \underset{③}{\frac{\frac{1}{4}\pi^2 \times 1^2}{}}\right\}$m² = 47.62m²

$\phi 1600$ 风管的工程量为 $\left[\pi \times 1.6 \times \underset{④}{\frac{(1.8-0.5)}{}}\right]$m² = 6.53m²

$\phi 600$ 风管的工程量为 $\left[\pi \times 0.6 \times \underset{⑤}{\frac{(5+3.5+0.75+0.75) \times 2}{}}\right]$m² = 37.68m²

$\phi 400$ 风管的工程量为 $\left[\pi \times 0.4 \times \underset{⑥}{\frac{(5+3.5+0.5 \times 2)}{}} + \underset{⑦}{\frac{\frac{\pi^2}{4} \times 0.4 \times 0.5 \times 2}{}}\right]$m²

= 12.92m²

塑料槽边吸风罩的工程量为 $1 \times 6 \times 23.35 kg = 140.1 kg$。

6 号离心式通风机安装工程量为 1 台。

根据《全国统一安装工程预算定额》第九册 通风空调工程 GYD-209-2000 中的 T609 序号 15，铝板圆伞形风帽为 21.92kg/个，则工程量为 $1 \times 21.92 = 21.92 kg$。

清单工程量计算见表 1-15。

清单工程量计算表 表 1-15

序号	项目编码	项目名称	项目特征描述	单位	数量	计算式
1	030702004001	铝板通风管道	$\phi 1000$	m²	47.62	$\pi \times 1.0 \times [(3-0.5)+(3.2+1+3+3)]+\frac{1}{4}\pi^2 \times 1^2$
2	030702004002	铝板通风管道	$\phi 1600$	m²	6.53	$\pi \times 1.6 \times (1.8-0.5)$
3	030702004003	铝板通风管道	$\phi 600$	m²	37.68	$\pi \times 0.6 \times (5+3.5+0.75+0.75) \times 2$
4	030702004004	铝板通风管道	$\phi 400$	m²	12.92	$\pi \times 0.4 \times (5+3.5+0.5 \times 2)+\frac{\pi^2}{4} \times 0.4 \times 0.5 \times 2$
5	030703018001	塑料罩类	槽边吸风罩	个	6	
6	030108001001	离心式通风机	6 号	台	1	
7	030703015001	铝板圆伞形风帽	铝板圆伞形风帽	个	1	

注：①是在立面图中风机出口至圆伞形风帽间的距离（3m）减去软接头的长度（0.5m），即 $\phi 1000$ 风管的长度。

②是在平面图中除去弯头的 $\phi 1000$ 的长度。

③是 $\phi 1000$ 弯头的长度（详解见例 6）。

④立面图中 $\phi 1600$ 的长度，因这段长度还包括 0.5m 长的软接头，故应减去软接头的长度即得 $\phi 1600$ 长度。

⑤平面图中 $\phi 600$ 管道的长度。

⑥平面图中除去三通中 $\phi 400$ 的长度，0.75m 是①③、①②间的距离，0.5m 是④⑤轴线间的距离，因有 2 段故乘以 2。

⑦三通中 $\phi 400$ 管段的长度（详解见例 6）。

软接头工程量为 $(0.5 \times \pi \times 1+0.5\pi \times 1.6)m^2 = (2.6 \times 0.5\pi)m^2 = 4.08 m^2$

【注释】 0.5 为软接头的长度，1、1.6 分别为软接头所在的风管的长度。

铝板圆伞形风帽的制作以 kg 计，安装以图示规格尺寸（周长或直径）以"个"为计量单位。

（2）定额工程量：

定额中工程量的计算同清单工程量的计算。

工程预算表见表 1-16。

工程预算表 表 1-16

序号	定额编号	分项工程名称	定额单位	工程量	基价/元	其中/元		
						人工费	材料费	机械费
1	9-11	ϕ1000 风管	10m²	4.762	541.81	256.35	211.04	74.42
2	9-12	ϕ1600 风管	10m²	0.653	558.86	251.70	234.69	71.47
3	9-11	ϕ600 风管	10m²	3.768	541.81	256.35	211.04	74.42
4	9-10	ϕ400 风管	10m²	1.292	634.78	348.53	183.66	102.59
5	9-318	塑料槽边吸风罩	100kg	1.401	2860.73	854.50	1388.36	617.87
6	9-217	风机安装	台	1	104.10	78.48	25.62	—
7	9-286	铝板圆伞形风帽	100kg	0.2192	1844.47	413.32	1409.72	21.43

项目编码：030702001　　项目名称：碳钢通风管道

【例 15】　求图 1-15 所示管道工程量，并套用定额（$\delta=2mm$，不含主材费）。

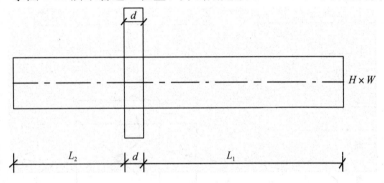

图 1-15　管道示意图

【解】　已知管道断面尺寸为 $H \times W$，墙厚为 d，墙左边风管长为 L_2，墙右边风管长为 L_1，则风管的工程量为 $2(H+W)(L_1+L_2+d)$

如图 1-15 所示风管总长度为墙左右两边风管长度和墙厚风管长度 d，故风管总长度为 L_1+L_2+d，本管道定额中工程量与清单中工程量相同，按管道周长套用定额不同规格子目。

【例 16】　如图 1-16 所示，柔性软风管适用于哪些范围？其安装按什么计算？

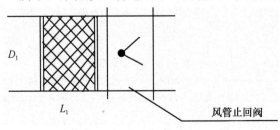

图 1-16　风管示意图

柔性软风管适用于由金属、涂塑化纤织物、聚酯、聚乙烯、聚氯乙烯膜、铝箔等材料制成的软风管。

柔性软风管安装按图示中心线长度以"m"为单位计算，柔性软风管阀门安装以"个"为单位计算。

图中软风管的工程量为 L_1。

风管止回阀的工程量为 1 个。

柔性软风管的定额工程量同清单中柔性软风管的工程量。

标准部件的制作，按其成品重量以"kg"为计量单位，根据设计型号、规格，按《全国统一安装工程预算工程计算规则》、《全国统一安装工程预算定额》第九册　通风空调工程 GYD-209-2000 中的"国际通风部件标准重量表"计算重量，非标准部件按图示成品重量计算。部件的安装按图示规格尺寸(周长或直径)以"个"为计量单位，分别执行相应定额。

【例 17】　如图 1-17 所示，在计算通风管道中心线长度时，应扣除通风管部件长度，怎样扣除其长度值？

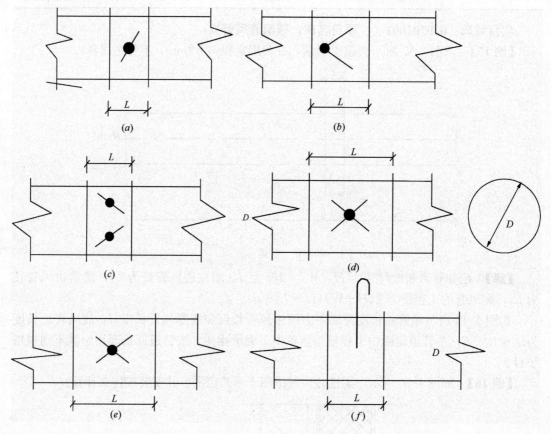

图 1-17　阀门平面图

(a) 蝶阀；(b) 止回阀；(c) 密闭式对开多叶调节阀；

(d) 圆形风管防火阀；(e) 矩形风管防火阀；(f) 密闭式斜插板阀

【解】　通风管道中心线长度，扣除部件长度值(L)如下：

(1) 蝶阀　$L=150\text{mm}$

蝶阀：

(2) 风管止回阀　$L=300\text{mm}$

风管止回阀：

（3）密闭式对开多叶调节阀　$L=210\text{mm}$

密闭式对开多叶调节阀：

（4）圆形风管防火阀　$L=D+240\text{mm}$（D 为风管直径）

圆形风管防火阀：

（5）矩形风管防火阀　$L=B+240\text{mm}$（B 为风管高度）

矩形风管防火阀：

（6）密闭式斜插板阀

D80～D150　$L=320\text{mm}$

D155～D200　$L=380\text{mm}$

D205～D270　$L=430\text{mm}$

D275～D340　$L=500\text{mm}$

【例 18】　风管导流片制作安装工程量是如何计算的？

【解】　如图 1-18 所示，导流片按叶片面积计算其工程量，以"m^2"为计量单位

导流片又分单叶片和双叶片现分别计算如下：

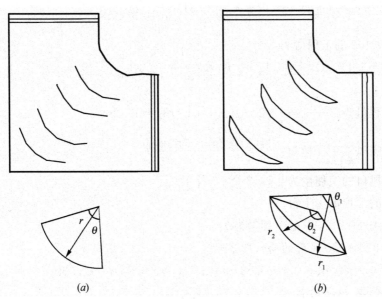

图 1-18　导流片示意图

（a）单叶片；（b）双叶片

定额工程量：

单叶片计算式为 $F=2\pi r\theta b(\text{m}^2)$

双叶片计算式为 $F=2\pi(r_1\theta_1+r_2\theta_2)b(\text{m}^2)$

式中　b——导流片宽度（m）；

　　　θ——弧度；$\theta=$角度$\times 0.01745$；角度——中心线夹角；

　　　r——弯曲半径（m）。

清单中导流片的制作安装工程量都归入"碳钢通风管道制"（030702001）

项目编码：**030701004**　　项目名称：**风机盘管**

项目编码：**030702001**　　项目名称：**碳钢通风管道**

项目编码：030702008　　　项目名称：柔性软风管

项目编码：030703001　　　项目名称：碳钢阀门

项目编码：030703009　　　项目名称：塑料风口、散流器、百叶窗

项目编码：030703018　　　项目名称：塑料罩类

【例19】 计算图1-19所示工程量并套用定额（$\delta=2mm$，不含主材费）。

其中新风引入口处有一塑料槽边吸风罩9-19(a)(b)(450×400)，送风口处安装单层百叶风口（530×330），新风机组前后的软接头长度为250mm，新风机组采用吊顶式，重100kg。

【解】 （1）清单工程量：

风管800×630的工程量为：

$$2\times\underset{①}{\underline{\dfrac{(0.8+0.63)}{}}}\times\underset{②}{\underline{\dfrac{(0.4+0.12+2.5-0.5-0.25\times2-0.240-0.630)}{}}}m^2$$

$$=2\times1.43\times1.15m^2=3.289m^2$$

风管800×400的工程量为：

$$\underset{③}{\underline{2\times(0.8+0.4)}}\times\underset{④}{\underline{(0.75+0.12+0.9-0.315)}}m^2=3.492m^2$$

风管630×400的工程量为：

$$\underset{⑤}{\underline{2\times(0.63+0.4)}}\times\underset{⑥}{\underline{(2.3+0.12+1.6)}}\times\underset{⑦}{\underline{2}}m^2=16.562m^2$$

软接头工程量为：$\underset{⑧}{\underline{\dfrac{2\times0.25}{}}}\times2\times(0.8+0.63)m^2=1.43m^2$

塑料槽边吸风罩工程量为：$\underset{⑨}{\underline{1\times51.08kg=51.08kg}}$

单层百叶风口的工程量为：1×2个$=2$个。

新风机组的工程量为1台。

矩形防火阀（800×630）的工程量为1个。

注：①是800×630风管的周长即$2\times(0.8+0.63)m=2.86m$。

周长为　$(0.8+0.63+0.8+0.63)m=2\times(0.8+0.63)m=2.86m$

②是800×630风管的长度：

0.4是外墙轴心线至塑料槽边吸风罩间800×630风管的轴线长度。

0.12是外墙轴心线至内墙皮间800×630风管的轴线长度。

2.5是外墙里墙皮至三通轴心线交点处800×630风管的轴心线长度。

0.5m是新风机组的厚度。

0.25是软接头的长度，之所以乘以2是有两个软接头。

0.24和0.63是矩形防火阀应减去的长度（详细解法见例17）。

③是800×400风管的周长，解法同①。

④是800×400风管的长度。

0.75是内墙轴心线至三通轴心线交点间800×400风管的长度。

0.12是内墙厚度的一半也即内墙间800×400风管的长度。

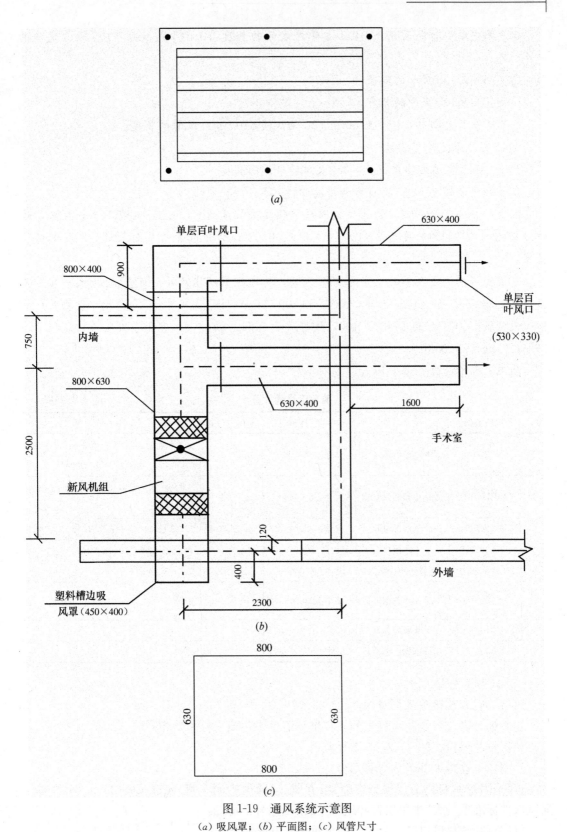

图 1-19　通风系统示意图

(a) 吸风罩；(b) 平面图；(c) 风管尺寸

0.9 是内墙右墙皮至 630×400 支管外表面的长度，0.315 是 630×400 风管宽度的一半。

⑤是 630×400 风管的周长。

⑥是 630×400 风管的长度。

2.3 是手术室墙中心轴心至 800×630 轴线间 630×400 风管的长度。

0.12 是手术室墙厚度的一半。

1.6 是手术室墙右墙皮至 630×400 风管末端的长度。

⑦乘以 2 是因为 630×400 有两根支管。

⑧是软接头（800×630）的长度，因每个软接头长度为 250mm，共有两个软接头，故软接头（800×630）的长度为 2×0.25m，0.8、0.63 分别为风管的截面长度、风管的截面宽度。

⑨因塑料槽边吸风罩的尺寸为 450×400，其工程量以"kg"计，可查《全国统一安装工程预算定额》第九册　通风空调工程(GYD-209-2000)，P_{177} 因尺寸为 450×400 查相对应的槽边吸风罩 T403-2，尺寸 450×400，故得质量是 51.08kg/个，有 1 个吸风罩的工程量为 1×51.08kg＝51.08kg

清单工程量计算见表 1-17。

清单工程量计算表

表 1-17

序号	项目编码	项目名称	项目特征描述	单位	数量	计算式
1	030702001001	碳钢矩形通风管道	尺寸：800×630	m²	3.29	2×(0.8＋0.63)×(0.4＋0.12＋2.5－0.5－0.25×2－0.24－0.63)
2	030702001002	碳钢矩形通风管道	尺寸：800×400	m²	3.49	2×(0.8＋0.4)×(0.75＋0.12＋0.9－0.315)
3	030702001003	碳钢矩形风管	尺寸：630×400	m²	16.56	2×(0.63＋0.4)×(2.3＋0.12＋1.6)×2
4	030703019001	柔性接口	尺寸：800×630	m²	1.43	2×0.25×2×(0.8＋0.63)m²＝1.43m²
5	030703018001	塑料槽边吸风罩	尺寸：450×400	kg	51.08	1×51.08
6	030703007001	单层百叶碳钢风口	尺寸：530×330	个	2	1×2
7	030701004001	风机盘管		台	1	
8	030703001001	碳钢矩形防火阀	尺寸：800×630	个	1	

（2）定额工程量：

风管、帆布软接头工程量为 2×0.25×2×(0.8＋0.63)m²＝1.43m²

塑料槽边吸气罩及新风机组的工程量与清单中各项工程量是相同的。

单层百叶风口（530×330）的工程量：

其制作工程量为"kg"为计算单位

查《全国统一安装工程预算定额》第九册　《通风空调工程》GYD-209-2000 中的"国际通风部件标准重量表"中单层百叶风口 T202-2 序号 7 可知：

单层百叶塑料风口（530×330）的单重为 3.05kg/个。

故其工程量为 $2×3.05kg=6.10kg$

（因有两个单层百叶风口(530×330)所以乘以2）。

其安装工程量以"个"为计量单位。

安装工程量为1个。

矩形防火阀(800×630)的制作工程量为：质量×个数。

设矩形防火阀(800×630)的单重为 M，则本题中1个此型号的防火阀工程量为 $1×M=M$。

其安装工程量为1个。

定额工程量计算见表1-18，工程预算表见表1-19。

定额工程量计算表 表1-18

序号	项目名称规格	单位	工程量	计算式
1	碳钢矩形风管(800×630)	m²	3.289	$2×(0.8+0.63)×(0.4+0.12+2.5-0.5-0.25×2-0.24-0.63)$
2	碳钢矩形风管(800×400)	m²	3.492	$2×(0.8+0.4)×(0.75+0.12+0.9-0.315)$
3	碳钢矩形风管(630×400)	m²	16.562	$2×(0.63+0.4)×(2.3+0.12+1.6)×2$
4	帆布软接头(800×630)	m²	1.43	$2×0.25×2×(0.8+0.63)m²=1.43m²$
5	塑料槽边吸风罩(450×400)	kg	51.08	$1×51.08$
6	新风机组	台	1	1
7	单层百叶风口	kg	6.10	$2×3.05$
	3.05kg/个(530×330)2个	个	2	$1×2$
8	矩形防火阀制作安装	kg	M	$M×1$
	Mkg/个(800×630)1个	个	1	1

工程预算表 表1-19

序号	定额编号	分项工程名称	定额单位	工程量	基价/元	其中/元		
						人工费	材料费	机械费
1	9-7	碳钢矩形风管(800×630)	10m²	0.3289	295.54	115.87	167.99	11.68
2	9-7	碳钢矩形风管(800×400)	10m²	0.3492	295.54	115.87	167.99	11.68
3	9-7	碳钢矩形风管(630×400)	10m²	1.6562	295.54	115.87	167.99	11.68
4	9-41	帆布软接头(800×630)	m²	1.43	171.45	47.83	121.74	1.88
5	9-318	塑料槽边吸风罩(450×400)	100kg	0.5108	2860.73	854.50	1388.36	617.87
6	9-235	新风机组安装	台	1	44.72	41.80	2.92	—
7	9-95	单层百叶风口(530×330)制作	100kg	0.061	1345.72	828.49	506.41	10.82
8	9-135	单层百叶风口(530×330)安装	个	2	14.97	10.45	4.30	0.22
9	9-65	矩形防火阀制作(800×630)	100kg	0.01M	614.44	134.21	394.33	85.90
10	9-89	矩形防火阀安装(800×630)	个	1	48.20	29.02	19.18	—

项目编码：030702001　　项目名称：碳钢通风管道

【例 20】　如图 1-20 有 50m 长矩形风管尺寸为 800mm×630mm，风管材料采用优质碳素钢，镀锌钢板厚为 0.75mm，风管保温材料采用厚度 60mm 的玻璃棉毡，防潮层采用油毡纸，保护层采用玻璃布并套用定额（δ＝2mm，不含主材费）。

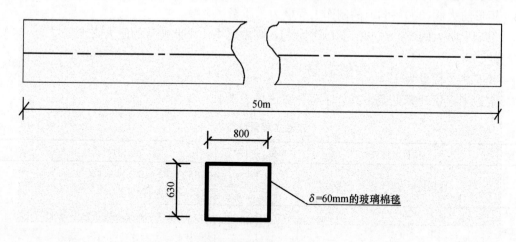

图 1-20　矩形风管示意图

【解】　（1）清单工程量：

查《通用安装工程工程量计算规范》（GB 50856—2013）中附录 G 通风空调工程（表 1-20）

通风管道制作安装（编码：030702）　　　　　　　　　　表 1-20

项目编码	项目名称	项目特征	计量单位	工程量计算规则
030702001	碳钢通风管道	1. 名称 2. 材质 3. 形状 4. 规格 5. 板材厚度 6. 管件、法兰等附件及支架设计要求 7. 接口形式	m²	按设计图示内径尺寸以展开面积计算

工程内容：1. 风管、管件、法兰、零件、支吊架制作、安装

　　　　　2. 过跨风管落地支架制作、安装

根据以上指导意见可知：

此矩形风管的工程量为 $F＝50×2×(0.8＋0.63)\mathrm{m}^2＝143\mathrm{m}^2$

【注释】　已知矩形风管的截面尺寸为 0.8×0.63 即风管的截面长度×风管的截面宽度，2×(0.8＋0.63)为矩形风管的截面周长，50 为风管的长度。

清单工程量计算见表 1-21。

清单工程量计算表 表1-21

序号	项目编码	项目名称	项目特征描述	计量单位	工程数量	计算式
1	030702001001	碳钢通风管道	碳素钢，镀锌 800×630，$\delta=0.75$mm，风管玻璃棉毡保温，$\delta=60$mm，油毡纸防潮层，玻璃布保护层	m²	143	$50\times2\times(0.8+0.63)$

（2）定额工程量：

1）风管 800mm×630mm 工程量：计算方法同清单中风管工程量的计算

2）风管绝热工程量：

查《全国统一安装工程预算工程量计算规则》GYD$_{GZ}$-201-2000 中第十二章 刷油、防腐蚀、绝热工程，第 12.1.3 条 绝热工程量

设备筒体或管道绝热计算公式：

$V=\pi\times(D+1.033\delta)\times1.033\delta\times L$（圆形）

$V=[(A+1.033\delta)+(B+1.033\delta)]\times2\times1.033\delta\times L$（矩形）

绝热工程量为 $V=[(A+1.033\delta)+(B+1.033\delta)]\times2\times1.033\delta\times L$

$=[(0.8+1.033\times0.06)+(0.63+1.033\times0.06)]\times2\times1.033\times0.06\times50$m³

$=(1.554\times2\times1.033\times0.06\times50)$m³

$=9.632$m³

式中 D——风管直径；

1.033——调整系数；

δ——绝热层厚度；

L——设备筒体或管道长；

A、B—— 矩形风管断面尺寸。

3）风管防潮层工程量：

查《全国统一安装工程预算工程量计算规则》

GYD$_{GZ}$-201-2000 第十二章 刷油、防腐蚀、绝热工程第 12.1.3 条。

设备筒体或管道防潮和保护层计算公式：

防潮层：$S=\pi\times(D+2.1\delta+0.0082)\times L$（圆形）

保护层：$S=\pi\times(D+2.1\delta+0.0082)\times L$（圆形）

防潮层：$S=[(A+2.1\delta+0.0082)+(B+2.1\delta+0.0082)]\times2\times L$（矩形）

保护层：$S=[(A+2.1\delta+0.0082)+(B+2.1\delta+0.0082)]\times2\times L$（矩形）

防潮层工程量：$S=[(A+2.1\delta+0.0082)+(B+2.1\delta+0.0082)]\times2\times L$（矩形）

$=[(0.8+2.1\times\delta+0.0082)+(0.63+2.1\times\delta+0.0082)]\times2\times50$m²

$=(0.8+2.1\times0.06+0.0082+0.63+2.1\times0.06+0.0082)$

$\times100$m²

$=169.84$m²

保护层工程量同防潮层工程量。

定额工程量计算见表 1-22，工程预算定额见表 1-23。

定额工程量计算表 表 1-22

序号	项目名称规格	单位	工程量	计算式
1	风管 800×630	m²	143	2×(0.8+0.63)×50
2	风管 800×630 保温层	m³	9.632	2×[(0.8+1.033×0.06)+(0.63+1.033×0.06)]×1.033×0.06×50
3	风管 800×630 防潮层	m²	169.84	[(0.8+2.1×0.06+0.082)+(0.63+2.1×0.06+0.0082)]×2×50
4	保护层	m²	169.84	同上

工程预算表 表 1-23

序号	定额编号	分项工程名称	定额单位	工程量	基价/元	其中/元		
						人工费	材料费	机械费
1	9-15	风管 800×630	10m²	14.3	410.82	179.72	180.18	50.92
2	11-2021	风管 800×630 保温层	m³	9.632	111.35	36.96	67.91	6.75
3	11-2159	风管 800×630 防潮层	10m²	16.984	20.08	11.15	8.93	—
4	11-2153	保护层	10m²	16.984	11.11	10.91	0.20	—

项目编码：030702001　　项目名称：碳钢通风管道

项目编码：030703001　　项目名称：圆形碳钢防火阀

项目编码：030108001　　项目名称：离心式通风机

项目编码：030108003　　项目名称：轴流式通风机

项目编码：030703007　　项目名称：碳钢风口、散流器、百叶窗

项目编码：030703012　　项目名称：碳钢风帽

【例 21】　本题是某生产厂房的通风空调系统。这是一个排风系统如图 1-21 所示，主要用于排除厂房里的空气，每层风管直径均为 $\phi400$，共有圆形散流器($\phi180$)10 个，每层都设有防火阀，各房间内支管尺寸为 $\phi200$，风管顶部有伞形风帽，风管与风机入口有帆布软接头长为 200mm，离心式风机位于屋顶，底座基础由土建部门制作，不包括本预算中，风管保温材料采用厚度 60mm 的玻璃棉毡，防潮层采用玻璃纸，保护层采用玻璃布，计算工程量并套用定额($\delta=2mm$，不含主材费)。

【解】　(1) 清单工程量：

风管 $\phi400$ 工程量为 $\pi \times 0.4 \times \dfrac{\overbrace{(7.6+1.9+7.6+1.9+1.4+5.3+1.5)}^{①}}{} m^2$

$$=3.14 \times 0.4 \times 27.2 m^2$$

$$=34.163 m^2$$

风管 $\phi200$ 工程量为 $\pi \times 0.2 \times 0.7 \times \dfrac{10}{②} m^2 = 4.396 m^2$

$\phi400$ 防火阀为 $1 个 \times \dfrac{2}{③} = 2 个$

4 号离心式风机安装工程量为 1 台

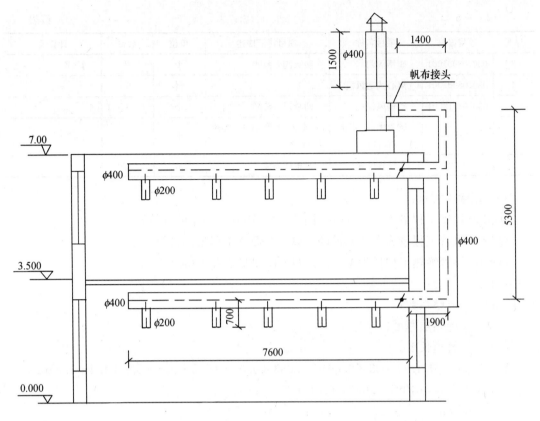

图 1-21 排风系统立面图

圆伞形风帽(φ400)工程量为 1 个

φ180 散流器工程量为 1×10＝10 个

帆布软连接的工程量为 0.2m

注：①是 φ400 碳钢镀锌风管的中心线长度，9.5 是每层 φ400 风管的水平长度，5.3 是两层竖直方向上 φ400 的长度，1.4 是楼顶水平方向上 φ400 风管的长度，1.5 是屋顶上竖直方向 φ400 风管的长度。

②因两层共有 10 个 φ200 的支管故乘以 10。

③因有两层，每层各有 1 个 φ400 防火阀，所以乘以 2。

清单工程量计算见表 1-24。

清单工程量计算表　　　　　　　　　　　　　　　　　　　表 1-24

序号	项目编码	项目名称	项目特征描述	单位	数量	计算式
1	030702001001	碳钢通风管道	碳素钢，镀锌 φ400，δ＝0.75mm，风管玻璃棉毡保温，δ＝60mm 油毡纸防潮层，玻璃布保护层	m²	34.16	3.14×0.4×(9.5＋9.5＋5.3＋1.4＋1.5)
2	030702001002	碳钢通风管道	碳素钢，镀锌 φ200，δ＝0.75mm，风管玻璃棉毡保温，δ＝60mm，油毡纸防潮层，玻璃布保护层	m²	4.40	3.14×0.2×0.7×10

续表

序号	项目编码	项目名称	项目特征描述	单位	数量	计算式
3	030703001001	碳钢阀门	防火阀 $\phi400$	个	2	1×2
4	030108001001	离心式通风机		台	1	
5	030703012001	碳钢风帽	圆伞形 $\phi400$	个	1	
6	030703007001	碳钢风口、散流器、百叶窗	碳钢圆形直片散流器 $\phi180$	个	10	1×10
7	030702008001	柔性软风管	帆布软连接	m	0.20	

（2）定额工程量：

①$\phi400$ 风管工程量为 34.163m² （同清单中 $\phi400$ 工程量的计算）。

②$\phi200$ 风管工程量为 4.396m² （同清单中 $\phi200$ 工程量的计算）。

③$\phi400$ 风管绝热工程量为 $V = \pi \times (D + 1.033\delta) \times 1.033\delta \times L$

式中　D——直径；

　1.033——调整系数；

　　δ——绝热层厚度；

　　L——管道长度。

$V = 3.14 \times (0.4 + 1.033 \times 0.06) \times 1.033 \times 0.06 \times (9.5 + 9.5 + 5.3 + 1.4 + 1.5)\text{m}^3$

$= 3.14 \times 0.46198 \times 1.033 \times 0.06 \times 27.2\text{m}^3$

$= 2.446\text{m}^3$

查《全国统一安装工程预算工程量计算规则》GYD$_{GZ}$-201-2000 第十二章　刷油、防腐蚀、绝热工程 第 12.1.3 条 绝热工程量可查得上式

④$\phi400$ 风管防潮层工程量为：

$$S = \pi \times (D + 2.1\delta + 0.0082) \times L$$

D、δ、L 同绝热工程量中 D、δ、L 的物理意义。

2.1 为调整系数，0.0082 为捆扎线直径

$S = 3.14 \times (0.4 + 2.1 \times 0.06 + 0.0082) \times (9.5 + 9.5 + 5.3 + 1.4 + 1.5)\text{m}^2$

$= 3.14 \times 0.5342 \times 27.2\text{m}^2 = 45.625\text{m}^2$

查《全国统一安装工程预算工程量计算规则》GYD$_{GZ}$-201-2000 第十二章　刷油、防腐蚀、绝热工程 第一节工程量计算公式 第 12.1.3 条 1 可查知上式

⑤$\phi400$ 风管保护层计算工程量：

查《全国统一安装工程预算工程量计算规则》GYD$_{GZ}$-201-2000 第十二章　刷油、防腐蚀、绝热工程 第一节 工程量计算公式 第 12.1.3 条 1 可知保护层工程量计算公式为：

$S = \pi \times (D + 2.1\delta + 0.0082) \times L$

$= 3.14 \times (0.4 + 2.1 \times 0.06 + 0.0082) \times (9.5 + 9.5 + 5.3 + 1.4 + 1.5)\text{m}^2$

$= 45.625\text{m}^2$

⑥$\phi200$ 风管绝热工程量为：

$V = \pi \times (D + 1.033\delta) \times 1.033\delta \times L$

$$= 3.14 \times (0.2 + 1.033 \times 0.06) \times 1.033 \times 0.06 \times 0.7 \times 10 \text{m}^3$$

$$= 3.14 \times 0.26198 \times 1.033 \times 0.06 \times 0.7 \times 10 \text{m}^3$$

$$= 0.357 \text{m}^3$$

⑦$\phi 200$ 风管防潮层工程量为：

$$S = \pi(D + 2.1\delta + 0.0082) \times L$$

$$= 3.14 \times (0.0082 + 0.2 + 2.1 \times 0.06) \times 0.7 \times 10 \text{m}^2$$

$$= 3.14 \times 0.3342 \times 0.7 \times 10 \text{m}^2$$

$$= 7.346 \text{m}^2$$

⑧$\phi 200$ 风管保护层工程量为：

$$S = \pi(D + 2.1\delta + 0.0082) \times L \text{m}^2$$

$$= 3.14 \times (0.0082 + 0.2 + 2.1 \times 0.06) \times 0.7 \times 10 \text{m}^2$$

$$= 7.346 \text{m}^2$$

⑨$\phi 400$ 防火阀制作工程量为 $2 \times M$，M 为一个 $\phi 400$ 防火阀的成品重量，有两个故乘以 2。

⑩$\phi 400$ 防火阀安装工程量为 2 个。

⑪风机安装工程量为 1 台(同清单工程量计算)。

⑫帆布软连接工程量为 $\pi DL \text{m}^2$

$\pi DL = 3.14 \times 0.4 \times 0.2 \text{m}^2 = 0.251 \text{m}^2$

⑬碳钢圆伞型风帽($\phi 400$)制作工程量：

(查《全国统一安装工程预算工程量计算规则》GYD_{GZ}-201-2000 第十章 通风空调工程 第二节 部件制作安装 第 10.2.1 条标准部件的制作，按其成品重量以"kg"为计量单位，根据设计型号、规格，按本册定额附录"国际通风部件标准重量表"计算重量，非标准部件按成品重量计算。部件的安装按图示规格尺寸(周长或直径)以"个"为计量单位，分别执行相应定额。

查《全国统一安装工程量预算定额》第九册 通风空调工程 GYD-209-2000 中的国标通风部件标准重量表中"圆伞形风帽"T609 对应 $\phi 400$ 序号 7，碳钢圆伞形风帽的单重为 9.03kg/个，则碳钢圆伞形风帽($\phi 400$)的制作工程量为：

$$9.03 \times 1 \text{kg} = 9.03 \text{kg}$$

⑭碳钢圆伞型风帽($\phi 400$)安装工程量为 1 个

⑮碳钢圆形直片散流器($\phi 180$)制作工程量：

查《全国统一安装工程预算定额》第九册 通风空调工程 GYD-209-2000 中的国标通风部件标准重量表中"圆形直片散流器"CT211-1 序号 3 对应的单重为 4.39kg/个，则碳钢圆形直片散流器($\phi 180$)的制作工程量为：

$10 \times 4.39 \text{kg} = 43.9 \text{kg}$

⑯碳钢圆形直片散流器($\phi 180$)安装工程量为

1×10 个 $= 10$ 个

定额工程量计算见表 1-25，工程预算表见表 1-26。

定额工程量计算表

表 1-25

序号	项目名称规格		单位	工程量	计算式
1	碳素钢镀锌钢板圆形通风管道 $\phi400$ $\delta=2mm$		m²	34.163	3.14×0.4×(7.6+1.9+7.6+1.9+5.3+1.4+1.5)
2	碳素钢镀锌钢板圆形通风管道 $\phi200$ $\delta=2mm$		m²	4.396	3.14×0.2×0.7×10
3	碳素钢镀锌钢板圆形通风管道 $\phi400$ 保温层		m³	2.446	3.14×(0.41+1.033×0.06)×1.033×0.06×(9.5+9.5+5.3+1.4+1.5)
4	碳素钢镀锌钢板圆形通风管道 $\phi400$ 防潮层		m²	45.625	3.14×(0.4+2.1×0.06+0.0082)×(7.9+1.6+7.9+1.6+5.3+1.4+1.5)
5	碳素钢镀锌钢板圆形通风管道 $\phi400$ 保护层		m²	45.625	3.14×(0.4+2.1×0.06+0.0082)×(7.9+1.6+7.9+1.6+5.3+1.4+1.5)
6	碳素钢镀锌钢板圆形通风管道 $\phi200$ 保温层		m³	0.357	3.14×(0.2+1.033×0.06)×1.033×0.06×0.7×10
7	碳素钢镀锌钢板圆形通风管道 $\phi200$ 防潮层		m²	7.346	3.14×(0.2+2.1×0.06+0.0082)×0.7×10
8	碳素钢镀锌钢板圆形通风管道 $\phi200$ 保护层		m²	7.346	3.14×(0.2+2.1×0.06+0.0082)×0.7×10
9	$\phi400$ 矩形碳钢防火阀	制作	kg	2M	M×2
		安装	个	2	1×2
10	离心式通风机		台	1	
11	$\phi400$ 帆布软接头		m²	0.251	3.14×0.4×0.2
12	碳钢圆伞形风帽 $\phi400$	制作	kg	9.03	1×9.03
		安装	个	1	
13	碳钢圆形直片散流器 $\phi180$	制作	kg	43.9	10×4.39
		安装	个	10	1×10

工程预算表

表 1-26

序号	定额编号	分项工程名称	定额单位	工程量	基价/元	其中/元		
						人工费	材料费	机械费
1	9-10	碳素钢镀锌钢板圆形通风管道 $\phi400$ $\delta=2mm$	10m²	3.4163	634.78	348.53	183.66	102.59
2	9-9	碳素钢镀锌钢板圆形通风管道 $\phi200$ $\delta=2mm$	10m²	0.4396	943.26	615.56	157.02	170.68
3	11-2021	碳素钢镀锌钢板圆形通风管道 $\phi400$ 保温层	m³	2.446	111.35	36.69	67.91	6.75
4	11-2153	碳素钢镀锌钢板圆形通风管道 $\phi400$ 防潮层	10m²	4.5625	11.11	10.91	0.20	—

序号	定额编号	分项工程名称	定额单位	工程量	基价/元	其中/元		
						人工费	材料费	机械费
5	11-2153	碳素钢镀锌钢板圆形通风管道 $\phi400$ 保护层	10m²	4.5625	11.11	10.91	0.20	—
6	11-2021	碳素钢镀锌钢板圆形通风管道 $\phi200$ 保温层	m³	0.357	111.35	36.69	67.91	6.75
7	11-2153	碳素钢镀锌钢板圆形通风管道 $\phi200$ 防潮层	10m²	0.7346	11.11	10.91	0.20	—
8	11-2153	碳素钢镀锌钢板圆形通风管道 $\phi200$ 保护层	10m²	0.7346	11.11	10.91	0.20	—
9	9-64	$\phi400$ 防火阀制作	100kg	0.02M	759.23	228.95	417.22	113.06
10	9-88	$\phi400$ 风管防火阀安装	个	2	19.82	4.88	14.94	—
11	9-216	离心式通风机安装	台	1	34.15	19.74	14.41	—
12	9-41	$\phi400$ 帆布软接头	m²	0.251	171.45	47.83	121.74	1.88
13	9-166	碳钢圆伞形风帽 $\phi400$ 制作安装	100kg	0.0903	960.43	394.74	547.33	18.36
14	9-110	碳钢圆形直片散流器 $\phi180$ 制作	100kg	0.439	2119.76	1170.75	584.54	364.47
15	9-149	碳钢圆形直片散流器 $\phi180$ 安装	个	10	4.97	4.18	0.79	—

项目编码：030702006 项目名称：玻璃钢通风管道

【例22】 如图1-22所示，某办公大楼通风工程需安装玻璃钢风道(带保温夹层，$\delta=$ 50mm)，直径为800mm，风道总长30m，落地支架三处，一处20kg，一处45kg，一处56kg，试计算其工程量并套用定额(保温材料是超细玻璃棉毡，外缠塑料布两道，玻璃丝布二道，刷调和漆两道 $\delta=2mm$，不含主材费)。

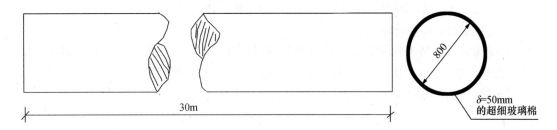

图1-22 风道示意图

(1)清单工程量：

此风道工程量为 $\pi DL=3.14\times0.8\times30m^2=75.36m^2$

【注释】 圆的直径 $D=0.8$，风管的长度 $L=30$。

清单工程量计算见表1-27。

清单工程量计算表 表 1-27

序号	项目编号	项目名称	项目特征	单 位	数量	计算式
1	030702006001	玻璃钢通风管道	$\delta=50mm$（超细玻璃棉）$\phi=800$，外缠二道塑料布，二道玻璃丝布，两道调和漆，三道支架	m²	75.36	3.14×0.8×30

（2）定额工程量：

①$\phi800$ 的玻璃钢通风管道工程量为

$\pi DL=3.14\times0.8\times30m^2=75.36m^2$

②$\phi800$ 的玻璃钢通风管道保温层工程量

$V=\pi(D+1.033\delta)\times1.033\delta\times L$

$=3.14\times(0.8+1.033\times0.05)\times1.033\times0.05\times30m^3$

$=4.144m^3$

③$\phi800$ 的玻璃钢通风管道防潮层工程量：

$S=\pi(D+2.1\delta+0.0082)\times L\times2$（因要缠两道，所以乘以 2）

$=3.14\times(0.8+2.1\times0.05+0.0082)\times30\times2m^2$

$=172.047m^2$

④$\phi800$ 的玻璃钢通风管道保护层工程量

$S=\pi(D+2.1\delta+0.0082)\times L\times2m^2$（因有两道玻璃丝布，故乘以 2）

$=3.14\times(0.8+2.1\times0.05+0.0082)\times30\times2m^2$

$=172.047m^2$

⑤第一道调和漆工程量：

$S=\pi DL=3.14\times0.8\times30m^2=75.36m^2$

⑥第二道调和漆工程量：

$S=\pi DL=3.14\times0.8\times30m^2=75.36m^2$

⑦设备支架在 50kg 以下的工程量是（20＋45）kg＝65kg。

⑧设备支架在 50kg 以上的工程量是 56kg。

说明：a. 保温层，防潮层及保护层工程量的计算，详见上题的方法。

b. 调和漆的工程量计算如下：

查《全国统一安装工程预算工程量计算规则》GYD$_{GZ}$-201-2000 中第十二章 刷油、防腐蚀、绝热工程 第一节 工程量计算公式 第 12.1.1 条 除锈、刷油工程

设备筒体、管道表面积计算公式：

$$S=\pi\times D\times L$$

D——设备或管道直径；

L——设备筒高或管道延长米。

c. 支架的工程量计算如下：

查《全国统一安装工程预算工程量计算规则》GYD$_{GZ}$-201-2000 中第十章 通风空调工程 第二节 部件制作安装 第 10.2.7 条

设备支架制作安装按图示尺寸以"kg"为计量单位。

定额工程量计算见表 1-28，工程预算表见表 1-29。

定额工程量计算表　　表 1-28

序号	项目名称规格	单位	工程量	计算式
1	$\phi800$ 玻璃钢风道	m²	75.36	$3.14 \times 30 \times 0.8$
2	$\phi800$ 玻璃钢风道保温层	m³	4.144	$3.14 \times (0.8 + 1.033 \times 0.05) \times 1.033 \times 0.05 \times 30$
3	$\phi800$ 玻璃钢风道防潮层（两道）	m²	172.047	$3.14 \times (0.8 + 2.1 \times 0.05 + 0.0082) \times 30 \times 2$
4	$\phi800$ 玻璃钢风道保护层（两道）	m²	172.047	$3.14 \times (0.8 + 2.1 \times 0.05 + 0.0082) \times 30 \times 2$
5	第一道调和漆	m²	75.36	$3.14 \times 0.8 \times 30$
6	第二道调和漆	m²	75.36	$3.14 \times 0.8 \times 30$
7	支架在 50kg 以下	kg	65	$20 + 45$
8	管道支架在 50kg 以上	kg	56	56

工程预算表　　表 1-29

序号	定额编号	分项工程名称	定额单位	工程量	基价/元	其中/元 人工费	其中/元 材料费	其中/元 机械费
1	9-334	$\phi800$ 玻璃钢风道安装	10m²	7.536	208.14	85.91	117.90	4.33
2	11-2021	$\phi800$ 玻璃钢风道保温层	m³	4.144	111.35	36.69	67.91	6.75
3	11-2157	$\phi800$ 玻璃钢风道防潮层（两道）	10m²	17.2047	11.11	10.91	0.20	—
4	11-2153	$\phi800$ 玻璃钢风道保护层（两道）	10m²	17.2047	11.11	10.91	0.20	—
5	11-60	第一道调和漆	10m²	7.536	6.82	6.50	0.320	—
6	11-61	第二道调和漆	10m²	7.536	6.59	6.27	0.320	—
7	9-211	支架在 50kg 以下	100kg	0.65	523.29	159.75	348.27	15.27
8	9-212	管道支架在 50kg 以上	100kg	0.56	414.38	75.23	330.52	8.63

项目编码：030702001　　项目名称：碳钢通风管道

项目编码：030703007　　项目名称：碳钢风口、散流器、百叶窗

【例 23】　某厂房空调通风系统如图 1-23 所示，干管尺寸为 1600mm×1000mm，支管尺寸为 400mm×400mm，连接着 400mm×400mm 的方形直片式散流器，风管为碳素钢镀锌钢板矩形风管，管的绝热材料为玻璃棉毡 $\delta = 80$mm，油毡纸一层作为防潮层，外有一层玻璃布保护层，外涂两道防腐漆，试计算工程量并套用定额（$\delta = 2$mm，不含主材费）。

【解】　（1）清单工程量：

a. 碳素钢镀锌钢板矩形风管 1600×1000 的工程量计算如下：

$$S = 2 \times (1.6 + 1) \times L$$

$$= 2 \times (1.6 + 1) \times \underset{①}{\frac{(1.7 + 3.0 + 3.0 + 3.0 + 3.0 + 1.0)}{}} \text{m}^2$$

$$= 76.44 \text{m}^2$$

【注释】　1600×1000 为碳素钢镀锌钢板矩形风管的截面积，1.6、1 分别为矩形风管的截面长度、截面宽度，2×(1.6+1)为矩形风管的截面周长，由图知(1.7+3.0+3.0+3.0+3.0+1.0)为碳素钢镀锌钢板矩形风管1600×1000的总长度。

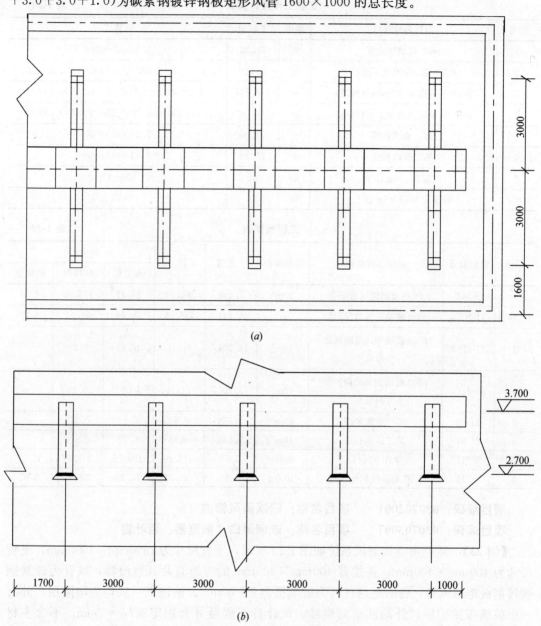

图 1-23　通风系统示意图

(a) 平面图；(b) 立面图

b. 碳素钢镀锌钢板矩形风管 400×400 的工程量计算如下：

$$S=2\times(0.4+0.4)\text{m}\times10L=2\times(0.4+0.4)\times\frac{10}{②}\times\frac{(3.0+3.7-2.7)}{③}\text{m}^2=64\text{m}^2$$

【注释】　400×400 为矩形风管的截面面积即风管的截面长度×风管的截面宽度，2×(0.4+0.4)为矩形风管的截面周长，3.0 为风管的水平长度，(3.7-2.7)为风管的竖直长度，(3.0＋3.7－2.7)为风管的总长度，共有10个支管故乘以10。

c. 400×400 方形直片散流器工程量为 1×10＝10 个

清单工程量计算见表 1-30。

清单工程量计算表

表 1-30

序号	项目编码	项目名称	项目特征描述	单位	数量	计算式
1	030702001001	碳素钢镀锌钢板矩形风管	1600×1000（玻璃棉毡 δ＝80mm），外缠一道油毡纸，一层玻璃布且外涂一道防腐漆。	m²	76.44	2×(1.6＋1)×(1.7＋3.0＋3.0＋3.0＋3.0＋1.0)
2	030702001002	碳素钢镀锌钢板矩形风管	400×400（玻璃棉毡 δ＝80mm）外缠一道油毡纸，一层玻璃布且外涂一层防腐漆	m²	64	2×(0.4＋0.4)×10×(3.0＋3.7－2.7)
3	030703007001	方形直片散流器	400×400	个	10	1×10

注：①1600×1000 的风管长度如图 1-23 所示。

②因有10个支管故乘以10。

③400×400 风管长度，3.0是水平方向风管长度，3.7－2.7是竖直方向风管长度。

(2) 定额工程量：

①碳素钢镀锌钢板矩形风管(1600×1000)的工程量为：

$S＝2×(1.6＋1)×L＝2×(1.6＋1)×(1.7＋3.0＋3.0＋3.0＋3.0＋1.0)\text{m}^2$

$＝76.44\text{m}^2$

②碳素钢镀锌钢板矩形风管(1600×1000)玻璃棉毡 δ＝80mm 的工程量为：

$V＝[(A＋1.033\delta)＋(B＋1.033\delta)]×2×1.033\delta×L$

$＝[(1.6＋1.033×0.08)＋(1.0＋1.033×0.08)]×2×1.033×0.08×(1.7＋3.0＋$

$3.0＋3.0＋3.0＋1.0)\text{m}^3$

$＝(1.683＋1.083)×2×1.033×0.08×14.7\text{m}^3$

$＝6.72\text{m}^3$（详解过程见例22）

③碳素钢镀锌钢板矩形风管(1600×1000)油毡纸防潮层工程量：

$S＝[(A＋2.1\delta＋0.0082)＋(B＋2.1\delta＋0.0082)]×2×L$

$＝[(1.6＋2.1×0.08＋0.0082)＋(1.0＋2.1×0.08＋0.0082)]×2×(1.7＋3.0＋3.0＋$

$3.0＋1.0＋3.0)\text{m}^2$

$＝(1.776＋1.176)×2×14.7\text{m}^2$

$＝86.789\text{m}^2$

④碳素钢镀锌钢板矩形风管(1600×1000)玻璃布保护层工程量

$S＝[(A＋2.1\delta＋0.0082)＋(B＋2.1\delta＋0.0082)]×2×L$

$＝(1.6＋2.1×0.08＋0.0082＋1.0＋2.1×0.08＋0.0082)×2×(1.0＋1.7＋3.0＋3.0$

$＋3.0＋3.0)\text{m}^2$

$＝86.789\text{m}^2$

⑤碳素钢镀锌钢板矩形风管(1600×1000)一道防腐漆工程量

$S=2(A+B)\times L$

$S=2\times(1.6+1.0)\times(1.7+3.0+3.0+3.0+3.0+1.0)\text{m}^2$

$\quad=2\times2.6\times14.7\text{m}^2=76.44\text{m}^2$

⑥碳素钢镀锌钢板矩形风管 400×400 工程量为

$S=2(A+B)\times L\times10$

$\quad=2\times(0.4+0.4)\times10\times(3.0+3.7-2.7)\text{m}^2$

$\quad=64\text{m}^2$

⑦碳素钢镀锌钢板矩形风管 400×400，玻璃棉毡 $\delta=80\text{mm}$ 的保温层工程量为：

$V=[(A+1.033\delta)+(B+1.033\delta)]\times2\times1.033\delta\times L\times10$

$\quad=[(0.4+1.033\times0.08)+(0.4+1.033\times0.08)]\times2\times1.033\times0.08\times10\times(3.0$

$\qquad+3.7-2.7)\text{m}^3$

$\quad=(0.483+0.483)\times2\times1.033\times0.08\times10\times4\text{m}^3$

$\quad=6.386\text{m}^3$

⑧碳素钢镀锌钢板矩形风管 400×400 油毡纸防潮层工程量

$S=[(A+2.1\delta+0.0082)+(B+2.1\delta+0.0082)]\times2\times10L$

$\quad=[(0.4+2.1\times0.08+0.0082)+(0.4+2.1\times0.08+0.0082)]\times2\times10\times(3.0+$

$\qquad3.7-2.7)\text{m}^2$

$\quad=92.192\text{m}^2$

⑨碳素钢镀锌钢板矩形风管 400×400 玻璃布保护层工程量

$S=[(A+2.1\delta+0.0082)+(B+2.1\delta+0.0082)]\times2\times10\times L$

$\quad=[(0.4+2.1\times0.08+0.0082)+(0.4+2.1\times0.08+0.0082)]\times2\times10\times(3.0+$

$\qquad3.7-2.7)\text{m}^2$

$\quad=92.192\text{m}^2$

⑩碳素钢镀锌钢板矩形风管(400×400)一道防腐漆工程量为

$S=2(A+B)\times10\times L$

$\quad=2\times(0.4+0.4)\times10\times(3.0+3.7-2.7)\text{m}^2$

$\quad=64\text{m}^2$

⑪400×400 方形直片散流器制作工程量如下：

查《全国统一安装工程预算定额》第九册 通风空调工程(GYD-209-2000)中"国标通风部件标准重量表"的"方形直片散流器"CT211-2 序号 6 对应 400×400 尺寸的方形直片散流器单重 8.89kg/个

则散流器制作工程量为：10×8.89kg＝88.9kg，

因共有 10 个方形直片散流器故乘以 10。

⑫400×400 方形直片散流器安装工程量如下：

1×10 个＝10 个

定额工程量计算见表 1-31，工程预算表见表 1-32。

定额工程量计算表 表 1-31

序号	项目名称规格	单位	工程量	计算式
1	碳素钢镀锌钢板矩形风管（1600×1000）	m²	76.44	2×(1.6+1)×(1.7+3.0+3.0+3.0+3.0+1.0)
2	碳素钢镀锌钢板矩形风管（1600×1000）保温层 δ=80mm 玻璃棉毡	m³	6.72	[(1.6+1.033×0.08)+(1.0+1.033×0.08)]×2×1.033×0.08×(1.7+3.0+3.0+3.0+3.0+1.0)
3	碳素钢镀锌钢板矩形风管（1600×1000）防潮层油毡纸	m²	86.789	[(1.6+2.1×0.08+0.0082)+(1.0+2.1×0.08+0.0082)]×2×(1.7+3.0+3.0+3.0+3.0+1.0)
4	碳素钢镀锌钢板矩形风管（1600×1000）保护层玻璃布	m²	86.789	[(1.6+2.1×0.08+0.0082)+(1.0+2.1×0.08+0.0082)]×2×(1.7+3.0+3.0+3.0+3.0+1.0)
5	碳素钢镀锌钢板矩形风管（1600×1000）两道防腐漆	m²	152.88	2×2×(1.6+1.0)×(1.7+3.0+3.0+3.0+3.0+1.0)
6	碳素钢镀锌钢板矩形风管（400×400）	m²	64	2×(0.4+0.4)×10×(3.0+3.7-2.7)
7	碳素钢镀锌钢板矩形风管（400×400）保温层 δ=80mm 玻璃棉毡	m³	6.386	[(0.4+1.033×0.08)+(0.4+1.033×0.08)]×2×1.033×0.08×10×(3.0+3.7-2.7)
8	碳素钢镀锌钢板矩形风管（400×400）防潮层油毡纸	m²	92.192	[(0.4+2.1×0.08+0.0082)+(0.4+2.1×0.08+0.0082)]×2×10×(3.0+3.7-2.7)
9	碳素钢镀锌钢板矩形风管（400×400）保护层玻璃布	m²	92.192	[(0.4+2.1×0.08+0.0082)+(0.4+2.1×0.08+0.0082)]×2×10×(3.0+3.7-2.7)
10	碳素钢镀锌钢板矩形风管（400×400）两道防腐漆	m²	128	2×2×(0.4+0.4)×10×(3.0+3.7-2.7)
11	400×400 方形直片散流器制作	kg	88.9	10×8.89
12	400×400 方形直片散流器安装	个	10	1×10

工程预算表 表 1-32

序号	定额编号	分项工程名称	定额单位	工程量	基价/元	其中/元		
						人工费	材料费	机械费
1	9-16	碳素钢镀锌钢板矩形风管（1600×1000）	10m²	7.644	380.69	157.43	180.83	42.43
2	11-2021	碳素钢镀锌钢板矩形风管（1600×1000）保温层 δ=80mm 玻璃棉毡	m³	6.72	111.35	36.69	67.91	6.75

续表

序号	定额编号	分项工程名称	定额单位	工程量	基价/元	其中/元		
						人工费	材料费	机械费
3	11-2159	碳素钢镀锌钢板矩形风管 （1600×1000）防潮层油毡纸	10m²	8.6789	20.08	11.15	8.93	—
4	11-2153	碳素钢镀锌钢板矩形风管 （1600×1000）保护层玻璃布	10m²	8.6789	11.11	10.91	0.20	—
5	11-325	碳素钢镀锌钢板矩形风管 （1600×1000）两道防腐漆	10m²	15.288	58.89	24.61	16.21	18.16
6	9-14	碳素钢镀锌钢板矩形风管 （400×400）	10m²	6.4	533.38	254.72	196.63	82.03
7	11-2120	碳素钢镀锌钢板矩形风管 （400×400）保温层 $\delta=80mm$ 玻璃棉毡	m³	6.386	111.35	36.69	67.91	6.75
8	11-2159	碳素钢镀锌钢板矩形风管 （400×400）防潮层油毡纸	10m²	9.2192	20.80	11.15	8.93	—
9	11-2153	碳素钢镀锌钢板矩形风管 （400×400）保护层玻璃布	10m²	9.2192	11.11	10.91	0.20	—
10	11-325	碳素钢镀锌钢板矩形风管 （400×400）两道防腐漆	10m²	6.4	58.89	24.61	16.21	18.16
11	9-113	400×400 方形直片散流器 制作	100kg	0.889	1700.64	811.77	584.07	304.80
12	9-148	400×400 方形直片散流器 安装	个	10	10.94	8.36	2.58	—

项目编码：030702001　　项目名称：碳钢通风管道

【例 24】　某医院住院部的通风空调工程需安装碳素钢镀锌钢板圆形风管，如图 1-24 所示直径为 400mm，两处吊托架计算工程量并套用定额（$\delta=2mm$，不含主材费）。

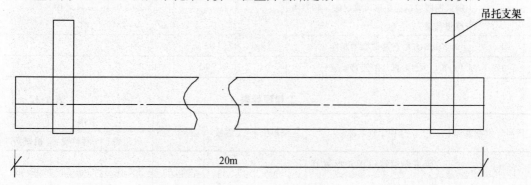

图 1-24　风管示意图

（1）清单工程量：

$$S=\pi DL=3.14\times0.4\times20m^2=25.12m^2$$

【注释】　直径 $D=0.4\mathrm{m}$，由图知，风管长度 $L=20\mathrm{m}$。

清单工程量计算见表 1-33。

清单工程量计算表　　　　　　　　　　　　　　　　　　表 1-33

项目编码	项目名称	项目特征描述	单位	数量	计算式
030702001001	碳钢通风管道	直径 0.4m，长度 20m，厚度为 2mm	m²	25.12	3.14×0.4×20

（2）定额工程量：

①$\phi400$ 风管工程量：$S=\pi DL=3.14\times0.4\times20\mathrm{m}^2=25.12\mathrm{m}^2=2.512(10\mathrm{m}^2)$

套用定额 9-10，基价：634.78 元；其中人工费 348.53 元，材料费 183.66 元，机械费 102.59 元

②吊托架无工程量：不计吊托支架的工程量

查《全国统一安装工程预算工程量计算规则》$\mathrm{GYD}_{\mathrm{GZ}}$-201-2000 第十章　通风空调工程　第一节　管道制作安装　第 10.1.10 条：薄钢板通风管道、净化通风管道、玻璃钢通风管道的制作安装中已包括法兰、加固框和吊托支架，不得另行计算故不计算吊托架的工程量。

由以上分析可知在题中用清单计算的工程量与用定额的形式计算的工程量相同。

项目编码：030702002　　项目名称：净化通风管

【例 25】　计算净化通风管管道的工程量如图 1-25 所示并套用定额（$\delta=2\mathrm{mm}$，不含主材费）。

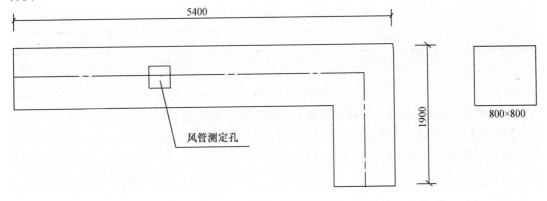

图 1-25　通风管道示意图

（1）清单工程量：

$$S=2\times(0.8+0.8)\times(5.4-0.4+1.9-0.4)\mathrm{m}^2=2\times1.6\times6.5\mathrm{m}^2=20.8\mathrm{m}^2$$

【注释】　800×800 为通风管的截面面积即通风管的截面长度×通风管的截面宽度，$2\times(0.8+0.8)$ 为矩形通风管的截面周长，$(5.4-0.4+1.9-0.4)$ 为通风管的长度，0.4 为矩形通风管半截面长度。

查《通用安装工程工程量计算规范》（GB 50856—2013）附录 G 通风空调工程，表 G.2 通风管道制作安装（编码：030702），净化通风管制作安装中的工程量计算规则可知，不扣除风管测定孔面积，故不计算风管测定孔的工程量。

清单工程量计算见表 1-34。

清单工程量计算表

表 1-34

项目编码	项目名称	项目特征描述	单位	数量	计算式
030702002001	净化通风管道	800×800，厚度为 2mm	m²	20.80	2×(0.8+0.8)×(5.4−0.4+1.9−0.4)

（2）定额工程量：

①800×800 净化通风管制作安装工程量

$S=2×(0.8+0.8)×(5.4-0.4+1.9-0.4)m^2=2×1.6×6.5m^2=20.8m^2$

套用定额 9-15，基价：410.82 元；其中人工费 179.72 元，材料费 180.18 元，机械费 50.92 元

【注释】 定额工程量解释同清单工程量解释。

②风管测定孔制作安装工程量

查《全国统一安装工程预算工程量计算规则》GYD_{GZ}-201-2000 第十章 通风空调工程 第一节 管道制作安装 第 10.1.9 条：风管测定孔制作安装，按其型号以"个"为计量单位

则风管测定孔工程量为 1 个

套用定额 9-43，基价：26.58 元；其中人工费 14.16 元，材料费 9.20 元，机械费 3.22 元

定额工程量计算见表 1-35。

定额工程量计算表

表 1-35

序号	项目名称规格	单位	工程量	计算式
1	800×800 净化通风管	m²	20.80	2×(0.8+0.8)×(5.4−0.4+1.9−0.4)
2	风管测定孔制作安装	个	1	

项目编码：030702003 **项目名称：不锈钢板通风管道**

【例 26】 不锈钢板风管断面尺寸为 800×630，两处吊托支架，如图 1-26 示，试计算其工程量并套用定额($\delta=2mm$，不含主材费)。

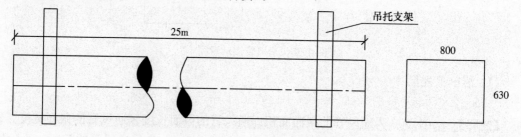

图 1-26 风管示意图

（1）清单工程量：

$S=2×(0.8+0.63)×25m^2=71.5m^2$

【注释】 800×630 为风管断面尺寸即风管的断面长度×断面宽度，2×(0.8+0.63)

为风管的断面周长，25m 为风管的总长度。

查《通用安装工程工程量计算规范》(GB 50856—2013)附录 G 通风空调工程中表 G.2 通风管道制作安装(编码：030702)中 030702003 不锈钢板风管制作安装的工作内容已包括吊托支架制作、安装，故不必另行考虑吊托支架制作、安装工程量。

清单工程量计算见表 1-36。

清单工程量计算表　　　　　　　　　　　　　表 1-36

项目编码	项目名称	项目特征描述	单位	数量	计算式
030702003001	不锈钢板通风管道	800×630，厚度为 2mm	m²	71.50	2×(0.8+0.63)×25

（2）定额工程量：

①800×630 不锈钢板风管工程量：

$$S=2×(0.8+0.63)×25m^2=71.5m^2=7.15(10m^2)$$

【注释】　定额工程量解释同清单工程量解释。

套用定额 9-15，基价：410.82 元；其中人工费 179.92 元，材料费 180.18 元，机械费 50.92元

②吊托支架工程量：

因每个吊托支架质量为 Mkg，共有两个吊托支架，所以吊托支架的工程量为 2×Mkg =2Mkg=0.02M(100kg)

套用定额 9-270，基价：975.57 元；其中人工费 183.44 元，材料费 776.36 元，机械费 15.77 元

查《全国统一安装工程预算工程量计算规则》GYD_{GZ}-201-2000 第十章　通风空调工程第一节　管道制作安装 第 10.1.11 条，不锈钢通风管道，铝板通风管道的制作安装中不包括法兰和吊托支架，可按相应定额以"kg"为计量单位另行计算，见表 1-37。

定额工程量计算表　　　　　　　　　　　　　表 1-37

序号	项目名称规格	单位	工程量	计算式
1	800×630 不锈钢板通风管道	m²	71.50	2×(0.8+0.63)×25
2	吊托支架 2 处	kg	2M	2×M

项目编码：030702004　　项目名称：铝板通风管道

【例 27】　计算如图 1-27 所示的工程量并套用定额($\delta=2mm$，不含主材费)。

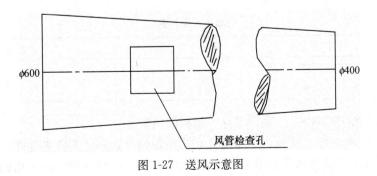

图 1-27　送风示意图

已知如图铝板渐缩管均匀送风管，大头直径为 600mm，小头直径 400mm，其上开一个 270mm×230mm 的风管检查孔长，风管长为 15m。

【解】（1）清单工程量：

铝板风管的工程量为：$S = L\pi(D+d)/2 = 15 \times 3.14 \times \left(\dfrac{0.6+0.4}{2}\right) m^2$

$$= 23.55 m^2$$

【注释】 $D=0.6m$ 为大头直径，$d=0.4$ 为小头直径，$L=15m$。

清单工程量计算见表 1-38。

清单工程量计算表　　　　　　　　表 1-38

项目编码	项目名称	项目特征描述	单位	数量	计算式
030702004001	铝板通风管道	$\phi_大$ 为 600mm，$\phi_小$ 为 400mm，厚度为 2mm	m²	23.55	15×3.14×0.5

（2）定额工程量：

①铝板风管的工程量为：

$$S = \pi(D+d) \times \frac{1}{2} \times L = 3.14 \times (0.6+0.4) \times \frac{1}{2} \times 15 m^2 = 23.55 m^2$$

【注释】 定额工程量解释同清单工程量解释。

套用定额 9-10，基价：634.78 元；其中人工费 348.53 元，材料费 183.66 元，机械费 102.59 元

②270×230 的风管检查孔工作量：

查《全国统一安装工程预算工程量计算规则》GYD_{GZ}-201-2000 第十章　通风空调工程
第一节　管道制作安装　第 10.1.4 条：整个通风系统设计采用渐缩管均匀送风者，圆形风管按平均直径，矩形风管按平均周长计算。

第 10.1.8 条：风管检查孔重量，按本定额附录四"国标通风部件标准重量表"计算。

再查《全国统一安装工程预算定额》第九册　通风空调工程 GYD-209-2000 中"国标通风部件标准重量表"风管检查孔 T614，尺寸为 270×230 序号 1 所对应的单重为 1.68kg/个，故 270×230 风管检查孔工作量为 1.68×1kg＝1.68kg＝0.168(10kg)

套用定额 9-42，基价：1147.41 元；其中人工费 486.92 元，材料费 543.99 元，机械费 116.50 元

定额工程量计算见表 1-39。

定额工程量计算表　　　　　　　　表 1-39

序号	项目名称规格	单位	工程量	计算式
1	渐缩管铝板均匀送风管	m²	23.55	3.14×15×(0.6+0.4)/2
2	270×230 风管检查孔	kg	1.68	1×1.68

项目编码：030702005　　项目名称：塑料通风管道

【例 28】 计算如图 1-28 所示工程量并套用定额(δ=4mm，不含主材费)。

已知如图所示塑料通风管管道长 25m，厚为 δ=4mm，ϕ=400mm，由两处吊托支架

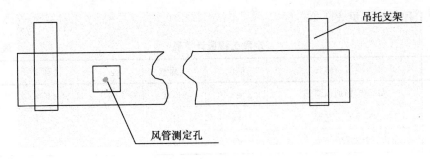

图 1-28 通风管示意图

支撑且开一风管测定孔。

【解】 （1）清单工程量：

$S=\pi DL=3.14\times0.4\times25m^2=31.4m^2$

【注释】 $D=0.4m$ 为通风管的直径，25m 为塑料通风管管道长。

清单工程量计算见表 1-40。

清单工程量计算表　　　　　　　　　　　　　　　　　　　　表 1-40

项目编码	项目名称	项目特征描述	单位	数量	计算式
030702005001	塑料通风管道	直径为 0.4m，长度 25m，厚度为 4mm	m²	31.4	3.14×0.4×25

（2）定额工程量：

①$\phi400$ 的塑料通风管道的工程量为：

$S=\pi D\times L=3.14\times0.4\times25m^2=31.4m^2=3.14(10m^2)$

0.4 为塑料通风管道的直径

套用定额 9-292，基价：1120.34 元；其中人工费 535.22 元，材料费 223.12 元，机械费 362.00 元

查《全国统一安装工程预算工程量计算规则》GYD_{GZ}-201-2000 第十章　通风空调工程第一节　管道制作安装第 10.1.5 条：

塑料风管，复合型材料风管制作安装定额所列规则为内径，周长为内周长，

所以套用塑料通风管道定额时要以内径查定额。

②吊托支架工程量：

已知吊托支架一处的质量为 Mkg/个，共有两个吊托支架，所以吊托支架的工程量是 $2\times Mkg=2Mkg$

套用定额 9-270，基价：975.57 元；其中人工费 183.44 元，材料费 776.36 元，机械费 15.77 元

③风管测定孔制作安装工程量

查《全国统一安装工程预算工程量计算规则》GYD_{GZ}-201-2000 第十章　通风空调工程第一节　管道制作安装 第 10.1.9 条：风管测定孔制作安装，按其型号以"个"为计量单位

则风管测定孔工程量为 1 个

套用定额 9-43，基价：26.58 元；其中人工费 14.16 元，材料费 9.20 元，机械费 3.22 元

定额工程量计算见表1-41。

定额工程量计算表　　　　表1-41

序号	项目名称	单位	工程量	计算式
1	ϕ400 塑料通风管道	m²	31.40	3.14×0.4×25
2	两处吊托支架	kg	2M	2×M
3	1个风管测定孔	个	1	

项目编码：030702006　　项目名称：玻璃钢通风管道

【例29】 见如图1-29所示玻璃钢通风管道尺寸为800×800，长30m，试计算其工程量并套用定额(δ=2mm，不含主材费)。

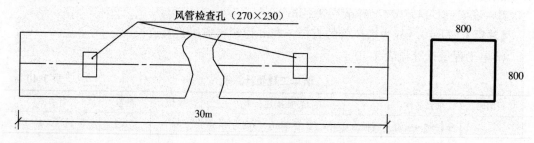

图 1-29　通风管示意图

【解】 (1) 清单工程量：

玻璃钢风管：$S=2(A+B)\times L=2\times(0.8+0.8)\times30m^2=96m^2$

【注释】 800×800为玻璃钢通风管道截面尺寸即截面长度×截面宽度，2×(0.8+0.8)为玻璃钢风管道的截面周长，L=30m为玻璃钢通风管道的长度。

清单工程量计算见表1-42。

清单工程量计算表　　　　表1-42

项目编码	项目名称	项目特征描述	单位	数量	计算式
030702006001	玻璃钢通风管道	800×800，长度30m，厚度为2mm	m²	96.00	2×(0.8+0.8)×30

(2) 定额工程量：

①δ=2mm的玻璃钢通风管道(800×800)的工程量为：

$S=2(A+B)\times L=2\times(0.8+0.8)\times30m^2=96m^2=9.6(10m^2)$

【注释】 定额工程量解释同清单工程量解释。

套用定额9-338，基价：172.81元；其中人工费63.85元，材料费106.44元，机械费2.52元

②风管检查孔的工程量为：

因风管检查孔尺寸为270×230，由《全国统一安装工程预算定额》第九册　通风空调工程(GYD-209-2000)中的"国标通风部件标准重量表"中"风管检查孔"(T614)序号1对应的尺寸：270×230可知其单重为1.68kg/个

因有两个风管检查孔所以其工程量为2×1.68kg=3.36kg=0.0336(100kg)

套用定额 9-42，基价：1147.41 元；其中人工费 486.92 元，材料费 543.99 元，机械费 116.50 元

定额工程量计算见表 1-43。

定额工程量计算表

表 1-43

序号	项目名称规格	单位	工程量	计算式
1	$\delta=2mm$ 的矩形玻璃钢风管	m²	96.00	$2\times(0.8+0.8)\times30$
2	风管检查孔(270×230)	kg	3.36	2×1.68

项目编码：030702007　项目名称：复合型风管

【例30】　已知复合型风管(400×400)$\delta=4mm$，长为 35m，表面除锈刷油处理，轻度除锈，刷一遍除锈漆，有两处吊托支架支撑，试计算其工程量并套用定额(不含主材费)。

(1) 清单工程量：

$$S=2(A+B)\times L=2\times(0.4+0.4)\times35m^2=56m^2$$

【注释】　400×400 为复合型风管的截面尺寸即截面长度×截面宽度，$2\times(0.4+0.4)$ 为复合型风管的截面周长，$L=35m$ 为复合型风管的长度。

清单工程量计算见表 1-44。

清单工程量计算表

表 1-44

项目编码	项目名称	项目特征描述	单位	数量	计算式
030702007001	复合型风管	400×400，$\delta=4mm$，长 35m，厚度为 4mm，支架支撑	m²	56.00	$2\times(0.4+0.4)\times35$

(2) 定额工程量：

①复合型风管(400×400)$\delta=4mm$ 的工程量

$$S=2\times(0.4+0.4)\times35m^2=2\times0.8\times35m^2=56m^2$$

【注释】　查《全国统一安装工程预算工程量计算规则》GYD_{GZ}-201-2000 第十章　通风空调工程　第一节　管道制作安装第 10.1.5 条：

塑料风管，复合型材料风管制作安装定额所列规则为内径，周长为内周长，

所以套用塑料通风管道定额时要以内径查定额。

套用定额 9-355，基价：132.35 元；其中人工费 24.15 元，材料费 63.96 元，机械费 44.24元

②除锈刷油工程量为：

$$S=2\times(A+B)\times L=2\times(0.4+0.4)\times35m^2=56m^2=5.6(10m^2)$$

除锈：套用定额 11-1，基价：11.27 元；其中人工费 7.89 元，材料费 3.38 元

刷油：套用定额 11-53，基价：7.40 元；其中人工费 6.27 元，材料费 1.13 元

③吊托支架工程量：

查《全国统一安装工程预算工程量计算规则》GYD_{GZ}-201-2000 第十章　通风空调工程　第一节　管道制作安装第 10.1.10 条：薄钢板通风管道、净化通风管道、玻璃钢通风管道、复合型材料通风管道的制作安装中已包括法兰、加固框和吊托支架，不得另行计算。

项目编码：030702008　　　项目名称：柔性软风管

【例 31】　已知一段柔性软风管，如图 1-30 所示 ϕ500，试计算此柔性软风管（无保温套）的工程量并套用定额（不含主材费）。

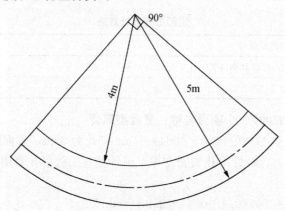

图 1-30　软风管示意图

【解】　（1）清单工程量：

$$L = \frac{1}{4} \times 2 \times \pi \times \frac{4+5}{2} \text{m} = \frac{1}{4} \times 3.14 \times 9 \text{m} = 7.07 \text{m}$$

【注释】　由图知，90°弧所对应的长度为 $\frac{1}{4} \times 2 \times \pi \times r$，$r = \frac{4+5}{2}$。

清单工程量计算见表 1-45。

清单工程量计算表　　　　　　　　　　　　　　　　表 1-45

项目编码	项目名称	项目特征描述	单位	数量	计算式
030702008001	柔性软风管	柔性软风管，ϕ500	m	7.07	$\frac{1}{4} \times 2 \times \pi \times \frac{4+5}{2}$

以上为柔性软风管的工程量

查《通用安装工程工程量计算规范》（GB 50856—2013）

附录 G 通风空调工程表 G.2 通风管道制作安装（编码：030702）中柔性软风管（030702008）的工程量计算规则：

按图示中心线长度计算，包括弯头、三通、变径管、天圆地方等管件的长度，但不包括部件所占的长度。

（2）定额工程量：

查《全国统一安装工程预算工程量计算规则》第十章　通风空调工程　第一节　管道制作安装（GYD$_{GZ}$-201-2000）

第 10.1.6 条：柔性软风管安装，按图示管道中心线长度以"m"为计量单位

如图所示 90°弧所对应的长度为 $\frac{1}{4} \times 2 \times \pi \times r$，

又由图可知 $r = \frac{4+5}{2} \text{m} = 4.5 \text{m}$，

所以这段柔性软风管的工程量为 7.065m。

套用定额 9-27，基价：1.16 元；其中人工费 1.16 元。

定额工程量计算见表 1-46。

序号	项目名称规格	单位	工程量	计算式
1	$\phi 500$ 柔性软风管	m	7.07	$\dfrac{1}{4} \times 2 \times 3.14 \times (4+5) \div 2$

项目编码：**030702001**　　　项目名称：**碳钢通风管道**

项目编码：**030703001**　　　项目名称：**碳钢阀门**

【**例 32**】　如图 1-31 所示 $\phi 500$ 碳钢通风管道上安装一止回阀，总长为 3m 试计算这一部分的工程量并套用定额（风管厚为 1.5mm，不含主材费）。

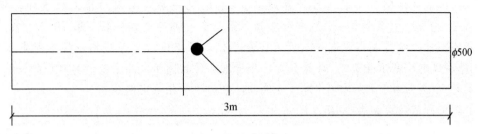

图 1-31　止回阀示意图

【**解**】　（1）清单工程量：

①$\phi 500$ 碳钢通风管道（$\delta = 1.5$mm）的工程量为：

$S = \pi DL = 3.14 \times 0.5 \times (3-0.3)\text{m}^2 = 3.14 \times 0.5 \times 2.7\text{m}^2 = 4.24\text{m}^2$

注：（3−0.3）是 $\phi 500$ 碳钢通风管道（$\delta = 1.5$mm）的长度；

3m 是风管与碳钢止回阀的总长度；

0.3 是碳钢止回阀的长度（由例 17 题可知：风管止回阀的长度为固定值 300mm）

②碳钢止回阀的工程量为 1 个

查《通用安装工程工程量计算规范》GB 50856—2013

附录 G 通风空调工程，表 G.2 通风管道部件制作安装（编码：030703）中的 030703001 碳钢调节阀制作安装对应的工程量计算规则：按图示数量计算。

清单工程量计算见表 1-47。

序号	项目编码	项目名称	项目特征描述	单位	数量	计算式
1	030702001001	碳钢通风管道	$\delta = 1.5$mm，$\phi 500$，风管厚为 1.5mm	m^2	4.24	$3.14 \times 0.5 \times (3-0.3)$
2	030703001001	碳钢阀门	止回阀 $\phi 500$	个	1	

（2）定额工程量：

①$\phi 500$ 通风碳钢管道的工程量为：

$S = \pi DL = 3.14 \times 0.5 \times (3-0.3)\text{m}^2 = 4.24\text{m}^2 = 0.424(10\text{m}^2)$

套用定额9-10，基价：634.78元；其中人工费348.53元，材料费183.66元，机械费102.59元

②φ500碳钢止回阀制作工程量为：

查《全国统一安装工程预算定额》第九册通风空调工程GYD-209-2000中的"国标通风部件标准重量表"对应的圆形风管止回阀垂直式T303-1序号8对应φ500的碳钢止回阀单重为13.69kg/个

所以工程量（制作）为1×13.69kg＝13.69kg＝0.1369（100kg）

套用定额9-55，基价：1012.82元；其中人工费310.22元，材料费613.49元，机械费89.11元

③φ500碳钢止回阀安装工程量为1个

套用定额9-79，基价：24.92元；其中人工费9.98元，材料费14.94元

注：标准部件制作安装工程计算规则查《全国统一安装工程预算工程量计算规则》GYD$_{GZ}$-201-2000中第十章 通风空调工程 第二节 部件制作安装 第10.2.1条："标准部件的制作，按其成品重量以"kg"为计量单位，根据设计型号规格，按本册定额附录四"国标通风部件标准重量表"计算重量，非标准部件按图示成品重量计算部件的安装按图示规格尺寸（周长或直径）以"个"为计量单位，分别执行相应定额。

定额工程量计算见表1-48。

定额工程量计算表   表1-48

序号	项目名称规格	单 位	工程量	计算式
1	φ500碳钢通风管道	m²	4.24	3.14×0.5×（3－0.3）
2	φ500碳钢止回阀制作	kg	13.69	1×13.69
3	φ500碳钢止回阀安装	个	1	

项目编码：030702008　　项目名称：柔性软风管

项目编码：030703002　　项目名称：柔性软风管阀门

【例33】 已知柔性软风管（无保温套）如图1-32所示尺寸为φ500，上面有一φ500的钢制蝶阀（手柄式），试计算其工程量并套用定额（不含主材费）。

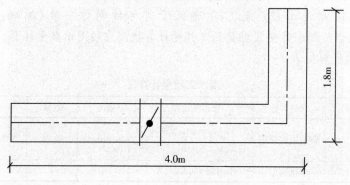

图1-32 柔性软风管示意图

【解】 （1）清单工程量：

①柔性软风管φ500工程量

$$L=(4.0-\frac{1}{2}\times0.5+1.8-\frac{1}{2}\times0.5-0.15)m=5.15m$$

②500×500钢制蝶阀(手柄式)的工程量是1个

注：$(4.0-\frac{1}{2}\times0.5+1.8-\frac{1}{2}\times0.5-0.15)$是柔性软风管的中心线长度；

4.0是柔性软风管水平方向包括蝶阀至管道最右侧外壁的距离；

$\frac{1}{2}\times0.5$是中心线轴线与最右侧外壁间的距离；

1.8是竖直方向管道外壁至顶端的距离；

0.15是蝶阀的长度。

(2)定额工程量：

柔性软风管定额工程量的计算与清单工程量的计算方法相同。

蝶阀安装工程量的计算与清单工程量的计算方法相同，制作工程量按质量计算，查《全国统一安装工程预算定额》GYD-209-2000第九册　通风空调工程　圆形 T302 序号5，13.08kg/个，所以制作工程量为1×13.08=13.08kg=0.1308(100kg)

1)柔性软风管(500×500)安装：套用定额 9-27，基价：1.16 元；其中人工费1.16 元。

2)蝶阀制作：套用定额 9-52，基价：872.86 元；其中人工费 265.64 元，材料费418.17 元，机械费189.05 元

3)蝶阀安装：套用定额 9-73，基价：19.24 元；其中人工费 6.97 元，材料费 3.33元，机械费 8.94 元

项目编码：030702004　项目名称：铝板通风管道

项目编码：030703003　项目名称：铝蝶阀

【例34】已知长为5m的铝板通风管如图 1-33，断面尺寸为 500mm×500mm，一处吊托支架，其上安装一 500mm×500mm 的铝蝶阀(是成品)，试计算这段管段设备的工程量并套用定额(δ=2mm，不含主材费)。

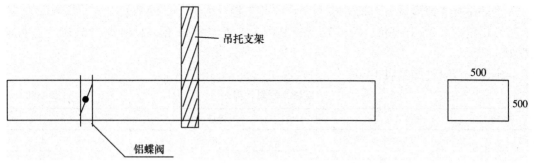

图 1-33　通风管示意图

【解】(1)清单工程量：

①500×500 铝板通风管道的工程量是：

$$S=2\times(0.5+0.5)\times(5.0-0.15)m^2=2\times1\times4.85m^2=9.70m^2$$

【注释】500×500 为铝板通风管的断面尺寸即管的长度×管的宽度，2×(0.5+0.5)

为铝板通风管的截面周长，5.0—0.15 为铝板通风管道的长度，0.15 为铝蝶阀的长度。

②500×500 铝蝶阀的工程量是 1 个。

查《通用安装工程工程量计算规范》(GB 50856—2013)

附录 G 通风空调工程，表 G.3 通风管道部件制作安装（编码：030703）中对应 030703003 的铝蝶阀工程量计算规则"按设计图示数量计算"。

注：(5.0—0.15)是铝板通风管道的长度；0.15 是表示铝蝶阀的长度。

清单工程量计算见表 1-49。

清单工程量计算表
表 1-49

序号	项目编码	项目名称	项目特征描述	单位	数量	计算式
1	030702004001	铝板通风管道	500×500，厚度为 2mm	m²	9.70	2×1×4.85
2	030703003001	铝蝶阀	长度 0.15	个	1	

（2）定额工程量：

①500×500 铝板通风管道的工程量与以清单方式计算工程量的结果相同，$S=9.70\text{m}^2=0.970(10\text{m}^2)$。

套用定额 9-282，基价：617.37 元；其中人工费 350.62 元，材料费 201.52 元，机械费 65.23 元

②500×500 铝蝶阀的安装工程量为 1 个。

套用定额 9-74，基价：40.98 元；其中人工费 12.07 元，材料费 15.32 元，机械费 13.59 元。

注：因铝蝶阀是成品，故不计算其制作工程量。

③吊托支架的工程量

查《全国统一安装工程预算工程量计算规则》GYD-201-2000 第十章 通风空调工程第一节 管道制作安装 第 10.1.11 条：不锈钢通风管道、铝板通风管道的制作安装中不包括法兰和吊托支架，可按相应定额以"kg"为计量单位另行计算。

一处吊托支架质量为 Mkg，故其制作安装工程量为 $1×M=M\text{kg}$

套用定额 9-270，基价：975.57 元；其中人工费 183.44 元，材料费 776.36 元，机械费 15.77 元

定额工程量计算见表 1-50。

定额工程量计算表
表 1-50

序号	项目名称规格	单位	工程量	计算式
1	500×500 铝板通风管道	m²	9.70	2×(0.5+0.5)×(5.0—0.15)
2	500×500 铝蝶阀安装	个	1	
3	吊托支架	kg	M	1×M

项目编码：030702003   项目名称：不锈钢板通风管道

项目编码：030703004   项目名称：不锈钢蝶阀

【例 35】 已知干管尺寸为 $\phi1000$ 的不锈钢板风管如图 1-34 所示，上面安装一个 $\phi1000$ 的不锈钢蝶阀，支管尺寸为 $\phi500$，干管上开一测定孔，并由三处吊托支架固定，试

计算其工程量并套用定额($\delta=3mm$，不含主材费)。

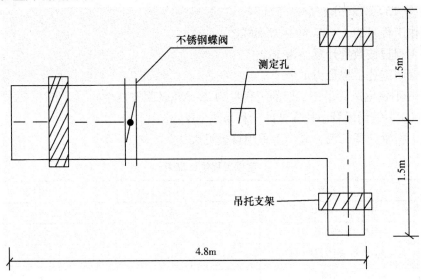

图 1-34　风管平面图

【解】(1)清单工程量：

①$\phi 1000$ 不锈钢风管工程量为：

$S=\pi \times 1 \times (4.8-0.15-0.5/2) m^2=3.14 \times 4.4 m^2=13.82 m^2$

【注释】　1 为 $\phi 1000$ 不锈钢风管的直径，$(4.8-0.15-0.5/2)$ 为 $\phi 1000$ 不锈钢风管的长度，0.15 为钢蝶阀的长度，0.5/2 为 $\phi 500$ 不锈钢风管的半径应减去，$(4.8-0.15-0.5/2)$ 为不锈钢风管的实长。

②$\phi 500$ 不锈钢风管工程量为：

$S=\pi \times 0.5 \times 1.5 \times 2 m^2$(因有两段相同的风管，故乘以 2)$=4.71 m^2$

【注释】　0.5 为 $\phi 500$ 不锈钢风管的直径，1.5×2 为 2 段风管的总长度。

③不锈钢蝶阀工程量为 1 个(不锈钢蝶阀的工程量计算规则按设计图示数量计算)。

清单工程量计算见表 1-51。

清单工程量计算表　　　　　　　　　　　　　　表 1-51

序号	项目编码	项目名称	项目特征描述	单位	数量	计算式
1	030702003001	不锈钢板通风管道	$\phi 1000$，厚度为 3mm	m²	13.82	$\pi \times 1 \times (4.8-0.15-0.5/2)$
2	030702003002	不锈钢板通风管道	$\phi 500$，厚度为 3mm	m²	4.71	$\pi \times 0.5 \times 1.5 \times 2$
3	030703004001	不锈钢蝶阀	$\phi 1000$	个	1	

(2)定额工程量：

①$\phi 1000$ 不锈钢风管工程量计算同清单形式下工程量的计算

$S=13.82 m^2$

②$500 \times 500$ 不锈钢风管工程量为 $S=4.71 m^2$。

③不锈钢蝶阀工程量

查《全国统一安装工程预算定额》GYD-209-2000 第九册　通风空调工程　圆形蝶阀 T302-1 序号 15，37.66kg/个。

则制作工程量为 1×37.66＝37.66kg

安装工程量按数量计算，为 1 个

④风管测定孔工程量为 1 个。

⑤φ500 不锈钢风管吊托支架的工程量为 2×Mkg（因有两个）。

⑥φ1000 不锈钢风管吊托支架的工程量为 Mkg。

定额工程量计算见表 1-52，工程预算表见表 1-53。

定额工程量计算表　　　　表 1-52

序号	项目名称规格	单位	工程量	计算式
1	φ1000 不锈钢风管	m²	13.82	$\pi \times 1 \times (4.8-0.15-0.5/2)$
2	φ500 不锈钢风管	m²	4.71	$\pi \times 0.5 \times 1.5 \times 2$
3	φ1000 不锈钢蝶阀制作	kg	37.66	1×37.66
4	φ1000 不锈钢蝶阀安装	个	1	
5	风管测定孔	个	1	
6	φ500 不锈钢风管吊托支架	kg	2M	$2 \times M$
7	φ1000 不锈钢风管吊托支架	kg	M	$1 \times M$

工程预算表　　　　表 1-53

序号	定额编号	分项工程名称	定额单位	工程量	基价/元	人工费	材料费	机械费
						其中/元		
1	9-266	φ1000 不锈钢风管	10m²	1.382	1115.01	531.97	399.25	183.79
2	9-265	φ500 不锈钢风管	10m²	0.471	1401.35	669.66	423.68	308.01
3	9-52	φ1000 不锈钢蝶阀制作	100kg	0.3766	872.86	265.64	418.17	189.05
4	9-75	φ1000 不锈钢蝶阀安装	个	1	53.76	16.25	19.63	17.88
5	9-43	风管测定孔	个	1	26.58	14.16	9.20	3.22
6	9-270	φ500 不锈钢风管吊托支架	100kg	0.02M	975.57	183.44	776.36	15.77
7	9-270	φ1000 不锈钢风管吊托支架	100kg	0.01M	975.57	183.44	776.36	15.77

项目编码：030702005　　项目名称：塑料通风管道

项目编码：030703005　　项目名称：塑料阀门

【例 36】已知一塑料通风管道（如图 1-35 所示）断面尺寸为 250mm×250mm，壁厚为 δ＝3mm，总长为 60m，其上有两个方形塑料插板阀（250mm×250mm），试计算工程量并

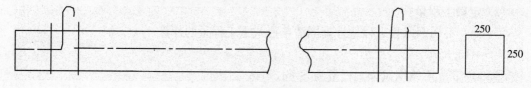

图 1-35　通风管道示意图

套用定额(不含主材费)。

（1）清单工程量：

①250×250 塑料风管的工程量为：

$S=2\times(0.25+0.25)\times(60-0.43\times2)m^2=2\times0.5\times59.14m^2=59.14m^2$

【注释】　250×250 为塑料通风管道的断面尺寸即截面长度×截面宽度，$2\times(0.25+0.25)$为塑料通风管道的截面周长，60 为管道的长度，$60-0.43\times2$ 为塑料通风管中心线长度，0.43 为每个插板阀的长度，共有 2 个插板阀，故有 0.43×2。

②两个方型塑料插板阀的工程量是 2 个

清单工程量计算见表 1-54。

清单工程量计算　　　　　　　　　　　　　　　　　　表 1-54

序号	项目编码	项目名称	项目特征描述	单位	数量	计算式
1	030702005001	塑料通风管道	250×250，壁厚 3mm	m²	59.14	$2\times(0.25+0.25)\times(60-0.43\times2)$
2	030703005001	塑料阀门	塑料插板阀，250×250	个	2	

查《通用安装工程工程量计算规范》（GB 50856—2013）附录 G 通风空调工程表 G.3 通风管道部件制作安装（编码：030703）中 030703005 塑料风管阀门制作安装的工程量计算规则："按设计图示数量计算（包括塑料蝶阀、塑料插板阀，各型风罩塑料调节阀）"

注：（60−0.43×2）是塑料风管（250×250）中心线长度，60m 是风管与 2 个方型塑料插板阀的长度之和，而每个插板阀为 430mm（见例 17）

$$D=\frac{2AB}{A+B}=\frac{2\times250\times250}{250+250}mm=250mm$$

因有两个方型塑料插板阀所以工程量为两个。

（2）定额工程量：

①250×250 塑料风管的工程量为：

$S=2\times(0.25+0.25)\times(60-0.43\times2)m^2=2\times0.5\times59.14m^2$

$=59.14m^2$

$=5.914(10m^2)$

【注释】　定额工程量解释同清单工程量解释相同。

套用定额 9-295，基价：1218.59 元；其中人工费 645.05 元，材料费 184.50 元，机械费 389.04 元

②250×250 方型塑料插板阀的工程量

查《全国统一安装工程预算定额》GYD-209-2000 第九册　通风空调工程　塑料斜插板方形 T355-2 序号 2，4.27kg/个

所以塑料插板阀的制作安装工程量为 2×4.27＝8.54kg＝0.0854(100kg)

套用定额 9-314，基价：4446.10 元；其中人工费 1207.44 元，材料费 1767.02 元，机械费1471.64元

项目编码：030702006　　项目名称：玻璃钢通风管道

项目编码：030703006　　项目名称：玻璃钢蝶阀

【例 37】　已知某玻璃钢通风管道如图 1-36 所示，断面尺寸为 1000mm×1000mm，弯头内有两导流叶片，导流叶片半径为 500mm，对应角度为 90°，且管上有一玻璃钢蝶阀，试计算图示工程量并套用定额(不含主材费)。

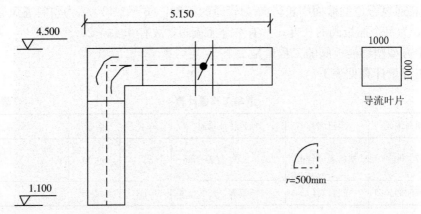

图 1-36　通风管道示意图

【解】　(1) 清单工程量：

① 1000×1000 玻璃风管的工程量为：

$$S = 2 \times (1.0+1.0) \times (4.5-1.1-0.5+5.15-0.15-0.5) \text{m}^2 = 2 \times 2 \times 7.4 \text{m}^2$$
$$= 29.60 \text{m}^2$$

【注释】　1000×1000 为玻璃钢通风管的断面尺寸即断面长度×断面宽度，2×(1.0+1.0)为玻璃钢通风管的断面周长，(4.5−1.1−0.5)为风管的竖直中心线长度，(5.15−0.15−0.5)为水平中心线长度，其中 0.5 为通风管道宽度的一半，0.15 为钢蝶阀的长度。

② 1000×1000 方形玻璃蝶阀的工程量为：1 个

清单工程量计算见表 1-55。

清单工程量计算表　　　　　　　　　　　　　　　表 1-55

序号	项目编码	项目名称	项目特征描述	单位	数量	计算式
1	030702006001	玻璃钢通风管道	1000×1000，导流叶片半径 500mm	m²	29.60	$2 \times (1.0+1.0) \times$ $(4.5-1.1-0.5+5.15$ $-0.15-0.5)$
2	030703006001	玻璃钢蝶阀	1000×1000 方型	个	1	

(2) 定额工程量：

① 1000×1000 玻璃风管的工程量为：

$$S = 2 \times (1.0 \times 1.0) \times (4.5-1.1-0.5+5.15-0.15-0.5) \text{m}^2 = 2 \times 2 \times 7.4 \text{m}^2$$

$$= 29.6 \text{m}^2 = 2.96 (10 \text{m}^2)$$

【注释】　定额工程量解释同清单工程量解释。

套用定额 9-337，基价：232.35 元；其中人工费 84.75 元，材料费 142.64 元，机械

费4.96元

② 1000×1000 方形玻璃蝶阀的安装工程量为 1 个。

套用定额 9-76，基价：70.73 元；其中人工费 22.29 元，材料费 23.42 元，机械费 25.02元

查《全国统一安装工程预算定额》GYD-209-2000 第九册　通风空调工程　方形蝶阀序号 10，49.55kg/个。

所以方形玻璃蝶阀的制作工程量为 1×49.55＝49.55kg。

套用定额 9-54，基价：701.39 元；其中人工费 188.55 元，材料费 393.25 元，机械费119.59元

③ 导流叶片($r＝500mm$)的工程量为：

$$S＝2×2\pi×0.5×\frac{\pi}{2}×1.0m^2＝9.86m^2$$

因为有两个导流叶片所以乘以 2，具体详解见【例 18】导流叶片定额工程量的计算。

查《全国统一安装工程预算工程量计算规则》GYD$_{GZ}$-201-2000　第十章通风空调工程第一节管道制作安装　第 10.1.3 条"风管导流叶片制作安装按图示叶片的面积计算"。

套用定额 9-40，基价：79.94 元；其中人工费 36.69 元，材料费 43.25 元

注：(4.5－1.1－0.5＋5.15－0.15－0.5)玻璃风管(1000×1000)中心线长度。

其中：(4.5－1.1－0.5)为竖直方向玻璃风管中心线长度；

(5.15－0.15－0.5)为水平方向玻璃风管中心线长度；

0.15 为玻璃钢蝶阀的长度。

项目编码：030701004　　　项目名称：风机盘管
项目编码：030702003　　　项目名称：不锈钢板通风管道
项目编码：030703001　　　项目名称：碳钢阀门
项目编码：030703004　　　项目名称：不锈钢蝶阀
项目编码：030703008　　　项目名称：不锈钢风口、散流器、百叶窗

【例 38】　已知：如图 1-37 所示为一新风引入系统图，新风引自室外经新风机组处理后进入各房间内的风机盘管与室内回风混合后再由不锈钢方形直片散流器(400mm×400mm)送入室内，新风机组前后有软接头长为 200mm，干管尺寸为 1000mm×1000mm且接有防火阀(碳钢制成，成品)和一个不锈钢蝶阀，试计算其工程量(吊托支架共八处)并套用定额(不含主材费)。

【解】　(1) 清单工程量：

① 1000×1000 不锈钢干管工程量为：

$$S＝2×(1.0＋1.0)×\frac{(1.5＋3.0＋1.5＋1.5＋1.5＋1.5＋1.5＋0.5－1.0－0.15－1.0－0.24)}{a}m^2$$

$$＝2×2×(12.5－2－0.39)m^2＝40.44m^2$$

【注释】　1000×1000 为干管断面尺寸即断面长度×断面宽度，2×(1.0＋1.0)为干管的截面周长，(1.5＋3.0＋1.5＋1.5＋1.5＋1.5＋1.5＋0.5－1.0－0.15－1.0－0.24)为干管的中心线长度，其中 1.0 为新风机组包括软接头的长度，0.15 为蝶阀的长度，(1.0＋

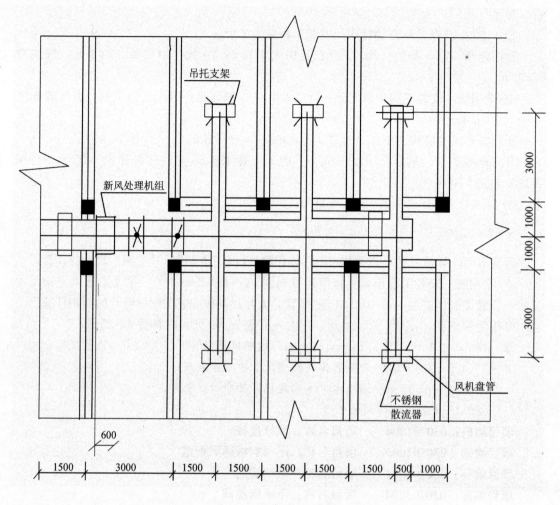

图 1-37　送风系统示意图

2.4)为矩形防火阀的长度。

　　② 400×400 不锈钢支管工程量为：

$$S=2\times(0.4+0.4)\times\frac{(1.0+3.0)}{b}\times6m^2=2\times0.8\times4\times6m^2=38.40m^2$$

　　【注释】　400×400 为不锈钢方形直片散流器的截面面积即截面长度×截面宽度，2×(0.4+0.4)为不锈钢支管的截面周长，$\frac{(1.0+3.0)}{b}$为 400×400 不锈钢支管的长度，共有6根不锈钢支管故乘以6。

　　③ 新风机组工程量是 1 台

　　④ FC-630 风机盘管的工程量是 1×6 台＝6 台

　　因有六台所以乘以 6

　　查《通用安装工程工程量计算规范》(GB 50856—2013)

　　附录 G 通风空调工程，表 G.1 通风及空调设备及部件制作安装(编码：030701)中项目编码 030901004 对应"风机盘管"的工程量计算规则"按设计图示数量计算"。

⑤ 1000×1000 碳钢防火阀的工程量为 1 个。

⑥ 1000×1000 不锈钢蝶阀的工程量为 1 个。

⑦ 400×400 不锈钢散流器的工程量为 6×1 个＝6 个。

因有 6 个所以乘以 6

查《通用安装工程工程量计算规范》(GB 50856—2013)

附录 G 通风空调工程，表 G.3 通风管道部件制作安装（编码：030703）中的 030703008 对应"不锈钢风口、散流器、百叶窗"的工程量计算规则"按设计图示数量计算"。

⑧ 软接头的工程量为 2×(1+1)×0.2×2＝1.60m²

注：a 是 1000×1000 不锈钢干管中心线长度，其中 1.0 是新风机组包括软接头的长度，0.15 是不锈钢蝶阀的长度，而(1.0＋0.24)是矩形防火阀的长度，详解见【例 17】。

b 是一根不锈钢支管(400×400)的长度。

清单工程量见表 1-56。

清单工程量计算表　　　　　　　　　　　　　　　　表 1-56

项目编码	项目名称	项目特征描述	单位	工程量	计算式
030701004001	风机盘管	FC-630	台	6	1×6
031006006001	新风机组		台	1	
030702003001	不锈钢通风管道	1000×1000	m²	40.44	2×(1.0+1.0)×(1.5+3.0+1.5+1.5+1.5+1.5+1.5+0.5−1.0−0.15−1.0−0.24)
030702003002	不锈钢通风管道	400×400	m²	38.40	2×(0.4+0.4)×(1.0+3.0)×6
030703001001	碳钢防火阀	1000×1000	个	1	
030703004001	不锈钢蝶阀	1000×1000	个	1	
030703008001	方形直片不锈钢散流器	400×400	个	6	1×6
030703019001	柔性接口	长 200mm	m²	1.60	2×(1+1)×0.2×2

(2) 定额工程量：

1000×1000 不锈钢干管，400×400 不锈钢支管，新风机组，风机盘管(FC-630)，1000×1000 碳钢防火阀，1000×1000 不锈钢蝶阀，400×400 不锈钢方形直片式散流器的安装工程量与清单中与之对应的工程量相同。

① 吊托支架（干管）的工程量为：2×18.2kg＝36.40kg

每个吊架支架重量为 18.2kg，因有两个，所以要乘以 2。

② 吊托支架（支管）的工程量为：6×9.1kg＝54.60kg(因有 6 处支管吊托支架)。

③ 软接头工程量为：

$$S=2×(1.0+1.0)×0.2×2m^2=2×2×0.2×2m^2=1.60m^2$$

【注释】 2×(1.0+1.0)为干管的截面周长，0.2 为软接头的长度，因有 2 段软接头故乘以 2。因有 2 段故乘以 2。

定额工程量计算见表 1-57，工程预算表见表 1-58。

定额工程量计算表 表 1-57

序号	项目名称规格	单位	工程量	计算式
1	风机盘管(FC-630)	台	6	1×6
2	新风机组	台	1	
3	1000×1000 不锈钢风管	m²	40.44	2×(1.0+1.0)×(1.5+3.0+1.5+1.5+1.5+1.5+1.5+0.5−1.0−0.15−1.0−0.24)
4	400×400 不锈钢风管	m²	38.40	2×(0.4+0.4)×(1.0+3.0)×6
5	1000×1000 碳钢防火阀	个	1	
6	1000×1000 不锈钢蝶阀	个	1	
7	400×400 方形直片不锈钢散流器	个	6	1×6
8	干管吊托支架	kg	36.40	2×18.2
9	支管吊托支架	kg	54.60	6×9.1
10	软接头(1000×1000)	m²	1.60	2×(1.0+1.0)×0.2×2

工程预算表 表 1-58

序号	定额编号	分项工程名称	定额单位	工程量	基价/元	其中/元 人工费	其中/元 材料费	其中/元 机械费
1	9-245	风机盘管安装	台	6	98.69	28.79	66.11	3.79
2	9-216	离心式通风机安装	台	1	34.15	19.74	14.41	—
3	9-266	1000×1000 不锈钢风管	10m²	4.044	1115.01	531.97	399.25	183.79
4	9-264	400×400 不锈钢风管	10m²	3.84	1372.27	781.12	276.70	314.45
5	9-90	1000×1000 碳钢防火阀	个	1	65.90	42.03	23.87	—
6	9-76	1000×1000 不锈钢风管蝶阀	个	1	70.73	22.29	23.42	25.02
7	9-148	400×400 方形直片不锈钢散流器	个	6	10.94	8.36	2.58	—
8	9-270	干管吊托支架	100kg	0.364	975.57	183.44	776.36	15.77
9	9-270	支管吊托支架	100kg	0.546	975.57	183.44	776.36	15.77
10	9-41	软接头(1000×1000)	m²	1.60	171.45	47.83	121.74	1.88

项目编码：030703001　　项目名称：碳钢阀门

项目编码：030108001　　项目名称：离心式通风机

项目编码：030108003　　项目名称：轴流式通风机

项目编码：030701003　　项目名称：空调器

项目编码：030702005　　项目名称：塑料通风管道

项目编码：030703005　　项目名称：塑料阀门

项目编码：030703009　　项目名称：塑料风口、散流器、百叶窗

项目编码：030703020　　项目名称：消声器

项目编码：030703021　　项目名称：静压箱

【例 39】 已知如图 1-38 所示为一厂房空调管路平面图，新风干管(φ800)经通风机将室外新风通入空调器中处理到满足室内要求时，再由静压箱消声器等送入房间，水平支管

为 $\phi500$，竖直送风支管为 $\phi320$，并连有塑料圆形直片散流器($\phi320$)，所有管道均为塑料管道，厚度均为 4mm，通风机长宽高为($1.0\times0.8\times1.0$)空调器尺寸为 $0.7\times1.0\times1.2$，静压箱尺寸为 $1.25\times1.25\times1.25$(由 $\delta=1.5mm$ 镀锌薄钢板制成)消声器(800×600)长为 315mm，吊托支架共有六处，刷红丹防锈漆一遍，软接头长 300mm，试计算此平面图的工程量并套用定额(不含主材费)。

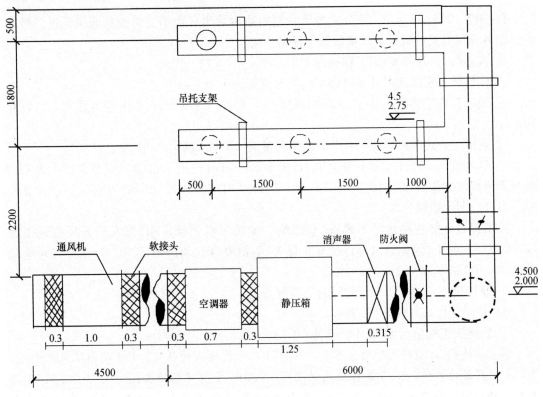

图 1-38　某厂房空调管路平面图

【解】　(1)清单工程量：

① 通风机工程量为 1 台。

查《通用安装工程工程量计算规范》附录 A 机械设备安装工程，表 A.8 风机安装(编码 030108)中 030108001 离心式通风机、030108003 轴流式通风机工程量计算规则"按设计图示数量计算"。

② 空调器的工程量为 1 台

同理由 030701003 空调器的工程量计算规则"按设计图示数量计算"

③ 干管塑料通风管道($\phi800$)的工程量为

$$S=\pi\times0.8\times\frac{(4.5+6-0.3-1.0-0.3-0.3-0.7-0.3-1.25-0.315-0.8-0.24-}{a}$$

$$\frac{0.8/2+4.5-2.0+0.8/2+2.2+1.8+0.5-0.21)m^2}{a}$$

$$=29.60m^2$$

④ 水平支管塑料通风管道($\phi500$)工程量为：

$$S = 3.14 \times 0.5 \times \frac{(0.5+1.5+1.5+1.0+0.8 \div 2) \times 2}{b} m^2$$
$$= 3.14 \times 0.5 \times 4.9 \times 2 m^2 = 15.39 m^2$$

⑤ 竖向支管塑料通风管道($\phi320$)的工程量为：

$$S = \pi \times 0.32 \times \frac{(4.5-2.75) \times 6}{c} m^2 = 3.14 \times 0.32 \times 1.75 \times 6 m^2 = 10.55 m^2$$

【注释】 0.8、0.5、0.32 分别为干管塑料通风管道、水平支管塑料通风管道、竖向支管塑料通风管道的直径，其他数据解释见下文。

⑥ 圆形防火阀($\phi800$)的工程量为 1 个。

⑦ 圆形塑料密闭式对开多叶调节阀的工程量为 1 个。

⑧ 圆形直片塑料散流器($\phi320$)的工程量为：1×6 个 $= 6$ 个(因有 6 个散流器，所以乘以 6)。

⑨ 阻抗复合式消声器(800×600)的工程量为 $1 \times 96.08 kg = 96.08 kg$。

查《通用安装工程工程量计算规范》(GB 50856—2013)附录 G 通风空调工程中表 G.3 通风管道部件制作安装(编码：030703)030703020 对应消声器制作安装的工程量计算规则：按设计图示数量计算。

在工程量计算规则指导下再查《全国统一安装工程预算定额》第九册通风空调工程 GYD-209-2000 中"国标通风部件标准重量表"阻抗复合式消声器(T701-6)序号 2 对应尺寸 800×600 的单重为 96.08kg/个。

⑩ 静压箱($1.25 \times 1.25 \times 1.25$)的工程量为：

$$S = 1.25 \times 1.25 \times 6 m^2 = 9.38 m^2$$

⑪ 软接头工程量为 $4 \times 3.14 \times 0.8 \times 0.3 m^2 = 3.01 m^2$

注：a 是 $\phi800$ 塑料风管的总长度，其中 0.3 为软接头的长度，1.0 是通风机的长度，0.7 是空调器的长度，1.25 是静压箱的长度，0.315 是消声器的长度，(0.8+0.24)是圆形防火阀($\phi800$)所占的长度，$0.8 \div 2$ 是干管 $\phi800$ 管径的一半，(4.5-2.0)是竖直方向 $\phi800$ 风管的长度，0.21 是塑料密闭式多叶调节阀的长度。

b 是 $\phi500$ 塑料风管的长度，因有两段相同的长度所以乘以 2。

c 是竖直方向 $\phi320$ 塑料风管的长度

因有 6 段相同的支管所以要乘以 6。

清单工程量计算见表 1-59。

清单工程量计算表 表 1-59

项目编码	项目名称	项目特征描述	单位	数量	计算式
030108001001	离心式通风机	$1.0 \times 0.8 \times 1.0$	台	1	
030701003001	空调器	$0.7 \times 1.0 \times 1.2$	台	1	
030702005001	塑料圆形风管	$\delta=4, \phi800$	m²	29.60	$3.14 \times 0.8 \times (4.5-0.3-1.0-0.3-0.3-0.7-0.3-1.25+6-0.315-0.8-0.24-0.8 \div 2+4.5-2.0+0.8 \div 2-0.21+2.2+1.8+0.5)$
030702005002	塑料圆形风管	$\delta=4, \phi500$	m²	15.39	$3.14 \times 0.5 \times (0.5+1.5+1.5+1.0+0.8 \div 2) \times 2$

项目编码	项目名称	项目特征描述	单位	数量	计算式
030702005003	塑料圆形风道	$\delta=4$，$\phi320$	m²	10.55	$3.14\times0.32\times(1.5+0.5\div2)\times6$
030703001001	圆形防火阀	$\phi800$	个	1	
030703005002	塑料密闭式对开多叶调节阀	圆形	个	1	
030703009001	塑料圆形直片散流器	$\phi320$	个	6	1×6
030703020001	阻抗复合式消声器	800×600	kg	96.08	1×96.08
030703021001	静压箱	$1.25\times1.25\times1.25$，$\delta=1.5mm$	m²	9.38	$1.25\times1.25\times6$
030703019001	柔性接口	长300mm	m²	3.01	$4\times3.14\times0.8\times0.3$

（2）定额工程量：

①通风机②空调器的工程量与在清单形式下的工程量相同。

查《全国统一安装工程预算工程量计算规则》GYD$_{GZ}$-201-2000 第十章　通风空调工程第三节 通风空调设备安装：

第10.3.1条风机安装按设计不同型号以"台"为计量单位。

第10.3.2条整体式空调机组安装空调器按不同重量和安装方式以"台"为计量单位，分组式空调器按重量以"kg"为计量单位。

③ $\phi800$ 塑料风管的工程量为：

$$S=3.14\times0.8\times(4.5-0.3-1.0-0.3-0.3-0.7-0.3-1.25+6-0.315-0.8-$$
$$0.24-0.8\div2+4.5-2.0+0.8\div2-0.21+2.2+1.8+0.5)m^2$$
$$=3.14\times0.8\times11.785m^2$$
$$=29.60m^2$$

④ $\phi500$ 塑料风管的工程量为：

$$S=3.14\times0.5\times(0.5+1.5+1.5+1.0+0.8\div2)\times2m^2$$
$$=3.14\times.05\times4.9\times2m^2=15.39m^2$$

⑤ $\phi320$ 塑料风管的工程量为：

$$S=3.14\times0.32\times(4.5-2.75)\times6m^2$$
$$=3.14\times0.32\times1.75\times6m^2$$
$$=10.55m^2$$

【注释】 塑料风管的定额工程量解释同清单工程量解释。

⑥ 圆形防火阀（$\phi800$）的制作工程量为

$1\times Mkg=Mkg$

⑦ 圆形碳钢防火阀（$\phi800$）的安装工程量为1个。

⑧ 圆形塑料密闭式对开多叶调节阀（$\phi800$）的安装工程量为1个。

制作工程为 $1\times Mkg=Mkg$

⑨ 圆形塑料直片散流器的制作工程量是 $6\times4.46kg=26.76kg$。

查《全国统一安装工程预算定额》GYD-209-2000 第九册　通风空调工程　T235-1，$\phi320$ 塑料直片散流器为 $4.46kg/$个。

⑩ 圆形塑料直片散流器的安装工程量是 1×6 个＝6个。

因有 6 个所以乘以 6。

⑪ 阻抗复合式消声器（800×600）的工程量是 96.08kg。

⑫ 静压箱（$1.25 \times 1.25 \times 1.25$）的制作安装工程量是：

$1.25 \times 1.25 \times 6m^2 = 9.38m^2$

⑬ 软接头的工程量为

$S = 4 \times 3.14 \times 0.8 \times 0.3m^2 = 3.01m^2$

因有 4 段所以乘以 4。

【注释】 3.14×0.8 为软接头的截面周长，0.3 为软接头的长度，共有 4 段软接头故乘以 4。

⑭ 吊托支架（$\phi800$）的工程量为 $2 \times 18.2kg = 36.4kg$。

因为有两处 $\phi800$ 吊托支架所以乘以 2。

⑮ 吊托支架（$\phi500$）的工程量为 $4 \times 9.1kg = 36.4kg$。

因为有 4 处 $\phi500$ 风管吊托支架所以乘以 4。

⑯ 吊托支架刷一遍红丹防锈漆的工程量为：

$(2 \times 18.2 + 4 \times 9.1)kg = 72.8kg$

定额工程量计算见表 1-60，工程预算表见表 1-61。

定额工程量计算表 表 1-60

序号	项目名称规格	单位	工程量	计算式
1	离心式通风机	台	1	
2	空调器	台	1	
3	$\phi800$ 塑料风管 $\delta=4mm$	m²	29.60	$3.14 \times 0.8 \times (4.5-0.3-1.0-0.3-0.3-0.7-0.3$ $-1.25+6-0.315-0.8-0.24-0.8 \div 2+4.5-2.0+$ $0.8 \div 2-0.21+2.2+1.8+0.5)$
4	$\phi500$ 塑料风管 $\delta=4mm$	m²	15.39	$3.14 \times 0.5 \times (0.5+1.5+1.5+1.0+0.8 \div 2) \times 2$
5	$\phi320$ 塑料风管 $\delta=4mm$	m²	10.55	$3.14 \times 0.32 \times (4.5-2.75) \times 6$
6	圆形碳钢防火阀（$\phi800$）制作	kg	M	$1 \times M$
7	圆形碳钢防火阀（$\phi800$）安装	个	1	
8	圆形密闭式对开多叶调节阀安装（$\phi800$）	个	1	
9	圆形直片式散流器（$\phi320$）制作	kg	26.76	6×4.46
10	圆形直片散流器（$\phi320$）安装	个	6	1×6
11	阻抗复合式消声器（800×600）	kg	96.08	1×96.08
12	静压箱（$1.25 \times 1.25 \times 1.25$）	m²	9.38	$1.25 \times 1.25 \times 6$
13	软接头（$\phi800$）	m²	3.01	$4 \times 3.14 \times 0.8 \times 0.3$
14	吊托支架（$\phi800$）	kg	36.40	2×18.2
15	吊托支架（$\phi500$）	kg	36.40	4×9.1
16	吊托支架刷一遍红丹防锈漆（包括 $\phi800$ 风管吊托支架和 $\phi500$ 风管吊托支架）	kg	72.80	$2 \times 18.2+4 \times 9.1$

工程预算表　　　　　　　　　　　　　　　　　表 1-61

序号	定额编号	分项工程名称	定额单位	工程量	基价/元	其中/元		
						人工费	材料费	机械费
1	9-216	离心式通风机安装	台	1	34.15	19.74	14.41	—
2	9-235	空调器安装	台	1	44.72	41.80	2.92	—
3	9-293	$\phi800$ 塑料风管	10m²	2.960	1218.42	521.75	287.42	409.25
4	9-292	$\phi500$ 塑料风管 $\delta=4mm$	10m²	1.539	1120.34	535.22	223.12	362.00
5	9-292	$\phi320$ 塑料风管 $\delta=4mm$	10m²	1.055	1120.34	535.22	223.12	362.00
6	9-64	圆形碳钢风管防火阀($\phi800$)制作	100kg	0.01M	759.23	228.95	417.22	113.06
7	9-89	圆形碳钢风管防火阀($\phi800$)安装	个	1	48.20	29.02	19.18	—
8	9-84	对开多叶调节阀安装	个	1	25.77	10.45	15.32	—
9	9-62	对开多叶调节阀制作	100kg	0.01M	1103.29	344.58	546.37	212.34
10	9-110	圆形直片式散流器($\phi320$)制作	100kg	0.2676	2119.76	1170.75	584.54	364.47
11	9-150	圆形直片散流器($\phi320$)安装	个	6	8.82	7.89	0.93	—
12	9-200	阻抗复合式消声器（800×600）	100kg	0.9608	960.03	365.71	585.05	9.27
13	9-252	静压箱(1.25×1.25×1.25)	10m²	0.938	468.34	283.28	166.14	18.92
14	9-41	软管接口($\phi800$)	m²	3.01	171.45	47.83	121.74	1.88
15	9-270	吊托支架($\phi800$)	100kg	0.364	975.57	183.44	776.36	15.77
16	9-270	吊托支架($\phi500$)	100kg	0.364	975.57	183.44	776.36	15.77
17	11-117	吊托支架刷一遍红丹防锈漆	100kg	0.728	13.17	5.34	0.87	6.96

项目编码：030701004　　项目名称：风机盘管

项目编码：030702004　　项目名称：铝板通风管道

项目编码：030703011　　项目名称：铝及铝合金风口，散流器

【例 40】　如图 1-39 所示为一房间风机盘管风管平面布置图，风机盘管型号为 FC-630 分别由两个吊顶支架固定在天花板上，有两个回风口(400mm×240mm)和两个单层百叶送风口(470×285)，新风干管尺寸为 400mm×400mm，为铝板通风管道 $\delta=3mm$，支管也为铝板风管尺寸为 200mm×200mm，$\delta=2mm$，在风机盘管内新风与回风混合再送入房间，各风口均采用铝合金材料。风管保温材料采用厚度 60mm 的玻璃棉毡，防潮层采用油毡纸，保护层采用玻璃布，风机盘管的吊托支架刷两遍红丹防锈漆，计算工程量并套用定额(不含主材费)。

【解】　(1) 清单工程量：

① 风机盘管(FC-630)的工程量为：2 台

② 400×400 铝板通风管的工程量为：

$$S=2\times(0.4+0.4)\times\frac{(0.7+1.7+0.3)}{a(长度)}m^2=2\times0.8\times2.7m^2=4.32m^2$$

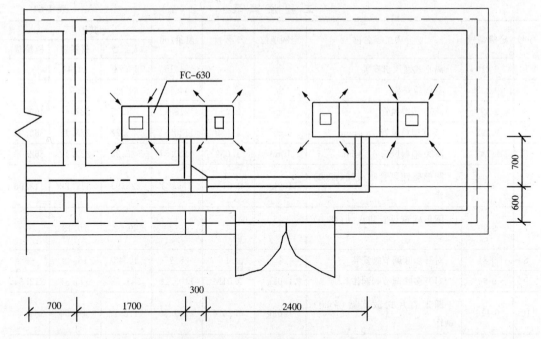

图 1-39　风机盘管风管平面布置图

【注释】　400×400 为新风干管的截面尺寸即截面长度×截面宽度，$2 \times (0.4+0.4)$ 为铝板通风管的截面周长，由图知 $\dfrac{(0.7+1.7+0.3)}{a(长度)}$ 为铝板通风管的长度。

③ 200×200 铝板通风管的工程量为：

$$S = 2 \times (0.2+0.2) \times \frac{(0.7+0.7-0.2 \div 2+2.4)}{b(长度)} \mathrm{m}^2 = 2 \times 0.4 \times 3.7 \mathrm{m}^2 = 2.96 \mathrm{m}^2$$

【注释】　200×200 为铝板通风管的截面面积即截面长度×截面宽度，由图知 $\dfrac{(0.7+0.7-0.2 \div 2+2.4)}{b(长度)}$ 为铝板通风管的长度。

④ 400×240 单层百叶回风口的工程量为 2 个。

查《通用安装工程工程量计算规范》（GB 50856—2013）中的附录 G 通风空调工程表 G.3 通风管道部件制作安装（编码：030703）中的 030703011 铝及铝合金风口、散流器制作安装的工程量计算规则："按设计图示数量计算"。

⑤ 470×285 单层百叶送风口的工程量为 2 个

清单工程量计算见表 1-62。

清单工程量计算表　　　　　　　　　　　　　　　表 1-62

序号	项目编码	项目名称	项目特征描述	单位	数量	计算式
1	030701004001	风机盘管	FC-630，吊顶	台	2	
2	030702004001	铝板通风管道	400×400，厚度为 3mm	m²	4.32	$2 \times (0.4+0.4) \times (0.7+1.7+0.3)$
3	030702004002	铝板通风管道	200×200，厚度为 2mm	m²	2.96	$2 \times (0.2+0.2) \times (0.7+0.7-0.2 \div 2+2.4)$

序号	项目编码	项目名称	项目特征描述	单位	数量	计算式
4	030703011001	铝及铝合金风口、散流器	回风口，400×240	个	2	
5	030703011002	铝及铝合金风口，散流器	单层百叶送风口，470×285	个	2	

（2）定额工程量：

① 风机盘管

② 400×400 铝板通风管

③ 200×200 铝板通风管的工程量计算同清单中工程量的计算。

④ 400×240 单层百叶回风口的制作工程量为：

查《全国统一安装工程预算定额》第九册通风空调工程(GYD-209-2000)中"国标通风部件标准重量表"单层百叶风口 T202-2 序号 5 尺寸为 400×240 的风口单重为1.94kg/个，故其工程量为 2×1.94kg＝3.88kg。

⑤ 400×240 单层百叶回风口的安装工程量为 2 个。

⑥ 470×285 单层百叶送风口的制作工程量为：

2×2.48kg＝4.96kg

⑦ 470×285 单层百叶送风口的安装工程量为 2 个。

⑧ 吊托支架的制作安装工程量为：

4×9.1kg＝36.40kg(因有四个支架所以乘以四)

⑨ 吊托支架刷第一遍红丹防锈漆的工程量为：

4×9.1kg＝36.40kg

⑩ 吊托支架刷第二遍红丹防锈漆的工程量为：

4×9.1kg＝36.40kg

⑪ 400×400 铝板风管保温层工程量为：

$V = 1.033\delta \times L \times 2 \times [(A+1.033\delta)+(B+1.033\delta)]$

$= 1.033 \times 0.06 \times (0.7+1.7+0.3) \times 2 \times [(0.4+1.033 \times 0.06)+(0.4+1.033 \times 0.06)]\text{m}^3$

$= 1.033 \times 0.06 \times 2.7 \times 2 \times 2 \times (0.4+1.033 \times 0.06)\text{m}^3$

$= 0.31\text{m}^3$

⑫ 400×400 铝板风管防潮层工程量为：

$S = [(A+2.1\delta+0.0082)+(B+2.1\delta+0.0082)] \times 2 \times L\text{m}^2$

$= [(0.4+2.1 \times 0.06+0.0082)+(0.4+2.1 \times 006+0.0082)] \times 2 \times (0.7+1.7+0.3)\text{m}^2$

$= 2 \times (0.4+2.1 \times 0.06+0.0082) \times 2 \times 2.7\text{m}^2$

$= 5.77\text{m}^2$

⑬ 400×400 铝板风管保护层工程量为：

$S = [(A+2.1\delta+0.0082)+(B+2.1\delta+0.0082)] \times 2 \times L$

$= [(0.4+2.1 \times 0.06+0.0082)+(0.4+2.1 \times 0.06+0.0082)] \times 2 \times (0.7+1.7+0.3)\text{m}^2$

$= 5.77\text{m}^2$

⑭ 200×200 铝板风管保温层工程量：

$$V = [(A+1.033\delta)+(B+1.033\delta)] \times 2 \times 1.033\delta \times L m^3$$

$$= [(0.2+1.033 \times 0.06)+(0.2+1.033 \times 0.06)] \times 2 \times 1.033 \times 0.06 \times (0.7+0.7-0.2 \div 2+2.4) m^3$$

$$= 2 \times (0.2+1.033 \times 0.06) \times 2 \times 1.033 \times 0.06 \times 3.7 m^3$$

$$= 0.24 m^3$$

⑮ 200×200 铝板风管防潮层工程量为:

$$S = [(2.1\delta+0.0082+A)+(2.1\delta+0.0082+B)] \times 2 \times L m^2$$

$$= [(0.2+2.1 \times 0.06+0.0082)+(0.2+2.1 \times 0.06+0.0082)] \times 2 \times (0.7+0.7-0.2 \div 2+2.4) m^2$$

$$= 2 \times (0.2+2.1 \times 0.06+0.0082) \times 2 \times 3.7 m^2 = 4.95 m^2$$

⑯ 200×200 铝板风管保护层工程量为:

$$S = [(2.1\delta+0.0082+A)+(B+2.1\delta+0.0082)] \times 2 \times L m^2$$

$$= [(0.2+2.1 \times 0.06+0.0082)+(0.2+2.1 \times 0.06+0.0082)] \times 2 \times (0.7+0.7-0.2 \div 2+2.4) m^2$$

$$= 2 \times (0.2+2.1 \times 0.06+0.0082) \times 2 \times 3.7 m^2$$

$$= 4.95 m^2$$

【注释】 400×400 铝板风管保温层、400×400 铝板风管防潮层、400×400 铝板风管保护层、200×200 铝板风管保温层、200×200 铝板风管防潮层、200×200 铝板风管保护层厚度都为 0.06,其中 400×400 铝板风管的截面长度宽度都为 0.4m 即 $A=0.4m$,$B=0.4m$,风管长度 L 都为 0.7+1.7+0.3。200×200 铝板风管的截面长度宽度都为 0.2m 即 $A=0.2m$,$B=0.2m$,风管长度 L 都为 0.7+0.7-0.2÷2+2.4。

定额工程量计算见表 1-63,工程预算表见表 1-64。

定额工程量计算表 表 1-63

序号	项目名称规格	单位	工程量	计算式
1	风机盘管 FC-630	台	2	
2	400×400 铝板通风管 δ=3mm	m²	4.32	2×(0.4+0.4)×(0.7+1.7+0.3)
3	200×200 铝板通风管 δ=2mm	m²	2.96	2×(0.2+0.2)×(0.7+0.7-0.2÷2+2.4)
4	400×240 单层百叶回风口制作	kg	3.88	2×1.94
5	400×240 单层百叶回风口安装	个	2	
6	470×285 单层百叶风口制作	kg	4.96	2×2.48
7	470×285 单层百叶风口安装	个	2	
8	吊托支架的制作安装	kg	36.40	4×9.1
9	吊托支架刷第一遍防锈漆	kg	36.40	4×9.1
10	吊托支架刷第二遍防锈漆	kg	36.40	4×9.1
11	400×400 铝板风管保温层	m³	0.31	2×[(0.4+1.033×0.06)+(0.4+1.033×0.06)]× 1.033×0.06×(0.7+1.7+0.3)
12	400×400 铝板风管防潮层	m²	5.77	[(0.4+2.1×0.06+0.0082)+(0.4+2.1×0.06 +0.0082)]×2×(0.7+1.7+0.3)
13	400×400 铝板风管保护层	m²	5.77	[(0.4+2.1×0.06+0.0082)+(0.4+2.1×0.06 +0.0082)]×2×(0.7+1.7+0.3)

续表

序号	项目名称规格	单位	工程量	计算式
14	200×200 铝板风管保温层	m³	0.24	$[(0.2+1.033\times0.06)+(0.2+1.033\times0.06)]\times2\times1.033\times0.06\times(0.7+0.7-0.2\div2+2.4)$
15	200×200 铝板风管防潮层	m²	4.95	$[(0.2+2.1\times0.06+0.0082)+(0.2+2.1\times0.06+0.0082)]\times2\times(0.7+0.7-0.2\div2+2.4)$
16	200×200 铝板风管保护层	m²	4.95	$[(0.2+2.1\times0.06+0.0082)+(0.2+2.1\times0.06+0.0082)]\times2\times(0.7+0.7-0.2\div2+2.4)$

工 程 预 算 表　　　　　表 1-64

序号	定额编号	分项工程名称	定额单位	工程量	基价/元	其中/元 人工费	材料费	机械费
1	9-245	风机盘管 FC-630 安装	台	2	98.69	28.79	66.11	3.79
2	9-284	400×400 铝板通风管 δ=3mm	10m²	0.432	965.72	452.79	407.26	105.67
3	9-280	200×200 铝板通风管 δ=2mm	10m²	0.296	1348.25	735.28	490.24	122.63
4	9-94	400×240 单层百叶回风口制作	100kg	0.0388	2014.47	1477.95	520.88	15.64
5	9-134	400×240 单层百叶回风口安装	个	2	8.64	5.34	3.08	0.22
6	9-95	470×285 单层百叶风口制作	100kg	0.0496	1345.72	828.49	506.41	10.82
7	9-135	470×285 单层百叶风口安装	个	2	14.97	10.45	4.30	0.22
8	9-270	吊托支架的制作安装	100kg	0.364	975.57	183.44	776.36	15.77
9	11-119	吊托支架刷第一遍防锈漆	100kg	0.364	13.11	5.34	0.81	6.96
10	11-120	吊托支架刷第二遍防锈漆	100kg	0.364	12.79	5.11	0.72	6.96
11	11-2021	400×400 铝板风管保温层	m³	0.31	111.35	36.69	67.91	6.75
12	11-2159	400×400 铝板风管防潮层	10m²	0.577	20.08	11.15	8.93	—
13	11-2153	400×400 铝板风管保护层	10m²	0.577	11.11	10.91	0.20
14	11-2021	200×200 铝板风管保温层	m³	0.24	111.35	36.69	67.91	6.75
15	11-2159	200×200 铝板风管防潮层	10m²	0.495	20.08	11.15	8.93	—
16	11-2153	200×200 铝板风管保护层	10m²	0.495	11.11	10.91	0.20

项目编码：030702001　　项目名称：**碳钢通风管道**

项目编码：030703001　　项目名称：**碳钢阀门**

项目编码：030703007　　项目名称：**碳钢风口、散流器、百叶窗**

项目编码：030703020　　项目名称：**消声器**

【例 41】 如图 1-40 所示：为一大型超市的通风平面图，风管采用优质碳素钢镀锌钢板其厚度，风管周长＜2000mm 时，为 0.75mm，风管周长＜4000mm 时，为 1mm，风管周长＞4000mm 时，为 1.2mm，空调末端装有 400mm×400mm 的方形直片散流器，在

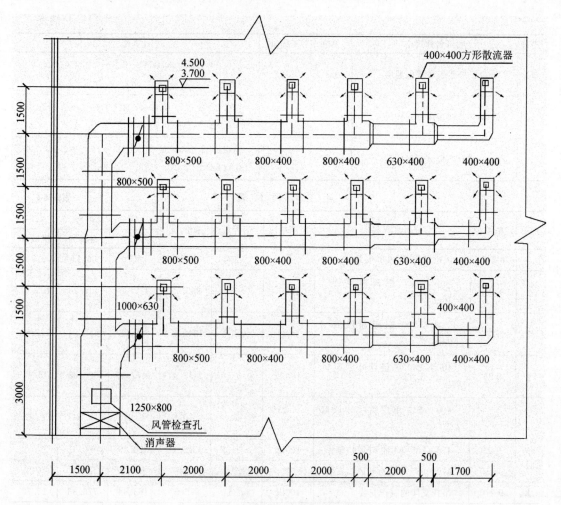

图 1-40 某大型超市通风平面图

1250mm×800mm 的干管上装有 1200mm×800mm 的阻抗复合式消声器长为 500mm，且开一 520mm×480mm 的风管检查孔，在干支管相接处安装 500mm×800mm 的非保温矩形蝶阀(拉链式)，阀门和散流器为成品。风管保温材料采用厚度 50mm 的玻璃棉毡，防潮层采用油毡纸，保护层采用玻璃布，并涂以两道防腐漆。

试计算此工程的工程量并套用定额(不含主材费)。

【解】 (1) 清单工程量：

① 1250×800 碳钢风管的工程量为：

$$S=2\times(1.25+0.8)\times\frac{(3.0-0.5)}{a}\text{m}^2=2\times2.05\times2.5\text{m}^2=10.25\text{m}^2$$

【注释】 1250×800 为碳钢风管的截面面积即截面长度×截面宽度，2×(1.25+0.8) 为 1250×800 碳钢风管的截面周长，由图知，$\frac{(3.0-0.5)}{a}$ 为 1250×800 碳钢风管的长度，其中 0.5 为 1200×800 阻抗复合式消声器的长度应减去。

② 1000×630 碳钢风管的工程量为：

$$S=2\times(1.0+0.63)\times(1.5+1.5)\text{m}^2=2\times1.63\times3\text{m}^2=9.78\text{m}^2$$

【注释】　1000×630 为碳钢风管的截面面积即截面长度×截面宽度，2×(1.0+0.63) 为 1000×630 碳钢风管的截面周长，由图知，(1.5+1.5) 为 1000×630 碳钢风管的长度。

③ 800×500 碳钢风管的工程量为：

$$S = 2 \times (0.8 + 0.5) \times \frac{[(2.1 + 2.0 - 0.15) \times 3 + 1.5 + 1.5]}{b}$$

$$= 2 \times 1.3 \times 14.85 \text{m}^2 = 38.61 \text{m}^2$$

【注释】　800×500 为碳钢风管的截面面积即截面长度×截面宽度，2×(0.8+0.5) 为 800×500 碳钢风管的截面周长，由图知，[(2.1+2.0-0.15)×3+1.5+1.5] 为 800×500 碳钢风管的长度，0.15 为非保温矩形蝶阀的长度应减去，乘以 3 表示有 3 段水平长度相同的 800×500 碳钢风管。

④ 800×400 的碳钢风管的工程量为：

$$S = 2 \times (0.8 + 0.4) \times (2.0 + 2.0 + 0.5) \times 3 \text{m}^2 = 2 \times 1.2 \times 4.5 \times 3 \text{m}^2 = 32.40 \text{m}^2$$

【注释】　800×400 为碳钢风管的截面面积即截面长度×截面宽度，2×(0.8+0.4) 为 800×400 的碳钢风管的截面周长，由图知，(2.0+2.0+0.5) 为 800×400 的碳钢风管的长度，共有 3 段尺寸相同的 800×400 的碳钢风管故乘以 3。

⑤ 630×400 碳钢风管的工程量为：

$$S = 2 \times (0.63 + 0.4) \times (2.0 + 0.5) \times 3 \text{m}^2 = 2 \times 1.03 \times 2.5 \times 3 \text{m}^2 = 15.45 \text{m}^2$$

【注释】　630×400 碳钢风管的工程量解释原理同上述解释。

⑥ 400×400 碳钢风管的工程量为

$$S = 2 \times (0.4 + 0.4) \times \frac{[(1.7 - 0.2) \times 3 + 1.5 \times 6 \times 3 + (4.5 - 3.7) \times 6 \times 3]}{c} \text{m}^2$$

$$= 2 \times 0.8 \times (4.5 + 27 + 14.4) \text{m}^2$$

$$= 73.44 \text{m}^2$$

【注释】　400×400 为碳钢风管的截面面积即截面长度×截面宽度，2×(0.4+0.4) 为 400×400 碳钢风管的截面周长，由图知[(1.7-0.2)×3+1.5×6×3+(4.5-3.7)×6×3]为 400×400 碳钢风管的长度，1.7 为 400×400 为碳钢风管的水平长度，0.2 为 400×400 方形散流器的长度的一半，(1.7-0.2) 为 400×400 碳钢风管的水平中心线长度，共有 3 段尺寸相同的 400×400 碳钢风管的长度故乘以 3，1.5 为竖直方向上风管的长度，(4.5-3.7) 为散流器至标高为 4.500 之间的距离，6×3 都表示它们的段数。

⑦ 500×800 非保温矩形蝶阀(拉链式)的工程量为 3 个。

⑧ 400×400 方形直片式散流器的工程量为 6×3 个＝18 个。

⑨ 1200×800 阻抗复合式消声器的工程量为 1 个，111.20kg/个。

注：a 是 1250×800 碳钢通风管的长度，0.5 是 1200×800 阻抗复合式消声器的长度。

b 是 800×500 碳钢风管的长度

如图所示 0.15 是 500×800 非保温矩形蝶阀(拉链式)的长度之所以乘以 3 是因为有三段长度相同的 800×500 碳钢风管。

c 是 400×400 碳钢风管的长度

如图所示，4.5-3.7 是竖直方向上风管的长度即散流器至标高为 4.500 之间的距离。6×3 表示共有 6×3 段风管(400×400)。

清单工程量计算见表 1-65。

清单工程量计算表

表 1-65

序号	项目编码	项目名称	项目特征描述	计量单位	工程量
1	030702001001	碳钢通风管道	1250×800，厚度为 1.2mm	m²	10.25
2	030702001002	碳钢通风管道	1000×630，厚度为 1mm	m²	9.78
3	030702001003	碳钢通风管道	800×500，厚度为 1mm	m²	38.61
4	030702001004	碳钢通风管道	800×400，厚度为 1mm	m²	32.40
5	030702001005	碳钢通风管道	630×400，厚度为 1mm	m²	15.45
6	030702001006	碳钢通风管道	400×400，厚度为 0.75mm	m²	73.44
7	030703001001	碳钢调节阀	非保温，拉链式蝶阀	个	3
8	030703007001	散流器	方形，400×400	个	18
9	030703020001	消声器	阻抗复合式	个	1

（2）定额工程量：

① 1250×800 碳钢通风管道，②1000×630 碳钢通风管道，③800×500 碳钢通风管道，④800×400 碳钢通风管道，⑤630×400 碳钢通风管道，⑥400×400 碳钢通风管道，⑦500×800 非保温矩形蝶阀（拉链式）安装，⑧400×400 方形直片式散流器的安装，⑨1200×800阻抗复合式消声器的工程量计算同以清单形式的工程量计算。

因散流器和阀门均为成品，故不计算制作工程量。

⑩ 1250×800 碳钢风管刷第一道防腐漆的工程量为

$S = 2×(1.25+0.8)×(3.0-0.5)m^2 = 10.25m^2$

⑪1250×800 碳钢风管刷第二道防腐漆的工程量为

$S = 2×(1.25+0.8)×(3.0-0.5)m^2 = 10.25m^2$

【注释】 $2×(1.25+0.8)$ 为 1250×800 碳钢风管的截面周长，$(3.0-0.5)$ 为 1250×800 碳钢风管的长度，0.5 为 1200×800 阻抗复合式消声器的长度应减去。

⑫ 1250×800 碳钢风管保温层工程量为

$$V = 2×[(A+1.033\delta)+(B+1.033\delta)]×1.033\delta×Lm^3$$
$$= 2×[(1.25+1.033×0.05)+(0.8+1.033×0.05)]×1.033×0.05×(3.0-0.5)m^3$$
$$= 2×2.153×1.033×0.05×2.5m^3$$
$$= 0.57m^3$$

⑬ 1250×800 碳钢风管防潮层工程量为：

$$S = [(A+2.1\delta+0.0082)+(B+2.1\delta+0.0082)]×2×L$$
$$= [(1.25+2.1×0.05+0.0082)+(0.8+2.1×0.05+0.0082)]×2×(3.0-0.5)m^2$$
$$= (2.05+2.1×0.05×2+0.0082×2)×2×2.5m^2$$
$$= 11.38m^2$$

⑭ 1250×800 碳钢风管保护层工程量为：

$$S = [(A+2.1\delta+0.0082)+(B+2.1\delta+0.0082)]×2×Lm^2 = 11.38m^2$$

【注释】 1250×800 碳钢通风管道的 $\delta=0.05$，1250×800 碳钢通风管道的注释为风管的截面面积即风管的截面长度×截面宽度，即 $A=1.25$，$B=0.8$，风管的长度 $L=3.0$

－0.5，其他数据解释同清单工程量解释。

⑮1000×630 碳钢风管刷第一道防腐漆的工程量为：

$S = 2×(1.0+0.63)×(1.5+1.5) m^2$

$= 2×1.63×3 m^2 = 9.78 m^2$

⑯ 1000×630 碳钢风管刷第二道防腐漆的工程量：同上

⑰ 1000×630 风管保温层工程量为

$V = 2×[(A+1.033δ)+(B+1.033δ)]×1.033δ×L$

$= 2×[(1.0+1.033×0.05)+(0.63+1.033×0.05)]×1.033×0.05×(1.5+1.5) m^3$

$= 2×1.733×1.033×0.05×3 m^3 = 0.54 m^3$

⑱ 1000×630 风管防潮层工程量为：

$S = [(A+2.1δ+0.0082)+(B+2.1δ+0.0082)]×2×L$

$= [(1.0+2.1×0.05+0.0082)+(0.63+2.1×0.05+0.0082)]×2×(1.5+1.5) m^2$

$= 1.856×2×3 m^2$

$= 11.14 m^2$

⑲ 1000×630 风管保护层工程量同⑱

【注释】 1000×630 为碳钢风管的截面面积即风管的截面长度×截面宽度，即 $A=1.0$，$B=0.63$，风管的长度 $L=1.5+1.5$，$δ=0.05$，其他数据解释同清单工程量解释。

⑳ 800×500 碳钢风管刷第一道防腐漆的工程量为：

$S = 2×(0.8+0.5)×[(2.1+2.0-0.15)×3+1.5+1.5] m^2$

$= 2×1.3×14.85 m^2 = 38.61 m^2$

㉑ 800×500 碳钢风管刷第二道防腐漆的工程量同⑳

㉒ 800×500 碳钢风管保温层工程量为：

$V = 2×[(A+1.033δ)+(B+1.033δ)]×1.033δ×L$

$= 2×[(0.8+1.033×0.05)+(0.5+1.033×0.05)]×1.033×0.05×[(2.1+2.0-0.15)×3+1.5+1.5] m^3$

$= 2×(1.3+0.1033)×1.033×0.5×14.85 m^3$

$= 21.53 m^3$

㉓ 800×500 碳钢风管防潮层工程量为：

$S = [(A+2.1δ+0.0082)+(B+2.1δ+0.0082)]×2×L$

$= [(0.8+2.1×0.05+0.0082)+(0.5+2.1×0.05+0.0082)]×2×[(2.1+2.0-0.15)×3+1.5+1.5] m^2$

$= 1.5264×2×14.85 m^2 = 45.33 m^2$

㉔ 800×500 碳钢风管保护层工程量同㉓

【注释】 800×500 为碳钢风管的截面面积即风管的截面长度×截面宽度，即 $A=0.8$，$B=0.5$，风管的长度 $L=(2.1+2.0-0.15)×3+1.5+1.5$，$δ=0.05$，其他数据解释同清单工程量解释。

㉕ 800×400 碳钢风管刷第一道防腐漆的工程量为：

$S = 2×(0.8+0.4)×(2.0+2.0+0.5)×3 m^2 = 32.40 m^2$

㉖ 800×400 碳钢风管刷第二道防腐漆的工程量同㉕

㉗ 800×400 风管保温层工程量为：

$$V = 2 \times [(A+1.033\delta)+(B+1.033\delta)] \times 1.033\delta \times L$$
$$= 2 \times [(0.8+1.033 \times 0.05)+(0.4+1.033 \times 0.05)] \times 1.033 \times 0.05 \times (2.0+2.0+$$
$$0.5) \times 3 m^3$$
$$= 2 \times 1.3033 \times 1.033 \times 0.05 \times 4.5 \times 3 m^3 = 1.82 m^3$$

㉘ 800×400 风管防潮层工程量为：

$$S = [(A+2.1\delta+0.0082)+(B+2.1\delta+0.0082)] \times 2 \times L m^2$$
$$= [(0.8+2.1 \times 0.05+0.0082)+(0.4+2.1 \times 0.05+0.0082)] \times 2 \times (2.0+2.0+$$
$$0.5) \times 3 m^2$$
$$= 1.4264 \times 2 \times 4.5 \times 3 m^2$$
$$= 38.51 m^2$$

㉙ 800×400 风管保护层工程量同㉘

【注释】 800×400 为碳钢风管的截面面积即风管的截面长度×截面宽度，即 $A=0.8$，$B=0.4$，风管的长度 $L=2.0+2.0+0.5$，$\delta=0.05$，其他数据解释同清单工程量解释。

㉚ 630×400 碳钢风管刷第一道防腐漆的工程量为：

$$S = 2 \times (0.63+0.4) \times (2.0+0.5) \times 3 m^2 = 2 \times 1.03 \times 2.5 \times 3 m^2 = 15.45 m^2$$

㉛ 630×400 碳钢风管刷第二道防腐漆的工程量同㉚

㉜ 630×400 风管保温层工程量为：

$$V = 2 \times [(0.63+1.033 \times 0.05)+(0.4+1.033 \times 0.05)] \times 1.033 \times 0.05 \times (2.0+0.5) \times 3 m^3$$
$$= 2 \times 1.1333 \times 1.033 \times 0.05 \times 2.5 \times 3 m^3 = 0.88 m^3$$

㉝ 630×400 风管防潮层工程量为

$$S = [(0.63+2.1 \times 0.05+0.0082)+(0.4+2.1 \times 0.05+0.0082)] \times 2 \times (2.0+0.5) \times 3 m^2$$
$$= 1.2564 \times 2 \times 2.5 \times 3 m^2 = 18.85 m^2$$

㉞ 630×400 风管保护层工程量同㉝为：

【注释】 630×400 为碳钢风管的截面面积即风管的截面长度×截面宽度，即 $A=0.63$，$B=0.4$，风管的长度 $L=2.0+0.5$，$\delta=0.05$，其他数据解释同清单工程量解释。

㉟ 400×400 风管刷第一道防锈漆工程量为：

$$S = 2 \times (0.4+0.4) \times [1.7 \times 3+1.5 \times 6 \times 3+(4.5-3.7) \times 6 \times 3] m^2$$
$$= 2 \times 0.8 \times (5.1+27+14.4) m^2 = 74.40 m^2$$

㊱ 400×400 风管刷第二道防锈漆工程量同㉟

㊲ 400×400 风管保温层工程量为：

$$V = 2 \times [(0.4+1.033 \times 0.05)+(0.4+1.033 \times 0.05)] \times 1.033 \times 0.05 \times [1.7 \times 3+1.5 \times 6$$
$$\times 3+(4.5-3.7) \times 6 \times 3] m^3$$
$$= 2 \times 0.9033 \times 1.033 \times 0.05 \times (4.5+27+14.4) m^3$$
$$= 4.28 m^3$$

㊳ 400×400 风管防潮层工程量为：

$$S = [(0.4+2.1 \times 0.05+0.0082)+(0.4+2.1 \times 0.05+0.0082)] \times 2 \times [1.7 \times 3+1.5 \times 6$$
$$\times 3+(4.5-3.7) \times 18] m^2$$

$S=1.0264\times2\times(4.5+27+14.4)\mathrm{m}^2=94.22\mathrm{m}^2$

㊴400×400 风管保护层工程量同㊳

【注释】 400×400 为碳钢风管的截面面积即风管的截面长度×截面宽度，即 $A=0.4$，$B=0.4$，风管的长度 $L=1.7\times3+1.5\times6\times3+(4.5-3.7)\times18$，$\delta=0.05$，其他数据解释同清单工程量解释。

工程预算表见表 1-66。

工 程 预 算 表 表 1-66

序号	定额编号	分项工程名称	定额单位	工程量	基价/元	其中/元		
						人工费	材料费	机械费
1	9-8	1250×800 碳钢风管	10m²	1.025	341.15	140.71	191.90	8.54
2	9-7	1000×630 碳钢风管	10m²	0.978	295.54	115.87	167.99	11.68
3	9-7	800×500 碳钢风管	10m²	3.861	295.54	115.87	167.99	11.68
4	9-7	800×400 碳钢风管	10m²	3.24	295.54	115.87	167.99	11.68
5	9-7	630×400 碳钢风管	10m²	1.545	295.54	115.87	167.99	11.68
6	9-6	400×400 碳钢风管	10m²	7.344	387.05	154.18	213.52	19.35
7	9-75	500×800 非保温矩形蝶阀安装	个	3	353.76	16.25	19.63	17.88
8	9-148	400×400 方形直片式散流器安装	个	18	10.94	8.36	2.58	—
9	9-200	阻抗复合式消声器	100kg	1.1120	960.03	365.71	585.05	9.27
10	11-331	1250×800 碳钢风管刷两道防腐漆	10m²	1.025	47.52	36.22	11.30	—
11	11-2021	1250×800 碳钢风管保温层	m³	0.57	111.35	36.69	67.91	6.75
12	11-2159	1250×800 碳钢风管防潮层	10m²	1.138	20.08	11.15	8.93	—
13	11-2153	1250×800 碳钢风管保护层	10m²	1.138	11.11	10.91	0.20	—
14	11-331	1000×630 碳钢风管刷两道防腐漆	10m²	0.978	47.52	36.22	11.30	—
15	11-2021	1000×630 风管保温层	m³	0.54	111.35	36.69	67.91	6.75
16	11-2159	1000×630 风管防潮层	10m²	1.114	20.08	11.15	8.93	—
17	11-2153	1000×630 风管保护层	10m²	1.114	11.11	10.91	0.20	—
18	11-331	800×500 碳钢风管刷两道防腐漆	10m²	3.861	47.52	36.22	11.30	—
19	11-2021	800×500 碳钢风管保温层	m³	21.53	111.35	36.69	67.91	6.75
20	11-2159	800×500 碳钢风管防潮层	10m²	4.533	20.08	11.15	8.93	—
21	11-2153	800×500 碳钢风管保护层	10m²	4.533	11.11	10.91	0.20	—
22	11-331	800×400 碳钢风管刷两道防腐漆	10m²	3.24	47.52	36.22	11.30	—
23	11-2021	800×400 风管保温层	m³	1.82	111.35	36.69	67.91	6.75
24	11-2159	800×400 风管防潮层	10m²	3.851	20.08	11.15	8.93	—
25	11-2153	800×400 风管保护层	10m²	3.851	11.11	10.91	0.20	—

续表

序号	定额编号	分项工程名称	定额单位	工程量	基价/元	其中/元		
						人工费	材料费	机械费
26	11-331	630×400 碳钢风管刷两道防腐漆	10m²	1.545	47.52	36.22	11.30	—
27	11-2021	630×400 风管保温层	m³	0.88	111.35	36.69	67.91	6.75
28	11-2159	630×400 风管防潮层	10m²	1.885	20.08	11.15	8.93	—
29	11-2153	630×400 风管保护层	10m²	1.885	11.11	10.91	0.20	—
30	11-331	400×400 风管刷两道防锈漆	10m²	7.44	47.52	36.22	11.30	—
31	11-2021	400×400 风管保温层	m³	4.28	111.35	36.69	67.91	6.75
32	11-2159	400×400 风管防潮层	10m²	9.422	20.08	11.15	8.93	—
33	11-2153	400×400 风管保护层	10m²	9.422	11.11	10.91	0.20	—

项目编码：030701001　　项目名称：空气加热器(冷却器)

【例42】　一台空气加热器(冷却器)规格是ICCDX；重量205kg/个，支架8号槽钢8.041kg/m×3m，金属支架刷防锈油漆一遍，刷调和漆二遍，如图1-41所示，计算工程量并套用定额。

1) 清单工程量：

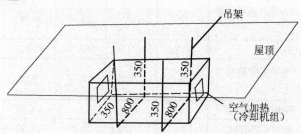

图1-41　空气加热器安装示意图

空气加热器(冷却器)　　　　　单位台　　数量：1

清单工程量计算见表1-67。

清单工程量计算表 表1-67

项目编码	项目名称	项目特征描述	计量单位	工程量
030701001001	空气加热器(冷却器)	ICCDX，重量205kg/个，支架8号槽钢	台	1

2) 定额工程量：

空气加热器(冷却器制作安装)　　100kg　　2.05

设备的吊托架　　　　　　　　　100kg　　$\dfrac{8.041\times 3}{100}=0.2412$

金属支架刷防锈底漆一遍　　　　100kg　　0.2412

刷灰调和漆二遍　　　　　　　　100kg　　0.2412

工程预算表见表1-68。

工 程 预 算 表　　　　　　　　　　　　表 1-68

序号	定额编号	分项工程名称	定额单位	工程量	基价/元	其中/元		
						人工费	材料费	机械费
1	9-215	空气加热器(冷却器)	台	1	164.53	59.68	91.63	13.22
2	9-270	吊托支架	100kg	0.2412	975.57	183.44	776.36	15.77
3	11-119	金属支架刷防锈底漆一遍	100kg	0.2412	13.11	5.34	0.81	6.96
4	11-126	刷灰调和漆第一遍	100kg	0.2412	12.33	5.11	0.26	6.96
5	11-127	刷灰调和漆第二遍	100kg	0.2412	12.30	5.11	0.23	6.96

项目编码：030108001　　项目名称：离心式通风机

项目编码：030108003　　项目名称：轴流式通风机

【例43】 离心式塑料通风机 6 号，通风机基础采用钢支架，用 8 号槽钢和 L50×5 角钢焊接制成，钢架下垫 φ100×40 橡皮防震，共 4 套，每套 3 块，下再做素混凝土基础及软木一层。在安放钢架时，基础必须校正水平。钢支架除锈后刷红丹防锈漆一遍，灰调和漆二遍。通风机减振台座 55kg/个，如图 1-42～图 1-44 所示，计算工程量并套用定额。

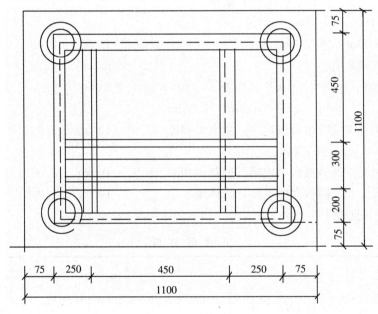

图 1-42　风机减振台座平面图

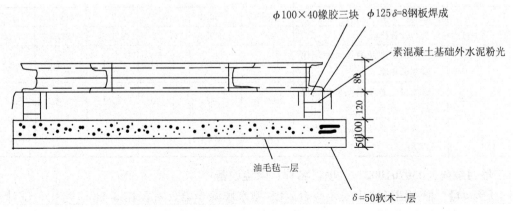

图 1-43　风机减振台座剖面图

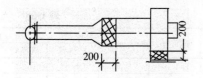

图 1-44 通风机平面图

（1）清单工程量：

	单位	数量
离心式塑料通风机 6 号	台	1

清单工程量计算见表 1-69。

清单工程量计算表　　　　　　　表 1-69

项目编码	项目名称	项目特征描述	计量单位	工程数量
030108001001	离心式通风机	离心式，塑料，6 号钢支架，减振台座 55kg/个	台	1

（2）定额工程量：

1）离心式通风机安装　　　　　　　　　　台　　　1

2）通风机减振台座　　　　　　　　　　　100kg　　0.55

3）通风机支架：8 号槽钢 8.041kg/m

　　$l=(1.1-0.15)\times 6m=5.7m$

　　$8.041\times 6kg=48.24kg$　　　　　　100kg　　0.4824

4）帆布连接短管　　　　　　　　　　　　m^2　　2.95

工程量计算：$[\pi\times 0.6\times 0.2+(0.48+0.42)\times 2\times 0.2]\times 4m^2$

　　　　　$=(1.5072+1.44)m^2=2.95m^2$

5）通风机支架及减振台座刷第一遍灰调和漆　100kg　1.0324

　　$(48.24+55)kg=103.24kg$

6）通风机支架及减振台座刷第二遍灰调和漆　100kg　1.0324

7）通风机支架及减振台座刷红丹防锈漆　　　100kg　1.0324

工程预算表见表 1-70。

工 程 预 算 表　　　　　　　表 1-70

序号	定额编号	分项工程名称	定额单位	工程量	基价/元	其中/元 人工费	材料费	机械费
1	9-217	离心式塑料通风机 6 号安装	台	1	104.10	78.48	25.62	—
2	9-212	通风机减振台座	100kg	0.55	414.38	75.23	330.52	8.63
3	9-211	通风机支架	100kg	0.4824	523.29	159.75	348.27	15.27
4	9-41	帆布软管接口	m^2	2.95	171.45	47.83	121.74	1.88
5	11-126	通风机支架及减振台座刷第一遍灰调和漆	100kg	1.0324	12.33	5.11	0.26	6.96
6	11-127	通风机支架及减振台座刷第二遍灰调和漆	100kg	1.0324	12.30	5.11	0.23	6.96
7	11-117	通风机支架及减振台座刷红丹防锈漆	100kg	1.0324	13.17	5.34	0.87	6.96

项目编码：030701002　　项目名称：除尘设备

【例 44】　根据图纸要求安装一台 CLS 型水膜除尘器，直径在 3.5mm 之内，试计算其工程量采用的标准图为 T5003，查定额附录，该除尘器重量为 83kg/个，查标准图

T5003-1，支架重 7.7kg/个，计算工程量并套用定额。

（1）清单工程量：

	单位	数量
除尘设备	台	1

清单工程量计算见表 1-71。

清单工程量计算表　　　　　　表 1-71

项目编码	项目名称	项目特征描述	计量单位	工程数量
030701002001	除尘设备	CLS 型，重量为 83kg/个	台	1

（2）定额工程量：

1）除尘设备的制作、安装	100kg	0.83
2）设备支架制作、安装	100kg	0.077
3）除尘设备支架刷第一遍灰调和漆	100kg	0.077
4）除尘设备支架刷第二遍灰调和漆	100kg	0.077

工程预算表见表 1-72。

工 程 预 算 表　　　　　　表 1-72

序号	定额编号	分项工程名称	定额单位	工程量	基价/元	其中/元 人工费	材料费	机械费
1	9-231	除尘设备的安装	台	1	76.92	68.27	5.08	3.57
2	9-211	设备支架制作、安装	100kg	0.077	523.29	159.75	348.27	15.27
3	11-126	除尘设备支架刷第一遍灰调和漆	100kg	0.077	12.33	5.11	0.26	6.96
4	11-127	除尘设备支架刷第二遍灰调和漆	100kg	0.077	12.30	5.11	0.23	6.96

项目编码：030701004　　项目名称：风机盘管

【例 45】 风机盘管采用卧式暗装（吊顶式），如图 1-45 所示，软接口长度为 300mm，计算工程量并套用定额。

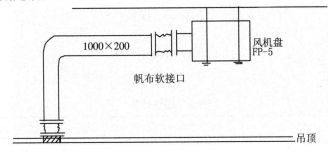

图 1-45　风机盘管安装示意图

（1）清单工程量：

	单位	数量
风机盘管	台	1

清单工程量计算见表 1-73。

清单工程量计算表　　　　　　表 1-73

项目编码	项目名称	项目特征描述	计量单位	工程量
030701004001	风机盘管	吊顶式	台	1

（2）定额工程量：

1）风机盘管的安装　　　　　　　　　　　　台　　　　1

2）查《全国统一安装工程预算定额》GYD-201-2000

吊顶式风机盘管安装子目"9-245"中已

包括支吊架制作安装，因此支吊架制作安装不需另外计价

3）风机盘管支架重量　　　　　　　100kg　　　0.1899

19.75kg/台（定额含量）÷1.04×1 台＝18.99kg

4）风机盘管支架除锈及刷油工程　　100kg　　　0.1899

5）软管接口制安 2×(0.2＋1)×0.3m²　　m²　　　0.72

【注释】　2×(0.2＋1)为软接头的周长，0.3 为软接头的长度。

工程预算表见表 1-74。

工 程 预 算 表　　　　　　表 1-74

序号	定额编号	分项工程名称	定额单位	工程量	基价/元	其中/元		
						人工费	材料费	机械费
1	9-245	风机盘管安装	台	1	98.69	28.79	66.11	3.79
2	9-211	设备支架CG327	100kg	0.1899	523.29	159.75	348.27	15.27
3	11-7	设备支架除锈	100kg	0.1899	17.35	7.89	2.50	6.96
4	11-117	设备支架刷油	100kg	0.1899	13.17	5.34	0.87	6.96
5	9-41	软管接口	m²	0.72	171.45	47.83	121.74	1.88

项目编码：030703018　　项目名称：塑料罩类

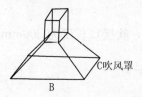

图 1-46　吹风罩示意图

【例 46】　一槽边吹风罩，尺寸 $B×C$ 为 300×120，如图 1-46 所示，计算工程量并套用定额。

（1）清单工程量：

　　　　　　　　　　　　　　　单位　　　数量

槽边吹风罩　　　　　　　　　　个　　　　1

清单工程量计算见表 1-75。

清单工程量计算　　　　　　表 1-75

项目编码	项目名称	项目特征描述	计量单位	工程量
030703018001	槽边吹风罩	300×120	个	1

（2）定额工程量：

槽边吹风罩的制作安装：　　　　　　　　　100kg　　　0.1361

套用定额9-186，基价：800.32 元；其中人工费 289.55 元，材料费 481.14 元，机械费 29.63 元

查国标通风部件标准重量表

槽边吹风罩 T403-2　　　　　　　　　　　　300×120　　13.61kg/个

项目编码：030703020　　项目名称：消声器

【例 47】 阻抗复合式消声器 1800mm×1330mm，如图 1-47 所示，计算工程量并套用定额。

（1）清单工程量：

　　　　　　　　　　　　　　　　单位　　　　数量

阻抗复合式消声器查国标通用部件

标准重量表 252.54kg/个　　　　　个　　　　　1

清单工程量计算见表 1-76。

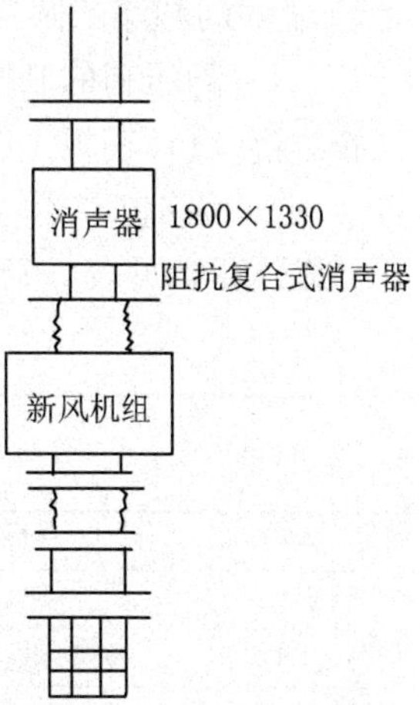

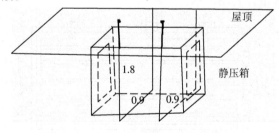

图 1-47　消声器平面图

清单工程量计算表　　　　　表 1-76

项目编码	项目名称	项目特征描述	计量单位	工程量
030703020001	消声器	阻抗复合式，1800×1330	个	1

（2）定额工程量：

阻抗复合式消声器制安　　　　　　　100kg　　　2.5254

套用定额 9-200，基价：960.03 元；其中人工费 365.71
元，材料费 585.05 元，机械费9.27元

项目编码：030703021　　项目名称：静压箱制作安装

【例 48】 一静压箱其尺寸为 2.0×0.9×1.5，δ＝1.5mm，镀锌钢板，支架需除锈，
刷油，防腐，其图形如图 1-48 所示支架为 8 号槽钢，8.041kg/m，静压箱单重 150kg/个，
计算工程量并套用定额。

图 1-48　静压箱安装示意图

（1）清单工程量：

静压箱　　　　　　　　　　　　　　　　单位　　　　数量

$2×(2×0.9+2×1.5+0.9×1.5)m^2＝12.30m^2$　　m²　　　12.30

【注释】 已知静压箱尺寸为 2.0×0.9×1.5，故可得出各个面的面积，即 2×0.9、2
×1.5、0.9×1.5，由于对立面的尺寸相同故有 2×(2×0.9+2×1.5+0.9×1.5)。

清单工程量计算见表 1-77。

清单工程量计算表　　　　　表 1-77

项目编码	项目名称	项目特征描述	计量单位	工程量
030703021001	静压箱	2.0×0.9×1.5，δ＝0.5mm，支架为 8# 槽钢	m²	12.30

（2）定额工程量：

	单位	数量
1）静压箱	10m²	1.230
2）吊托支架	100kg	0.7237

$8.041×(1.8×4+1.8)kg=72.37kg$

	单位	数量
3）金属支架刷防锈底漆一遍	100kg	0.7237
4）刷灰调和漆二遍	100kg	0.7237

静压箱
- 静压箱的制安 100kg 1.5
- 镀锌钢板 1 m² 1.23×11.49＝14.13
- 角钢 L60 kg 1.23×21＝25.83

工程预算表见表 1-78。

工 程 预 算 表　　　　表 1-78

序号	定额编号	分项工程名称	定额单位	工程量	基价/元	人工费	材料费	机械费
1	9-252	静压箱	10m²	1.230	468.34	283.28	166.14	18.92
2	9-270	吊托支架	100kg	0.7237	975.57	183.44	776.36	15.77
3	11-117	支架刷防锈底漆一遍	100kg	0.7237	13.17	5.34	0.87	6.96
4	11-126	支架刷灰调和漆一遍	100kg	0.7237	12.33	5.11	0.26	6.96
5	11-127	支架刷灰调和漆二遍	100kg	0.7237	12.30	5.11	0.23	6.96

项目编码：030703008　　项目名称：不锈钢风口、散流器、百叶窗

【例 49】　如图 1-49 一活动百叶风口，尺寸 $A×B=500mm×250mm$，共 10 个，其风口带调节板，计算工程量并套用定额。

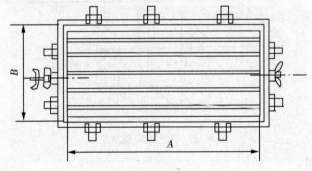

图 1-49　带调节活动百叶风口平面图

（1）清单工程量：

	单位	数量
带调节板活动百叶风口	个	10

清单工程量计算见表 1-79。

清单工程量计算表　　　　表 1-79

项目编码	项目名称	项目特征描述	单位	数量	计算式
030703008001	不锈钢风口散流器、百叶窗	500×250，带调节板	个	10	

（2）定额工程量：

1）带调节板活动百叶风口制作　　　　　100kg　　　　　0.294

查国际通风部件标准重量表

500×250，2.94kg/个

2.94×10kg＝29.4kg

套用定额 9-93，基价：2050.83 元；其中人工费 1230.89 元，材料费 626.21 元，机械费 193.73 元

2）带调节板活动百叶风口的安装　　　　　个　　　　　　10

套用定额 9-135，基价：14.97 元；其中人工费 10.45 元，材料费 4.30 元，机械费0.22 元

【例50】 一方形直片散流器，尺寸为 160×160，共 10 个，查国标通风部件标准重量表：2.73kg/个，如图 1-50 所示。

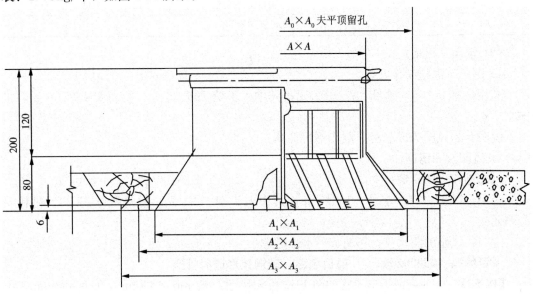

图 1-50　散流器示意图

（1）清单工程量：

　　　　　　　　　　　　　　　　　　单位　　　　　数量

方形直片散流器　　　　　　　　　　　个　　　　　　10

清单工程量计算见表 1-80。

清单工程量计算表　　　　　　　　　　　　　　表 1-80

项目编码	项目名称	项目特征描述	单位	数量	计算式
030703008001	不锈钢风口、散流器、百叶窗	160×160，重量为 2.73kg/个	个	10	

（2）定额工程量：

1）方形直片散流器制作　　　　　　　100kg　　　　　0.273

2.73kg/个×10 个＝27.3kg

套用定额 9-112，基价：2022.96 元；其中人工费 1155.66 元，材料费 551.57 元，机

械费 315.73 元

2) 方形直片散流器的安装 　　　　　个　　　　　10

套用定额 9-147，基价：7.56 元；其中人工费 5.80 元，材料费 1.76 元

项目编码：030703013　　项目名称：不锈钢风帽

【例 51】　一圆伞形风帽，其尺寸 $D=250\text{mm}$，其示意图如 1-51 所示，计算其工程量并套用定额。

查国标通风部件标准重量表：4.28kg/个

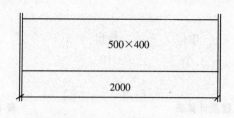

图 1-51　风帽示意图

　　　　　　　　　　　　　　　单位　　　数量

(1) 清单工程量：　　　　　　　个　　　　1

清单工程量计算见表 1-81。

清单工程量计算表　　　　　　　　　表 1-81

项目编码	项目名称	项目特征描述	单位	数量	计算式
030703013001	不锈钢风帽	圆伞形，$D=250\text{mm}$	个	1	

(2) 定额工程量：

1) 圆伞形风帽制作安装 　　　　　100kg　　　0.0428

套用定额 9-166，基价：752.04 元；其中人工费 296.06 元，材料费 437.86 元，机械费 18.18 元

说明：若风帽为成品时，制作不再计算

2) 风帽的除锈刷油

风帽刷红丹防锈漆 　　　　　100kg　　　0.0428

套用定额 11-117，基价：13.17 元；其中人工费 5.34 元，材料费 0.87 元，机械费 6.96元

说明：风帽的滴水盘、筝绳、冷水未考虑

项目编码：030702001　　项目名称：碳钢矩形通风管道

【例 52】　一个碳钢矩形风管如图 1-52 可知尺寸：500mm×400mm，$L=2000\text{mm}$，防潮风管剖面图如图 1-53 所示，计算工程量并套用定额($\delta=2\text{mm}$)。

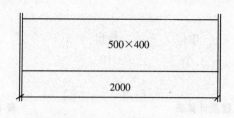

图 1-52　风管平面图

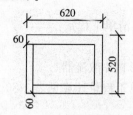

图 1-53　防潮风管剖面图

(1) 清单工程量：

　　　　　　　　　　　　　　　单位　　　　数量

碳钢矩形风管　　　　　　　　　m^2　　　　3.6

周长 $2\times(0.5+0.4)\text{m}=1.8\text{m}$

展开面积为 $1.8\times2\text{m}^2=3.6\text{m}^2$

清单工程量计算见表1-82。

清单工程量计算表 表1-82

项目编码	项目名称	项目特征描述	单位	数量	计算式
030702001001	碳钢通风管道	500×400，l=2000mm	m²	3.6	2×(0.5+0.4)×2

（2）定额工程量：

单位　　　数量

1）镀锌板矩形风管　　　　10m²　　　0.36

2）玻璃棉毡保温工程量

$V=[(A+1.033\delta)+(B+1.033\delta)]×2×1.033\delta×L=0.25\text{m}^3$

3）油毡纸防潮层工程量

$S=[(A+2.1\delta+0.0082)+(B+2.1\delta+0.0082)]×2×L=4.67\text{m}^2$

4）玻璃布保护层工程量同上。

工程预算表见表1-83。

工 程 预 算 表 表1-83

序号	定额编号	分项工程名称	定额单位	工程量	基价/元	其中/元		
						人工费	材料费	机械费
1	9-14	镀锌薄钢板矩形风管	10m²	0.36	533.38	254.72	196.63	82.03
2	11-2021	玻璃棉毡保温 δ=60mm	m³	0.25	111.35	36.69	67.91	6.75
3	11-2159	油毡防潮层	10m²	4.67	20.08	11.15	8.93	—
4	11-2153	玻璃布保护层	10m²	4.67	11.11	10.91	0.20	—

项目编码：030703004　项目名称：不锈钢蝶阀

【例53】 拉链式9-18号矩形钢制保温蝶阀安装外形尺寸为320mm×400mm，由国标通风部件标准重量表可得11.19kg/个，具体示意图如图1-54所示计算工程量并套用定额。

（1）清单工程量：

单位　　数量

拉链式矩形钢制保温蝶阀　　个　　1

清单工程量计算见表1-84。

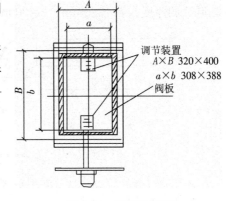

图1-54 蝶阀示意图

清单工程量计算表 表1-84

项目编码	项目名称	项目特征描述	计量单位	工程量
030703004001	不锈钢蝶阀	拉链式9-18号，320×400，保温，重量为11.19kg/个	个	1

（2）定额工程量：

1）拉链式矩形钢制保温蝶阀制作　　　100kg　　　0.1119

套用定额 9-50，基价：656.70 元；其中人工费 146.05 元，材料费 425.18 元，机械费 85.47 元

2）拉链式矩形钢制保温蝶阀安装　　　　　　个　　　　1

套用定额 9-73，基价：19.24 元；其中人工费 6.97 元，材料费 3.33 元，机械费 8.94 元

项目编码：030702008　　项目名称：柔性软风管

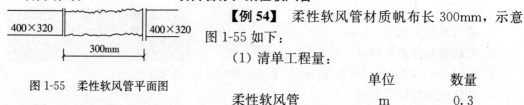

图 1-55　柔性软风管平面图

【例 54】　柔性软风管材质帆布长 300mm，示意图 1-55 如下：

（1）清单工程量：

	单位	数量
柔性软风管	m	0.3

清单工程量计算见表 1-85。

清单工程量计算表　　　　　　　　　表 1-85

项目编码	项目名称	项目特征描述	计量单位	工程量
030702008001	柔性软风管	帆布，$L=0.3\text{m}$	m	0.30

（2）定额工程量：

柔性软风管安装工程量同清单工程量。

套用定额 9-27，基价：1.16 元；其中人工费 1.16 元

项目编码：030702001　　项目名称：碳钢通风管道

【例 55】　如图 1-56 一圆形通风管道 $D=400\text{mm}$，$l=2000\text{mm}$，导流叶片的个数为 3 片，叶片的厚度为 $b=320\text{mm}$，$r=200\text{mm}$，计算工程量并套用定额（$\delta=2\text{mm}$）。

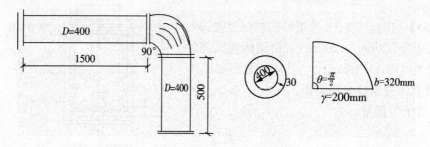

图 1-56　带导流叶片风管平面图

（1）清单工程量：

	单位	数量

碳钢矩形风管

$\pi\times0.4\times(1.5+0.5)+\pi\times0.4\times\dfrac{\pi}{4}\times0.4\text{m}^2$　　　m²　　　2.91

$=(2.512+0.394)\text{m}^2=2.91\text{m}^2$

【注释】　0.4 为圆形通风管道的直径，（1.5+0.5）为风管的长度。

清单工程量计算见表 1-86。

清单工程量计算表 　　　表 1-86

项目编码	项目名称	项目特征描述	计量单位	工程数量
030702001001	碳钢通风管	$\phi=400mm$	m²	2.91

（2）定额工程量：

　　　　　　　　　　　　　　单位　　　　数量

1）镀锌钢板风管　　　　　　10m²　　　　0.291

2）玻璃棉毡保温工程量

$$V=\pi\times(D+1.033\delta)\times1.033\delta\times L$$
$$=3.14\times(0.4+1.033\times0.03)\times1.033\times0.03\times(1.5+0.5+3.14\times0.4/4)$$
$$=0.10m^3$$

3）油毡纸防潮层工程量

$$S=\pi\times(D+2.1\delta+0.0082)\times L$$
$$=3.14\times(0.4+2.1\times0.03+0.0082)\times(1.5+0.5+3.14\times0.4/4)$$
$$=3.42m^2$$

4）玻璃布保护层工程量同上。

5）导流叶片的制作安装工程量为 1.89m²

$$F=2\pi\times0.2\times\frac{\pi}{2}\times0.32\times3m^2=1.89m^2$$

【注释】 导流叶片工程量见例题 18。

工程预算表见表 1-87。

工 程 预 算 表 　　　表 1-87

序号	定额编号	分项工程名称	定额单位	工程量	基价/元	其中/元		
						人工费	材料费	机械费
1	9-10	镀锌薄钢板圆形风管	10m²	0.291	634.78	348.53	183.66	102.59
2	11-2018	玻璃棉毡保温 $\delta=30mm$	m³	0.10	129.23	54.57	67.91	6.75
3	11-2159	油毡纸防潮层	10m²	0.342	20.08	11.15	8.93	—
4	11-2153	玻璃布保护层	10m²	0.342	11.11	10.91	0.20	—
5	9-40	导流叶片的制安	m²	1.89	79.94	36.69	43.25	—

项目编码：030701012　　项目名称：风淋室

【例 56】 风淋室其尺寸为 800mm×400mm×2150mm 其示意图如图 1-57、图 1-58 所示。

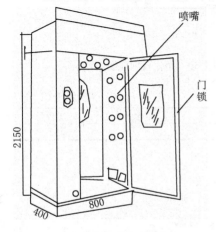

图 1-57　风淋室外形图

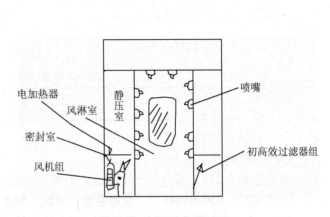

图 1-58　风淋室剖面图

（1）清单工程量：

	单位	数量
风淋室	台	1

清单工程量计算见表1-88。

清单工程量计算表　　　　　　　　　　　　　　表 1-88

项目编码	项目名称	项目特征描述	计量单位	工程量
030701012001	风淋室	800×400×2150	台	1

（2）定额工程量：

风淋室制安	台	1

套用定额 9-260，基价：538.94 元；其中人工费 538.94 元

因为风淋室为非标准件，根据供货商提供其重量为 2000kg。

项目编码：030701011　　项目名称：净化工作台

【**例 57**】 SZX-ZP 型一净化工作台，其重量为 1500kg 其示意图如图 1-59、图 1-60 所示。

（1）清单工程量：

	单位	数量
净化工作台	台	1

清单工程量计算见表1-89。

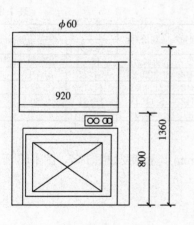

图 1-59　净化台示意图

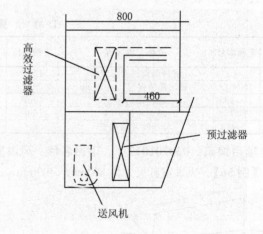

图 1-60　净化台剖面图

清单工程量计算表　　　　　　　　　　　　　　表 1-89

项目编码	项目名称	项目特征描述	计量单位	工程量
030701011001	净化工作台	SZX-ZP 型，重量为 1500kg	台	1

（2）定额工程量：

净化工作台安装 1 台

套用定额 9-257，基价：185.76 元；其中人工费 185.76 元

项目编码：030704001　　项目名称：通风工程检测、调试

【**例 58**】 一通风系统的检测，调试其中管道漏光试验二次，漏风试验三次，通风管

道风量测定三次，风压测定二次，温度测量二次，各系统风口阀门调整八次。

【解】 （1）清单工程量：

	单位	数量
通风工程检测调试	系统	1

清单工程量计算见表1-90。

清单工程量计算表　　　　　　　　　　　　　　　表 1-90

项目编码	项目名称	项目特征描述	计量单位	工程量
030704001001	通风工程检测、调试	检测调试	系统	1

（2）定额工程量：

1）管道漏光试验	次	2
2）漏风试验	次	3
3）通风管道风量测定	次	3
4）风压测定	次	2
5）温度测定	次	2
6）各系统风口阀门调整	次	8

项目编码：030703001　　　项目名称：碳钢阀门

【例59】 圆形风管防火阀，其标准件重量为 1.5kg/个，其示意图如图 1-61～图 1-64 所示。

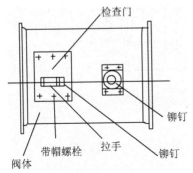

图 1-61　右式防火阀示意图

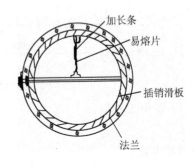

图 1-62　右式防火阀剖面图

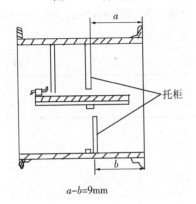

$a-b=9mm$

图 1-63　1-1 剖面图

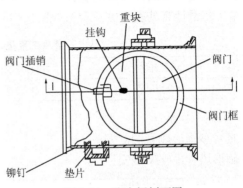

图 1-64　防火阀剖面图

【解】 (1) 清单工程量:

	单位	数量
圆形风管防火阀	个	1

清单工程量计算见表 1-91。

清单工程量计算表 表 1-91

项目编码	项目名称	项目特征描述	计量单位	工程量
030703001001	碳钢阀门	调节阀,圆形,重量为 1.5kg/个	个	1

(2) 定额工程量:

1) 圆形风管防火阀制作　　　　　100kg　　　0.015

套用定额 9-64,基价:759.23 元;其中人工费 228.95 元,材料费 417.22 元,机械费 113.06 元。

2) 圆形风管防火阀安装　　　　　个　　　　1

按尺寸套用定额的相应子目。

项目编码:030702007　　项目名称:复合型风管

【例 60】 复合型圆形风管,直径为 500mm,长度 2000mm 风管的吊支架是非标准件,其制作一个单重为 2.97kg/个,共 2 个。如图 1-65 所示。

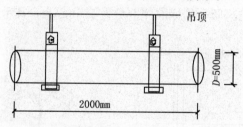

图 1-65　复合型风管安装示意图

【解】 (1) 清单工程量:

	单位	数量
复合型圆形风管	m²	3.14

$\pi DL = 3.14 \times 0.5 \times 2 m^2 = 3.14 m^2$

【注释】 复合型圆形风管的直径 $D = 0.5m$,2 为复合型圆形风管的长度。

清单工程量计算见表 1-92。

清单工程量计算表 表 1-92

项目编码	项目名称	项目特征描述	计量单位	工程量
030702007001	复合型风管	$D = 500mm$	m²	3.14

(2) 定额工程量:

1) 复合型圆形风管的制安　　　　10m²　　　0.314

2) 圆形风管吊支架制安　　　　　100kg　　0.0594

$2 \times 2.97 kg/个 = 5.94 kg$

3) 复合型板材

查《全国统一安装工程预算定额》

未计价材料 $0.314 \times 11.6 m^2 = 3.64 m^2$　　　　m^2　　　　3.64

4）热敏铝箔胶带　　　　　　　　　　　m^2　　　　6.39

查《全国统一安装工程预算定额》

未计价材料 $0.314 \times 20.36 m^2 = 6.39 m^2$

5）金属支架刷防锈底漆一遍　　　　　100kg　　　0.0594

6）刷灰调和漆二遍　　　　　　　　　100kg　　　0.0594

工程预算表见表 1-93。

工 程 预 算 表　　　　　　　　　　　　　　　表 1-93

序号	定额编号	分项工程名称	定额单位	工程量	基价/元	其中/元		
						人工费	材料费	机械费
1	9-360	复合型圆形风管的制安	$10m^2$	0.314	94.72	20.90	27.15	46.67
2	9-270	圆形风管吊支架制安	100kg	0.0594	975.57	183.44	776.36	15.77
3	9-360	复合型板材	m^2	3.64	—	—	—	—
4	9-360	热敏铝箔胶带	m^2	6.39	—	—	—	—
5	11-117	金属支架刷防锈漆一遍	100kg	0.0594	13.17	5.34	0.87	6.96
6	11-126	刷灰调和漆一遍	100kg	0.0594	12.33	5.11	0.26	6.96

【例 61】　实例分析如图 1-66 所示：

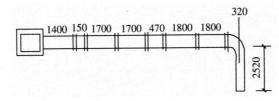

图 1-66　通风管道平面图

【解】　（1）风管工程量：

矩形风管尺寸 320×320，即周长为 $(320 + 320) \times 2 mm = 1280 mm = 1.28 m$

该矩形风管长度为 $(1.4 + 0.15 + 1.7 + 1.7 + 0.47 + 1.8 + 1.8 + 0.32 + 2.52 + 0.16) m$

$= 12.02 m$（风口垂直部分）

工程量为 $1.28 \times 12.02 m^2 = 15.39 m^2$

套用定额 9-14，基价：533.38 元；其中人工费 254.72 元，材料费 196.63 元，机械费 82.03 元

（2）帆布矩管工程量：

两台离心式通风机共设 4 个帆布短管，长度为 300mm，尺寸分别为 400×400（1 个），直径 600（1 个），500×500（1 个），直径 660（1 个）

工程量为 $(0.4 \times 4 + 0.6 \times 3.14 + 0.5 \times 4 + 0.66 \times 3.14) \times 0.4 m^2 = 7.56 m^2$

其中（0.3m 展开量为 0.4m）

套用定额 9-28，基价：1.63 元；其中人工费 1.63 元

【例62】 如图1-67所示，计算其工程量并套用定额($\delta=2mm$)。

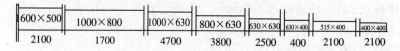

图1-67 通风管道平面图

【解】 工程量：$F_1=2\times(1.6+0.5)\times2.1m^2=8.82m^2$

$F_2=2\times(1.0+0.8)\times1.7m^2=6.12m^2$

$F_3=2\times(1.0+0.63)\times4.7m^2=15.32m^2$

$F_4=2\times(0.8+0.63)\times3.8m^2=10.07m^2$

$F_5=2\times(0.63+0.63)\times2.5m^2=6.30m^2$

$F_6=2\times(0.63+0.4)\times0.4m^2=0.82m^2$

$F_7=2\times(0.515+0.4)\times2.1m^2=3.84m^2$

$F_8=2\times(0.4+0.4)\times2.1m^2=3.36m^2$

清单工程量计算见表1-94。

清单工程量计算表 表1-94

序号	项目编码	项目名称	项目特征描述	计量单位	工程量
1	030702001001	碳钢通风管道	1600×500	m²	8.82
2	030702001002	碳钢通风管道	1000×800	m²	6.12
3	030702001003	碳钢通风管道	1000×630	m²	15.32
4	030702001004	碳钢通风管道	800×630	m²	10.07
5	030702001005	碳钢通风管道	630×630	m²	6.30
6	030702001006	碳钢通风管道	630×400	m²	0.82
7	030702001007	碳钢通风管道	515×400	m²	3.84
8	030702001008	碳钢通风管道	400×400	m²	3.36

工程预算表见表1-95。

工 程 预 算 表 表1-95

序号	定额编号	分项工程名称	定额单位	工程量	基价/元	其中/元 人工费	其中/元 材料费	其中/元 机械费
1	9-16	薄钢板矩形风管(600×500)	10m²	0.819	380.69	157.43	180.83	42.43
2	9-15	薄钢板矩形风管(1000×800)	10m²	0.5831	410.82	179.92	180.18	50.92
3	9-15	薄钢板矩形风管(1000×630)	10m²	1.438	410.82	179.92	180.18	50.92
4	9-15	薄钢板矩形风管(800×630)	10m²	1.022	410.82	179.92	180.18	50.92
5	9-15	薄钢板矩形风管(630×630)	10m²	0.5725	410.82	179.92	180.18	50.92
6	9-15	薄钢板矩形风管(630×400)	10m²	0.0778	410.82	179.92	180.18	50.92
7	9-14	薄钢板矩形风管(515×400)	10m²	0.36015	533.38	254.72	196.63	82.03
8	9-14	薄钢板矩形风管(400×400)	10m²	0.336	533.38	254.72	196.63	82.03

【例 63】 如图 1-68 所示，计算工程量并套用定额（$\delta=2\text{mm}$）。

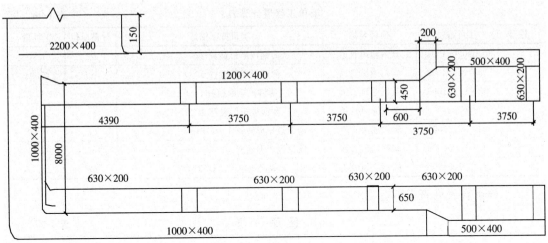

图 1-68 通风管道平面图

工程量：2200×400 风管 $L_1=(0.15+1.2/2)\text{m}=0.75\text{m}$

1200×400 风管 $L_2=(4.39+3.75+3.75+0.63\div2+0.6)\text{m}=12.81\text{m}$

1000×400 风管 $L_3=(0.5+0.6+8+0.5+4.39+3.75+3.75+0.315+0.6)\text{m}$

$$=22.405\text{m}$$

500×400 风管 $L_4=(3.75+3.75+0.315-0.2-0.6-0.315)\times2\text{m}=13.40\text{m}$

$$S_1=2\times(2.2+0.4)\times L_1=3.90\text{m}^2$$

$$S_2=2\times(1.2+0.4)\times L_2=40.98\text{m}^2$$

$$S_3=2\times(1.0+0.4)\times L_3=62.734\text{m}^2$$

$$S_4=2\times(0.5+0.4)\times L_4=24.12\text{m}^2$$

变径管工程量：如图 1-69 所示。

$$S_5=(1.2+0.4+0.5+0.4)\times0.2\text{m}^2=0.50\text{m}^2$$

$$S_6=(1.0+0.4+0.5+0.4)\times0.2\text{m}^2=0.46\text{m}^2$$

总的工程量为：$(130.33+0.46+0.50)\text{m}^2=131.29\text{m}^2$

竖直管的工程量：

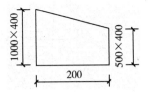

图 1-69 变径管尺寸示意图

630×200 风管 $L_7=(0.45+0.6)\times3+(0.65+0.5)\times3+(1.2+0.45-0.25)\times2+$

$$(1+0.65-0.25)\times2\text{m}$$

$$=12.20\text{m}$$

$$S_7=2\times(0.63+0.2)\times L_4\text{m}^2=1.66\times12.20\text{m}^2=20.25\text{m}^2$$

总的工程量 $=(S_1+S_2+S_3+S_4+S_5+S_6+S_7)\text{m}^2=151.54\text{m}^2$

清单工程量计算见表1-96。

清单工程量计算表 表1-96

序号	项目编码	项目名称	项目特征描述	计量单位	工程量
1	030702001001	碳钢通风管道	薄钢板矩形镀锌2200×400	m²	3.90
2	030702001002	碳钢通风管道	薄钢板矩形镀锌1200×400	m²	40.98
3	030702001003	碳钢通风管道	薄钢板矩形镀锌500×400	m²	61.33
4	030702001004	碳钢通风管道	薄钢板矩形镀锌1000×400	m²	24.12
5	030702001005	碳钢通风管道	薄钢板矩形镀锌1200×400~500×400	m²	0.50
6	030702001006	碳钢通风管道	薄钢板矩形镀锌1000×400~500×400	m²	0.46
7	030702001007	碳钢通风管道	薄钢板矩形镀锌630×200	m²	20.25

工程预算表见表1-97。

工程预算表 表1-97

序号	定额编号	分项工程名称	定额单位	工程量	基价/元	人工费	材料费	机械费
1	9-16	薄钢板矩形风管(2200×400)	10m²	0.390	380.69	157.43	180.83	42.43
2	9-15	薄钢板矩形风管(1200×400)	10m²	4.098	410.82	179.72	180.18	50.92
3	9-15	薄钢板矩形风管(1000×400)	10m²	6.273	410.82	179.72	180.18	50.92
4	9-14	薄钢板矩形风管(500×400)	10m²	2.412	533.38	254.72	196.63	82.03
5	9-15	变径管	10m²	0.050	410.82	179.72	180.18	50.92
6	9-15	变径管	10m²	0.046	410.82	179.72	180.18	50.92
7	9-14	薄钢板矩形风管(630×200)	10m²	2.025	533.38	254.72	196.63	82.03

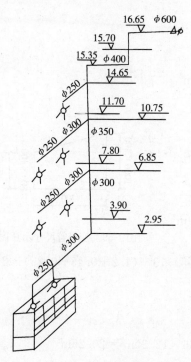

图1-70 通风系统图

【例64】 如图1-70、图1-71所示，计算工程量并套用定额。

离心式塑料通风机6号 1×4=4

塑料圆形瓣式启动阀φ600 1×4（每台风机一个）=4个，查《国标通风部件重量表》 9.1kg/个

塑料圆形蝶阀φ250(2×3+1)×4（4个系统）=28个，查《国标通风部件重量表》2.35kg/个

塑料圆形风管δ=3mm，φ250

$(1.2×3+0.6+0.48)×0.25×3.14×4=14.70m^2$

塑料圆形风管δ=3mm，φ300

$[(0.6+0.48)×3+6.85-2.95]×0.3×3.14×4m^2=26.90m^2$

塑料圆形风管δ=3mm，φ350

$(10.75-7.8+14.65+7.8-10.75-6.85)×0.35×3.14×4m^2=7.8×0.35×3.14×4m^2=34.29m^2$

塑料圆形风管δ=3mm，φ400

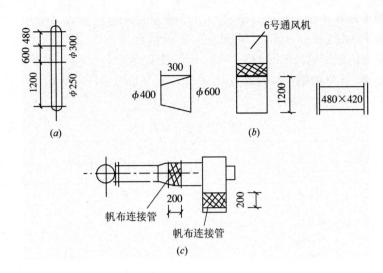

图 1-71　风管示意图

(a) 圆形风管；(b) 矩形风管；(c) 帆布连接管

$[(15.35-14.65+16.65-15.35+1.8)\times0.4\times3.14\times4+1.8]m^2=20.89m^2$

此处例题错误：

错在 0.15 多加 3，应该把这一段看成变径管来处理。

$$\frac{\pi(0.4+0.6)}{2}\times0.3m^2=0.471m^2\times4=1.88m^2$$

塑料圆形风管 $\delta=3mm$，$\phi600$ $\pi\times0.6\times0.2\times4m^2=1.5072m^2$

塑料矩形风管 $\delta=4mm$，480×420

工程量计算：$1.2\times(0.48+0.42)\times2\times4m^2=8.64m^2$

工程量计算：$[\pi\times0.6\times0.2+(0.48+0.42)\times2\times0.2]\times4m^2$
$$=(1.5072+1.44)m^2$$
$$=2.95m^2$$

风机减振台：个　1×4(每个 55kg)

矩形尼龙网框周长 1.800m

$0.48\times0.42\times4m^2=0.8064m^2$

设备支架：8 号槽钢：$5.5m\times8.04kg/m\times4=176.88kg$

刷漆去锈需考虑

清单工程量如下：

① 离心式塑料通风机 6 号　1 台　1×4 个系统

风机减震台座：55kg/个　55kg/个$\times4$ 个系统

风机吊托架：9.1kg/个　9.1kg/个$\times4$

塑料圆形瓣式启动阀 $\phi600$　9.1kg/个　9.1kg/个$\times4$

帆布连接管　单位 m^2　工程量为 2.95

② 塑料圆形风管 $\delta=4$，$\phi250$　单位 m^2　工程量为 14.70

③ 塑料圆形风管 $\delta=4$，$\phi300$　单位 m^2　工程量为 26.90

④ 塑料圆形风管 $\delta=4$，$\phi350$　单位 m² 工程量为 34.29

⑤ 塑料圆形风管 $\delta=4$，$\phi400$　单位 m² 工程量为 28.13

⑥ 矩形尼龙网框　周长 1.800m　单位 m²　工程量为 0.8064

⑦ 设备支架　8 号槽钢　8.04kg/m×5.5m×4 个系统=176.88kg

清单工程量计算见表 1-98。

清单工程量计算表 表 1-98

序号	项目编码	项目名称	项目特征描述	计量单位	工程量
1	030108001001	离心式通风机	塑料，离心式，6 号	台	4
2	030703005001	塑料阀门	圆形，瓣式，$\phi600$	个	4
3	030702005001	塑料通风管道	$\delta=4mm$，$\phi250$	m²	14.70
4	030702005002	塑料通风管道	$\delta=4mm$，$\phi300$	m²	26.90
5	030702005003	塑料通风管道	$\delta=4mm$，$\phi350$	m²	34.29
6	030702005004	塑料通风管道	$\delta=4mm$，$\phi400$	m²	28.13

以上是清单中的各项，它与定额所不同的是，清单中的一项可能包括定额中的 N 项，清单的优点是比较清晰、明朗也比较方便。

工程预算表见表 1-99。

工 程 预 算 表 表 1-99

序号	定额编号	分项工程名称	定额单位	工程量	基价/元	人工费	材料费	机械费
						其中/元		
1	9-217	离心式塑料通风机 6 号	台	4	104.10	78.48	25.62	—
2	9-68	塑料圆形瓣式启动阀 $\phi600$	个	4	38.47	23.68	14.57	0.22
3	9-311	塑料圆形蝶阀 $\phi250$	100kg	0.658	4087.15	1246.91	1983.72	856.52
4	9-291	塑料圆形风管 $\phi250$	10m²	2.129	1734.77	863.78	267.98	603.01
5	9-291	塑料圆形风管 $\phi300$	10m²	2.332	1734.77	863.78	267.98	603.01
6	9-291	塑料圆形风管 $\phi350$	10m²	3.429	1734.77	863.78	267.98	603.01
7	9-291	塑料圆形风管 $\phi400$	10m²	2.089	1734.77	863.78	267.98	603.01
8	9-291	变径管	10m²	1.88	1734.77	863.78	267.98	603.01
9	9-291	塑料圆形风管 $\phi600$	10m²	0.15072	1734.77	863.78	267.98	603.01
10	9-296	塑料圆形风管 480×420	10m²	0.864	1265.79	614.40	236.51	414.88
11	9-41	帆布连接管	10m²	0.295	171.45	47.83	121.74	1.88
12	9-212	风机减振台	100kg	2.20	414.38	75.23	330.52	8.63
13	9-41	矩形尼龙网框	10m²	0.08064	171.45	47.83	121.74	1.88
14	9-211	设备支架	100kg	1.7688	523.29	159.75	348.27	15.27

【例 65】 如图 1-72 所示，计算工程量并套用定额（$\delta=2mm$）。

工程介绍：通风平面图上看，该通风系统有一台空调器，空调器是用冷（热）水冷却（加热）空气的。空气从进风口进入空调器经冷却（加热）后，由空调器内风机从顶部送出，空气出机后分为两路送往各用风点。风管总长度约为 48m，系统图上风管 600mm×1000mm 为矩形风管。风管上装 6 号蝶阀 2 个，图号为 T302-J

矩形风管的制安：

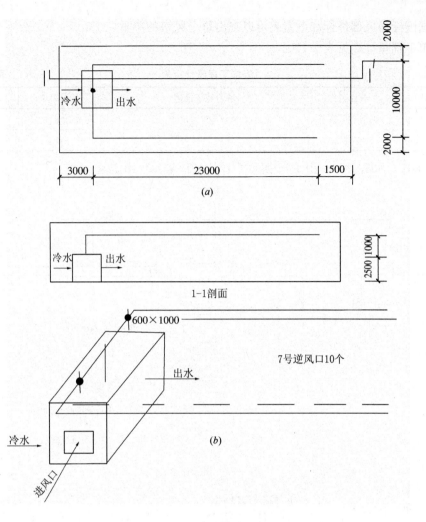

图 1-72　通风系统的系统图

(a)平面图；(b)立面图

周长＝2×(0.6＋1)m＝3.2m

长度 l＝(23×2＋10＋1)m＝(56＋1)m＝57m(其中减去 2 个蝶阀长 0.15×2m＝0.3m)

工程量计算＝57×3.2m²＝182.4m²

(182.4－0.3×3.2)m²＝(182.4－0.96)m²＝181.44m²＝18.144(10m²)

套用定额 9-15，基价：410.82 元；其中人工费 179.72 元，材料费 180.18 元，机械费50.92元

7 号送风口单重：(单重×个数/计量单位/100kg＝工程量)根据国标通风部件标准重量表

根据重量套用定额相应子目。

空调器：制安 1 台

套用定额 9-240，基价：541.62 元；其中人工费 538.70 元，材料费 2.92 元

1 个进风口的制安单重(单重×个数/计量单位 100kg＝工程量)

根据国标通风部件标准重量表可以查出每个风口的单重。

清单工程量计算见表 1-100。

清单工程量计算表　　　　　　　　　　　　　　表 1-100

项目编码	项目名称	项目特征描述	计量单位	工程量
030702001001	碳钢通风管道	镀锌 600×1000	m²	181.44
030701003001	空调器		台	1

【例66】　如图 1-73～图 1-76 所示，计算工程量并套用定额。

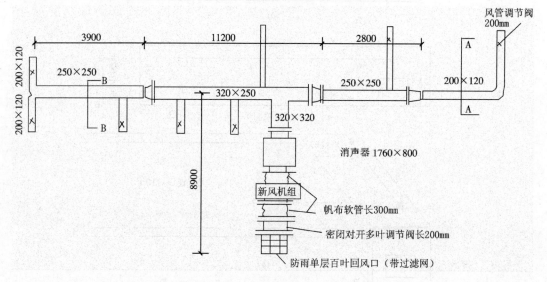

图 1-73　风管平面图

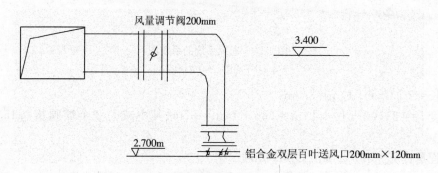

图 1-74　新风支管安装示意图

【解】　工程量：

① 镀锌钢板（咬口）δ＝0.5mm，200×120

周长＝2×(0.2+0.12)m＝0.64m

$L=[(1.5-0.2+3.4-2.7-0.2)+(3.2-0.2+3.4-2.7-0.2)\times3+(1.5-0.2+3.4-2.7-0.2)\times3+3.4]$m

＝(17.7+3.4)m＝21.1m

工程量为＝0.64×21.1m²＝13.50m²

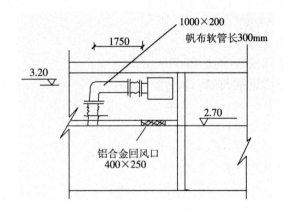

图 1-75 风机盘管连接管安装示意图

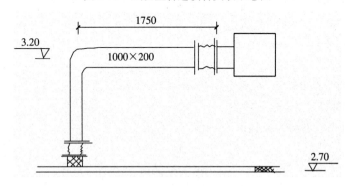

图 1-76 连接管尺寸图

② 镀锌钢板(咬口)$\delta=0.75$mm 250×250

周长：$2\times(0.25+0.25)$m$=1$m

$L=(3.9+2.8)$m$=6.7$m

工程量为$=1\times6.7$m$^2=6.7$m^2

③ 镀锌钢板(咬口)$\delta=1.0$mm 320×250

周长为：$2\times(0.32+0.25)$m$=1.14$m

$L=11.2$m

工程量为 1.14×11.2m$^2=12.77$m^2

④ 镀锌钢板(咬口)$\delta=1.2$mm 320×320

周长为：$2\times(0.32+0.32)$m$=1.28$m

$l=(8.9-1.76-0.3-1-0.3-0.2)m=5.34$m

工程量为：1.28×5.34m$^2=6.84$m^2

⑤ 风机盘管连接管

周长：$2\times(1+0.2)$m$=2.4$m

$l=(1.75+3.2-2.7-0.3-0.2)\times7m=12.25$m

工程量为：2.4×12.5m$^2=29.4$m^2

⑥ 阻抗复合式消声器安 T-701-6 型号 3 号台 1 个

查国标通风部件标准重量表82.68kg/个

DBK 型新风机组(5000m³/h)/0.4t　1 台

风机盘管暗装吊顶式 17 台

密闭对开多叶调节阀安装(周长 2500mm)　1 个

查国标通风部件标准重量表 22.4kg/个

风量调节阀安装(周长 640mm)　8 个

查国标通风部件标准重量表 3.97kg/个

铝合金百叶送风口安装(周长 2400mm)　7 个

查国标通用部件标准重量表 9.88kg/个

防雨百叶回风口(带过滤网)安装(周长 200mm)　1 个

查国标通风部件标准重量表 4.46kg/个

帆布软管制作安装

200×120×200

周长：$2×(0.2+0.12)m=0.64m$

$l=0.2m$

工程量：$0.64×0.2m²=0.128×8m²=1.024m²$

1000×200×200

周长：$2×(1+0.2)m=2.4m$

$l=0.2m$

工程量$=2.4×0.2×7m²=0.48×7m²=3.36m²$

1000×200×300

周长：$2×(1+0.2)m=2.4m$

$l=0.3m$

工程量为 $2.4×0.3×7m²=0.72×7m²=5.04m²$

温度测定孔　1 个

风量测定孔　1 个

清单工程量计算见表 1-101。

清单工程量计算表　　　　　　　　　　　　　　表 1-101

序号	项目编码	项目名称	项目特征描述	计量单位	工程量
1	030702001001	碳钢通风管道	镀锌 $\delta=0.5mm$，200×120	m²	13.50
2	030702001002	碳钢通风管道	镀锌 $\delta=0.75mm$，250×250	m²	6.70
3	030702001003	碳钢通风管道	镀锌 $\delta=1.0mm$，320×250	m²	12.77
4	030702001004	碳钢通风管道	镀锌 $\delta=1.2mm$，320×320	m²	6.84
5	030702001005	碳钢通风管道	镀锌 1000×200	m²	29.4
6	030703020001	消声器	阻抗复合式，3 号	个	1
7	030701004001	风机盘管	DBK 型	台	1
8	030701004002	风机盘管	暗装吊顶式	台	17
9	030703001001	碳钢调节阀	密闭对开多叶	个	1

序号	项目编码	项目名称	项目特征描述	计量单位	工程量
10	030703001002	碳钢调节阀		个	8
11	030703011001	铝及铝合金风口散流器	百叶风口	个	7
12	030703011002	铝及铝合金风口散流器	百叶风口带过滤网	个	1
13	030702008001	柔性软风管	200×120×200	m	0.20
14	030702008002	柔性软风管	1000×200×200	m	0.20
15	030702008003	柔性软风管	1000×200×300	m	0.30

工程预算表见表 1-102。

工 程 预 算 表　　　　　　表 1-102

序号	定额编号	分项工程名称	定额单位	工程量	基价/元	人工费	材料费	机械费
						其中/元		
1	9-5	镀锌钢板 200×120	10m²	1.3504	441.65	211.77	196.98	32.90
2	9-6	镀锌薄钢板 250×250	10m²	0.67	387.05	154.18	213.52	19.35
3	9-6	镀锌薄钢板 300×250	10m²	1.2768	387.05	154.18	213.52	19.35
4	9-6	镀锌薄钢板 320×320	10m²	0.684	387.05	154.18	213.52	19.35
5	9-7	连接管 1000×200	10m²	2.94	295.54	115.87	167.99	11.68
6	9-200	阻抗复合式消声器	100kg	2.4804	960.03	365.71	585.05	9.27
7	9-216	新风机组	台	1	34.15	19.74	14.41	—
8	9-245	风机盘管	台	17	98.69	28.79	66.11	3.79
9	9-85	密闭对开多叶调节阀安装	个	1	30.79	11.61	19.18	—
10	9-84	风量调节阀	个	8	25.77	10.45	15.32	—
11	9-93	百叶风口	个	8	2050.83	1230.89	626.21	193.73
12	9-26	帆布软管 200×120	m	0.20	0.93	0.93	—	—
13	9-29	帆布软管 1000×200	m	0.20	2.09	2.09	—	—
14	9-29	帆布软管 1000×200	m	0.30	2.09	2.09	—	—
15	9-43	温度测定孔	个	1	26.58	14.16	9.20	3.22
16	9-43	风量测定孔	个	1	26.58	14.16	9.20	3.22

【例 67】　办公室空调水管路施工图预算，见图 1-77～图 1-79。

【解】　1. 钢球阀 $DN20$

工程量为 $(2×6+1)$ 个 $=13$ 个

2. Y 型过滤器 $DN20$　$6×1$ 个 $=6$ 个

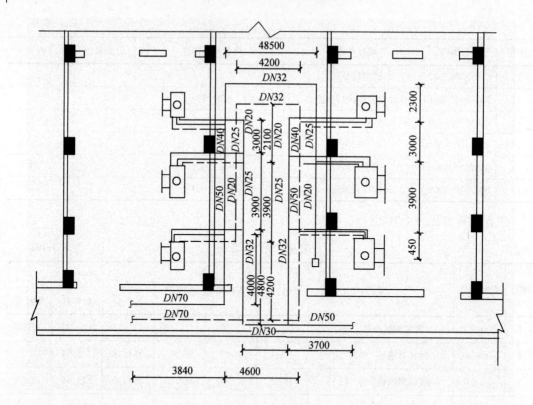

图 1-77 空调平面图

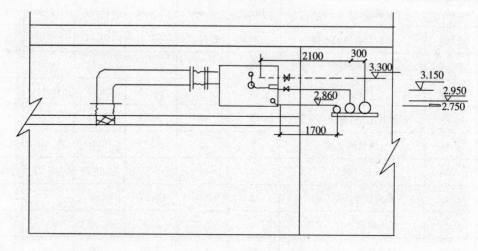

图 1-78 风盘安装示意图

3. 自动放气阀 DN20　1 个

4. 金属软管　2×6 个＝12 个

5. 橡胶软管　6×1 个＝6 个

6. 一般穿墙套管制安 DN70　1 个供水管

7. 一般穿墙套管制安 DN20　18 供　6 回　6 凝

风管工程量：

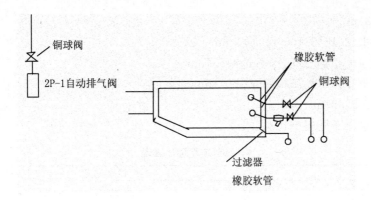

图 1-79　风盘安装大样图

1. 镀锌钢管：$DN70$

供水管长：$(3.84+4)m=7.84m$

回水管长：$(3.84+4.6+4.2)m=12.64m$

总长$=(7.84+12.64)m=20.48m$

工程量：20.48m

2. 镀锌钢管：$DN50$

供水 3.9m

回水 3.9m

凝水 3.7m

工程量为：$(3.9+3.9+3.7)m=11.50m$

3. 镀锌钢管 $DN40$

供水 3.0m

回水 3m

工程量为$(3+3)m=6m$

4. 镀锌钢管 $DN32$

供水$(4.85+2.3)m$

回水$(4.2+2.1)m$

工程量为：$(4.85+4.2+4.4)m=(9.05+4.4)m=13.45m$

5. 镀锌钢管 $DN30$

凝水管：$(4.8×2+3.65)m=13.25m$

6. 镀锌钢管 $DN25$

供水：3m

回水：3.9m

凝水管：$3.9×2m$

工程量为：$(3.9×2+3.9+3)m=14.70m$

7. 镀锌钢管 $DN20$

供水$(0.45+3.9)m$

回水 3.9m

凝水(3+3)m

支管：供水(2.1+3.15-2.75)×6m=15m

回水：(2.4+3.3-2.75)×6m=17.70m

凝水(1.7+2.86-2.75)×6m=10.86m

工程量为：57.81m

清单工程量计算见表1-103。

清单工程量计算表 表1-103

序号	项目编码	项目名称	项目特征描述	计量单位	工程量
1	031001001001	镀锌钢管	DN70	m	20.48
2	031001001002	镀锌钢管	DN50	m	11.50
3	031001001003	镀锌钢管	DN40	m	6.00
4	031001001004	镀锌钢管	DN32	m	13.45
5	031001001005	镀锌钢管	DN30	m	13.25
6	031001001006	镀锌钢管	DN25	m	14.70
7	031001001007	镀锌钢管	DN20	m	57.81

工程预算表见表1-104。

工 程 预 算 表 表1-104

序号	定额编号	分项工程名称	定额单位	工程量	基价/元	其中/元		
						人工费	材料费	机械费
1	8-93	镀锌钢管 DN70	10m	2.048	124.29	63.62	56.56	4.11
2	8-92	镀锌钢管 DN50	10m	1.15	111.93	62.23	46.84	2.86
3	8-91	镀锌钢管 DN40	10m	0.6	93.85	60.84	31.98	1.03
4	8-90	镀锌钢管 DN32	10m	2.67	86.16	51.08	34.05	1.03
5	8-89	镀锌钢管 DN25	10m	1.47	83.51	51.08	31.40	1.03
6	8-88	镀锌钢管 DN20	10m	5.781	66.72	42.49	24.23	—
7	8-304	钢球阀 DN20	个	13	3.49	2.32	1.17	
8	9-255	Y型过滤器 DN20	个	6	11.61	11.61	—	
9	8-300	自动放气阀 DN20	个	1	11.58	5.11	6.47	
10	8-175	DN100 镀锌铁皮套管	个	1	4.34	2.09	2.25	
11	8-170	DN32 镀锌铁皮套管	个	30	2.89	1.39	1.50	

【例68】 如图1-80～图1-83所示，计算工程量并套用定额。

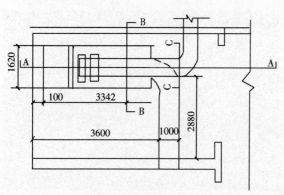

图1-80　机房平面图

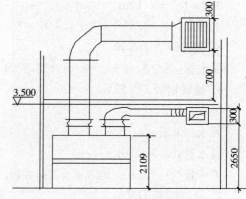

图1-81　A-A 剖面图

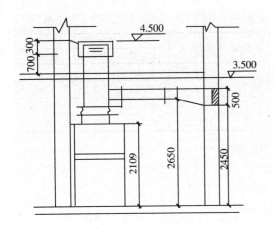

图 1-82 C-C 剖面图

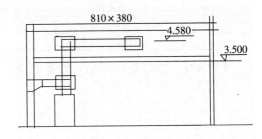

图 1-83 B-B 剖面图

【解】 (1)清单工程量:

① 镀锌钢板矩形风管 $\delta=1mm$ 1000×300

周长 $2\times(1+0.3)m=2.6m$

$L=[(4.5-2.109-0.2)+(2.45-2.109-0.2)+(2.88+1.62+3.342-0.1+3.342-0.1+1)]m$

$=14.816m$

工程量为 $2.6\times14.816m^2=38.52m^2$

② 叠式金属空气调节器 1台

③ 帆布接头(1000×300) 0.20m

(2)定额工程量:

① 镀锌钢板矩形风管

② 叠式金属空气调节器同清单工程量

③ 帆布接头(1000×300)工程量: $2\times(1.0+0.3)\times0.2=0.52m^2$

④ 强度检测孔制安 1个

⑤ 矩形风管三通调节阀安装,根据国标通风部件标准重量表可查得矩形风管三通调节阀的单装。

清单工程量计算见表 1-105。

清单工程量计算表　　　　　　　　　　　　　　　　　表 1-105

项目编码	项目名称	项目特征描述	单 位	数 量
1	镀锌风管	$\delta=1mm$, 1000×300	m²	38.52
2	空气调节器	叠式,金属	台	1
3	软管	1000×300	m	0.20

工程预算表见表 1-106。

工程预算表　　　　　　　　　　　　　　　　　表 1-106

序号	定额编号	分项工程名称	定额单位	工程量	基价/元	其中/元		
						人工费	材料费	机械费
1	9-7	镀锌钢板矩形风管(100×300)	10m²	3.852	295.54	115.87	167.99	11.68

序号	定额编号	分项工程名称	定额单位	工程量	基价/元	其中/元		
						人工费	材料费	机械费
2	9-235	叠式金属空气调节器	台	1	44.72	41.80	2.92	—
3	9-41	帆布接头	m²	0.52	171.45	47.83	121.74	1.88
4	9-42	检测孔制安	个	1	1147.41	486.92	543.99	116.50
5	9-61	三通调节阀安装	个	1	1711.55	1022.14	352.51	336.90

【例69】 如图1-84所示，计算工程量并套用定额(δ=2mm)。

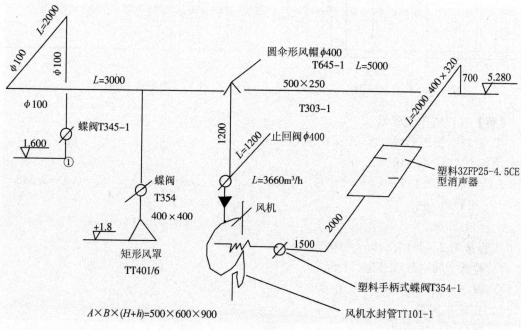

图1-84 风管系统图

【解】 工程量：

① 矩形风管400×400

周长 2×(0.4+0.4)m=1.6m

L=(5.28-1.8-0.9-0.15)m=2.43m

0.15蝶阀长度，0.9为矩形风罩的高度

工程量为：1.6×2.43m²=3.89m²

定额计量单位为10m²，工程量为0.389(10m²)

② 矩形风管500×250

周长为2×(0.5+0.25)m=1.5m

l=5 展开面积为1.5×5m²=7.50m²

定额计量单位为10m²，工程量为0.75(10m²)

③ 圆形风管ϕ400

周长为πD=3.14×0.4m=1.256m

l=(1.2-0.3)m=0.9m 展开面积为πDL=1.256×0.9m²=1.13m²

定额计量单位为10m²，工程量为0.113(10m²)

④ 圆形风管 $\phi100$

周长为 $\pi D=3.14\times0.1m=0.314m$

$l=(3+2+5.28-1.6-0.15)m=8.53m$

展开面积为 $0.314\times8.53m^2=2.68m^2$

定额计量单位为 $10m^2$，工程量为 $0.268(10m^2)$

⑤ 矩形风管 400×320

周长：$(0.4+0.32)\times2m=1.44m$

$L=(2+2+0.7+1.5-0.15)m=6.05m$

展开面积为 $1.44\times6.05m^2=8.71m^2$

定额计量单位为 $10m^2$，工程量为 $0.871(10m^2)$

⑥ 离心风机的安装 8 号　　　1 台

⑦ 风管止回阀 T303-1，$\phi400$ 查国标通风部件标准重量 9.97kg/个

定额计量单位 100kg，工程量为 $0.0997(100kg)$

以清单计算，工程量为 1 个

⑧ 圆伞形风帽 $\phi400$ 查国标通风部件标准重量 9.24kg/个

定额计量单位为 100kg，工程量为 $0.0924(100kg)$

以清单计算，工程量为 1 个

⑨ 蝶阀 400×400 查国标通风部件标准重量表：每个蝶阀 400×400，7.21kg/个

定额计量单位 100kg，工程量为 $0.0721(100kg)$

以清单计算，工程量为 1 个

⑩ 蝶阀 $\phi100$，查国标通风部件标准重量表，0.86kg/个，

定额计量单位为 100kg，工程量为 $0.0086(100kg)$

以清单计算，工程量为 1 个

⑪ 塑料消声器 1.0 个 $\times82kg/$个$=82kg$，清单工程量为 1 个，定额工程量为 82kg。

⑫ 空气过滤器　1 台

⑬ 风机支架 5.5m$\times$8.04kg/m$=44.22kg$

⑭ 支架刷红丹防护漆一遍 100kg，工程量为 $1.05(100kg)$

⑮ 风管吊托支架，6 副 $\times10kg$(估)$=60kg$，

定额计量单位为 100kg，工程量为 $0.6(100kg)$

清单工程量计算见表 1-107。

清单工程量计算表　　　　　　　　　　　　　　　　　　　表 1-107

序号	项目编码	项目名称	项目特征描述	计量单位	工程量
1	030702001001	碳钢通风管道	镀锌 400×400	m^2	3.98
2	030702001002	碳钢通风管道	镀锌 500×250	m^2	7.50
3	030702001003	碳钢通风管道	镀锌 $\phi400$	m^2	1.13
4	030702001004	碳钢通风管道	镀锌 $\phi100$	m^2	2.68
5	030702001005	碳钢通风管道	镀锌 400×320	m^2	8.71
6	030108001001	离心式通风机	离心式，8 号	台	1
7	030703001001	碳钢阀门	止回阀，$\phi400$	个	1
8	030703001002	碳钢阀门	蝶阀，400×320	个	1

续表

序号	项目编码	项目名称	项目特征描述	计量单位	工程量
9	030703001003	碳钢阀门	蝶阀，φ100	个	1
10	030703012001	碳钢风帽	圆伞形，φ400	个	1
11	030703020001	消声器	塑料，3ZFP25-4.5CE型	个	1
12	030701010001	过滤器		台	1

工程预算表见表 1-108。

工 程 预 算 表 表 1-108

序号	定额编号	分项工程名称	定额单位	工程量	基价/元	其中/元		
						人工费	材料费	机械费
1	9-14	矩形风管(400×400)	10m²	0.389	533.38	254.72	196.63	82.03
2	9-14	矩形风管(500×250)	10m²	0.75	533.38	254.72	196.63	82.03
3	9-10	圆形风管(φ400)	10m²	0.113	634.78	348.53	183.66	102.59
4	9-9	圆形风管(φ100)	10m²	0.268	943.26	615.56	157.02	170.68
5	9-14	矩形风管(400×320)	10m²	0.871	533.38	254.72	196.63	82.03
6	9-218	离心风机8号安装	台	1	202.73	172.99	29.74	—
7	9-55	风管止回阀	100kg	0.0997	1012.82	310.22	613.49	89.11
8	9-166	圆伞形风帽(φ400)	100kg	0.0924	960.43	394.74	547.33	18.36
9	9-53	蝶阀(400×400)	100kg	0.0721	1188.62	344.35	402.58	441.69
10	9-51	蝶阀(φ100)	100kg	0.0086	1580.21	700.55	416.87	462.79
11	9-195	塑料消声器	100kg	0.82	660.07	160.68	448.78	50.61
12	9-255	空气过滤器	台	1	11.61	11.61	—	—
13	9-211	风机支架	100kg	0.4422	523.29	159.75	348.27	15.27
14	11-117	支架刷红丹防护漆	100kg	1.05	13.17	5.34	0.87	6.96
15	9-270	风管吊托支架	100kg	0.6	975.57	183.44	776.36	15.77

【例70】 如图 1-85 矩形风管制作安装，计算工程量并套用定额($\delta=2mm$)。

【解】 800×500 矩形风管长度 $L=8m$，周长为$(0.8+0.5)\times2m=2.6m$

展开面积 $F=8\times(0.8+0.5)\times2m^2=8\times2.6m^2=20.8m^2=2.08(10m^2)$

套用定额 9-15，基价：410.82 元；其中人工费 179.72 元，材料费 180.18 元，机械费 50.92 元

清单工程量计算见表 1-109。

清单工程量计算表 表 1-109

项目编码	项目名称	项目特征描述	计量单位	工程量
030702001001	碳钢通风管道	镀锌 800×500	m²	20.80

【例71】 如图 1-86 矩形均匀渐缩风管制作安装，计算工程量并套用定额。

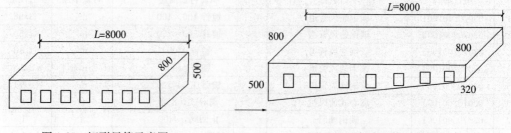

图 1-85 矩形风管示意图   图 1-86 渐缩风管示意图

【解】 大口断面周长为$(0.8+0.5)\times 2m=2.6m$

小口断面周长为$(0.8+0.32)\times 2m=2.24m$

平均周长为$(2.6+2.24)\div 2m=2.42m$

展开面积 $F=8\times 2.42m^2=19.36m^2=1.936(10m^2)$

清单工程量计算见表1-110。

清单工程量计算表 表 1-110

项目编码	项目名称	项目特征描述	计量单位	工程量
030702001001	碳钢通风管道	镀锌渐缩风管 $800\times500\sim800\times320$	m²	19.36

套用定额9-15，基价：410.82元；其中人工费179.72元，材料费180.18元，机械费50.92元

【例72】 如图1-87薄钢板圆形钢管制作安装，计算工程量并套用定额$(\delta=2mm)$。

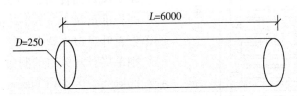

图 1-87 钢管尺寸示意图

【解】 $\phi250$圆形风管长度$L=6m$，断面周长$\pi D=3.14\times 0.25m=0.785m$

展开面积 $F=\pi DL=3.14\times 0.25\times 6m^2=4.71m^2=0.471(10m^2)$

清单工程量计算见表1-111。

清单工程量计算表 表 1-111

项目编码	项目名称	项目特征描述	计量单位	工程量
030702001001	碳钢通风管道	镀锌 $\phi250$	m²	4.71

套用定额9-10，基价：634.78元；其中人工费348.53元，材料费183.66元，机械费102.59元

【例73】 如图1-88薄钢板圆形渐缩风管制作安装，计算工程量并套用定额$(\delta=2mm)$。

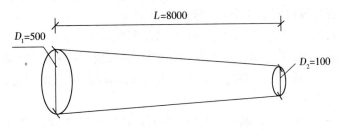

图 1-88 渐缩风管尺寸示意图

【解】 管长8m，大头直径$D_1=500mm$，小头直径$D_2=100mm$

首先求出平均直径，即$(500+100)\div 2mm=300mm$

平均断面周长为$\pi(D_1+D_2)\div 2=3.14\times 0.3m=0.942m$

计算工程量为 $\pi L(D_1+D_2)\div 2=8\times 0.942\text{m}^2=7.54\text{m}^2=0.754(10\text{m}^2)$

清单工程量计算见表 1-112。

清单工程量计算表　　　　　　　　　　　　　　　　　　　　　　**表 1-112**

项目编码	项目名称	项目特征描述	计量单位	工程量
030702001001	碳钢通风管道	镀锌渐缩风管 $D_大=500\text{mm}$，$D_小=100\text{mm}$	m²	7.54

套用定额 9-14，基价：533.38 元；其中人工费 254.72 元，材料费 196.63 元，机械费82.03元

【例 74】 如图 1-89 单层百叶风口制作安装，计算工程量并套用定额。

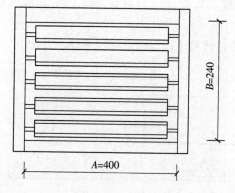

图 1-89　风口尺寸示意图

【解】 单层百叶风口安装 2 个，5 号，400×240

单个风口周长为 $2\times(0.4+0.24)\text{m}=1.28\text{m}$

查标准重量表 T202-2 可知尺寸为 400×240 的单层百叶风口 1.94kg/个

则单层百叶风口的制作工程量为 $1.94\times 2\text{kg}=3.88\text{kg}=0.0388(100\text{kg})$

安装工程量为 2 个。

1）制作　套用定额 9-94，基价：2014.47 元，其中：人工费 1477.95 元，材料费 520.88 元，机械费 15.64 元。

2）安装　套用定额 9-134，基价：8.64 元，其中：人工费 5.34 元，材料费 3.08 元，机械费 0.22 元

清单工程量计算见表 1-113。

清单工程量计算表　　　　　　　　　　　　　　　　　　　　　　**表 1-113**

项目编码	项目名称	项目特征描述	计量单位	工程量
030703007001	碳钢风口、散流器、百叶窗	单层百叶风口，5 号，400×240	个	2

【例 75】 如图 1-90 双层百叶风口制作安装，计算工程量并套用定额。

【解】 双层百叶风口安装 4 个，6 号，470×285

单个风口周长为 $2\times(0.47+0.285)\text{m}=0.755\times 2\text{m}=1.51\text{m}$

查标准重量表 T202-2 可知，尺寸为 470×285 的双层百叶风口 5.66kg/个

则双层百叶风口的制作工程量为 $5.66\times 4\text{kg}=22.64\text{kg}=0.2264(\text{kg})$

安装工程量为 4 个。

1）制作　套用定额 9-97，基价：1086.70 元；其中人工费 575.62 元，材料费 496.61 元，机械费 14.47 元

2）安装　套用定额 9-135，基价：14.97 元；其中人工费 10.45 元，材料费 4.30 元，机械费 0.22 元

清单工程量计算见表 1-114。

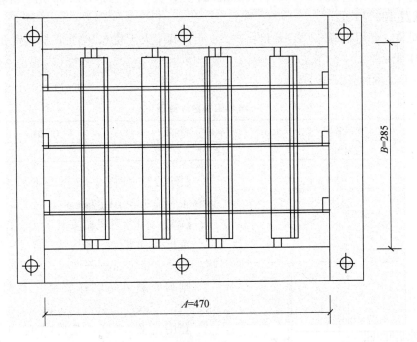

图 1-90 双层百叶风口尺寸示意图

清单工程量计算表 表 1-114

项目编码	项目名称	项目特征描述	计量单位	工程量
030703007001	碳钢风口、散流器、百叶窗	双层百叶风口，6 号，470×285	个	4

【例 76】 如图 1-91 手柄式圆形 9-16 号钢制蝶阀制作安装，计算工程量并套用定额。

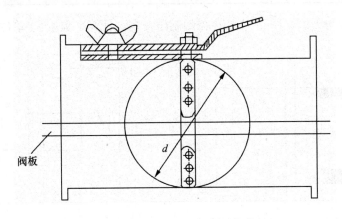

图 1-91 蝶阀示意图

【解】 圆形 12 号钢制蝶阀安装 10 个，$D=400\text{mm}$，$d=390\text{mm}$

查标准重量表 T302-T 可知：$D=400\text{mm}$ 的蝶阀 8.86kg/个

所以钢制蝶阀制作工程量为 $8.86×10\text{kg}=88.6\text{kg}=0.886(100\text{kg})$

安装工程量为 10 个。

1) 制作　套用定额 9-51，基价：1580.21 元；其中人工费 700.55 元，材料费 416.87 元，机械费 462.79 元

2) 安装　套用定额 9-73，基价：19.24 元；其中人工费 6.97 元，材料费 3.33 元，机械费 8.94 元

清单工程量计算见表 1-115。

清单工程量计算表 表 1-115

项目编码	项目名称	项目特征描述	计量单位	工程量
030703001001	碳钢阀门	蝶阀 D=400mm	个	10

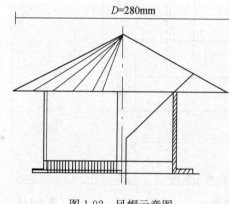

图 1-92　风帽示意图

【例 77】　如图 1-92 圆伞形风帽制作安装，计算工程量并套用定额。

【解】　圆伞形风帽安装 3 个，D=280mm

查标准重量表 T609 可知，D=280mm 的圆伞形风帽 5.09kg/个

则圆伞形风帽制作安装工程量为 5.09×3kg=15.27kg=0.1527(100kg)

套用定额 9-166，基价：960.43 元；其中人工费 394.14 元，材料费 547.33 元，机械费 18.36 元

清单工程量计算见表 1-116。

清单工程量计算表 表 1-116

项目编码	项目名称	项目特征描述	计量单位	工程量
030703012001	碳钢风帽	圆伞形，D=280mm	个	3

【例 78】　如图 1-93，图 1-94 消声器的制作安装，计算工程量。（单位：mm）

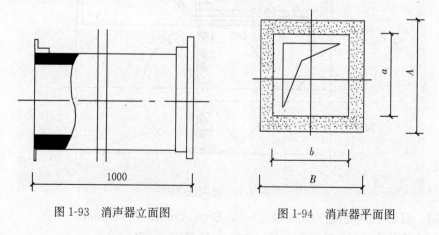

图 1-93　消声器立面图　　　　图 1-94　消声器平面图

【解】　清单工程量按数量计算，为 2 个。

管式消声器吸声材料采用矿棉 A=320mm，B=420mm，安装 2 个尺寸 320×420

查标准重量表 T701-2 可知：尺寸为 320mm×420mm 的矿棉管式消声器 38.91kg/个

则矿棉管式消声器制作安装工程量为 38.91×2kg=77.82kg=0.7782(100kg)

套用定额 9-196，基价：712.44 元；其中人工费 261.69 元，材料费 399.02 元，机械费 51.73 元

清单工程量计算见表 1-117。

清单工程量计算表　　　　　　　　　　　　　　表 1-117

项目编码	项目名称	项目特征描述	计量单位	工程量
030703020001	消声器	矿棉管式，320×420	个	2

【例 79】　如图 1-95、图 1-96 散流器的制作安装，计算工程量并套用定额。

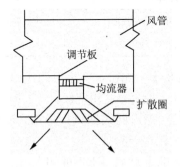

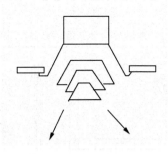

图 1-95　直片式散流器示意图　　　图 1-96　流线型散流器示意图

【解】　直片式散流器采用 200mm×200mm 的尺寸安装 10 个，

流线形散流器采用 $D=250$ 的尺寸安装 20 个，

查标准重量表 CT211-2 可知尺寸为 200×200 的方形直片散流器 3.91kg/个，

查标准重量表 CT211-4 可知尺寸为 $D=250$ 的流线形散流器 7.94kg/个，

则方形直片散流器制作工程量为 3.91×10=39.10kg，安装工程量为 10 个。

则流线形散流器制作工程量为 7.94×20=158.8kg，安装工程量为 10 个。

方形直片散流器：

1）制作　套用定额 9-112，基价：2022.96 元；其中人工费 1155.66 元，材料费 551.57 元，机械费 315.73 元

2）安装　套用定额 9-147，基价：7.56 元；其中人工费 5.80 元，材料费 1.76 元

流线形散流器：

1）制作　套用定额 9-114，基价：2215.22 元；其中人工费 1293.82 元，材料费 556.93 元，机械费 364.47 元

2）安装　套用定额 9-150，基价：8.82 元；其中人工费 7.89 元，材料费 0.93 元

清单工程量计算见表 1-118。

清单工程量计算表　　　　　　　　　　　　　　表 1-118

序号	项目编码	项目名称	项目特征描述	计量单位	工程量
1	030703007001	碳钢风口、散流器、百叶窗	直片式散流器，200×200	个	10
2	030703007002	碳钢风口、散流器、百叶窗	流线型散流器，$D=250$	个	20

【例80】 旋转吹风口的制作安装，计算工程量并套用定额。

【解】 旋转吹风口采用 $D=250$mm 的尺寸安装8个，

查标准重量表 T209-1 可知尺寸为 $D=250$mm 的旋转吹风口 10.09kg/个，

则旋转吹风口的制作工程量为 10.09×8kg＝80.72kg＝0.8072(100kg)

安装工程量为8个。

1）制作　套用定额9-109，基价：961.86元；其中人工费306.27元，材料费524.06元，机械费131.53元

2）安装　套用定额9-144，基价：20.53元；其中人工费10.91元，材料费9.62元

清单工程量计算见表1-119。

清单工程量计算表　　　　　　　　　　　　表 1-119

项目编码	项目名称	项目特征描述	计量单位	工程量
030703007001	碳钢风口、散流器、百叶窗	吹风口 $D=250$mm	个	8

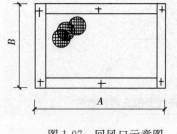

图 1-97　回风口示意图

【例81】 如图 1-97 矩形网式回风口的制作安装，计算工程量并套用定额。

【解】 矩形网式回风口采用 250mm×200mm 的尺寸安装6个，

查标准重量表 T262 可知尺寸：为 250mm×200mm 的矩形网式回风口 0.73kg/个，

则矩形网式回风口的制作工程量为 0.73×6kg ＝4.38kg＝0.0438(100kg)

安装工程量为6个。

1）制作　套用定额 9-121，基价：1233.99元；其中人工费586.30元，材料费561.73元，机械费85.96元

2）安装　套用定额 9-158，基价：3.56元；其中人工费3.02元，材料费0.54元

清单工程量计算见表1-120。

清单工程量计算表　　　　　　　　　　　　表 1-120

项目编码	项目名称	项目特征描述	计量单位	工程量
030703007001	碳钢风口、散流器、百叶窗	网式吹风口，250×200	个	6

【例82】 如图 1-98 塑料槽边吸风罩的制作安装，计算工程量并套用定额。

【解】 塑料槽边吸风罩采用 370mm×150mm 的尺寸安装8个，

塑料罩类的清单工程量按数量计算，为8个。

查标准重量表 T451-2 可知：

尺寸为 370×150 的塑料槽边吸风罩 8.07kg/个，

则塑料槽边吸风罩的制作安装工程量为 8.07×8kg ＝64.56kg＝0.6456(100kg)

套用定额 9-186，基价：800.32元；其中人工费 289.55元，材料费481.14元，机械费29.63元

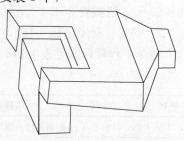

图 1-98　吸风罩示意图

清单工程量计算见表 1-121。

清单工程量计算表　　　　表 1-121

项目编码	项目名称	项目特征描述	计量单位	工程量
030703018001	塑料罩类	槽边吸风罩 370×150	个	8

【例 83】　条缝槽边抽风罩的制作安装工程量并套用定额。

【解】　条缝槽边抽风罩采用 500mm×120mm×140mm 的尺寸安装 4 个，

查标准重量表单侧 I 型 86T414 可知：

尺寸为 500mm×120mm×140mm 的条缝槽边抽风罩 11.65kg/个，

则条缝槽边抽风罩的制作安装工程量为 11.65×4kg＝46.6kg＝0.466(100kg)。

套用定额 9-188，基价：849.19 元；其中人工费 290.02 元，材料费 527.54 元，机械费 29.63 元

清单工程量计算见表 1-122。

清单工程量计算表　　　　表 1-122

项目编码	项目名称	项目特征描述	计量单位	工程量
030703017001	碳钢罩类	条缝槽边抽风罩，500×120×140	个	4

【例 84】　如图 1-99，图 1-100 风管检查孔的制作安装，计算工程量并套用定额。

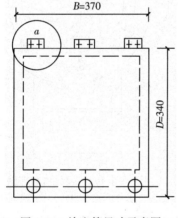

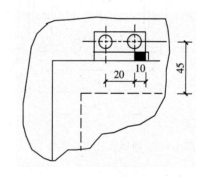

图 1-99　检查管尺寸示意图　　　　图 1-100　a 处大样图

【解】　风管检查孔采用 II 型，370mm×340mm 的尺寸安装 5 个，

查标准重量表 T614 可知：

尺寸 $B×D$ 为 370mm×340mm 的风管检查孔 2.89kg/个，

则风管检查孔的制作安装工程量为 2.89×5kg＝14.45kg＝0.1445(100kg)。

套用定额 9-42，基价：1147.41 元；其中人工费 486.92 元，材料费 543.99 元，机械费 116.50 元

【例 85】　手动密闭式对开多叶调节阀的制作安装工程量并套用定额。

【解】　手动密闭式对开多叶调节阀采用型号 15 号 800mm×400mm 的尺寸安装 10 个，

查标准重量表 T308-1 可知：

尺寸 $A\times B$ 为 800mm×400mm 的对开多叶调节阀 19.10kg/个，

则手动密闭式对开多叶调节阀的制作工程量为 19.10×10kg＝191kg＝1.91(100kg)

安装工程量为 10 个。

1）制作　套用定额 9-62，基价：1103.29 元；其中材料费 546.37 元，机械费 212.34 元

2）安装　套用定额 9-84，基价：25.77 元；其中人工费 10.45 元，材料费 15.32 元

清单工程量计算见表 1-123。

清单工程量计算表　　　　　　　　　　　　表 1-123

项目编码	项目名称	项目特征描述	计量单位	工程量
030703001001	碳钢阀门	手动密闭式调节阀，800×400	个	10

【例 86】　如图 1-101，1-102 通风机的安装，计算工程量并套用定额。

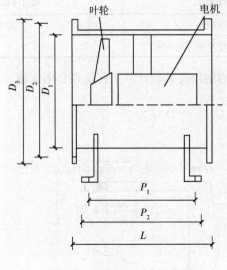
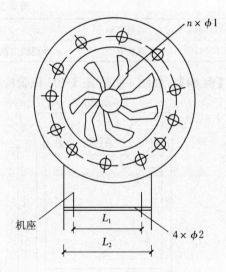

图 1-101　通风机尺寸示意图　　　　　　　图 1-102　通风机断面图

【解】　通风机选用 TZ1 系列机号 6 的轴流风机安装 4 台，其外形尺寸如表 1-124 所示

外形尺寸表　　　　　　　　　单位：mm　表 1-124

机号	D_1	D_2	D_3	L	P_1	P_2	L_1	L_2	H	$n\times\phi_1$	$4\times\phi_2$
6	605	660	694	580	360	420	400	500	395	12×ϕ12	ϕ14.5

套用定额 9-222，基价：37.23 元；其中人工费 34.83 元，材料费 2.40 元

清单工程量计算见表 1-125。

清单工程量计算表　　　　　　　　　　　　表 1-125

项目编码	项目名称	项目特征描述	计量单位	工程量
030108001001	离心式通风机	TZ1 系列，轴流式	台	4

【例87】 如图1-103，图1-104风机盘管的安装，计算工程量并套用定额。

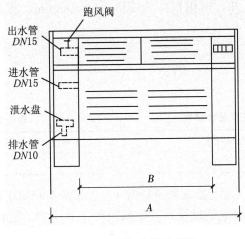

图1-103　风机盘管示意图

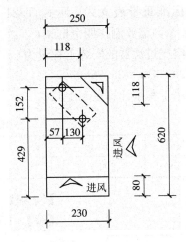

图1-104　风机盘管尺寸图
注：出风口百叶角度可调

【解】 风机盘管选用 MLX 型立式明装，安装 20 台，其中型号 FP3.5-MLX10台，型号 FP8-MLX10台，外形尺寸表见表1-126。

套用定额 9-246，基价：26.26 元；其中人工费 23.45 元，材料费 2.81 元

清单工程量计算见表1-127。

外形尺寸表　　表1-126

型号	A/mm	B/mm	重量/kg
FP3.5-MLX	920	580	33
FP8-MLX	1110	770	42

清单工程量计算表　　表1-127

序号	项目编码	项目名称	项目特征描述	计量单位	工程量
1	030701004001	风机盘管	FP3.5-MLX	台	10
2	030701004002	风机盘管	FP8-MLX	台	10

【例88】 如图1-105、图1-106空气过滤器的安装，计算工程量并套用定额。

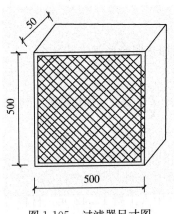

图1-105　过滤器尺寸图

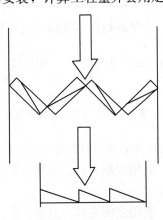

图1-106　过滤器工作示意图

【解】 空气过滤器选用 LWP 型初效过滤器，安装 4 台，包括框架的制作安装，

查标准重量表立式，匣式 T521-2 可知，选用框架为 528mm×588mm，其重量为 8.99kg/个，需要制作四个框架，

则空气过滤器的安装工程量为

8.99×4kg＝35.96kg

清单工程量计算见表 1-128。

清单工程量计算表　　　　　　　　　　　　　　表 1-128

项目编码	项目名称	项目特征描述	计量单位	工程量
030701010001	过滤器	LWP 型初效	台	4

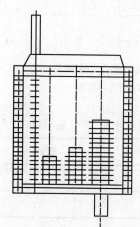

图 1-107　SRZ 型肋片管
空气加热器示意图

【例 89】 空气过滤器支架的制作安装工程量并套用定额。

【解】 LWP 型空气过滤器支架选用晾干架 I 型，制作四个支架，

查标准重量表 T521-1.5 可知，型号为晾干架 I 型的 LWP 型空气过滤器支架 59.02kg/个，则空气过滤器支架的制作安装工程量为 59.02×4kg＝236.08kg＝2.3608(100kg)。

套用定额 9-212，基价：414.38 元；其中人工费 75.23 元，材料费 330.52 元，机械费 8.63 元

【例 90】 如图 1-107 空气加热器的安装，计算工程量并套用定额。

【解】 选用 SRZ 型肋片管空气加热器安装 2 台，

套用定额 9-213，基价：87.59 元；其中人工费 29.49 元，材料费 51.45 元，机械费 6.65 元

清单工程量计算见表 1-129。

清单工程量计算表　　　　　　　　　　　　　　表 1-129

项目编码	项目名称	项目特征描述	计量单位	工程量
030701001001	空气加热器(冷却器)	SRZ 型肋片管	台	2

【例 91】 空气加热器旁通阀的制作安装。

【解】 选用型号为 SRZ $\frac{D}{X}$ 10×GZ 2 型空气加热器旁通阀安装 6 个，

查标准重量表 T101-2 可知：型号为 SRZ $\frac{D}{X}$ 10×6Z 2 型空气加热器旁通阀 22.45kg/个，

则空气加热器旁通阀的制作安装工程量为 22.45×6kg＝134.7kg。

1) 制作　套用定额 9-44，基价：609.23 元；其中人工费 204.57 元，材料费 371.46 元，机械费 33.20 元

2) 安装　套用定额 9-67，基价：26.53 元；其中人工费 17.42 元，材料费 9.12 元

清单工程量计算见表 1-130。

清单工程量计算表　　　　　　　　　　　　　表 1-130

项目编码	项目名称	项目特征描述	计量单位	工程量
030703001001	碳钢阀门	旁通调节阀，SRZ	个	6

【例 92】　风机减振台座的制作安装。

【解】　选用型号为 5A 的风机减振台座安装 4 个，

查标准重量表 CG327 可知型号为 5A 的风机减振台座 47.80kg/个，

则风机减振台座的制作安装工程量为 $47.80 \times 4kg = 191.2kg = 1.912(100kg)$。

套用定额 9-211，基价：523.29 元；其中人工费 159.75 元，材料费 348.27 元，机械费 15.27 元

【例 93】　滤水器及溢水盘的制作安装。

【解】　选用滤水器型为 $DN100 \mathrm{II}$ 型安装 5 个

选用溢水盘型号为 $DN150 \mathrm{I}$ 型，安装 5 个

查标准重量表 T704-11 可知：

型号为 $DN100 \mathrm{II}$ 型的滤水器 13.68kg/个，型号为 $DN150 \mathrm{I}$ 型的溢水盘 14.76kg/个

则滤水器及溢水盘的制作安装工程量为 $(13.68 \times 5 + 14.76 \times 5)kg = 142.2kg = 1.422(100kg)$

滤水器　套用定额 9-207，基价：1287.98 元；其中人工费 523.15 元，材料费 722.26 元，机械费 42.57 元

溢水盘　套用定额 9-208，基价：918.18 元；其中人工费 437.23 元，材料费 469.52 元，机械费 11.43 元

清单工程量计算见表 1-131。

清单工程量计算表　　　　　　　　　　　　　表 1-131

序号	项目编码	项目名称	项目特征描述	计量单位	工程量
1	030701008001	滤水器	$DN100 \mathrm{II}$ 型	个	5
2	030701008002	溢水盘	$DN150 \mathrm{I}$ 型	个	5

【例 94】　如图 1-108 除尘器的控制安装，计算工程量并套用定额。

【解】　选用 CLG 型多管（管）除尘器安装 1 台，

查标准重量表 T501 可知：型号为 CLG 的多管除尘器 300kg/个，

套用定额 9-232，基价：152.38 元；其中人工费 143.73 元，材料费 5.08 元，机械费 3.57 元

管数为 9 管，

则除尘器的制作安装工程量为 $300 \times 1kg = 300kg$。

清单工程量计算见表 1-132。

清单工程量计算表　　　　　　　　　　　　　表 1-132

项目编码	项目名称	项目特征描述	计量单位	工程量
030701002001	除尘器	CLG，多管	台	1

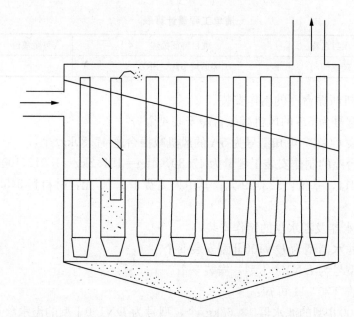

图 1-108　除尘器示意图

【例 95】　计算帆布软接头制作安装工程量并套定额。

【解】　在风机吸入口处设直径 $\phi600$，长度为 200mm 的等径帆布软管，风机出口设 400mm×600mm～500mm×640mm，长度为 400mm 的帆布软管，

则帆布软接头的制作安装工程量为

$$F = \left[3.14 \times 0.6 \times 0.2 + \frac{2 \times (0.4 + 0.6) + 2 \times (0.5 + 0.64)}{2} \times 0.4\right] \text{m}^2$$

$$= (0.3768 + 0.856) \text{m}^2 = 1.23 \text{m}^2$$

【注释】　0.6 为风机吸入口处的直径，0.2 为风机吸入口处的帆布软接头长度，由于风机出口处设置的截面尺寸不等故应取平均截面周长，故为 $\frac{2 \times (0.4 + 0.6) + 2 \times (0.5 + 0.64)}{2}$，$2 \times (0.4 + 0.6)$ 为截面尺寸为 400×600 风口的截面周长，$2 \times (0.5 + 0.64)$ 为 500×640 风口的截面周长，0.4 为风机出口处帆布软接头长度。

套用定额 9-41，基价：171.45 元；其中人工费 47.83 元，材料费 121.74 元，机械费 1.88 元

清单工程量计算见表 1-133。

清单工程量计算表

表 1-133

序号	项目编码	项目名称	项目特征描述	计量单位	工程量
1	030702008001	柔性软风管	$\phi600$	m	0.20
2	030702008002	柔性软风管	400×600～500×640	m	0.40

【例 96】　计算圆形管道的刷油工程量并套用定额。

【解】　圆形薄钢板风管，直径 $D = 800\text{mm}$，长度 $L = 6000\text{mm}$

则内外壁刷油面积 $S_1 = 2\pi DL = 2 \times 3.14 \times 0.8 \times 6 \text{m}^2 = 30.144 \text{m}^2 = 3.0144 (10\text{m}^2)$

外壁刷油面积 $S_2 = \dfrac{S_1}{2} = \dfrac{30.144}{2} \text{m}^2 = 15.072 \text{m}^2 = 1.5072(10\text{m}^2)$

套用定额 11-51，基价：7.34 元；其中人工费 6.27 元，材料费 1.07 元

【例 97】 矩形管道刷油工程量并套用定额。

【解】 矩形风管尺寸为 $800\text{mm} \times 600\text{mm}$，长度 $L = 8000\text{mm}$

则内、外壁刷油工程量 $S_1 = L \times 2(a+b) \times 2 = 8 \times 2(0.8+0.6) \times 2 \text{m}^2$

$$= 8 \times 4 \times 1.4 \text{m}^2 = 44.8 \text{m}^2$$

外壁刷油工程量 $S_2 = \dfrac{S_1}{2} = \dfrac{44.8}{2} \text{m}^2 = 22.4 \text{m}^2 = 2.24(10\text{m}^2)$

【注释】 800×600 为矩形风管的截面尺寸即截面长度×宽度，即 $a=0.8$，$b=0.6$。

套用定额 11-51，基价：7.34 元；其中人工费 6.27 元，材料费 1.07 元

【例 98】 计算圆矩形风管的除锈工程量并套用定额。

【解】 圆形薄钢板风管直径 $D=600\text{mm}$，长度 $L=5000\text{mm}$

矩形风管尺寸规格为 $600\text{mm} \times 400\text{mm}$，长度 $L=6000\text{mm}$

则圆矩形风管的除锈工程量为

$2\pi DL + 2L \times 2(a+b) = [2 \times 3.14 \times 0.6 \times 5 + 2 \times 6 \times 2 \times (0.6+0.4)]\text{m}^2$

$$= (18.84+24)\text{m}^2 = 42.84\text{m}^2 = 4.284(10\text{m}^2)$$

【注释】 600×400 为矩形风管的截面尺寸即风管的截面长度×风管的截面宽度，即 $a=0.6$，$b=0.4$。

套用定额 11-1，基价：11.27 元；其中人工费 7.89 元，材料费 3.38 元

【例 99】 计算通风部件的除锈刷油工程量并套用定额。

【解】 (1)风口与蝶阀的重量为其单个重量(从标准图查得)×个数，其刷油工程量如下：

单层百叶风口单个重×个数＝$1.94 \times 2\text{kg} = 3.88\text{kg}$

双层百叶风口单个重×个数＝$5.66 \times 4\text{kg} = 22.64\text{kg}$

$DN250$ 旋转吹风口单个重×个数＝$10.09 \times 8\text{kg} = 80.72\text{kg}$

矩形网式回风口单个重×个数＝$0.73 \times 6\text{kg} = 4.38\text{kg}$

$DN400$ 钢制蝶阀单个重×个数＝$8.86 \times 10\text{kg} = 88.6\text{kg}$

$800\text{mm} \times 400\text{mm}$ 手动密闭式对开多叶调节阀单个重×个数＝$19.10 \times 10\text{kg} = 191\text{kg}$

合计总工程量为$(3.88+22.64+80.72+4.38+88.6+191)\text{kg} = 391.22\text{kg}$

(2)吸气罩、风帽的除锈刷油工程量为其制作安装工程量

$[15.27+(64.56+23.3)]\text{kg} = 103.13\text{kg}$

15.27kg 为风帽，$(64.56+23.3)\text{kg}$ 为吸气罩

(3)空气过滤器框架除锈刷油工程量同其制作安装工程量：35.96kg

(4)进风过滤段金属壳体除锈刷油的工程量

给出进风过滤段金属壳体外表面积 $S_1 = 12.98\text{m}^2$

则内、外壁刷油、除锈工程量 $S_2 = 2S_1 = 2 \times 12.98\text{m}^2 = 25.96\text{m}^2$

外壁刷油、除锈工程量 $S_3 = S_1 = 12.98\text{m}^2$

工程预算表见表 1-134。

工程预算表　　　　　表 1-134

序号	定额编号	分项工程名称	定额单位	工程量	基价/元	其中/元		
						人工费	材料费	机械费
1	11-117	单层百叶风口刷油	100kg	0.0388	13.17	5.34	0.87	6.96
2	11-117	双层百叶风口刷油	100kg	0.2264	13.17	5.34	0.87	6.96
3	11-117	DN250 旋转吹风口刷油	100kg	0.8072	13.17	5.34	0.87	6.96
4	11-117	矩形网式回风口刷油	100kg	0.0438	13.17	5.34	0.87	6.96
5	11-117	DN400 钢制蝶阀刷油	100kg	0.886	13.17	5.34	0.87	6.96
6	11-117	对开多叶调节阀刷油	100kg	1.91	13.17	5.34	0.87	6.96
7	11-7	吸气罩除锈	100kg	0.8786	17.35	7.89	2.50	6.96
8	11-117	吸气罩刷油	100kg	0.8786	13.17	5.34	0.87	6.96
9	11-7	风帽除锈	100kg	0.1527	17.35	7.89	2.50	6.96
10	11-117	风帽刷油	100kg	0.1527	13.17	5.34	0.87	6.96
11	11-7	空气过滤器框架除锈	100kg	0.3596	17.35	7.89	2.50	6.96
12	11-117	空气过滤器框架刷油	100kg	0.3596	13.17	5.34	0.87	6.96
13	11-4	金属壳体除锈	10m²	2.596	11.74	8.36	3.38	—
14	11-84	金属壳体刷油	10m²	2.596	6.87	5.80	1.07	—

【例 100】　某商务中心通风空调工程，用 $\delta=2mm$ 镀锌钢板制作，安装 $\phi=800$ 的通风管 30m(直管)，弯头 5 个、三通 2 个、防火阀 1 个，长度均为 1m，风管采用咬口连接，超细玻璃棉保温 $\delta=80mm$，外缠塑料布一道，玻璃丝布二道，刷调和漆二道。请计算该项目的工程量并套用定额。

【解】　(1)风管制作、安装的工程量为

$\pi DL=3.14\times0.8\times(30+5+2)m^2=92.94m^2$

【注释】　通风管的直径 $D=0.8m$，30m 为通风管直管的长度，5m、2m 分别为 5 个弯头、2 个三通的长度，且弯头、三通的长度都为 1m。

注：风管长度应包括弯头、三通等管件长度，但不包括阀门、消音器等部件长度。

(2)风管保温的工程量

根据 $V=\pi(D+1.033\delta)\times1.033\delta\times L$

$=3.14\times(0.8+1.033\times0.08)\times1.033\times0.08\times37m^3$

$=3.14\times0.88264\times1.033\times0.08\times37m^3$

$=8.47m^3$

(3)防潮层的工程量

根据 $S_1=\pi(D+2.1\delta+0.0082)\times L$

$=3.14\times(0.8+2.1\times0.08+0.0082)\times37$

$=113.41m^2$

(4)保护层的工程量

根据 $S_2=\pi(D+2.1\delta+0.0082)\times L\times2=226.82m^2$

(5)保护层刷漆的工程量

$S_3=S_1\times2=113.41m^2\times2=226.82m^2$

【注释】　通风管的直径 $D=0.8$m，超细玻璃棉保温厚度 $\delta=0.08$m，长度 $L=37=30+5+2$ 具体解释上文已解释。

工程预算表见表 1-135。

工程预算表　　　　　　　　　　　　　　　表 1-135

序号	定额编号	分项工程名称	定额单位	工程量	基价/元	其中/元		
						人工费	材料费	机械费
1	9-11	风管制作、安装	10m²	9.2944	541.81	256.35	211.04	74.42
2	11-2086	风管保温	m³	8.47	87.39	43.19	37.45	6.75
3	11-2157	防潮层	10m²	11.341	11.11	10.91	0.20	—
4	11-2153	保护层	10m²	22.682	11.11	10.91	0.20	—
5	11-51	保护层刷漆	10m²	22.682	7.34	6.27	1.07	—

【例 101】　某办公楼通风工程需安装玻璃钢风道(带保温夹层，$\delta=30$mm)截面尺寸 1000mm×300mm，风道长度 18.5m，风道由发包方供应。落地支架两处，一处 56kg，一处 78kg，计算该项目的工程量并套用定额。

【解】　(1)玻璃钢风管安装工程量

$2(a+b)\times L=2\times(1+0.3)\times18.5$m² $=48.10$m² $=4.81(10$m²$)$

【注释】　1000×300mm 为玻璃钢风道的截面尺寸即截面长度×截面宽度，即 $a=1$m，$b=0.3$m，$2\times(1+0.3)$ 为玻璃钢风道的截面周长，18.5 为风道的长度。

套用定额 9-346，基价：196.98；其中人工费 83.13 元，材料费 111.33 元，机械费 2.52 元

(2)落地支架制作安装工程量

$(56+78)$kg$=134$kg

【注释】　落地支架有两处，一处为 56kg，一处为 78kg，故总工程量为$(56+78)$kg。

套用定额 9-212，基价：414.38；其中人工费 75.23 元，材料费 330.52 元，机械费 8.63 元

清单工程量计算表见表 1-136。

清单工程量计算表　　　　　　　　　　　　表 1-136

项目编码	项目名称	项目特征描述	计量单位	工程量
030702006001	玻璃钢通风管道	带保温夹层，$\delta=30$mm，1000×300	m²	48.10

【例 102】　某车间安装两套排风系统(P-1 系统和 P-2 系统)，图 1-109 某车间排风平面图；图 1-110 为 P-1 及 P-2 通风系统图，设备部件数量及规格：

(1)离心通风机，型号 4-T2 型 NO.2.8-6A　　　2 台

(2)拉链式钢制蝶阀：型号为 10 号　　　320×500，2 个

(3)锥形风帽：ϕ500，2 个

请计算该系统内容的工程量并套用定额。

【解】　(1)风管制作安装的工程量

薄钢板镀锌风管 $\delta=1.2$mm 以内，两个系统尺寸相同，只计算一个系统乘 2 即可。

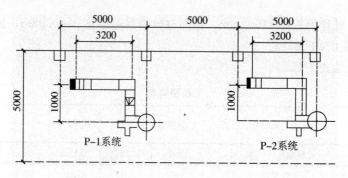

图 1-109　某车间排风平面图

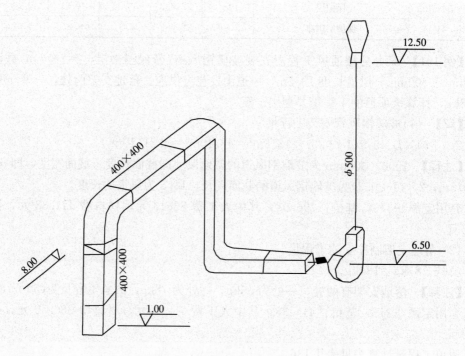

图 1-110　P-1 及 P-2 通风系统图

1) 圆形风管

立管(ϕ500mm)，最高点标高减去离心风机接口处(帆布管接口)标高，即$(12.50-6.50-0.4)\text{m}=5.6\text{m}$，则圆形风管的工程量为$2\pi DL=2\times3.14\times0.5\times5.6\text{m}^2=17.58\text{m}^2$

【注释】　圆形风管的直径 $D=0.5\text{m}$，$L=12.50-6.50-0.4=5.6\text{m}$ 即为圆形风管的长度其中 12.5、6.50 分别为最高点标高、离心风机接口处标高，0.4 为帆布接头长度。

2) 矩形风管(400×400)

风管长度 $L=[8-1+3.2+1+8-6.50-(0.4+0.15)]\text{m}=12.15\text{m}$

其中 0.4 为帆布接头长度，0.15 为蝶阀长度

则矩形风管的工程量为$2L\times2(a+b)=2\times12.15\times2\times(0.4+0.4)\text{m}^2$

$$=2\times12.15\times2\times0.8\text{m}^2$$

$$=38.88\text{m}^2$$

【注释】　400×400mm 为矩形风管的截面面积即矩形风管的截面长度×截面宽度，即

$a=0.4\text{m}$，$b=0.4\text{m}$，$L=12.15\text{m}$ 上面已算出。

（2）离心式通风机安装工程量

选用 4-72 型 NO.2.8-6A 离心式通风机安装 2 台

（3）帆布接口制作安装工程量

风机吸入口设 $400\times400-320\times320$，长度为 400mm 的帆布软管风机出口处设直径 $\phi500$，长度为 400mm 的帆布软管，则工程量为

$$F=[3.14\times0.5\times0.4+2\times(0.4+0.4)\times0.4]\text{m}^2=(0.628+0.64)\times\text{m}^2=1.20\text{m}^2$$

【注释】　0.5m 为帆布软管风机出口处的直径，0.4m 为帆布软管的长度，400×400 为风机吸入口处的截面面积，$2\times(0.4+0.4)$ 为风机吸入口处的截面周长。

（4）拉链式蝶阀制作安装工程量

选用 10 号 320×500，拉链式钢制蝶阀 2 个，

查标准重量表保温 T302-6，可知 10 号钢制蝶阀 12.64kg/个，

则工程量为 $12.64\times2\text{kg}=25.28\text{kg}$。

（5）锥形风帽制作安装工程量

选用 $\phi500$ 的锥形风帽安装 2 个，

查标准重量表 T610，可知 $\phi500$ 锥形风帽 48.26kg/个，

则工程量为 $48.26\times2\text{kg}=96.52\text{kg}$，

清单工程量计算见表 1-137。

清单工程量计算表　　　　　　　　　　　　　　　表 1-137

序号	项目编码	项目名称	项目特征描述	计量单位	工程量
1	030702001001	碳钢通风管道	镀锌 $\phi500$	m²	17.58
2	030702001002	碳钢通风管道	镀锌 400×400	m²	38.88
3	030108001001	离心式通风机	4-72 型 NO.2.8-6A	台	2
4	030702008001	柔性软风管	$400\times400\sim320\times320$	m	0.40
5	030702008002	柔性软风管	$\phi500$	m	0.40
6	030703001001	碳钢阀门	拉链式蝶阀，320×500	个	2
7	030703012001	碳钢风帽	锥形，$\phi500$	个	2

工程预算表见表 1-138。

工程预算表　　　　　　　　　　　　　　　表 1-138

序号	定额编号	分项工程名称	定额单位	工程量	基价/元	人工费	材料费	机械费
						其中/元		
1	9-2	圆形风管制作安装	10m²	1.7584	378.10	208.75	145.40	23.95
2	9-6	矩形风管（400×400）制作安装	10m²	3.888	387.05	154.18	213.52	19.35
3	9-216	离心式通风机安装	台	2	34.15	19.74	14.41	—
4	9-41	帆布接口制作安装	m²	2.408	171.45	47.83	121.74	1-88
5	9-52	拉链式蝶阀制作	100kg	0.2528	872.86	265.64	418.17	189.05
6	9-74	拉链式蝶阀安装	个	2	40.98	12.07	15.32	13.59
7	9-170	链形风帽制作安装	100kg	0.9652	736.78	171.83	552.51	12.44

【例 103】 某通风空调工程，需要完成的部分制作安装项目有：水平式风机盘管（HFCA04，风量 800m³/h）30 台，在吊顶内安装，矩形镀锌铁皮通风管道：800mm× 500mm，净长 60m，板厚 1.0mm，风管检查孔 12 个（270×230，1.68kg/个 T614）；630mm×320mm 长 200m（包括调节阀所占长度），板厚 0.75mm，风管检查孔 40 个（270×230，1.68kg/个）手动密闭对开多叶调节阀 40 个（630×320，镀锌钢板制 T308-1，14.70kg/个）铝合金方形散流器 72 个（FK-20，200×200），请计算该工程的工程量

【解】 （1）水平式风机盘管

水平式风机盘管吊顶安装 30 台，型号 HFCA04，风量 800m³/h。

（2）矩形镀锌铁皮风管

1）800×500 $F_1 = (0.8+0.5) \times 2 \times 60m^2 = 156m^2$

【注释】 800×500 为矩形镀锌铁皮风管的截面面积即截面长度×截面宽度，$(0.8+0.5) \times 2$ 为矩形镀锌铁皮风管的截面周长，60m 为矩形镀锌铁皮通风管道的净长。

$$
\begin{aligned}
2）630 \times 320 \quad F_2 &= (0.63+0.32) \times 2 \times (200-0.21 \times 40)m^2 \\
&= 1.9 \times 191.6m^2 \\
&= 364.04m^2
\end{aligned}
$$

【注释】 630×320 为矩形镀锌铁皮风管的截面面积即截面长度×截面宽度，$(0.63+0.32) \times 2$ 为矩形镀锌铁皮风管的截面周长，$(200-0.21 \times 40)$ 为 630×320 矩形镀锌铁皮风管的长度。

（3）风管检查孔

270×230 $F = (12+40) \times 1.68kg = 52 \times 1.68kg = 87.36kg$

【注释】 800×500 矩形镀锌铁皮风管风管检查口有 12 个，630×320 矩形镀锌铁皮风管风管检查口有 40 个，故风管检查口共有（12+40）个，1.68kg 为每个风管检查口的重量。

（4）手动密闭对开多叶调节阀制作安装

选用镀锌钢板制作 630×320 手动密闭对开多叶调节阀 40 个，

则工程量 14.70×40kg=588kg。

（5）铝合金方形散流器

铝合金方形散流器安装 72 个，型号 FK-20，200×200

（6）通风工程检测、调试

通风工程检测调试安装系统 1 个系统。

清单工程量计算见表 1-139。

清单工程量计算表　　　　　　　　　　　　　　　　表 1-139

序号	项目编码	项目名称	项目特征描述	计量单位	工程量
1	030701004001	风机盘管	水平式，HFCA04	台	30
2	030702001001	碳钢通风管道	镀锌 800×500	m²	156.00
3	030702001002	碳钢通风管道	镀锌 630×320	m²	364.04
4	030703001001	碳钢阀门	手动密闭式对开多叶调节阀，630×320	个	40
5	030703011001	铝及铝合金风口、散流器	FK-20，200×200	个	72
6	030704001001	通风工程检测、调试		系统	1

工程预算表见表1-140。

　　　　　　　　　　　　　　　　　表1-140

序号	定额编号	分项工程名称	定额单位	工程量	基价/元	其中/元		
						人工费	材料费	机械费
1	9-245	水平式风机盘管	台	30	98.69	28.79	66.11	3.79
2	9-15	矩形镀锌铁皮风管(800×500)	10m²	15.6	410.82	179.72	180.18	50.92
3	9-14	矩形镀锌铁皮风管(630×320)	10m²	36.404	533.38	254.72	196.63	82.03
4	9-42	风管检查孔(270×230)	100kg	0.8736	1147.41	486.92	543.99	116.50
5	9-62	手动密闭对开多叶调节阀制作	100kg	5.88	1103.29	344.58	546.37	212.34
6	9-84	手动密闭对开多叶调节阀安装	个	40	25.77	10.45	15.32	—
7	9-147	铝合金方形散流器安装	个	72	7.56	5.80	1.76	—

第二节　综　合　实　例

【例1】　某建筑物的浴室、卫生间、厕所、更衣室等安设一组排风系统，该系统由离心风机、风口、调节阀、蝶阀、伞形风帽等组成，如图1-111、图1-112所示。

设备与部件数量规格如下：

(1) 离心式通风机：4-134-T2型　8号　1台

(2) 帆布接口：1.5m²

(3) 连动百叶风口：T202-4　300×240　2.35kg/个　2个

(4) 连动百叶风口：T202-4　500×330　4.07kg/个　2个

(5) 连动百叶风口：T202-4　500×375　4.50kg/个　4个

(6) 圆伞形风帽：T609　11号　ϕ630　21.32kg/个　1个

(7) 手动密闭式对开多叶调节阀：T308-1　4号　320×320　10.50kg/个　1个

(8) 手动密闭式对开多叶调节阀：T308-1　7号　630×320　14.7kg/个　1个

(9) 圆形拉链式蝶阀：保温 T302-2　ϕ200　1号　3.85kg/个　2个

(10) 玻璃钢风管若干 m²，δ＝4mm 以内。

图1-111为某建筑一层通(排)风安装平面图。

图1-112为某建筑一层通(排)风系统图。

【解】　(1)玻璃钢风管制作安装

1) 500×250，长度 L＝(2+4.5+3+0.27+1.4+3.5+0.25)m＝14.92m(平面图上)

减去调节阀长度 0.21m，即(14.92－0.21)m＝14.71m

展开周长 2×(0.5+0.25)m＝1.5m

工程量为 1.5×14.71m³＝22.07m²

2) 500×320　长度 L＝8.5m(平面图上)

展开周长 2×(0.5+0.32)m＝1.64m

工程量为 1.64×8.5m²＝13.94m²

3) 600×250　长度 L＝10m(平面图上)

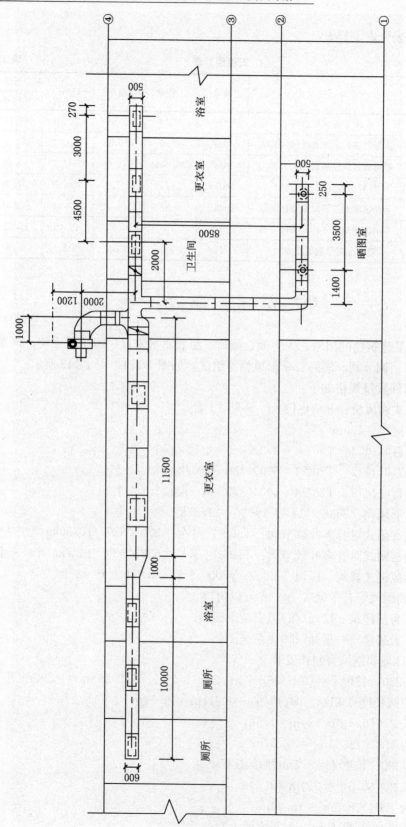

图 1-111 某建筑一层通（排）风安装平面图

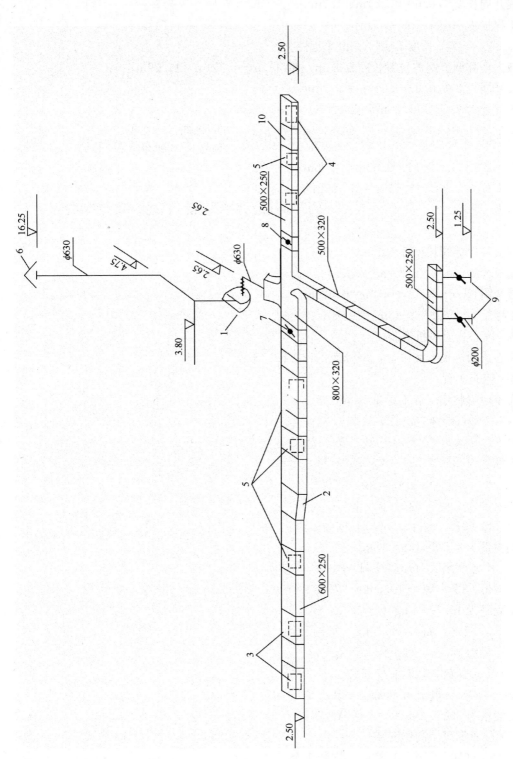

图 1-112 某建筑一层通 (排) 风系统图

展开周长 $2 \times (0.6+0.25)$m＝1.7m

工程量为 10×1.7m²＝17m²

4）800×320　长度 L＝11.5m（平面图上）

减去多叶调节阀占位置长度 0.21m，即(11.5−0.21)m＝11.29m

展开周长 $2 \times (0.8+0.32)$m＝2.24m

工程量为 2.24×11.29m²＝25.30m²

5）圆风管 ϕ630　长度 $L = (\dfrac{16.25-4.75}{标高}+1.2+\dfrac{3.80-2.65}{标高}-\dfrac{0.2}{帆布软管}+2)$m＝15.65m

展开周长 πd＝3.14×0.63m＝1.98m

工程量为 1.98×15.65m²＝30.99m²

6）圆风管 ϕ200　长度 $L = (2.50-1.25+0.25 \div 2) \times 2$m＝$(1.25+0.125) \times 2$m
$$=2.75\text{m}$$

减去两个蝶阀长度 2×0.5m＝0.3m

则长度为(2.75−0.3)m＝2.45m

展开周长 πd＝3.14×0.2m＝0.628m

工程量为 0.628×2.45m²＝1.54m²

（2）离心式通风机安装

离心式通风机安装 1 台，型号为 4-134-T2　8 号

（3）帆布短管

帆布短管制作安装工程量 1.5m²

（4）连动百叶风口制作、安装

1）300×240　每个 2.35kg　安装 2 个

工程量为 2.35×2kg＝4.7kg

2）500×330　每个 4.07kg　安装 2 个

工程量为 4.07×2kg＝8.14kg

3）500×375　每个 4.50kg　安装 4 个

工程量为 4.50×4kg＝18kg

（5）手动密闭式对开多叶调节阀制作安装

1）320×320　每个 10.50kg　安装 1 个

工程量为 10.50×1kg＝10.50kg

2）630×320　每个 14.70kg　安装 1 个

工程量为 14.70×1kg＝14.70kg

（6）圆形拉链式蝶阀制作安装

1 号　ϕ200　每个 3.85kg　安装 2 个

工程量为 3.85×2kg＝7.7kg

（7）圆伞形风帽制作安装

11 号　ϕ630　每个 21.32kg　安装 1 个

工程量为 21.32×1kg＝21.32kg

清单工程量计算见表 1-141。

清单工程量计算表　　　　　表 1-141

序号	项目编码	项目名称	项目特征描述	计量单位	工程量
1	030702006001	玻璃钢通风管道	500×250	m²	22.07
2	030702006002	玻璃钢通风管道	500×320	m²	13.94
3	030702006003	玻璃钢通风管道	600×250	m²	17.00
4	030702006004	玻璃钢通风管道	800×320	m²	25.30
5	030702006005	玻璃钢通风管道	φ630	m²	30.99
6	030702006006	玻璃钢通风管道	φ200	m²	1.54
7	030108001001	离心式通风机	4-134-T2，8 号	台	1
8	030703010001	玻璃钢百叶风口	连动百叶风口，300×240，玻璃	个	2
9	030703010002	玻璃钢百叶风口	连动百叶风口，500×330，玻璃	个	2
10	030703010003	玻璃钢百叶风口	连百叶风口动，500×375，玻璃	个	4
11	030703001001	碳钢阀门	手动密闭式调节阀，320×320	个	1
12	030703001002	碳钢阀门	手动密闭式调节阀，630×320	个	1
13	030703001003	碳钢阀门	圆形拉链式蝶阀，1 号，φ200	个	2
14	030703012001	碳钢风帽	圆伞形，11 号，φ630	个	1

工程预算表见表 1-142。

工程预算表　　　　　表 1-142

序号	定额编号	分项工程名称	定额单位	工程量	基价/元	其中/元		
						人工费	材料费	机械费
1	9-337	玻璃钢风管制作安装（500×250）	10m²	2.2065	232.35	84.75	142.64	4.96
2	9-337	玻璃钢风管制作安装（500×320）	10m²	1.394	232.35	84.75	142.64	4.96
3	9-337	玻璃钢风管制作安装（600×250）	10m²	1.7	232.35	84.75	142.64	4.96
4	9-338	玻璃钢风管制作安装（800×320）	10m²	2.52896	172.81	63.85	106.44	2.52
5	9-334	圆风管 φ630	10m²	3.0987	208.14	85.91	117.90	4.33
6	9-332	圆风管 φ200	10m²	0.15386	374.51	220.13	133.07	21.31
7	9-218	离心式通风机安装	台	1	202.73	172.99	29.74	—
8	9-41	帆布短管	m²	1.5	171.45	47.83	121.74	1.88
9	9-100	连动百叶风口制作安装（300×240）	100kg	0.047	2169.56	1190.49	539.07	440.00
10	9-101	连动百叶风口制作安装（500×330）	100kg	0.0814	1770.77	972.45	506.61	291.71
11	9-101	连动百叶风口制作安装（500×375）	100kg	0.18	1770.77	972.45	506.61	291.71

序号	定额编号	分项工程名称	定额单位	工程量	基价/元	其中/元		
						人工费	材料费	机械费
12	9-62 9-84	手动密闭式对开多叶调节阀制作安装(320×320)	100kg 个	0.1050 1	1103.29 25.77	344.58 10.45	546.37 15.32	212.34 —
13	9-62 9-84	手动密闭式对开多叶调节阀制作安装(630×320)	100kg 个	0.1470 1	1103.29 25.77	344.58 10.45	546.37 15.32	212.34 —
14	9-51	圆形拉链式蝶阀制作安装(1号ϕ200)	100kg	0.077	1580.21	700.55	416.87	462.79
15	9-167	圆伞形风帽制作安装(11号ϕ630)	100kg	0.2132	697.95	159.75	529.86	8.34

【例2】 某车间送风系统，通风管道采用镀锌钢板制成，其中1000mm×800mm，800mm×800mm段采用厚1.2mm镀锌钢板；500mm×500mm段采用0.75mm厚镀锌钢板。

部件有：矩形送风口(400×400)共42个。

方形直片散流器(400×400)共3个。

图1-113为某车间通风管道平面图，图1-114为某车间通风管道1-1剖视图。

【解】 (1)镀锌钢板风管制作安装

1) 风管(1000×800)

长度L=(17.5+4.5)m=22m，展开周长2×(1+0.8)m=3.6m

工程量为22×3.6m²=79.2m²

2) 风管(800×800)

长度L=(29-4.5+2)m=26.5m，展开周长2×(0.8+0.8)m=3.2m

工程量为26.5×3.2m²=84.8m²

3) 渐缩风管

长度L=(4.5+63.4)m=67.9m

平均展开周长$\dfrac{2\times(0.8+0.8)+2\times(0.4+0.8)}{2}$m=2.8m

工程量为67.9×2.8m²=190.12m²

4) 风管(400×400)

标高为(7-3)m=4m

长度L=[4+0.4+1+(4+0.4)×2]m=(5.4+8.8)m=14.2m

展开周长2×(0.4+0.4)m=1.6m

工程量为14.2×1.6m²=22.72m²

(2)矩形送风口的制作安装

矩形送风口400×400单面，安装42个

查标准重量表Ⅰ型T212-1可知400×400单面送风口15.68kg/个

则工程量为15.68×42kg=658.56kg

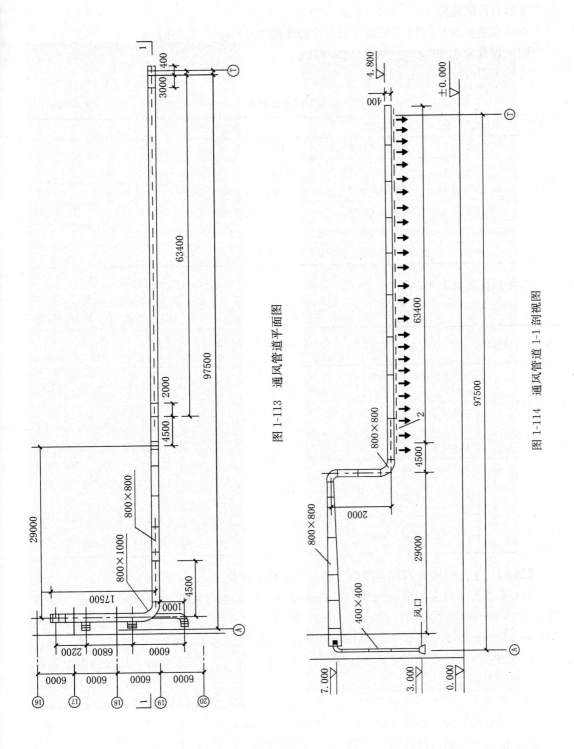

图 1-113 通风管道平面图

图 1-114 通风管道 1-1 剖视图

（3）方形直片散流器的制作安装

方形直片散流器 400×400，安装 3 个。

查标准重量表 CT211-2 可知方形直片散流器 400×400　8.89kg/个

则工程量为 8.89kg/个×3 个＝26.67kg

清单工程量计算见表 1-143。

清单工程量计算表　　　　表 1-143

序号	项目编码	项目名称	项目特征描述	计量单位	工程量
1	030702001001	碳钢通风管道	镀锌 1000×800，厚度为 1.2mm	m²	79.20
2	030702001002	碳钢通风管道	镀锌 800×800，厚度为 1.2mm	m²	84.80
3	030702001003	碳钢通风管道	镀锌 800×800～400×800	m²	190.12
4	030702001004	碳钢通风管道	镀锌 400×400	m²	22.72
5	030703007001	碳钢风口、散流器、百叶窗	单面风口，400×400	个	42
6	030703007002	碳钢风口、散流器、百叶窗	方形散流器，400×400	个	3

工程预算表见表 1-144。

工程预算表　　　　表 1-144

序号	定额编号	分项工程名称	定额单位	工程量	基价/元	其中/元		
						人工费	材料费	机械费
1	9-7	镀锌钢板风管制作安装（1000×800）	10m²	7.92	295.54	115.87	167.99	11.68
2	9-7	镀锌钢板风管制作安装（800×800）	10m²	8.48	295.54	115.87	167.99	11.68
3	9-7	渐缩风管	10m²	19.012	295.54	115.87	167.99	11.68
4	9-6	风管（400×400）	10m²	2.272	387.05	154.18	213.52	19.35
5	9-103 9-140	矩形送风口的制作安装	100kg 个	6.5856 42	893.09 10.36	392.19 5.57	463.16 4.79	37.74 —
6	9-113 9-148	方形直片散流器的安装	100kg 个	0.2667 3	1700.64 10.94	811.77 8.36	584.07 2.58	304.80 —

【例 3】　某办公楼空调风管路施工图，试计算工程量。

（1）本工程风管采用镀锌铁皮，咬口连接，其中：矩形风管 200mm×150mm，镀锌铁皮 δ＝0.50mm，矩形风管 320×200mm，镀锌铁皮 δ＝0.75mm，矩形风管 630mm×200mm，800mm×200mm，800mm×250mm，镀锌铁皮 δ＝1.00mm。

（2）图中风机盘管采用卧式暗装（吊顶式），主风管（800×250mm）上均设温度测定孔和风量测定孔各 1 个，7 台。

（3）手动密闭对开多叶调节阀 T308-1　500×320　12.70kg/个　1 个

（4）风量调节阀，矩形 T302-9　250×320　6.26kg/个　8 个

（5）铝合金双层百叶送风口　T202-2　300×150　2.52kg/个　8 个

　　　　　　　　　　　　　　　　　530×330　7.22kg/个　7 个

（6）铝合金单层百叶回风口　T202-2　400×240　1.94kg/个　7 个

(7) 防雨百叶回风口(带过滤网)安装　T202-2　470×285　2.48kg/个　1个

(8) 帆布软管制作安装

(9) 阻抗复合消声器　T701-6　2号　800×600　96.08kg/个　1台

(10) DBK 型新风机组(5000m³/h)/0.4t　1台　1000×700

本例题图如图 1-115～图 1-117 所示。

图 1-115 为某办公楼部分房间空调风管路平面图；

图 1-116 为新风支管安装示意图；

图 1-117 为风机盘管连接管安装示意图。

【解】　工程量：

(1) 镀锌钢管(咬口)δ=0.50mm　200×150

干管长度 L_1=3.4m，新风水平长支管

L_2=[3.20-0.20(调节阀长度)]m=3m

新风竖直长支管长度为 $L_3 = \left(\dfrac{3.40-2.70}{标高} - \dfrac{0.20}{帆布软管长度}\right)m = 0.5m$

新风水平短支管 L_4=(1.50-0.20)m=1.30m

新风竖直短支管 L_5=(3.4-2.7-0.2)m=0.5m

由图可知新风短支管为 5 根，长支管为 3 根。

则总长度 $L = L_1+(L_2+L_3)\times3+(L_4+L_5)\times5$

$\qquad = [3.4+(3+0.5)\times3+(1.3+0.5)\times5]m$

$\qquad = (3.4+10.5+9)m$

$\qquad = 22.90m$

展开周长为 2×(0.2+0.15)m=0.7m

则工程量为 22.90×0.7m²=16.03m²

(2) 镀锌钢管(咬口)δ=0.75mm　320×200

长度 L=(2.8+3.9)m=6.7m

展开周长 2×(0.32+0.2)m=1.04m

则工程量为 1.04×6.7m²=6.97m²

(3) 镀锌钢管(咬口)δ=1.00mm

1) 630×200

长度 L=11.2m，展开周长 2×(0.63+0.2)m=1.66m

则工程量为 11.2×1.66m²=18.59m²

2) 800×250

长度 $L = \left(8.9 - \dfrac{0.2}{调节阀长度} - \dfrac{0.3\times2}{两个帆布接管长度} - \dfrac{0.8}{消声器长度} - \dfrac{1}{新风机组长度}\right)m$

$\qquad = (8.9-0.2-0.6-0.8-1)m$

$\qquad = 6.3m$

展开周长 2×(0.8+0.25)m=2.1m

则工程量为 2.1×6.3m²=13.23m²

(4) 风机盘管连接管(咬口)δ=1.00mm　800×200

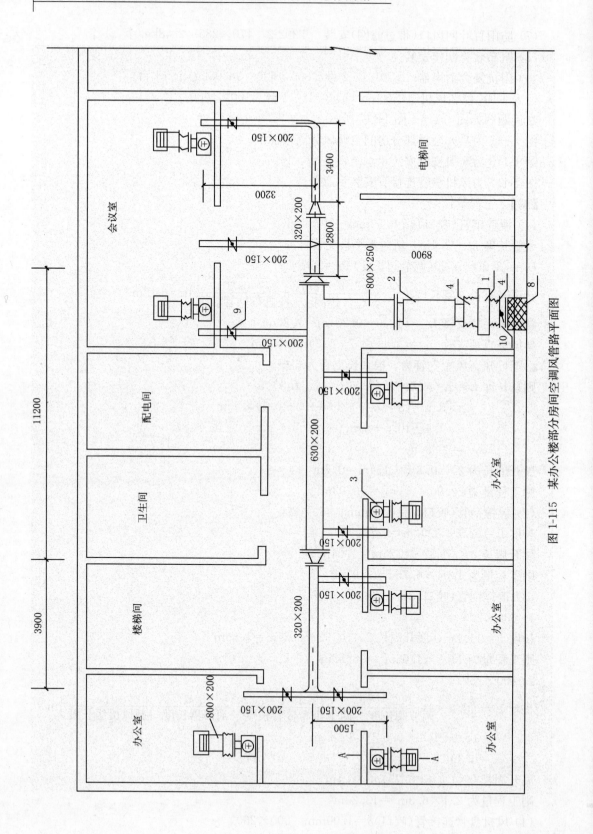

图 1-115 某办公楼部分房间空调风管路平面图

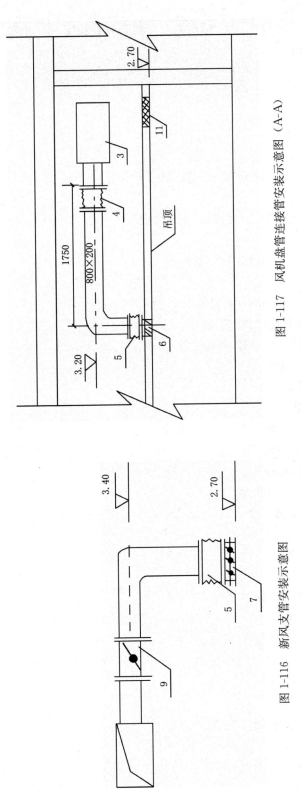

图 1-117 风机盘管连接管安装示意图 (A-A)

1—新风机组 DBK 型 1000×700 (H); 2—消声器 800×600mm (H); 3—风机盘管连接管;
4—帆布软管长 300mm; 5—帆布软管长 200mm; 6—铝合金双层百叶送风口 300×150mm;
7—铝合金双层百叶送风口 530mm×330mm; 8—防雨单层百叶风口 (带过滤网) 470mm
×285mm; 9—风量调节阀长 200mm; 10—密闭对开多叶调节阀长 200mm; 11—铝合金回
风口 400mm×240mm

图 1-116 新风支管安装示意图

$$长度 L=\left[\left(1.75-\dfrac{0.30}{帆布软管长度}\right)+\left(\dfrac{3.20-2.70}{标高差}-\dfrac{0.20}{帆布软管长度}\right)\right]\times\dfrac{7}{个数}\text{m}$$

$$=(1.45+0.3)\times 7\text{m}$$

$$=1.75\times 7\text{m}$$

$$=12.25\text{m}$$

展开周长 $2\times(0.8+0.2)\text{m}=2\text{m}$

则工程量为 $12.25\times 2\text{m}^2=24.5\text{m}^2$

(5) 新风机组安装

选用 DBK 型新风机组 $(5000\text{m}^3/\text{h})/0.4\text{t}$　安装 1 台

(6) 风机盘管安装

风机盘管选用 FP50WD 卧式暗装(吊装式)，安装 7 台

(7) 温度测定孔安装

在风机盘管主风管($800\text{mm}\times 250\text{mm}$)上安装 1 个

(8) 风量制定孔安装

在风机盘管主风管($800\text{mm}\times 250\text{mm}$)上安装 1 个

(9) 手动密闭式对开多叶调节阀的制作安装

查 T308-1　500×320　安装 1 个　$12.70\text{kg}/$个

周长 $2\times(0.5+0.32)\text{m}=1.64\text{m}$

则工程量为 $12.70\times 1\text{kg}=12.70\text{kg}$

(10) 风量调节阀的制作安装

查矩形 T302-9　250×320　安装 8 个　$6.26\text{kg}/$个

周长 $2\times(0.25+0.32)\text{m}=1.14\text{m}$

则工程量为 $6.26\times 8\text{kg}=50.08\text{kg}$

(11) 铝合金双层百叶送风口制作安装

1) 查 T202-2　300×150　安装 8 个　$2.52\text{kg}/$个

周长为 $2\times(0.3+0.15)\text{m}=0.9\text{m}$

工程量为 $2.52\times 8\text{kg}=20.16\text{kg}$

2) 查 T202-2　530×330　安装 7 个　$7.22\text{kg}/$个

周长为 $2\times(0.53+0.33)\text{m}=1.72\text{m}$

工程量为 $7.22\times 7\text{kg}=50.54\text{kg}$

(12) 铝合金单层百叶回风口制作安装

查 T202-2　400×240　安装 7 个　$1.94\text{kg}/$个

周长为 $2\times(0.4+0.24)\text{m}=1.28\text{m}$

工程量为 $1.94\times 7\text{kg}=13.58\text{kg}$

(13) 防雨百叶回风口(带过滤网)制作安装

查 T202-2　470×285　安装 1 个　$2.48\text{kg}/$个

周长为 $2\times(0.47+0.285)\text{m}=1.51\text{m}$

工程量为 $2.48\times 1\text{kg}=2.48\text{kg}$

(14) 帆布软管的制作安装

1）主干管 800×250　长度为 0.3m 的两段

$S_1 = [(0.8+0.25) \times 2 \times 0.3] \times 2m^2 = 1.26m^2$

【注释】　800×250 为主干管的截面面积即截面长度×截面宽度，$(0.8+0.25) \times 2$ 为主干管的截面周长，0.3 为主干管的长度。

2）风机盘管连接管 800×200 长度为 0.5m，一段长 0.3m，

另一段长 0.2m，总共 7 个管段

$S_2 = [(0.8+0.2) \times 2 \times 0.5] \times 7m^2 = 7m^2$

【注释】　800×200 为风机盘管连接管的截面面积即截面长度×截面宽度，$(0.8+0.2) \times 2$ 为风机盘管连接管的截面周长，0.5m 为风机盘管连接管的长度，总共 7 个管段故乘以 7。

3）新风机垂直支管上　200×150 长度为 0.2m 的一段，总共 8 个支管

$S_3 = [(0.2+0.15) \times 2 \times 0.20] \times 8m^2 = 1.12m^2$

【注释】　200×150 为新风机垂直支管的 截面面积即截面长度×截面宽度，$(0.2+0.15) \times 2$ 为新风机垂直支管的截面周长，0.2m 为新风机垂直支管的长度，总共 8 个支管故乘以 8。

则工程量为 $S_1 + S_2 + S_3 = (1.26+7+1.12)m^2 = 9.38m^2$

（15）阻抗复合消声器的制作安装

选用 2 号　800×600 阻抗复合消声器安装 1 台

查 T701-6，可知 800×600 的阻抗复合消声器　96.08kg/个

则工程量为 $96.08 \times 1kg = 96.08kg$

清单工程量计算见表 1-145。

清单工程量计算表　　　　　　　　　　　　　　　　　　表 1-145

序号	项目编码	项目名称	项目特征描述	计量单位	工程量
1	030702001001	碳钢通风管道	镀锌 $\delta=0.50mm$，200×150	m^2	16.03
2	030702001002	碳钢通风管道	镀锌 $\delta=0.75mm$，320×200	m^2	6.97
3	030702001003	碳钢通风管道	镀锌 $\delta=1.00mm$，630×200	m^2	18.59
4	030702001004	碳钢通风管道	镀锌 $\delta=1.00mm$，800×250	m^2	13.23
5	030702001005	碳钢通风管道	镀锌 $\delta=1.00mm$，800×200	m^2	24.50
6	030701004001	风机盘管	$(5000m^3/h)/0.4t$	台	1
7	030701004002	风机盘管	FP50WD，吊装式	台	7
8	030703001001	碳钢阀门	手动密闭式调节阀，500×320	个	1
9	030703001002	碳钢阀门	调节阀 250×320	个	8
10	030703011001	铝及铝合金风口、散流器	双层百叶风口，300×150	个	8
11	030703011002	铝及铝合金风口、散流器	双层百叶风口，530×330	个	7
12	030703011003	铝及铝合金风口、散流器	单层百叶风口，400×240	个	1
13	030703007001	碳钢风口、散流器、百叶窗	带过滤网百叶风口，470×285	个	1
14	030702008001	柔性软风管	800×250	m	0.60
15	030702008002	柔性软风管	800×200	m	3.50
16	030702008003	柔性软风管	200×150	m	1.60
17	030703020001	消声器	阻抗复合式，2 号，800×600	个	1

工程预算表见表1-146。

工程预算表　　　　　　　　　　　　　　表 1-146

序号	定额编号	分项工程名称	定额单位	工程量	基价/元	其中/元		
						人工费	材料费	机械费
1	9-5	镀锌钢管(咬口)δ＝0.5mm 200×150	10m²	1.603	441.65	211.77	196.98	32.90
2	9-6	镀锌钢管(咬口)δ＝0.75mm 320×200	10m²	0.697	387.05	154.18	213.52	19.35
3	9-6	镀锌钢管(咬口)δ＝1.00mm 630×200	10m²	1.859	387.05	154.18	213.52	19.35
4	9-7	镀锌钢管(咬口)δ＝1.00mm 800×250	10m²	1.323	295.54	115.87	167.99	11.68
5	9-6	风机盘管连接管(咬口)δ＝1.00mm 800×200	10m²	2.45	387.05	154.18	213.52	19.35
6	9-216	新风机组安装	台	1	34.15	19.74	14.41	—
7	9-245	风机盘管安装	台	7	98.69	28.79	66.11	3.79
8	9-43	温度测定孔安装	个	1	26.58	14.16	9.20	3.22
9	9-43	风量制定孔安装	个	1	26.58	14.16	9.20	3.22
10	9-62 9-74	手动密闭式对开多叶调节阀的制作安装(500×320)	100kg 个	0.1270 1	1103.29 40.98	344.58 12.07	546.37 15.32	212.34 13.59
11	9-53 9-73	风量调节阀的制作安装(250×320)	100kg 个	0.5008 8	1188.62 19.24	344.35 6.97	402.58 3.30	441.69 8.94
12	9-96 9-133	铝合金双层百叶送风口制作安装(300×150)	100kg 个	0.2016 8	1727.72 0.87	1201.63 4.18	507.30 2.47	18.79 0.22
13	9-97 9-135	铝合金双层百叶送风口制作安装(530×330)	100kg 个	0.5054 7	1086.70 14.97	575.62 10.45	496.61 4.30	14.47 0.22
14	9-94 9-134	铝合金单层百叶回风口制作安装(400×240)	100kg 个	0.1358 7	2014.47 8.64	1477.95 5.34	520.88 3.08	15.64 0.22
15	9-95 9-135	防雨百叶回风口(带过滤网)制作安装(470×285)	100kg 个	0.0248 1	1345.72 14.97	828.49 10.45	506.41 4.30	10.82 0.22
16	9-41	帆布软管的制作安装(主干管 800×250)	m²	1.26	171.45	47.83	121.74	1.88
17	9-41	帆布软管的制作安装(风机盘管连接管 800×250)	m²	7.00	171.45	47.83	121.74	1.88
18	9-41	帆布软管的制作安装(新风机垂直支管上)	m²	1.12	171.45	47.83	121.74	1.88
19	9-200	阻抗复合消声器的制作安装	100kg	0.9608	960.03	365.71	585.05	9.27

【例4】 以某车间通风工程为例，结合实际具体地介绍通风空调工程施工图预算工程量计算。

（一）某车间通风工程主要施工图介绍

1. 施工图文字说明

（1）送排风系统的风管均采用普通薄钢板咬口制作，法兰连接。采用钢板厚度时为：风管直径或最大边≤200时，$\delta=0.5mm$；风管直径或最大边＝220～500时，$\delta=0.75mm$；风管直径或最大边＝530～800时，$\delta=1.0mm$。法兰垫片采用$\delta=5mm$的橡胶板。

（2）风管及进风室金属壳体内外壁（包括其法兰、支架）均刷红丹防锈漆两遍，风管及进风室金属壳体、法兰、支架的外表面再刷调合漆两遍。

2. 设备和部件明细表见表1-147

设备和部件明细表　　　　　　　　　　　　　表 1-147

序号	设备或部件名称	型号及规格	单位	数量	备注
1	单层百叶风口	5号　400×240	个	4	详见 T202-2
2	滤尘器	LWP型　1400×1100	台	6	安装详见 T521-3
3	进风过滤段金属壳体	钢板厚 $\delta=2.5mm$	kg	202.50	自制
4	离心式通风机	4.72-11. NO. 8C	台	1	风机基础见 T103
5	电动机	JO₂-51-4.75kW	台	1	
6	风管检查孔	370×340	个	5	详见 T614
7	钢制蝶阀（送风系统）	DN220	个	7	详见 T302-7
8	钢制蝶阀（排风系统）	DN140	个	6	详见 T302-7
9	轴流式通风机	30K4-11. NO. 5	台	3	T116-2 甲型
10	轴流式通风机	30K4-11. NO. 7	台	1	T116-2 甲型
11	旋转吹风口	1号　DN250	个	7	详见 T209-1
12	圆伞形风帽	5号　DN320	个	1	详见 T609
13	吸气罩	钢板厚 $\delta=1.5mm$	个	6	单个 8.78kg

3. 通风系统平面图

如图1-118所示为某车间的通风系统平面图，从图中可见该车间通风系统为机械送排风系统，设有离心式通风机的送风系统，设有轴流式通风机的排风系统。

4. 剖面图

图1-119所示为某车间通风系统的主要剖面图。

（二）施工图预算的工程量

1. 送风系统的工程量

（1）设备安装工程量

a. 进风过滤段金属壳体的制作安装重量：

查设备和部件明细表为202.5kg

b. 低效过滤器安装台数为6台

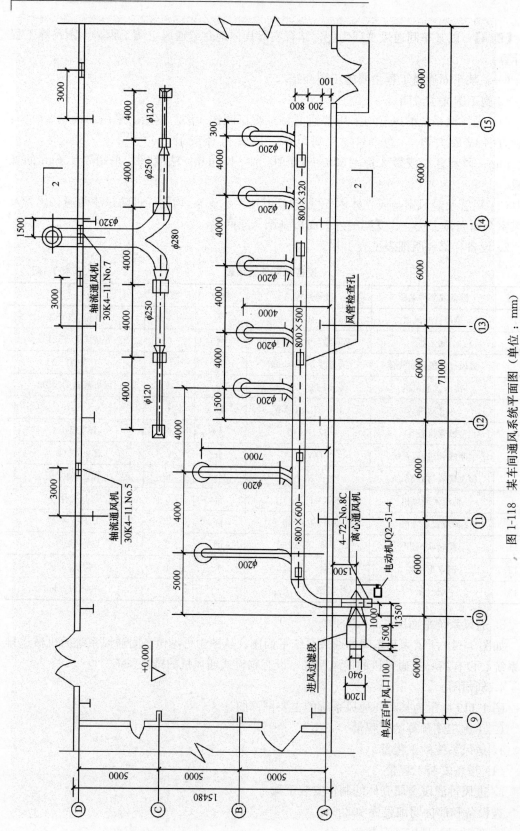

图 1-118　某车间通风系统平面图（单位：mm）

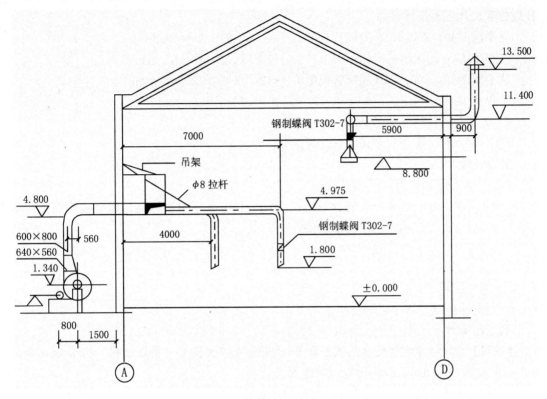

图 1-119 某车间通风系统 1-1 剖面图

c. 过滤器框架选用尺寸为 1051×215T

查标准重量表立式匣式 T521-2 可知 1051×215T 的框架 31.32kg/个

则过滤器框架制作安装工程量为 31.32×6kg＝187.92kg

d. 离心通风机安装台数 8 号风机 1 台

（2）部件制作安装工程量

查设备和部件明细表可知：

a. 单层百叶风口安装 4 个，尺寸为 400×240

单个风口周长为 2×(400＋240)mm＝1280mm，

查标准重量表 T202-2 可知 400×240 的单层百叶风口 1.94kg/个

则工程量为 1.94×4kg＝7.76kg

b. DN220 钢制蝶阀安装 7 个

查标准重量表圆形 T302-7 可知 DN220 钢制蝶阀 0.15m/个，3.72kg/个

则工程量为 3.72×7kg＝26.04kg

c. DN250 的旋转吹风口安装 7 个

查标准重量表 T209-1 可知 1 号 DN250 旋转吹风口 0.697m/个，10.09kg/个

则工程量为 10.09×7kg＝70.63kg

（3）薄钢板风管的制作安装工程量

a. 薄钢板矩形风管(δ≤1.2mm 咬口)制作安装

由图可见，送风系统中的矩形风管有 800×320、800×500、800×600 三种规格，各

种规格管长及工程量计算如下：

从平面图知，800×320 的风管长度 $L_1 = (0.3 + 4 + 2)\text{m} = 6.3\text{m}$

工程量 $F_1 = L_1 \times 2(a_1 + b_1) = 6.3 \times 2 \times (0.8 + 0.32)\text{m}^2 = 14.11\text{m}^2$

从平面图知，800×500 的风管长度 $L_2 = (2.0 + 4.0 + 2.0)\text{m} = 8\text{m}$

工程量 $F_2 = L_2 \times 2(a_2 + b_2) = 8 \times 2 \times (0.8 + 0.5)\text{m}^2 = 20.8\text{m}^2$

b. 从平面图和剖面图可见：

800×600 的风管有水平和垂直的两部分。

其总长度为：

$$L_3 = [\text{水平管段长度}] + [\text{垂直管段长度}]$$
$$= [(\text{左右方向长度}) + (\text{前后方向长度})] + [(\text{管上端中心标高} - \text{风机轴标高} - \text{风机出口法兰至轴间距} - \text{帆布软接头长度})]$$
$$= \left[(2 + 4 + 4 + 5 - 1) + \left(\frac{0.8}{2} + 0.2 + 0.1 + 0.24 + 1.5 + 0.56 \right) + 4.80 + \frac{0.8}{2} - 1.34 - 0.52 - 0.3 \right]\text{m}$$
$$= (14 + 3 + 3.04)\text{m} = 20.04\text{m}$$

则工程量为 $F_3 = L_3 \times 2(a_3 + b_3) = 20.04 \times 2 \times (0.8 + 0.6)\text{m}^2 = 56.11\text{m}^2$

【注释】 800×600 为风管的截面面积即风管的截面长度×截面宽度，即 $a_3 = 0.8\text{m}$，$b_3 = 0.6\text{m}$，$2 \times (0.8 + 0.6)$ 为风管的截面周长。

a. 薄钢板圆形风管($\delta \leqslant 1.2\text{mm}$ 咬口)制作安装

送风系统的送风支管均为 $\phi 200$ 的圆形风管，其工程量计算如下：

从剖面图上可见，七根送风支管的垂直长度相等，均为：

$4.975 - 1.80 - \text{蝶阀长度} = (4.975 - 1.80 - 0.15)\text{m} = 3.025\text{m}$

从平剖面图上均可见，送风支管的水平长度不同，有两根较长，有五根较短，较长者和较短者的具体长度分别为：

较长水平支管长度 $= (7.00 - 0.10 - 0.20 - 0.80)\text{m} = 5.90\text{m}$

较短水平支管长度 $= (4.00 - 0.10 - 0.20 - 0.80)\text{m} = 2.90\text{m}$

所以，$\phi 200$ 送风支管总长度为：

$$L_4 = \text{较长支管长度} \times 2 \text{ 根} + \text{较短支管长度} \times 5 \text{ 根}$$
$$= (\text{较长水平支管长度} + \text{垂直长度}) \times 2 + (\text{较短水平支管长度} + \text{垂直长度}) \times 5$$
$$= [(5.9 + 2.328) \times 2 + (2.9 + 2.328) \times 5]\text{m}$$
$$= (16.456 + 26.14)\text{m}$$
$$= 42.596\text{m}$$

送风支管工程量为 $F_4 = \pi D L_4 = 3.14 \times 0.2 \times 42.596\text{m}^2 = 26.75\text{m}^2$

b. 风管检查孔制作安装

从平面图上可见，有 5 个 370×340 的风管检查孔，

查标准重量表 T614 可知，370×340 的风管检查孔 $2.89\text{kg}/$个

则工程量为 $2.89 \times 5\text{kg} = 14.45\text{kg}$

c. 帆布软接头制作安装

风机吸入处设直径 $\phi 800$，长度为 300mm 的等径帆布软管，风机出口设 $600 \times 800 \sim$

$640×560$，长度为 $300mm$ 的帆布软管，两段软管的制作安装工程量为：

$$F=[3.14×0.8×0.3+\frac{2×(0.6+0.8)+2×(0.64+0.56)}{2}×0.3]m^2$$

$$=(0.7536+0.78)m^2=1.53m^2$$

【注释】 0.8m 为风机吸入处软管的直径，0.3 为风机吸入处帆布软管的长度，风机出口设的软管的截面面积为 $600×800～640×560$，$\dfrac{2×(0.6+0.8)+2×(0.64+0.56)}{2}$ 为风机出口处的平均截面周长，0.3m 为风机出口处软管的长度。

2. 排风系统工程的工程量

(1)设备安装工程量

从平面图及设备部件明细表上可知，排风系统有 5 号轴流风机 3 台，7 号轴流风机 1 台。

(2)部件的制作安装工程量

a. 吸气罩制作安装

从设备部件明细表及平剖面图上知，有单个重量为 8.78kg 的吸气罩 6 个，则其总制作安装工程量为 $8.78×6kg=52.68kg$

(以制作详图上查得吸气罩高度为 0.3m)

b. 钢制蝶阀制作安装

排风支管上共设 $DN140$ 蝶阀 6 个，

查标准重量表圆形 T302-7 可知 $DN140$ 蝶阀 2.52kg/个、0.15m/个。

则工程量为 $2.52×6kg=15.12kg$。

c. 圆伞形风帽制作安装

以设备部件明细表及剖面图上可见，有 5 号 $DN320$ 圆伞形风帽 1 个，

查标准重量表 T609，可知 $DN320$ 圆伞形风帽 6.27kg/个，

则工程量为 $6.27×1kg=6.27kg$。

(3) 薄钢板圆形风管($\delta≤1.2$ 咬口)制作安装工程量

从平、剖面图上可见，排风管道有 $\phi120$、$\phi250$、$\phi280$、$\phi320$ 四种规格，各种规格管道的工程量计算如下：

a. $\phi120$ 风管的工程量

长度 L_5 ＝垂直部分长度＋水平部分长度

$\qquad$＝(标高差－蝶阀长度－吸气罩高)$×6+(4.00+0.3)×2m$

$\qquad$＝$[(11.40-8.80-0.15-0.30)×6+(4.00+0.30)×2]m$

$\qquad$＝$(12.9+8.6)m=21.5m$

工程量 $F_5=\pi DL_5=3.14×0.12×21.5m^2=8.10m^2$

b. $\phi250$ 风管的工程量

长度 L_6 ＝水平部分长度(从平面图上看)＝$(4.00+0.30-0.30)×2m=8.00m$

工程量 $F_6=\pi DL_6=3.14×0.25×8m^2=6.28m^2$

c. $\phi280$ 风管的工程量

长度 L_7 ＝水平部分长度(从平面图上看)＝$(4.00-0.3-0.3)m=3.4m$

工程量 $F_7 = \pi D L_7 = 3.14 \times 0.28 \times 3.4 \text{m}^2 = 2.99 \text{m}^2$

d. $\phi320$ 风管工程量

长度 $L_8 =$ 水平部分长度 + 垂直部分长度 - 轴流风机长度

$$= [(5.9 + 0.9 + 0.24) + (13.50 - 11.40) - 0.17] \text{m}$$

$$= (7.04 + 2.10 - 0.17) \text{m}$$

$$= 8.97 \text{m}$$

工程量 $F_8 = \pi D L_8 = 3.14 \times 0.32 \times 8.97 \text{m}^2 = 9.01 \text{m}^2$

3. 送、排风系统除锈、刷油的工程量

(1) 薄钢板风管及其法兰，支架的除锈刷油工程量

a. 圆形管道的刷油工程量

内外壁刷油面积 $S_1 = 2(F_4 + F_5 + F_6 + F_7 + F_8)$

$$= 2 \times (26.75 + 8.1 + 6.28 + 2.99 + 9.01) \text{m}^2$$

$$= 2 \times 53.13 \text{m}^2 = 106.26 \text{m}^2$$

外壁刷油面积 $S_2 = \dfrac{S_1}{2} = 53.13 \text{m}^2$

b. 矩形管道的刷油工程量

内外壁刷油面积 $S_3 = 2(F_1 + F_2 + F_3 +$ 软管接头面积$)$

$$= 2 \times (14.11 + 31.2 + 56.11 + 1.53) \text{m}^2$$

$$= 2 \times 102.95 \text{m}^2 = 205.9 \text{m}^2$$

外壁刷油面积 $S_4 = \dfrac{S_3}{2} = 102.95 \text{m}^2$

c. 圆矩形风管的除锈工程量

圆矩形风管的除锈面积 $S_5 = S_1 + S_3 - 2 \times$ 软管接头面积

$$= (106.26 + 205.9 - 2 \times 1.53) \text{m}^2$$

$$= 309.1 \text{m}^2$$

(2) 薄钢板通风部件的除锈刷油工程量

a. 风口与蝶阀的除锈刷油工程量

工程量为其制作安装工程量，即

$(7.76 + 70.63 + 26.04 + 15.12) \text{kg} = 119.55 \text{kg}$

b. 吸气罩、风帽的除锈、刷油工程量

工程量为其制作安装工程量，即

$[52.68(\text{吸气罩}) + 6.27(\text{风帽})] \text{kg} = 58.95 \text{kg}$

(3) 滤尘器框架除锈刷油工程量

滤尘器框架除锈刷油重量同其制作安装重量 187.92kg。

(4) 进风过滤段金属壳体除锈刷油的工程量

进风过滤段金属壳体体积较大，其除锈刷油按设备除锈刷油考虑，刷油面积如下：

内、外壁刷油面积 $S_6 =$ 金属壳体外表面积 $\times 2 = 10.98 \times 2 \text{m}^2 = 21.96 \text{m}^2$

外壁刷油面积 $S_7 = 10.98 \text{m}^2$

除锈面积 $S_8 = S_6 = 21.96 \text{m}^2$

清单工程量计算见表 1-148。

清单工程量计算表 表 1-148

序号	项目编码	项目名称	项目特征描述	计量单位	工程量
1	030701010001	过滤器	LWP 型，1400×1100	台	6
2	030108001001	离心式通风机	8 号	台	1
3	030108003002	轴流式通风机	5 号	台	3
4	030108003003	轴流式通风机	7 号	台	1
5	030703007001	碳钢风口、散流器、百叶窗	单层百叶风口，400×240，5 号	个	4
6	030703017001	碳钢罩类	吸气罩 $\delta=1.5mm$	个	1
7	030703001001	碳钢阀门	蝶阀 DN220	个	7
8	030703001002	碳钢阀门	蝶阀 DN140	个	6
9	030703007001	碳钢风口、散流器、百叶窗	旋转吹风口，DN250，1 号	个	7
10	030703012001	碳钢风帽	5 号，DN320	个	1
11	030702001001	钢板通风管道	矩形 800×320，厚度为 1mm	m²	14.11
12	030702001002	钢板通风管道	矩形 800×500，厚度为 1mm	m²	31.20
13	030702001003	钢板通风管道	矩形 800×600，厚度为 1mm	m²	56.11
14	030702001004	钢板通风管道	矩形 ϕ200，厚度为 0.5mm	m²	26.75
15	030702001005	钢板通风管道	圆形 ϕ120，厚度为 0.5mm	m²	8.10
16	030702001006	钢板通风管道	圆形 ϕ250，厚度为 0.75mm	m²	6.28
17	030702001007	钢板通风管道	圆形 ϕ280，厚度为 0.75mm	m²	2.99
18	030702001008	钢板通风管道	圆形 ϕ320，厚度为 0.75mm	m²	9.01
19	030702008001	柔软性风管	ϕ800，长度为 300mm	m	0.30
20	030702008002	柔软性风管	600×800～640×560	m	0.30

工程预算表见表 1-149。

工程预算表 表 1-149

序号	定额编号	分项工程名称	定额单位	工程量	基价/元	其中/元 人工费	材料费	机械费
1	9-209	进风过滤段金属壳体的制作安装	100kg	2.025	2647.88	1473.08	1063.13	111.67
2	9-256	低效过滤器安装	台	6	1.86	1.86	—	—
3	9-254	过滤器框架（1051×2157）	100kg	1.8792	1031.08	130.03	888.89	12.16
4	9-218	离心式通风机安装	台	1	202.73	172.99	29.74	—
5	9-134	单层百叶风口安装（400×240）	个	4	8.64	5.34	3.08	0.22
6	9-72	DN220 钢制蝶阀安装	个	7	7.32	4.88	2.22	0.22
7	9-72	DN250 的旋转吹风安装	个	7	7.32	4.88	2.22	0.22
8	9-7	薄钢板矩形风管（$\delta\leqslant1.2$ 咬口）制作安装（800×320）	10m²	1.4112	295.54	115.87	167.99	11.68

序号	定额编号	分项工程名称	定额单位	工程量	基价/元	其中/元		
						人工费	材料费	机械费
9	9-7	薄钢板矩形风管(δ≤1.2咬口)制作安装(800×500)	10m²	3.12	295.54	115.87	167.99	11.68
10	9-7	薄钢板矩形风管(δ≤1.2咬口)制作安装(800×600)	10m²	5.6112	295.54	115.87	167.99	11.68
11	9-1	薄钢板圆形风管(δ≤1.2咬口)制作安装φ200	10m²	2.675	480.92	338.78	107.34	34.80
12	9-42	风管检查孔制作安装	100kg	0.1445	1147.41	486.92	543.99	116.50
13	9-41	帆布软接头制作安装	m²	1.5336	171.45	47.83	121.74	1.88
14	9-222	5号轴流式风机	台	3	37.23	34.83	2.40	—
15	9-223	7号轴流式风机	台	1	52.79	50.39	2.40	—
16	9-182	吸气罩制作安装	100kg	0.5268	678.79	206.89	460.12	11.78
17	9-52	钢制蝶阀制作安装	100kg	0.1512	872.86	265.64	418.17	189.05
18	9-166	圆伞形风帽制作安装	100kg	0.0627	960.43	394.74	547.33	18.36
19	9-1	薄钢板圆形风管(δ≤1.2喷口)制作安装(φ120)	10m²	0.81012	480.92	338.78	107.34	34.80
20	9-2	薄钢板圆形风管(δ≤1.2咬口)制作安装(φ250)	10m²	0.628	378.10	208.75	145.40	23.95
21	9-2	薄钢板圆形风管(δ≤1.2咬口)制作安装(φ280)	10m²	0.299	378.10	208.75	145.40	23.95
22	9-2	薄钢板圆形风管(δ≤1.2喷口)制作安装(φ320)	10m²	0.901	378.10	208.75	145.40	23.95
23	11-55	圆形管道的刷油	10m²	10.606	7.31	6.27	1.04	—
24	11-55	矩形管道的刷油	10m²	20.59	7.31	6.27	1.04	—
25	11-1	圆矩形风管的除锈	10m²	30.91	11.27	7.89	3.38	—
26	11-7	风口与蝶阀的除锈刷油	100kg	1.1955	17.35	7.89	2.50	6.96
	11-121		100kg	1.1955	13.05	5.34	0.75	6.96
27	11-7	吸气罩、风帽的除锈刷油	100kg	0.5895	17.35	7.89	2.50	6.96
	11-121		100kg	0.5895	13.05	5.34	0.75	6.96
28	11-7	滤尘器框架除锈刷油	100kg	1.8792	17.35	7.89	2.50	6.96
	11-121		100kg	1.8792	13.05	5.34	0.75	6.96
29	11-4	进风过滤段金属壳体除锈刷油	10m²	2.196	11.74	8.36	3.38	—
	11-88		10m²	2.196	6.61	5.57	1.04	—

【例5】 山东省济南市市区某办公楼(部分房间)空调水管路施工图预算的工程量计算。

(一)工程概况

(1)本工程空调供水,回水及凝结水管均采用镀锌管,丝扣连接。

(2)阀门采用铜球阀,穿墙均加一般钢套管,进、出风机盘管供、回水支管均装金属软管(丝接)各一个,凝结水管与风机盘管连接需装橡胶软管(丝接)一个。

(3)管道安装完毕后要求试压,空调系统试验压力为1.3MPa,凝结水管做灌水试验。

(4)本题暂不计算管道除锈、刷油、保温的工程量。

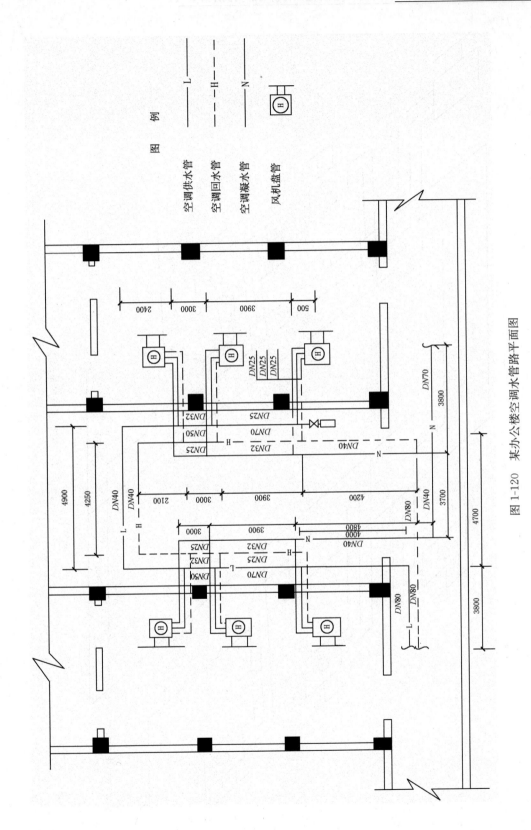

图 1-120　某办公楼空调水管路平面图

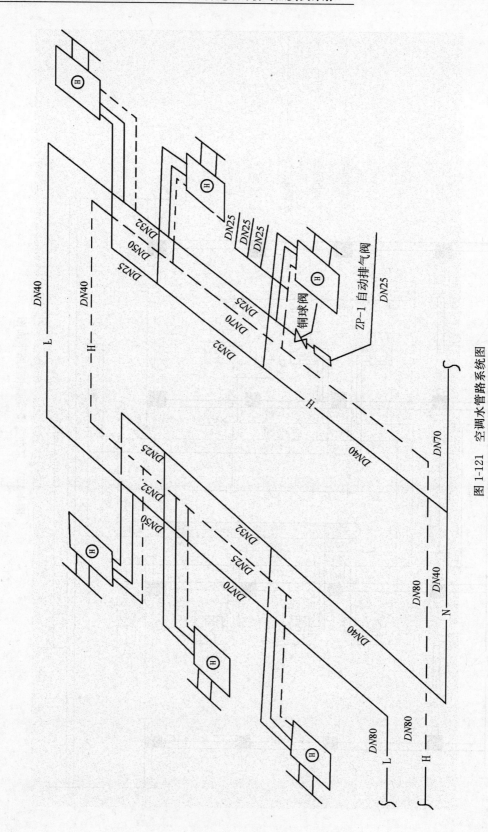

图 1-121　空调水管路系统图

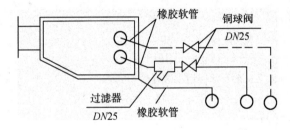

图 1-122 风机盘管安装大样图

注: 进出风机盘管的供回水支管均装金属软管一个, 凝结水与风机盘管连接需装橡胶软管一个。

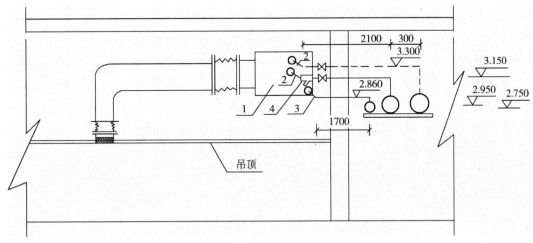

图 1-123 风机盘管水管路安装示意图

1—风机盘管; 2—金属软管; 3—橡胶软管; 4—过滤器

(二) 工程量:

本例题图如图 1-120 所示, 为某办公楼空调水管路平面图, 图 1-121 所示为空调水管路系统图, 图 1-122 所示为风机盘管安装大样图, 图 1-123 所示为风机盘管水管路安装示意图。

1. 镀锌钢管(丝接)DN80

供水管 $L_1 = (3.8 + 4.0)\text{m} = 7.8\text{m}$

回水管 $L_2 = (3.8 + 4.7 + 4.2)\text{m} = 12.7\text{m}$

工程量为 $L_1 + L_2 = (7.8 + 12.7)\text{m} = 20.5\text{m}$

2. 镀锌钢管(丝接)DN70

供水管 $L_1 = 3.9\text{m}$

回水管 $L_2 = 3.9\text{m}$

凝水管 $L_3 = 3.8\text{m}$

工程量为 $L_1 + L_2 + L_3 = (3.9 + 3.9 + 3.8)\text{m} = 11.6\text{m}$

3. 镀锌钢管(丝接)DN50

供水管 $L_1 = 3.00\text{m}$

回水管 $L_2 = 3.00\text{m}$

工程量为 $L_1 + L_2 = (3.0 + 3.0)\text{m} = 6.0\text{m}$

4. 镀锌钢管（丝接）$DN40$

供水管 $L_1=(2.4+4.9+2.4)m=9.7m$

回水管 $L_2=(2.1+4.25+2.1)m=8.45m$

凝水管 $L_3=(4.8+3.7+4.8)m=13.3m$

工程量为 $L_1+L_2+L_3=(9.7+8.45+13.3)m=31.45m$

5. 镀锌钢管 $DN32$（丝接）

供水管 $L_1=3.00m$

回水管 $L_2=3.00m$

凝水管 $L_3=(3.9+3.9)m=7.8m$

工程量 $L_1+L_2+L_3=(3.00+3.00+7.8)m=13.8m$

6. 镀锌钢管 $DN25$（丝接）

供水管 $L_1=(3.90+0.5)m=4.4m$

回水管 $L_2=3.90m$

凝水管 $L_3=(3.00+3.00)m=6.00m$

支管：供水管 $L_4=(2.1+3.15-2.95)m=2.3m$

回水管 $L_5=(2.1+0.3+3.30-2.95)m=2.75m$

凝水管 $L_6=(1.7+2.86-2.75)m=1.81m$

工程量为：$L_1+L_2+L_3+(L_4+L_5+L_6)\times 6$

$$=[4.4+3.9+6.0+(2.3+2.75+1.81)\times 6]m$$

$$=(14.3+41.16)m=55.46m$$

7. 风机盘管的安装

选用 DI 型吊装式风机盘管安装 6 台，其主要性能参数为：

风量：$2000m^3/h$　冷量：$11000W$　势量：$15600W$　余压：$50\sim100Pa$

8. 铜球阀 $DN25$

铜球阀 $DN25$ 安装　13 个

9. Y 型过滤器 $DN25$

Y 型过滤器 $DN25$ 安装　6 个

10. 金属软管

金属软管安装　12 个

11. 橡胶软管

橡胶软管安装　6 个

12. 自动排气阀 $DN25$

自动排气阀 $DN25$ 安装　1 个

13. 一般穿墙套管 $DN80$

供水管上安装 1 个，回水管上安装 1 个

14. 一般穿墙套管 $DN40$

凝水管上安装　2 个

15. 一般穿墙套管 $DN25$

供水管上安装 6 个，回水管上安装 6 个，凝水管上安装 6 个

清单工程量计算见表 1-150。

清单工程量计算表   表 1-150

序号	项目编码	项目名称	项目特征描述	计量单位	工程量
1	031001001001	镀锌钢管	丝接，DN80	m	20.50
2	031001001002	镀锌钢管	丝接，DN70	m	11.60
3	031001001003	镀锌钢管	丝接，DN50	m	6.00
4	031001001004	镀锌钢管	丝接，DN40	m	31.45
5	031001001005	镀锌钢管	丝接，DN32	m	13.80
6	031001001006	镀锌钢管	丝接，DN25	m	55.46
7	030701004001	风机盘管	DI 型吊装式	台	6
8	031003001001	铜球阀	DN25	个	13
9	030701010001	过滤器	Y 型，DN25	个	6

工程量预算表见表 1-151。

工程预算表   表 1-151

序号	定额编号	分项工程名称	定额单位	工程量	基价/元	人工费	材料费	机械费
						其中/元		
1	8-94	镀锌钢管（丝接）DN80	10m	2.05	135.50	67.34	63.83	4.33
2	8-94	镀锌钢管（丝接）DN70	10m	1.16	135.50	67.34	63.83	4.33
3	8-92	镀锌钢管（丝接）DN50	10m	0.6	111.93	62.23	46.84	2.86
4	8-91	镀锌钢管（丝接）DN40	10m	3.145	93.85	60.84	31.98	1.03
5	8-90	镀锌钢管 DN32（丝接）	10m	1.38	86.16	51.08	34.05	1.03
6	8-89	镀锌钢管 DN25（丝接）	10m	5.546	83.51	51.08	31.40	1.03
7	9-245	风机盘管的安装	台	6	98.69	28.79	66.11	3.79
8	8-241	钢球阀 DN25	个	13	4.43	2.32	2.11	—
9	9-255	Y 型过滤器 DN25	台	6	11.61	11.61	—	—
10	8-301	自动排气阀 DN25	个	1	14.37	6.27	8.10	—
11	8-174	一般穿墙套管 DN80	个	2	4.34	2.09	2.25	—
12	8-171	一般穿墙套管 DN40	个	2	2.89	1.39	1.50	—
13	8-169	一般穿墙套管 DN25	个	18	1.70	0.70	1.00	—

【例 6】 某厂职工俱乐部的通风空调安装工程的工程量计算。

（一）工程概况

如图 1-124、图 1-125 所示，为某厂职工俱乐部的通风空调安装工程的平面图，图 1-126、图 1-127 所示，为某厂职工俱乐部通风空调安装工程的剖面图。

从图上我们了解到，在通风空调系统中，由集中空调机将处理过的空气，由地下混凝土水平风道送到舞台前的两个混凝土竖风道送风到顶部，然后在两条竖风道上接出三条铁皮风管，一条为在舞台前的上方的水平风管，另两条分布在舞台上两侧，在观众厅大挑台吊顶内有一根铁皮风管和后墙内的静压箱接出铁皮风口。

（二）项目划分

根据施工图纸和施工方法，将该单项工程的分项工程划分如下：

1. 风管的制作安装；

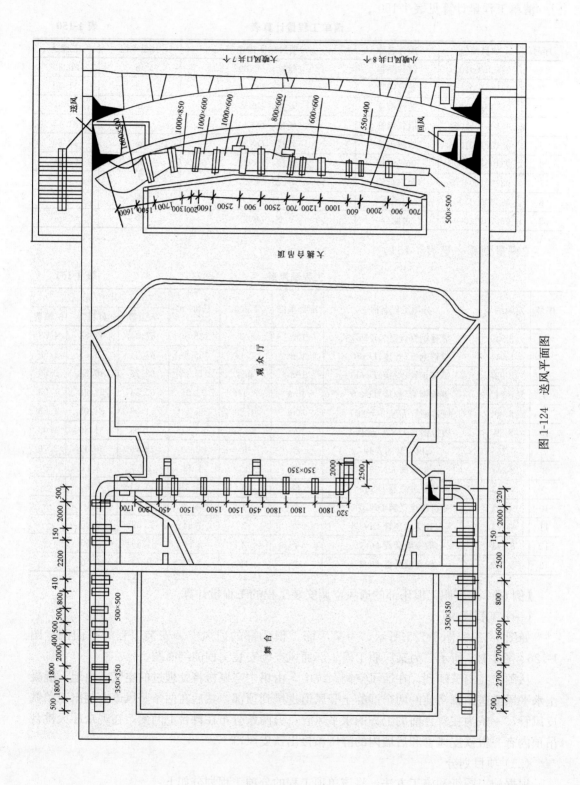

图 1-124 送风平面图

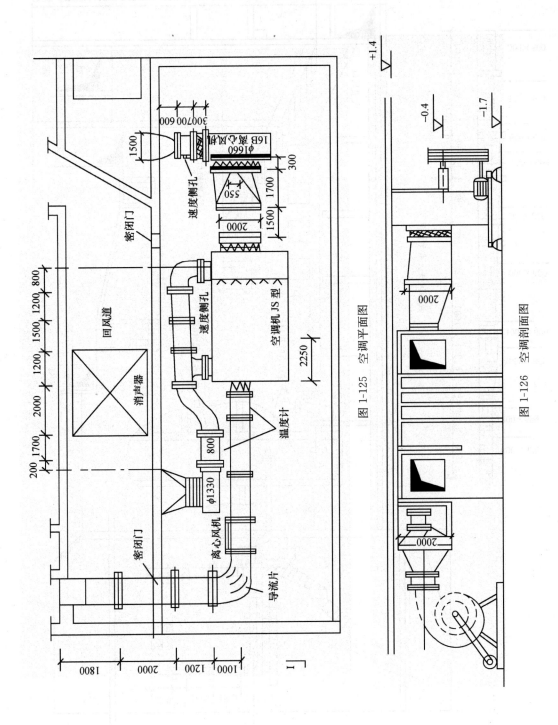

图 1-125　空调平面图

图 1-126　空调剖面图

157

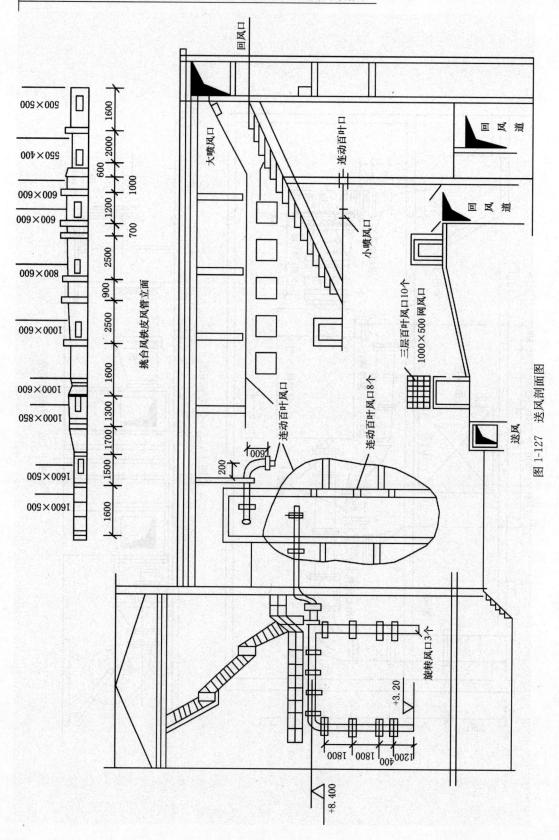

图 1-127 送风剖面图

2. 进出风口部件的安装；

3. 检查口、测定口、导流片、软接口的制作安装；

4. 阀门的制作安装；

5. 消声器的制作安装；

6. 空调设备和部件的制作安装；

7. 风机安装；

8. 设备支架制作安装；

9. 刷油、保温（绝热）；

10. 其他。

（三）工程量：

1. 铁皮风管的制作安装工程量

（1）镀锌铁皮风管：350×350，$\delta=10mm$

水平部分：$(0.5+1.8+1.8+2+0.5+2.7\times2+3.6+0.8+2.5+0.15+2+0.32+0.5)m=21.87m$

舞台前水平部分：$(1.7+1.2+0.45+1.5\times3+0.45+1.8\times3+0.32+2.5\times3)m=21.52m$

垂直部分：$(8.4-3.2)\times3m=15.6m$

长度 $L=(21.87+21.52+15.6)m=58.99m$

工程量为：$2\times(0.35+0.35)\times58.99m^2=82.59m^2$

【注释】　350×350 为镀锌铁皮风管的截面面积即截面长度×截面宽度，$2\times(0.35+0.35)$ 为镀锌铁皮风管的截面周长，58.97m 为镀锌铁皮风管的总长度。

（2）镀锌板矩形风管：500×500，$\delta=10mm$

舞台两侧水平部分：$(0.4+0.5+0.5+0.8+0.41+2.2+0.15+2+0.5)m=7.46m$

挑台水平部分：$(0.7+0.9)m=1.6m$

工程量为：$2\times(0.5+0.5)\times(7.46+1.6)m^2=18.12m^2$

【注释】　$500\times500mm^2$ 为镀锌板矩形风管的截面面积即截面长度×截面宽度，$2\times(0.5+0.5)$ 为镀锌板矩形风管的截面周长，$(7.46+1.6)$ 为镀锌板矩形风管的总长度。

（3）镀锌板矩形风管：550×400

挑台水平部分长 $L=2.0m$

工程量为 $2\times(0.55+0.4)\times2m^2=3.8m^2$

【注释】　解释原理同上述解释，$2\times(0.55+0.4)$ 为 550×400 镀锌板矩形风管的截面周长，2 为挑台水平部分长。

（4）镀锌板矩形风管：600×600

工程量为：$2\times(0.6+0.6)\times(1.2+1.0+0.6)m^2=2.4\times2.8m^2=6.72m^2$

【注释】　解释原理同以上解释，$2\times(0.6+0.6)$ 为 600×600 镀锌板矩形风管的截面周长，$(1.2+1.0+0.6)$ 为 600×600 镀锌板矩形风管的长度。

（5）镀锌板矩形风管：800×600，$\delta=10mm$

工程量为：$2\times(0.8+0.6)\times(0.9+2.5+0.7)m^2=2.8\times4.1m^2=11.48m^2$

【注释】　800×600 为镀锌板矩形风管的截面面积即截面长度×截面宽度，$(0.9+2.5$

＋0.7)为 800×600 镀锌板矩形风管的长度。

（6）镀锌板矩形风管：1000×600，$\delta=10mm$

工程量为：$2×(1+0.6)×(2.5+1.6+0.2)m^2=3.2×4.3m^2=13.76m^2$

【注释】 $2×(1+0.6)$为 1000×600 镀锌板矩形风管的截面面积，由图 1-24 得知，$(2.5+1.6+0.2)$为 1000×600 镀锌板矩形风管的长度。

（7）镀锌板矩形风管：

1000×850，$\delta=10mm$

工程量为：$2×(1+0.85)×1.3m^2=3.7×1.3m^2=4.81m^2$

【注释】 1000×850 为镀锌板矩形风管的截面面积即截面长度×截面宽度，$2×(1+0.85)$为 1000×850 镀锌板矩形风管的截面周长，由图 1-124 得知，1.3m 为镀锌板矩形风管的长度。

（8）镀锌板矩形风管：

1600×500，$\delta=20mm$

挑台水平部分工程量：$(1.6+0.5)×2×(1.6+1.5)m^2=4.2×3.1m^2=13.02m^2$

【注释】 同上述解释原理相同，$(1.6+0.5)×2$ 为 1600×500 镀锌板矩形风管的截面周长，由图 1-124 得知，$(1.6+1.5)$为挑台水平部分长度。

挑台水平渐缩部分工程量：$1.70×[(1.6+0.5)×2+(1+0.85)×2]×\frac{1}{2}m^2=6.715m^2$

总工程量为：$(13.02+6.715)m^2=19.74m^2$

【注释】 1.70 为挑台水平渐缩部分长度，$[(1.6+0.5)×2+(1+0.85)×2]×\frac{1}{2}$ 为挑台水平渐缩部分的平均截面周长，13.02、6.715 分别为挑台水平部分工程量、挑台水平渐缩部分工程量。

2. 导流片制作安装

$\delta=10mm$ 钢板，T606 8 号，安装 7 个 400×860

工程量为$(0.4×0.86)×7m^2=2.41m^2$

3. 帆布接口制作安装（通风机 $L=400mm$）

$[(0.8+0.8)×2+1.33×3.14+(1.3+1.3)×2+1.66×3.14]×0.40m^2$

$=17.788×0.4m^2$

$=7.12m^2$

【注释】 $(0.8+0.8)×2$、$(1.3+1.3)×2$ 都为风管的截面周长，1.33、1.66 分别为圆形风管的直径，0.4m 为通风机 的长度。

4. 风管检查孔制作安装

查 T614 可知尺寸为 520×480 的风管检查孔 4.95kg/个 安装 7 个

工程量为 $4.95×7kg=34.65kg$

【注释】 4.95kg/个为单个 520×480 的风管检查孔的重量，共安装 7 个故乘以 7。

5. 风量测定孔

查 T605 风量测定孔安装 3 个

6. 保温手柄式钢制蝶阀

参见矩形 T302-9　200×250　安装 1 个　4.98kg/个

250×320　安装 1 个　6.26kg/个

320×400　安装 1 个　12.13kg/个

则工程量为(4.98+6.26+12.13)kg=23.37kg

7. 三层百叶风口制作安装

三层百叶风口　450×280 的安装 10 个

参见 T202-3　可知　450×280 的三层百叶风口 8.01kg/个

工程量为 8.01×10kg=80.1kg

8. 连动百叶风口制作安装

连动百叶风口 300×240　安装 15 个

参见 T202-4　可知　连动百叶风口 300×240　2.35kg/个

工程量为 2.35×15kg=35.25kg

9. 喷风口制作安装

非标准制作安装大喷风口 7 个，小喷风口 8 个

工程量估值为 510kg

10. 旋转风口制作安装

旋转吹风口 ϕ360 安装 3 个

参见 T209-1 可知旋转吹风口　ϕ360　旋转吹风口　17.86kg/个

工程量为 17.86×3kg=53.58kg

11. 网式回风口制作安装

网式回风口 250×200　安装 60 个

查矩形 T262 可知，250×200 的网式回风口 0.73kg/个

则工程量为 0.73×60kg=43.8kg

12. 片式消声器制作安装

片式消声器 A=2500，安装 4 个

查 T701-1，可知 A=2500，4 号片式消声器 2544kg/个

则工程量为 2544×4kg=10176kg

13. 钢密闭门安装

尺寸为 800×500 的钢密闭门安装 1 个

14. 离心式通风机

型号为 4-T2　16B，右 180° 离心式通风机安装 1 台

型号为 4-T2　12C，右 180° 离心式通风机安装 1 台

15. 分段组装空调机安装

型号为 JS-6 的调机安装 1 台，5200kg/台　工程量为 5200×1kg=5200kg

16. 离心风机台座支架制作安装

型号为 CG32T 支架安装 2 个　375kg/个　工程量为 375×2kg=750kg

17. 减振器的安装

型号为 G4A 的减振器安装 6 个

清单工程量计算见表 1-152。

清单工程量计算表 表 1-152

序号	项目编码	项目名称	项目特征描述	计量单位	工程量
1	030702001001	碳钢通风管道	镀锌 $\delta=10mm$，350×350	m^2	82.56
2	030702001002	碳钢通风管道	镀锌 $\delta=10mm$，500×500	m^2	18.12
3	030702001003	碳钢通风管道	镀锌 550×400	m^2	3.80
4	030702001004	碳钢通风管道	镀锌 600×600	m^2	6.72
5	030702001005	碳钢通风管道	镀锌 $\delta=10mm$，800×600	m^2	11.48
6	030702001006	碳钢通风管道	镀锌 $\delta=10mm$，1000×600	m^2	13.76
7	030702001007	碳钢通风管道	镀锌 $\delta=10mm$，1000×850	m^2	4.81
8	030702001008	碳钢通风管道	镀锌 $\delta=20mm$，1600×500	m^2	19.74
9	030703019001	柔性接口	帆布	m^2	7.11
10	030703001001	碳钢阀门	保温手柄式蝶阀，T302-9，200×250	个	1
11	030703007001	碳钢风口、散流器、百叶窗	三层百叶风口，4500×280，T202-3	个	10
12	030703007002	碳钢风口、散流器、百叶窗	连动百叶风口，300×240，T202-4	个	15
13	030703007003	碳钢风口、散流器、百叶窗	大喷口 8 个，小喷口 7 个	个	15
14	030703007004	碳钢风口、散流器、百叶窗	旋转风口，$\phi360$	个	3
15	030703007005	碳钢风口、散流器、百叶窗	网式回风口，250×200	个	60
16	030703020001	消声器	$A=2500$，4 号片式	个	1
17	030701006001	密闭门	800×500	个	1
18	030701003001	空调器	TS-6	台	1

工程预算表见表 1-153。

工程预算表 表 1-153

序号	定额编号	分项工程名称	定额单位	工程量	基价/元	其中/元		
						人工费	材料费	机械费
1	9-6	镀锌铁皮风管（350×350）制作安装	$10m^2$	8.259	387.05	154.18	213.52	19.35
2	9-6	镀锌板矩形风管（500×500）制作安装	$10m^2$	1.812	387.05	154.18	213.52	19.35
3	9-6	镀锌板矩形风管（550×400）制作安装	$10m^2$	0.38	387.05	154.18	213.52	19.35
4	9-7	镀锌板矩形风管（600×600）制作安装	$10m^2$	0.672	295.54	115.87	167.99	11.68
5	9-7	镀锌板矩形风管（800×600）制作安装	$10m^2$	1.148	295.54	115.87	167.99	11.68
6	9-7	镀锌板矩形风管（1000×600）制作安装	$10m^2$	1.376	295.54	115.87	167.99	11.68
7	9-7	镀锌板矩形风管（1000×850）制作安装	$10m^2$	0.481	295.54	115.87	167.99	11.68
8	9-8	镀锌板矩形风管（1600×850）制作安装	$10m^2$	1.974	341.15	140.71	191.90	8.54

序号	定额编号	分项工程名称	定额单位	工程量	基价/元	其中/元		
						人工费	材料费	机械费
9	9-40	导流片制作安装	m²	2.41	79.94	36.69	43.25	—
10	9-41	帆布接口制作安装（通风机 L=400mm）	m²	7.11	171.45	47.83	121.74	1.88
11	9-42	风管检查孔制作安装	100kg	0.3465	1147.41	486.92	543.99	116.50
12	9-43	风量测定孔安装	个	3	26.58	14.16	9.20	3.22
13	9-49	保温手柄式钢制蝶阀（200×250）	100kg	0.0498	1098.72	417.96	429.32	251.44
14	9-49	保温手柄式钢制蝶阀（250×320）	100kg	0.0626	1098.72	417.96	429.32	251.44
15	9-50	保温手柄式钢制蝶阀（320×400）	100kg	0.1213	656.70	146.05	425.18	85.47
16	9-99 9-135	三层百叶风口制作安装	100kg 个	0.801 10	1121.18 14.97	609.99 10.45	479.25 4.30	31.94 0.22
17	9-100 9-134	连动百叶风口制作安装	100kg 个	0.3525 15	2169.56 8.64	1190.49 5.34	539.07 3.08	440.00 0.22
18		喷风口制作安装	100kg	5.10				
19	9-109 9-145	旋转风口制作安装	100kg 个	0.5358 3	961.86 30.54	306.27 18.11	524.06 12.43	131.53 —
20	9-121 9-158	网式回风口制作安装	100kg 个	0.438 60	1233.99 3.56	588.30 3.02	561.73 0.54	85.96
21	9-113	片式消声器制作安装	100kg	101.76	1700.64	811.77	584.07	304.80
22	9-201	钢密闭门安装（800×500）	m²	2.60	449.50	166.02	219.80	63.68
23	9-216	离心式通风机（16B，右180°）	台	1	34.15	19.74	14.41	
24	9-216	离心式通风机（12C，右180°）	台	1	34.15	19.74	14.41	
25	9-247	分段组装空调机安装	100kg	52	45.05	45.05	—	
26	9-212	离心风机台座支架制作安装	个	2	414.38	75.23	330.52	8.63

【例7】　一、工程概况

（一）设计内容

本设计为新乡市一办公楼，地上三层，本施工图设计内容包括空调，通风系统的设计。如图 1-128～图 1-130 所示。

（二）空调水系统

1．空调水系统为一次泵定水量双管制系统。

2．空调冷热水系统采用膨胀水箱定压，则膨胀水箱浮球阀控制液位。

（三）空调风系统

办公房间采用风机盘管加新风的空调方式。

（四）防火及排烟

1．所有进出空调机房的风管；穿过防火墙的风管（排烟管除外）穿越楼板的主立风管与支风管相连处的支风管上均设 70℃ 防火调节阀。

2．一旦发生火灾，消防中心应能立即停止所有运行中的空调。

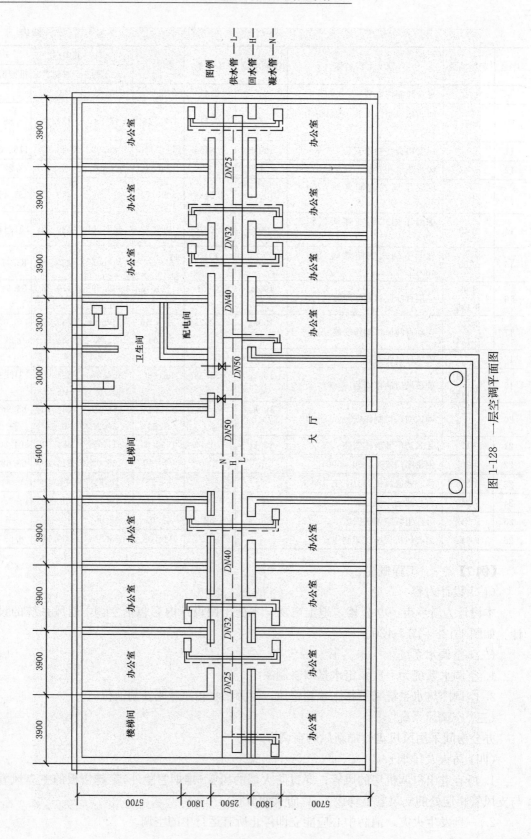

图 1-128 一层空调平面图

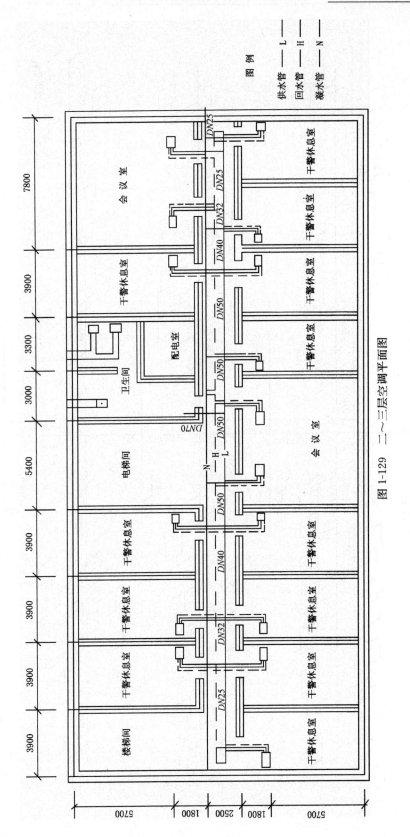

图 1-129 二～三层空调平面图

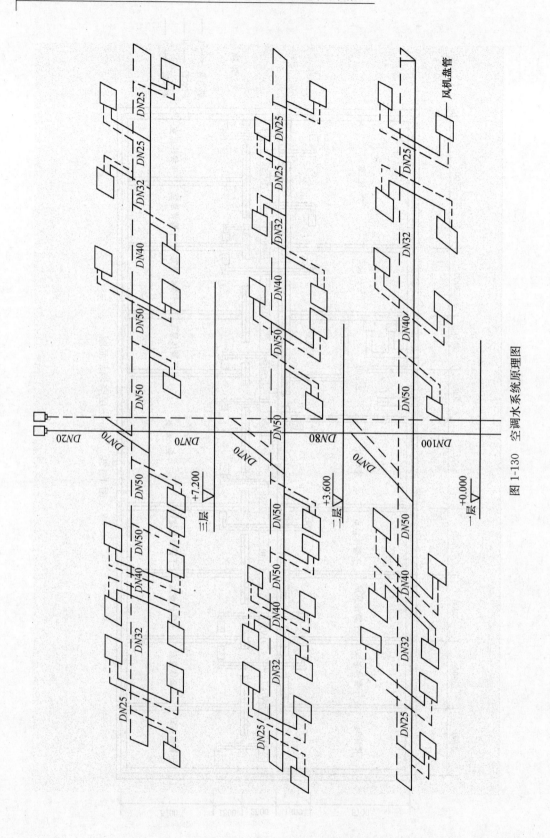

图 1-130 空调水系统原理图

（五）施工安装

1. 所有设备，基础均应在设备到货且校核其尺寸无误后方可施工，基础施工时，应按设备的要求，预留地脚螺栓孔（二次浇注）。

2. 尺寸较大的设备应在其机房墙未砌之前先放入机房内。

3. 冷水机组由厂家配橡胶减振垫，离心风机由厂家配弹簧减振器，空调机的减振采用TJ1-1型橡胶减振垫，减振垫数量，布置方式见厂家样本，水泵由厂家配减振器，吊装风机减振采用 TJ10 弹簧减振器。

4. 本设计图中所注的散流器风口尺寸均指其颈口接管尺寸，风口材质除装修要求外，本工程所有风口均采用铝合金风口。

5. 本设计按装修吊顶为可拆卸的吊顶考虑，防火阀采用 FV 型。

6. 风管与空调机和进排风机出口连接处应采用复合铝箔柔性玻纤软管，设于负压侧时，长度为 200mm，设于正压侧时，长度为 300mm，凡用于空调送风的软管均要求配带外保温（25mm）。

7. 消声器采用阻抗复合消声器的接口尺寸与所接风管尺寸相同。

8. 风机盘管冷热水进出水管采用铜截止阀，回水管口处设置手动跑风阀，凝结水管口与水管相连时，设 200mm 长的透明塑料软管。

9. 水路软接头采用橡胶软接头。

10. 空气凝结水管采用 PPR 管，其他水管当管径＜$DN100$ 时采用焊接钢管，＞$DN100$时水管采用无缝钢管。

11. 本工程空调风管采用 GR-1，水管应做保温，保温采用难燃 B1 级聚乙烯管壳，厚度为：管径 $DN100$ 时，用 30mm；管径为 $DN250$ 时，用 40mm；管径＞$DN250$ 时，用 50mm；凝结水管保温厚度为 15mm，室外冷却水管保温完后应用 0.5mm 的镀锌钢板做保护外壳。

12. 水管保温前应先除锈和清洁表面，然后刷防锈漆两道，再做保温。

二、计算工程量（表 1-154）

工程量计算表　　　　　　　　　　　　　　　　　　　表 1-154

工程名称：新乡市某三层办公楼通风空调工程　　　　　　　　　共　页　第　页

序号	分部分项工程名称	单位	工程量	计算公式
1	焊接钢管 $DN100$	m	7.20	供水立管 3.6m 回水立管 3.6m 合计：(3.6＋3.6)m＝7.2m
2	焊接钢管 $DN80$	m	7.20	供水立管 3.6m 回水立管 3.6m 合计：(3.6＋3.6)m＝7.2m
3	焊接钢管 $DN70$	m	14.95	供水立管 2m 回水立管 2m 供水干管：2.15×3m＝6.45m 回水干管：1.5×3m＝4.5m 合计：(2＋2＋6.45＋4.5)m＝14.95m

续表

序号	分部分项工程名称	单位	工程量	计算公式
4	焊接钢管 DN50	m	120.60	一层供水干管：(7+3.4)m=10.4m 一层回水干管：(8+1.8)m=9.8m 二层供水干管：(10.4+4.8)m=15.2m 二层回水干管：(9.8+4.8)m=14.6m
	焊接钢管 DN70	m	14.95	一层凝水干管：(7+3.4)m=10.4m 二层凝水干管：(10.4+4.8)m=15.2m 合计：[10.4+9.8+(15.2+14.6)×2+10.4+15.2×2]m=120.6m
5	焊接钢管 DN40	m	75.60	一层供水干管：(5+5)m=10m 一层回水干管：(5+5)m=10m 二层供水干管：(5+2.6)m=7.6m 二层回水干管：(5+2.6)m=7.6m 一层凝水干管：(5+5)m=10m 二层凝水干管：(5+2.6)m=7.6m 合计：[10+10+(7.6+7.6)×2+10+7.6×2]m=75.6m
6	焊接钢管 DN32	m	37.20	一层供水干管：(2.6+2.6)m=5.2m 一层回水干管：(2.6+2.6)m=5.2m 二层供水干管：(2.6+1)m=3.6m 二层回水干管：(2.6+1)m=3.6m 一层凝水干管：(2.6+2.6)m=5.2m 二层凝水干管：(2.6+1)m=3.6m 合计：[5.2+5.2+(3.6+3.6)×2+5.2+3.6×2]m=37.2m
7	焊接钢管 DN25	m	474.00	一层供水干管：(6+6)m=12m 一层回水干管：(6+6)m=12m 一层供水支管：(2.2×2+6.1×6)m=41m 一层回水支管：(2.2×2+6.1×6)m=41m 二层供水干管：(6+4.5)m=10.5m 二层回水干管：(6+4.5)m=10.5m 二层供水支管：(2.2×4+6.1×4+1.8×2+2.6×2)m=42m 二层回水支管：(2.2×4+6.1×4+1.8×2+2.6×2)m=42m 一层凝水干管：(6+6)m=12m 一层凝水支管：(2.2×2+6.1×6)m=41m 二层凝水干管：(6+4.5)m=10.5m 二层凝水支管：(2.2×4+6.1×4+1.8×2+2.6×2)m=42m 合计：[12+12+41+41+(10.5+10.5+42+42)×2+12+41+(10.5+42)×2]m=474m
8	焊接钢管 DN20	m	3.20	供水立管 1.6m 回水立管 1.6m 合计：(1.6+1.6)m=3.2m
9	方形直片散流器 CT211-2	kg	30.87	3.430kg/个×9 个=30.87kg

序号	分部分项工程名称	单位	工程量	计算公式
10	风机盘管 FP-68	台	46	(14+16×2)台=46 台
11	铜球阀 DN25	个	52	外购成品
12	Y 型过滤器 DN25	台	6	外购成品
13	金属软管	个	10	外购成品
14	橡胶软管	个	8	外购成品
15	自动排气阀 DN25	个	3	外购成品
16	离心通风机 4-T2	台	1	外购成品
17	减振器 G4A	个	2	外购成品
18	阻抗式复合消声器	kg	82.68	尺寸 800×500 82.68kg/个 安装 1 个 则 82.68×1kg=82.68kg

清单工程量计算见表 1-155。

清单工程量计算表 表 1-155

序号	项目编码	项目名称	项目特征描述	计量单位	工程量
1	031001002001	钢管	DN100，焊接	m	7.20
2	031001002002	钢管	DN80，焊接	m	7.20
3	031001002003	钢管	DN70，焊接	m	14.95
4	031001002004	钢管	DN50，焊接	m	120.60
5	031001002005	钢管	DN40，焊接	m	75.60
6	031001002006	钢管	DN32，焊接	m	37.20
7	031001002007	钢管	DN25，焊接	m	474.00
8	031001002008	钢管	DN20，焊接	m	3.20
9	030703007001	碳钢风口、散流器、百叶窗	方形散流器，CT211-2	个	9
10	030701004001	风机盘管	FP-68	台	46
11	030703001001	碳钢阀门	DN25	个	52
12	030701010001	过滤器	Y 型，DN25	台	6
13	030108001001	离心式通风机	4-T2	台	1
14	030703020001	消声器	阻抗式复合型	个	1
15	031003001001	螺纹阀门	自动排气阀，DN25	个	3

工程预算表见表 1-156。

工程预算表 表 1-156

序号	定额编号	项目名称	计量单位	工程量	基价/元	人工费	材料费	机械费
		焊接钢管	m	739.95				
1	8-106	DN100	10m	0.72	169.50	76.39	85.28	7.83
	8-105	DN80	10m	0.72	122.03	67.34	50.80	3.89
	8-105	DN70	10m	1.495	122.03	67.34	50.80	3.89
	8-103	DN50	10m	12.06	101.55	62.23	36.06	3.26

序号	定额编号	项目名称	计量单位	工程量	基价/元	人工费	材料费	机械费
1	8-102	$DN40$	10m	7.56	93.39	60.84	31.16	1.39
	8-101	$DN32$	10m	3.72	87.41	51.08	35.30	1.03
	8-100	$DN25$	10m	47.4	81.37	51.08	29.26	1.03
	8-99	$DN20$	10m	0.32	63.11	42.49	20.62	—
2		方形直片散流器 CT211-2	kg	30.87				
	9-113	方形直片散流器制作	100kg	0.3087	1700.64	811.77	584.07	304.80
	9-146	方形直片散流器安装	个	9	5.57	4.64	0.93	—
3		风机盘管 FP-68	台	46				
	9-245	风机盘管安装	台	46	98.69	28.79	66.11	3.79
4		铜球阀 $DN25$	个	6				
	8-241	铜球阀安装	个	6	4.43	2.32	2.11	—
5		Y 型过滤器 $DN25$	个	6				
	9-255	高效过滤器安装	台	6	11.61	11.61	—	—
6		金属软管						
	8-301	自动排气阀安装	个	3	14.37	6.27	8.10	—
7		离心式通风机	台	1				
	9-216	离心式通风机安装	台	1	34.15	19.74	14.41	—
8		阻抗式复合消声器	kg	82.68				
	9-200	阻抗式复合消声器安装	100kg	0.8268	960.03	365.71	585.05	9.27

1. 柜式离心送风机（$L=12363\mathrm{m^3/h}$，$H=350\mathrm{Pa}$，$N=2.4\mathrm{kW}$）DT20-3。

2. 天圆地方管（1250×400，$\phi1000$）。

3. 600×500×600 帆布软接。

4. 矩形变径管（600×500，1250×400）。

5. 1250×400 矩形防火阀（70℃时融断）。

6. 250×250 方形散流器。

7. 风机盘管 FCU12（1200×500）。

8. 回风口（1200×300）。

9. 800×400 矩形电动防火调节阀。

10. 矩形变径管（1500×400，800×500）。

11. 柜式离心排风机 DT22-3（$L=16400\mathrm{m^3/h}$，$H=350\mathrm{Pa}$，$N=7.5\mathrm{kW}$）。

12. $\phi800$ 帆布软接。

13. 天圆地方管（$\phi800$，1500×400）。

14. 500×288 Ⅱ型 T236-1 塑料插板式侧面风口。

15. 1500×400 矩形防火阀（70℃时融断）。

【例 8】 如图 1-131 所示，为一办公区的送排风空调系统，送风管由送风管井内引入，排风管由排烟管井引出室外，新风引入室内与回风混合经风机排管处理后达到空气要求再由散流器送入会议室，试计算此工程量。

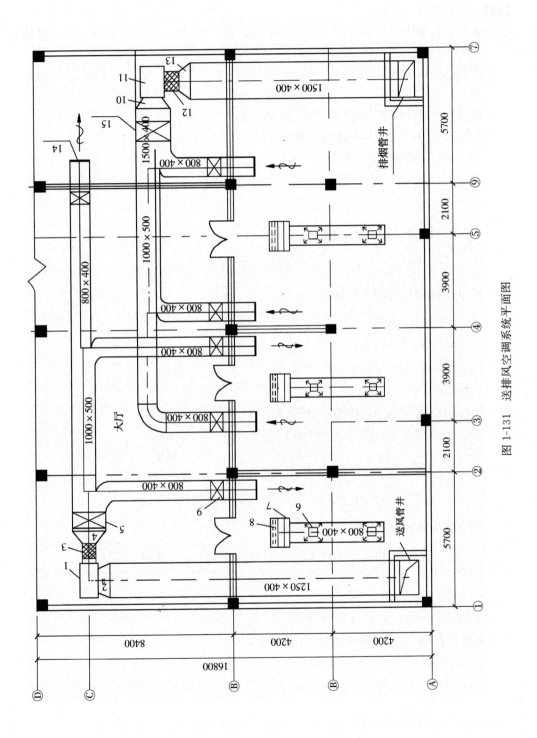

图 1-131　送排风空调系统平面图

送排风管刷两遍红丹防锈漆，其中送风管保温层采用玻璃丝毡厚度为 35mm，防潮层是一层玻璃布，保护层是塑料布，排风管不保温，风管厚度均为 1.0mm。

【解】 （1）清单工程量：

①柜式离心送风机 DT20-3（$L=12363\mathrm{m^3/h}$，$H=350\mathrm{Pa}$，$N=2.4\mathrm{kW}$）的工程量为 1 台。

②柜式离心排风风机 DT22-3（$L=16400\mathrm{m^3/h}$，$H=350\mathrm{Pa}$，$N=7.5\mathrm{kW}$）的工程量为 1 台。

③风机盘管 FCU12 的工程量为 1×3 台$=3$ 台。

因为图示有三台相同的风机盘管，所以乘以 3。

④1250×400 的碳钢风管工程量为：

$$S=2\times(1.25+0.4)\times\underbrace{\frac{[12.3+1.7-(0.4+0.24)]}{a}}\mathrm{m^2}=2\times1.65\times13.36\mathrm{m^2}$$
$$=44.088\mathrm{m^2}$$

⑤1000×500 碳钢风管的工程量为：

$$S=2\times(1.0+0.5)\times\frac{6.0}{b}\mathrm{m^2}=2\times1.5\times6\mathrm{m^2}=18\mathrm{m^2}$$

⑥800×400 碳钢风管的工程量为：

$$S=2\times(0.8+0.4)\underbrace{\frac{[7.8-(0.4+0.24)+7.3-(0.4+0.24)+7.4-(0.4+0.24)]}{c}}\mathrm{m^2}$$
$$=2\times1.2\times[7.8+7.3+7.4-3\times(0.4+0.24)]\mathrm{m^2}$$
$$=2\times1.2\times(22.5-1.92)\mathrm{m^2}$$
$$=49.392\mathrm{m^2}$$

⑦1500×400 不锈钢矩形风管的工程量为：

$$S=2\times(1.5+0.4)\times\underbrace{\frac{[9.2+2.5-(0.4+0.24)]\mathrm{m^2}}{d}}=2\times1.9\times11.06\mathrm{m^2}=42.028\mathrm{m^2}$$

⑧1000×500 不锈钢矩形风管的工程量为：

$$7S=2\times(1.0+0.5)\times\frac{6.0\mathrm{m^2}}{e}=2\times1.5\times6\mathrm{m^2}=18\mathrm{m^2}$$

⑨800×400 不锈钢矩形风管的工程量为：

$$S=2\times(0.8+0.4)\times\underbrace{\frac{[4.3-(0.4+0.24)+4.6-(0.4+0.24)+4.8+\frac{1}{4}\pi\times0.8+3.8-(0.4+0.24)]}{f}}\mathrm{m^2}$$
$$=2\times1.2\times16.208\mathrm{m^2}$$
$$=38.899\mathrm{m^2}$$

⑩天圆地方管（碳钢）（1250×400，$\phi1000$）的工程量为：

$$S=(3.14\times1.0\div2+1.25+0.4)\times0.5\mathrm{m^2}$$
$$=(1.57+1.25+0.4)\times0.5\mathrm{m^2}$$
$$=1.61\mathrm{m^2}$$

⑪矩形变径管（碳钢）的制作安装工程量为：（600×500，1250×400）。

$$S=(1.25+0.4+0.6+0.5)\times0.5\mathrm{m^2}=2.75\times0.5\mathrm{m^2}=1.375\mathrm{m^2}$$

⑫600×500 碳钢矩形风管的制作安装工程量为：

$$S=2\times(0.6+0.5)\times0.2m^2=2\times1.1\times0.2m^2=0.44m^2$$

⑬不锈钢天圆地方管(ϕ800，1500×400)的制作安装工程量为：

$$S=(3.14\times0.8\div2+1.5+0.4)\times0.5m^2=3.156\times0.5m^2=1.578m^2$$

⑭不锈钢矩形变径管的工程量(1500×400，800×500)为：

$$S=(1.5+0.4+0.8+0.5)\times0.5m^2=(1.9+1.3)\times0.5m^2=1.6m^2$$

⑮1500×400 矩形防火阀(70℃时融断)的制作安装工程量为1个。

⑯1250×400 矩形防火阀(70℃时融断)的制作安装工程量为1个。

⑰800×400 矩形电动防火调节阀的制作安装工程量为6个。

由图示可查得此型号的电动防火调节阀为6个。

⑱250×250 方形散流器的制作安装工程量为6个。

由图上可查得共6个250×250方形散流器。

⑲1200×300 单层百叶回风口的制作安装工程量为3个。

⑳500×288Ⅱ型 T236-1 塑料插板式侧面风口的制作安装工程量为6个(其中，三个送风口，三个排风口)。

清单工程量计算见表1-157。

清单工程量计算表
表1-157

项目编码	项目名称	项目特征描述	单位	数量	计算式
030108001001	离心式通风机	柜式送风机 DT20-3，$L=$ 12363m³/h，$H=$ 350Pa，$N=$ 2.4kW，出口接 600×500×600 帆布软接	台	1	
030108001002	离心式通风机	柜式排风机 DT22-3，$L=$ 16400m³/h，$H=$ 350Pa，$N=$ 7.5kW，出口接ϕ800帆布软接	台	1	
030701004001	风机盘管	FCU12(1200×500)	台	3	
030702001001	碳钢通风管道	矩形刷两道红丹防锈漆，$\delta=$ 1.0mm，玻璃丝毡保温层 $\delta=$ 35mm，玻璃布，防潮层，保护层是塑料布 1250×400	m²	44.088	$2\times(1.25+0.4)\times$ $[12.3+1.7-(0.4+$ $0.24)]$
030702001002	碳钢通风管道	矩形刷两道红丹防锈漆，$\delta=$ 1.0mm，玻璃丝毡保温层 $\delta=$ 35mm，玻璃布防潮层，保护层是塑料布，1000×500	m²	18	$2\times(1.0+0.5)\times6.0$
030702001003	碳钢通风管道	矩形刷两道红丹防锈漆，$\delta=$ 1.0mm，玻璃丝毡保温层 $\delta=$ 35mm，玻璃布防潮层，保护层是塑料布，800×400	m²	49.392	$2\times(0.8+0.4)\times[7.8$ $-(0.4+0.24)+7.3-$ $(0.4+0.24)+7.4+(0.4$ $+0.24)]$

项目编码	项目名称	项目特征描述	单位	数量	计算式
030702001004	碳钢通风管道	天圆地方(1250×400，ϕ1000)刷两道红丹防锈漆，δ＝1.0mm，玻璃丝毡保温层δ＝35mm，玻璃布防潮层，保护层采用塑料布	m²	1.61	$(3.14×1.0÷2+1.25+0.40)×0.5$
030702001005	碳钢通风管道	矩形变径管(600×500，1250×400)刷两道红丹防锈漆，δ＝1.0mm，玻璃丝毡保温层δ＝35mm，玻璃布防潮层，塑料布保护层	m²	1.375	$(1.25+0.4+0.6+0.5)×0.5$
030702001006	碳钢通风管道	矩形刷两道红丹防锈漆，δ＝1.0mm，玻璃丝毡保温层δ＝35mm，玻璃布防潮层，塑料布保护层，600×500	m²	0.44	$2×(0.6+0.5)×0.2$
030702003001	不锈钢通风管道	矩形刷两道红丹防锈漆，1500×400	m²	42.028	$2×(1.5+0.4)×[9.2+2.5-(0.4+0.24)]$
030702003002	不锈钢板通风管道	矩形刷两道红丹防锈漆，1000×500	m²	18	$2×(1.0+0.5)×6.0$
030702003003	不锈钢通风管道	矩形刷两道红丹防锈漆，800×400	m²	38.899	$2×(0.8+0.4)×[4.3-(0.4+0.24)+4.6-(0.4+0.24)+4.8+\frac{1}{4}×3.14×0.8+3.8-(0.4+0.24)]$
030702003004	不锈钢通风管道	天圆地方管(ϕ800，1500×400)刷两道红丹防锈漆	m²	1.578	$(3.14×0.8÷2+1.5+0.4)×0.5$
030702003005	不锈钢通风管道	矩形变径管(1500×400，800×500)刷两道红丹防锈漆	m²	1.6	$(1.5+0.4+0.8+0.5)×0.5$
030703001001	碳钢阀门	矩形防火阀(70℃时融断)1500×400	个	1	
030703001002	碳钢阀门	矩形防火阀(70℃时融断)1250×400	个	1	
030703001003	碳钢阀门	矩形防火调节阀800×400	个	6	
030703007001	碳钢风口、散流器、百叶窗	方形散流器250×250	个	6	
030703007002	碳钢风口、散流器、百叶窗	单层百叶风口1200×300	个	3	

项目编码	项目名称	项目特征描述	单位	数量	计算式
030703009001	塑料风口、散流器、百叶窗	插板式侧面风口 500×288 Ⅱ型 T236-1	个	6	

注：a 是 1250×400 碳钢矩形风管的长度，其中：

12.3 是由送风管井至天圆地方管(1250×400，ϕ1000)连接处的长度，1.7 矩形变径管

(600×500，1250×400)至三通处 1250×400 碳钢矩形风管的长度。

(0.4＋0.24)是 1250×400 矩形防火阀的长度。

b 是 1000×500 碳钢矩形风管的长度。

c 是 800×400 碳钢矩形风管的长度，其中：

7.8 是平行于①轴线方向上 800×400 风管的长度。

7.3 是紧贴②轴线方向上 800×400 风管的长度。

7.4 是紧贴④轴线方向上 800×400 碳钢风管的长度。

(0.4＋0.24)是 800×400 碳钢风管上防火阀的长度。

d 是 1500×400 不锈钢矩形风管的长度，其中：

9.2 是从排烟管井至天圆地方管(1500×400，ϕ800)之间的长度。

2.5 是矩形变径管(1500×400，800×500)至三通之间 的长度。

(0.4＋0.24)是 1500×400 矩形防火阀的长度。

e 是 1000×500 不锈钢矩形风管的长度，即两个三通间的长度。

f 是 800×400 不锈钢图知形风管的长度，其中：

4.3 是紧贴轴线⑥的 800×400 不锈钢矩形风管的长度。

4.6 是紧贴④轴线的 800×400 不锈钢矩形风管的长度。

4.8 是平行于①轴线上 800×400 不锈钢矩形风管的长度。

$\frac{1}{2}$×3.14×0.8 是弯头中心线的长度。

3.8 是③轴线上 800×400 不锈钢矩形风管的长度。

(0.4＋0.24)是 800×400 矩形防火阀的长度。

(2) 定额工程量

①柜式离心送风机 DT20-3(L＝12363m³/h，H＝350Pa，N＝2.4kW)的安装工程量为1台。

②柜式离心排风机 DT22-3(L＝16400m³/h，H＝350Pa，N＝7.5kW)的安装工程量为1台。

③风机盘管 FCU12 的安装工程量为 3 台。

④1250×400 碳钢矩形风管的制作安装工程量为：

$$S = 2 \times (1.25+0.4) \times [12.3+1.7-(0.4+0.24)]m^2$$
$$= 2 \times 1.65 \times 13.36 m^2$$
$$= 44.088 m^2$$

⑤1250×400 碳钢矩形风管保温层工程量为：

$$V = 2 \times [(A+1.033\delta)+(B+1.033\delta)] \times 1.033\delta \times L$$
$$= 2 \times [(1.25+1.033 \times 0.035)+(0.4+1.033 \times 0.35)] \times 1.033 \times 0.035 \times [12.3+1.7-(0.4+0.24)]m^3$$
$$= 2 \times (1.2862+0.762) \times 1.033 \times 0.035 \times 13.36 m^3$$

$$=2×0.989m^3$$
$$=1.978m^3$$

⑥1250×400 碳钢矩形风管防潮层工程量为：

$$S=[(A+2.1δ+0.0082)+(B+2.1δ+0.0082)]×2×L$$
$$=[(1.25+2.1×0.035+0.0082)+(0.4+2.1×0.035+0.0082)]×[12.3+1.7-$$
$$(0.4+0.24)]×2m^2$$
$$=(1.65+2×2.1×0.035+2×0.0082)×2×13.36m^2$$
$$=(1.65+0.147+0.0164)×2×13.36m^2$$
$$=48.454m^2$$

⑦1250×400 碳钢矩形风管保护层工程量为：

$$S=[(A+2.1δ+0.0082)+(B+2.1δ+0.0082)]×2×L$$
$$=[(1.25+2.1×0.035×0.0082)+(0.4+2.1×0.035+0.0082)]×2×[12.3+$$
$$1.7-(0.4+0.24)]m^2$$
$$=(1.65+2×2.1×0.035+2×0.0082)×2×13.36m^2$$
$$=(1.65+0.147+0.0164)×2×13.36m^2$$
$$=48.454m^2$$

⑧1250×400 碳钢矩形风管刷第一道红丹防锈漆的工程量为：

$$S=2×(1.25+0.4)×[12.3+1.7-(0.4+0.24)]m^2$$
$$=2×1.65×13.36m^2$$
$$=44.088m^2$$

⑨1250×400 碳钢矩形风管刷第二道红丹防锈漆的工程量为：

$$S=2×(1.25+0.4)×[12.3+1.7-(0.4+0.24)]m^2$$
$$=2×1.65×13.36m^2$$
$$=44.088m^2$$

【注释】 ④-⑨解释数据解释相同，1250×400 为碳钢矩形风管的截面面积即截面长度×截面宽度即 $A=1.25m$，$B=0.4m$，$2×(1.25+0.4)$ 为 1250×400 碳钢矩形风管的截面周长，$L=12.3+1.7-(0.4+0.24)$ 为 250×400 碳钢矩形风管的长度，具体数据解释在清单工程量中已解释，$δ=0.035m$ 为送风管保温层厚度。

⑩1000×500 碳钢矩形风管的制作安装工程量为：

$$S=2×(1.0+0.5)×6m^2=2×1.5×6m^2=18m^2$$

⑪1000×500 碳钢矩形风管保温层工程量为：

$$V=2×[(A+1.033δ)+(B+1.033δ)]×1.033δ×L$$
$$=2×[(1.0+1.033×0.035)+(0.5+1.033×0.035)]×1.033×0.035×6.0m^3$$
$$=2×(1.5+2×1.033×0.035)×1.033×0.035×6m^3$$
$$=2×1.57231×1.033×0.035×6m^3$$
$$=0.682m^3$$

⑫1000×500 碳钢矩形风管防潮层工程量为：

$$S=2×[(A+2.1δ+0.0082)+(B+2.1δ+0.0082)]×L$$
$$=2×[(1.0+2.1×0.035+0.0082)+(0.5+2.1×0.035+0.0082)]×6m^2$$

$$=2\times(1.5+2\times2.1\times0.035+2\times0.0082)\times6m^2$$
$$=2\times(1.5+0.147+0.0164)\times6m^2$$
$$=2\times1.6634\times6m^2$$
$$=19.961m^2$$

⑬1000×500 碳钢矩形风管保护层工程量为：
$$S=2\times[(A+2.1\delta+0.0082)+(B+2.1\delta+0.0082)]\times L$$
$$=2\times[(1.0+2.1\times0.035+0.0082)+(0.5+2.1\times0.035+0.0082)]\times6m^2$$
$$=2\times1.6634\times6m^2$$
$$=19.961m^2$$

⑭1000×500 碳钢矩形风管刷第二道红丹防锈漆的工程量为：
$$S=2\times(1.0+0.5)\times6.0m^2=2\times1.5\times6m^2=18m^2$$

⑮1000×500 碳钢矩形风管刷第二道红丹防锈漆的工程量为：
$$S=2\times(1.0+0.5)\times6.0m^2=2\times1.5\times6m^2=18m^2$$

【注释】　⑩-⑮数据解释相同，1000×500 为碳钢矩形风管的截面面积即截面长度×截面宽度即 $A=1.0m$，$B=0.5m$，$2\times(1.0+0.5)$ 为 1000×500 碳钢矩形风管的截面面积，$L=6.0m$ 为碳钢矩形风管的长度，$\delta=0.035$ 为送风管保温层厚度。

⑯800×400 碳钢矩形风管的制作安装工程量：
$$S=2\times(0.8+0.4)\times[7.8-(0.4+0.24)+7.3-(0.4+0.24)+7.4-(0.4+0.24)]m^2$$
$$=2\times1.2\times[7.8+7.3+7.4-3\times(0.4+0.24)]m^2$$
$$=2\times1.2\times(22.5-1.92)m^2$$
$$=49.392m^2$$

⑰800×400 碳钢矩形风管保温层工程量为：
$$S=2\times[(A+1.033\delta)+(B+1.033\delta)]\times1.033\delta\times L$$
$$=2\times[(0.8+1.033\times0.035)+(0.4+1.033\times0.035)]\times1.033\times0.035\times[7.8-(0.4+0.24)+7.3-(0.4+0.24)+7.4-(0.4+0.24)]m^3$$
$$=2\times(1.2+2\times1.033\times0.035)\times[7.8+7.3+7.4-3\times(0.4+0.24)]m^3$$
$$=2\times1.27231\times(22.5-1.92)\times1.033\times0.035m^3$$
$$=1.893m^3$$

⑱800×400 碳钢矩形风管防潮层工程量为：
$$S=2\times[(A+2.1\delta+0.0082)+(B+2.1\delta+0.0082)]\times L$$
$$=2\times[(0.8+2.1\times0.035+0.0082)+(0.4+2.1\times0.035+0.0082)]\times[7.8-(0.4+0.24)+7.3-(0.4+0.24)+7.4-(0.4+0.24)]m^2$$
$$=2\times(1.2+2.1\times0.035\times2+0.0082\times2)\times(22.5-1.92)m^2$$
$$=2\times(1.2+0.147+0.0164)\times20.58m^2$$
$$=56.118m^2$$

⑲800×400 碳钢矩形风管保护层工程量为：
$$S=2\times[(A+2.1\delta+0.0082)+(B+2.1\delta+0.0082)]\times L$$
$$=2\times[(0.8+2.1\times0.035+0.0082)+(0.4+2.1\times0.035+0.0082)]\times[7.8-(0.4$$

$+0.24)+7.3-(0.4+0.24)+7.4-(0.4+0.24)]m^2$

$=2\times(1.2+0.147+0.0164)\times20.58m^2$

$=56.118m^2$

⑳800×400 碳钢矩形风管刷第一道红丹防锈漆的工程量为：

$S=2\times(0.8+0.4)\times[7.8-(0.4+0.24)+7.3-(0.4+0.24)+7.4-(0.4+$

$0.24)]m^2$

$=2\times1.2\times[7.8+7.3+7.4-3\times(0.4+0.24)]m^2$

$=49.392m^2$

㉑800×400 碳钢管刷第二道红丹防锈漆的工程量为：

$S=2\times(0.8+0.4)\times[7.8-(0.4+0.24)+7.3-(0.4+0.24)+7.4-(0.4+$

$0.24)]m^2$

$=2\times1.2\times[7.8+7.3+7.4-3\times(0.4+0.24)]m^2$

$=49.392m^2$

【注释】 ⑯—㉑数据解释相同，800×400 为碳钢矩形风管的截面面积即截面长度×截面宽度，$2\times(0.8+0.4)$为碳钢矩形风管的截面周长，$L=7.8-(0.4+0.24)+7.3-(0.4+0.24)+7.4-(0.4+0.24)$为 800×400 碳钢矩形风管的长度，具体数据解释已在清单工程量中解释，$\delta=0.035$ 为送风管保温层厚度。

㉒天圆地方碳钢风管的工程量为：（1250×400，$\phi1000$）

$S=(3.14\times1.0\div2+1.25+0.4)\times0.5m^2$

$=(1.57+1.25+0.4)\times0.5m^2$

$=1.61m^2$

㉓天圆地方碳钢风管刷第一道防锈漆的工程量为：（1250×400，$\phi1000$）

$S=(3.14\times1.0\div2+1.25+0.4)\times0.5m^2$

$=(1.57+1.25+0.4)\times0.5m^2$

$=1.61m^2$

㉔天圆地方碳钢风管刷第二道红丹防锈漆的工程量为：

$S=(3.14\times1.0\div2+1.25+0.4)\times0.5m^2$

$=(1.57+1.25+0.4)\times0.5m^2$

$=1.61m^2$

㉕矩形变径管（600×500，1250×400）的工程量为：

$S=(1.25+0.4+0.6+0.5)\times0.5m^2$

$=2.75\times0.5m^2$

$=1.375m^2$

㉖矩形变径管（600×500，1250×400）刷第一道红丹防锈漆工程量为：

$S=(0.6+0.5+1.25+0.4)\times0.5m^2=2.75\times0.5m^2=1.375m^2$

㉗变径管（600×500，1250×400）刷第二道红丹防锈漆的工程量为：

$S=(0.6+0.5+1.25+0.4)\times0.5m^2=2.75\times0.5m^2=1.375m^2$

㉘600×500 碳钢矩形风管的工程量为：

$S=2\times(0.6+0.5)\times0.2m^2=2\times1.1\times0.2m^2=0.44m^2$

㉙600×500 碳钢矩形风管保温层工程量为：

$S = 2 \times [(A+1.033\delta)+(B+1.033\delta)] \times 1.033\delta \times L$

$\quad = 2 \times [(0.6+1.033 \times 0.035)+(0.5+1.033 \times 0.035)] \times 1.033 \times 0.035 \times 0.2 \text{m}^2$

$\quad = 2 \times (1.1+2 \times 1.033 \times 0.035) \times 1.033 \times 0.035 \times 0.2 \text{m}^2$

$\quad = 2 \times 1.17231 \times 1.033 \times 0.035 \times 0.2 \text{m}^2$

$\quad = 0.017 \text{m}^2$

㉚600×500 碳钢矩形风管防潮层工程量为：

$S = 2 \times [(A+2.1\delta+0.0082)+(B+2.1\delta+0.0082)] \times L$

$\quad = 2 \times [(0.6+2.1 \times 0.035+0.0082)+(0.5+2.1 \times 0.035+0.0082)] \times 0.2 \text{m}^2$

$\quad = 2 \times (1.1+0.147+0.0164) \times 0.2 \text{m}^2$

$\quad = 0.505 \text{m}^2$

㉛600×500 碳钢矩形风管保护层工程量为：

$S = 2 \times [(A+2.1\delta+0.0082)+(B+2.1\delta+0.0082)] \times L$

$\quad = 2 \times [(0.6+2.1 \times 0.035+0.0082)+(0.5+2.1 \times 0.035+0.0082)] \times 0.2 \text{m}^2$

$\quad = 2 \times (1.1+0.147+0.0164) \times 0.2 \text{m}^2$

$\quad = 0.505 \text{m}^2$

㉜600×500 碳钢矩形风管刷第一道防锈漆工程量为：

$$S = 2 \times (0.6+0.5) \times 0.2 \text{m}^2 = 2 \times 1.1 \times 0.2 \text{m}^2 = 0.44 \text{m}^2$$

㉝600×500 碳钢矩形风管刷第二道防锈漆工程量为：

$$S = 2 \times (0.6+0.5) \times 0.2 \text{m}^2 = 2 \times 1.1 \times 0.2 \text{m}^2 = 0.44 \text{m}^2$$

㉞1500×400 不锈钢矩形风管的工程量为：

$S = 2 \times (1.5+0.4) \times [9.2+2.5-(0.4+0.24)] \text{m}^2$

$\quad = 2 \times 1.9 \times 11.06 \text{m}^2$

$\quad = 42.028 \text{m}^2$

㉟1500×400 不锈钢矩形风管刷第一道红丹防锈漆工程量为：

$S = 2 \times (1.5+0.4) \times [9.2+2.5-(0.4+0.24)] \text{m}^2$

$\quad = 2 \times 1.9 \times 11.06 \text{m}^2$

$\quad = 42.028 \text{m}^2$

㊱1500×400 不锈钢矩形风管刷第二道红丹防锈漆工程量为：

$S = 2 \times (1.5+0.4) \times [9.2+2.5-(0.4+0.24)] \text{m}^2$

$\quad = 2 \times 1.9 \times 11.06 \text{m}^2$

$\quad = 42.028 \text{m}^2$

㊲1000×500 不锈钢矩形风管的工程量为：

$$S = 2 \times (1.0+0.5) \times 6.0 \text{m}^2 = 2 \times 1.5 \times 6.0 \text{m}^2 = 18 \text{m}^2$$

㊳1000×500 不锈钢矩形风管刷第一道防锈漆工程量为：

$$S = 2 \times (1.0+0.5) \times 5.0 \text{m}^2 = 2 \times 1.5 \times 6.0 \text{m}^2 = 18 \text{m}^2$$

㊴1000×500 不锈钢矩形风管刷第二道防锈漆工程量为：

$$S = 2 \times (1.0+0.5) \times 5.0 \text{m}^2 = 2 \times 1.5 \times 6.0 \text{m}^2 = 18 \text{m}^2$$

㊵800×400 不锈钢矩形风管工程量为：

$S=2\times(0.8+0.4)\times[4.3-(0.4+0.24)+4.6-(0.4+0.24)+4.8+\frac{1}{4}\times3.14\times0.8+3.8-(0.4+0.24)]m^2$

$=2\times1.2\times16.208m^2$

$=38.899m^2$

㊶800×400 不锈钢矩形风管刷第一道红丹防锈漆工程量为：

$S=2\times(0.8+0.4)\times[4.3-(0.4+0.24)+4.6-(0.4+0.24)+4.8+\frac{1}{4}\times3.14\times0.8+3.8-(0.4+0.24)]m^2$

$=2\times1.2\times16.208m^2$

$=38.899m^2$

㊷800×400 不锈钢矩形风管刷第二道红丹防锈漆工程量为：

$S=2\times(0.8+0.4)\times[4.3-(0.4+0.24)+4.6-(0.4+0.24)+4.8+\frac{1}{4}\times3.14\times0.8+3.8-(0.4+0.24)]m^2$

$=2\times1.2\times16.208m^2$

$=38.899m^2$

㊸天圆地方管(ϕ800，1500×400)的工程量为：

$S=(3.14\times0.8\div2+1.5+0.4)\times0.5m^2=3.156\times0.5m^2=1.578m^2$

㊹天圆地方管(ϕ800，1500×400)刷第一道防锈漆工程量为：

$S=(3.14\times0.8\div2+1.5+0.4)\times0.5m^2=3.156\times0.5m^2=1.578m^2$

㊺天圆地方管(ϕ800，1500×400)刷第二道防锈漆工程量为：

$S=(3.14\times0.8\div2+1.5+0.4)\times0.5m^2=3.156\times0.5m^2=1.578m^2$

㊻不锈钢变径管(1500×400，800×500)工程量为：

$S=(0.8+0.5+1.5+0.4)\times0.5m^2$

$=(1.9+1.3)\times0.5m^2$

$=1.6m^2$

㊼不锈钢变径管(1500×400，800×500)刷第一道防锈漆工程量为：

$S=(1.5+0.4+0.8+0.5)\times0.5m^2$

$=(1.9+1.3)\times0.5m^2$

$=1.6m^2$

㊽不锈钢变径管(1500×400，800×500)刷第二道防锈漆工程量为：

$S=(1.5+0.4+0.8+0.5)\times0.5m^2$

$=(1.9+1.3)\times0.5m^2$

$=1.6m^2$

㊾1500×400 矩形防火阀(70℃时融断)的制作工程量为：

$1\times m_1 kg=m_1 kg$

m 是 1500×400 矩形防火阀的单重(kg/个)。

㊿1500×400 矩形防火阀(70℃时融断)的安装工程量为 1 个。

(51)1250×400 矩形防火阀(70℃时融断)的制作工程量为：

$$1\times m_2\,\text{kg}=m_2\,\text{kg}$$

m_2 是 1250×400 矩形防火阀的标准单重(kg/个)。

㉜1250×400 矩形防火阀的安装工程量为 1 个。

㉝800×400 矩形电动防火阀的制作工程量为：

$$6\times m_3\,\text{kg}=6m_3\,\text{kg}$$

m_3 是 800×400 矩形电动防火阀的标准单重(kg/个)。

㉞800×400 矩形电动防火阀的安装工程量为 6 个。

㉟250×250 方形散流器的制作工程量为：

$$6\times5.29\,\text{kg}=31.74\,\text{kg}$$

5.29 是 250×250 方形直片散流器 CT211-2 的标准单重为 5.29kg/个。

㊱250×250 方形直片散流器的安装工程量为 6 个。

㊲1200×300 单层百叶风口的制作工程量为：

$$3\times m_4\,\text{kg}=3m_4\,\text{kg}$$

m_4 是 1200×300 单层百叶回风口的标准单重(kg/个)。

㊳1200×300 单层百叶回风口的安装工程量为 3 个。

㊴500×288Ⅱ型 T236－1 塑料插板式侧面风口的制作工程量为：

$$6\times3.53\,\text{kg}=21.18\,\text{kg}$$

3.53 是 500×288Ⅱ型 T236－1 塑料插板式侧面风口的标准单重(kg/个)。

㊵500×288Ⅱ型 T236－1 塑料插板式侧面风口的安装工程量为 6 个。

㊶600×500×600 帆布软接的工程量为：

$$S=2\times(0.6+0.5)\times0.6\,\text{m}^2=2\times1.1\times0.6\,\text{m}^2=1.32\,\text{m}^2$$

【注释】 2×(0.6+0.5)为帆布软接口的展开周长，0.6m 为软接头的长度。

㊷ϕ800 帆布软接的工程量为：

$$S=3.14\times0.8\times0.6\,\text{m}^2=1.507\,\text{m}^2$$

【注释】 D=0.8m 为帆布软接口的直径，0.6m 为软接头的长度。

定额工程量计算见表 1-158。

定额工程量计算表　　　　　　　　　　　　　　表 1-158

序号	定额编号	分项工程名称	单位	工程量	计算式	基价/元	其中/元		
							人工费	材料费	机械费
1	9-216	柜式离心送风机 DT20-3，L=12363m³/h，H=350Pa，N=2.4kW	台	1		34.15	19.74	14.41	—
2	9-216	柜式离心排风机 DT22-3，L=16400m³/h，H=350Pa，N=7.5kW	台	1		34.15	19.74	14.41	—
3	9-245	风机盘管 FCU12	台	3		98.69	28.79	66.11	3.79
4	9-23	1250×400 碳钢矩形风管	10m²	4.4088	$2\times(1.25+0.4)\times[12.3+1.7-(0.4+0.24)]$	499.12	203.87	244.33	50.92

续表

序号	定额编号	分项工程名称	单位	工程量	计算式	基价/元	其中/元		
							人工费	材料费	机械费
5	11-1866	1250×400 碳钢矩形风管保温层，δ＝35mm 玻璃丝毡	m³	1.978	$2\times[(1.25+1.033\times0.035)+(0.4+1.033\times0.035)]\times1.033\times0.035\times[12.3+1.7-(0.4+0.24)]$	264.40	166.95	72.70	6.75
6	11-2153	1250×400 碳钢矩形风管玻璃布防潮层	10m²	4.8454	$[(1.25+2.1\times0.035+0.0082)+(0.4+2.1\times0.035+0.0082)]\times[12.3+1.7-(0.4+0.24)]\times2$	11.11	10.91	0.20	—
7	11-2157	1250×400 碳钢矩形风管塑料布保护层	10m²	4.8454	$[(1.25+2.1\times0.035+0.0082)+(0.4+2.1\times0.035+0.0082)]\times[12.3+1.7-(0.4+0.24)]\times2$	11.11	10.91	0.20	—
8	11-51	1250×400 碳钢矩形风管刷第一道红丹防锈漆	10m²	4.4088	$2\times(1.25+0.4)\times[12.3+1.7-(0.4+0.24)]$	7.34	6.27	1.07	—
9	11-52	1250×400 碳钢矩形风管刷第二道红丹防锈漆	10m²	4.4088	$2\times(1.25+0.4)\times[12.3+1.7-(0.4+0.24)]$	7.23	6.27	0.96	—
10	9-15	1000×500 碳钢矩形风管的制作安装	10m²	1.8	$2\times(1.0+0.5)\times6$	410.82	179.72	180.18	50.92
11	11-1866	1000×500 碳钢矩形风管玻璃丝毡保温层δ＝35mm	m³	0.682	$2\times[(1.0+1.033\times0.035)+(0.5+1.033\times0.035)]\times1.033\times0.035\times6.0$	246.40	166.95	72.70	6.75
12	11-2153	1000×500 碳钢矩形风管玻璃布防潮层	10m²	1.9961	$2\times[(1.0+2.1\times0.035+0.0082)+(0.5+2.1\times0.035+0.0082)]\times5$	11.11	10.91	0.20	—
13	11-2157	1000×500 碳钢矩形风管塑料布保护层	10m²	1.9961	$2\times[(1.0+2.1\times0.035+0.0082)+(0.5+2.1\times0.035+0.0082)]\times5$	11.11	10.91	0.20	—
14	11-51	1000×500 碳钢矩形风管刷第一道红丹防锈漆	10m²	1.8	$2\times(1.0+0.5)\times6.0$	7.34	6.27	1.07	—
15	11-52	1000×500 碳钢矩形风管刷第二道红丹防锈漆	10m²	1.8	$2\times(1.0+0.5)\times6.0$	7.23	6.27	0.96	—
16	9-15	800×400 碳钢矩形风管的制作安装	10m²	4.9392	$2\times(0.8+0.4)\times[7.8-(0.4+0.24)+7.3-(0.4+0.24)+7.4-(0.4+0.24)]$	410.82	179.72	180.18	50.92

序号	定额编号	分项工程名称	单位	工程量	计算式	基价/元	其中/元		
							人工费	材料费	机械费
17	11-1866	800×400 碳钢矩形风管玻璃丝毡保温层 δ＝35mm	m³	1.893	2×[(0.8＋1.033×0.035)＋(0.4＋1.033×0.035)]×1.033×0.035×[7.8－(0.4＋0.24)＋7.3－(0.4＋0.24)＋7.4－(0.4＋0.24)]	246.40	166.95	72.70	6.75
18	11-2153	800×400 碳钢矩形风管玻璃布防潮层	10m²	5.6118	2×[(0.8＋2.1×0.035＋0.0082)＋(0.4＋2.1×0.035＋0.0082)]×[7.8－(0.4＋0.24)＋7.3－(0.4＋0.24)＋7.4－(0.4＋0.24)]	11.11	10.91	0.20	—
19	11-51	800×400 碳钢矩形风管刷第一道红丹防锈漆	10m²	4.9392	2×(0.8＋0.4)×[7.8－(0.4＋0.24)＋7.3－(0.4＋0.24)＋7.4－(0.4＋0.24)]	7.34	6.27	1.07	—
20	11-2157	800×400 碳钢矩形风管塑料布保护层	10m²	5.6118	2×[(0.8＋2.1×0.035＋0.0082)＋(0.4＋2.1×0.035＋0.0082)]×[7.8－(0.4＋0.24)＋7.3－(0.4＋0.24)＋7.4－(0.4＋0.24)]	11.11	10.91	0.20	—
21	11-52	800×400 碳钢矩形风管刷第二道红丹防锈漆	10m²	4.9392	2×(0.8＋0.4)×[7.8－(0.4＋0.24)＋7.3－(0.4＋0.24)＋7.4－(0.4＋0.24)]	7.23	6.27	0.96	—
22	9-16	天圆地方管(1250×400，ϕ1000)的制作安装	10m²	0.161	(3.14×1.0÷2＋1.25＋0.4)×0.5	380.69	157.43	180.83	42.43
23	11-51	天圆地方管(1250×400，ϕ1000)刷第一道红丹防锈漆	10m²	0.161	(3.14×1.0÷2＋1.25＋0.4)×0.5	7.34	6.27	1.07	—
24	11-52	天圆地方管(1250×400，ϕ1000)刷第二道红丹防锈漆	10m²	0.161	(3.14×1.0÷2＋1.25＋0.4)×0.5	7.23	6.27	0.96	—
25	9-15	矩形变径管(600×500，1250×400)的制作安装	10m²	0.1375	(1.25＋0.4＋0.6＋0.5)×0.5	410.82	179.72	180.18	50.92
26	11-51	矩形变径管(600×500，1250×400)刷第一道红丹防锈漆	10m²	0.1375	(1.25＋0.4＋0.6＋0.5)×0.5	7.34	6.27	1.07	—

续表

序号	定额编号	分项工程名称	单位	工程量	计算式	基价/元	人工费	材料费	机械费
27	11-52	矩形变径管（600×500，1250×400）刷第二道红丹防锈漆	10m²	0.1375	(1.25＋0.4＋0.6＋0.5)×0.5	7.23	6.27	0.96	—
28	9-15	600×500 碳钢矩形风管	10m²	0.044	2×1.1×0.2	410.82	179.72	180.18	50.92
29	11-1866	600×500 碳钢矩形风管玻璃丝毡保温层 δ＝35mm	m³	0.017	2×[(0.6＋1.033×0.035)＋(0.5＋1.033×0.035)]×1.033×0.035×0.2	246.40	66.95	72.70	6.75
30	11-2153	600×500 碳钢矩形风管玻璃布防潮层	10m²	0.0505	2×[(0.6＋2.1×0.035＋0.0082)＋(0.5＋2.1×0.035＋0.0082)]×0.2	11.11	10.91	0.20	—
31	11-2157	600×500 碳钢矩形风管石棉保护层	10m²	0.0505	2×[(0.6＋2.1×0.035＋0.0082)＋(0.5＋2.1×0.035＋0.0082)]×0.2	11.11	10.91	0.20	—
32	11-51	600×500 碳钢矩形风管刷第一道红丹防锈漆	10m²	0.044	2×(0.6＋0.5)×0.2	7.34	6.27	1.07	—
33	11-52	600×500 碳钢矩形风管刷第二道红丹防锈漆	10m²	0.044	2×(0.6＋0.5)×0.2	7.23	6.27	0.96	—
34	9-266	1500×400 不锈钢板矩形风管的制作安装	10m²	4.2028	2×(1.5＋0.4)×[9.2＋2.5-(0.4-0.24)]	1115.01	531.97	399.25	183.79
35	11-51	1500×400 不锈钢板矩形风管刷第一道红丹防锈漆	10m²	4.2028	2×(1.5＋0.4)×[9.2＋2.5-(0.4-0.24)]	7.34	6.27	1.07	—
36	11-52	1500×400 不锈钢板矩形风管刷第二道红丹防锈漆	10m²	4.2028	2×(1.5＋0.4)×[9.2＋2.5-(0.4-0.24)]	7.23	6.27	0.96	—
37	9-266	1000×500 不锈钢板矩形风管的制作安装	10m²	1.8	2×(1.0＋0.5)×6.0	1115.01	531.97	399.25	183.79
38	11-51	1000×500 不锈钢板矩形风管刷第一道红丹防锈漆	10m²	1.8	2×(1.0＋0.5)×6.0	7.34	6.27	1.07	—
39	11.52	1000×500 不锈钢板矩形风管刷第二道红丹防锈漆	10m²	1.8	2×(1.0＋0.5)×6.0	7.23	6.27	0.96	—

序号	定额编号	分项工程名称	单位	工程量	计算式	基价/元	其中/元		
							人工费	材料费	机械费
40	9-266	800×400 不锈钢矩形风管	10m²	3.8899	$2×(0.8＋0.4)×[4.3 －(0.4＋0.24)＋4.6－(0.4＋0.24)＋4.8＋\frac{1}{4}×3.14×0.8＋3.8－(0.4＋0.24)]$	1115.01	531.97	399.25	183.79
41	11-51	800×400 不锈钢板矩形风管刷第一道红丹防锈漆	10m²	3.8899	$2×(0.8＋0.4)×[4.3 －(0.4＋0.24)＋4.6－(0.4＋0.24)＋4.8＋\frac{1}{4}×3.14×0.8＋3.8－(0.4＋0.24)]$	7.34	6.27	1.07	—
42	11-52	800×400 不锈钢板矩形风管刷第二道红丹防锈漆	10m²	3.8899	$2×(0.8＋0.4)×[4.3 －(0.4＋0.24)＋4.6－(0.4＋0.24)＋4.8＋\frac{1}{4}×3.14×0.8＋3.8－(0.4＋0.24)]$	7.23	6.27	0.96	—
43	9-266	天圆地方管(ϕ800,1500×400)的制作安装	10m²	0.1578	$(3.14×0.8÷2＋1.5＋0.4)×0.5$	1115.01	531.97	399.25	183.79
44	11-51	天圆地方管(ϕ800,1500×400)刷第一道红丹防锈漆	10m²	0.1578	$(3.14×0.8÷2＋1.5＋0.4)×0.5$	7.34	6.27	1.07	—
45	11-52	天圆地方管(ϕ800,1500×400)刷第二道红丹防锈漆	10m²	0.1578	$(3.14×0.8÷2＋1.5＋0.4)×0.5$	7.23	6.27	0.96	—
46	9-266	不锈钢板矩形变径管(1500×400,800×500)	10m²	0.16	$(0.8＋0.5＋0.4＋1.5)×0.5$	1115.01	531.97	399.25	183.79
47	11-51	不锈钢板矩形变径管刷第一道红丹防锈漆(1500×400,800×500)	10m²	0.16	$(0.8＋0.5＋0.4＋1.5)×0.57$	7.34	6.27	1.07	—
48	11-52	不锈钢板矩形风管刷第二道红丹防锈漆(1500×400,800×500)	10m²	0.16	$(0.8＋0.5＋0.4＋1.5)×0.5$	7.23	6.27	0.96	—
49	9-65	1500×400 矩形防火阀(70℃时融断)的制作	100 kg	0.01m₁	$1×m_1$	614.44	134.21	394.33	85.90
50	9-90	1500×400 矩形防火阀(70℃时融断)的安装	个	1	65.90	65.90	42.03	23.87	
51	9-65	1250×400 矩形防火阀(70℃时融断)的制作	100 kg	0.01m₂	$1×m_2$	614.44	134.21	394.33	85.90

续表

序号	定额编号	分项工程名称	单位	工程量	计算式	基价/元	人工费	材料费	机械费
							其中/元		
52	9-89	1250×400 矩形防火阀(70℃时融断)的安装	个	1		48.20	29.02	19.18	—
53	9-65	800×400 矩形电动防火阀制作	100 kg	0.06m₃	6×m₃	614.44	134.21	394.33	85.90
54	9-89	800×400 矩形电动防火阀安装	个	6		48.20	29.02	19.18	—
55	9-113	250×250 方形直片散流器制作	100 kg	0.3174	6×5.29	1700.64	811.77	584.07	304.80
56	9-147	250×250 方形直片散流器安装	个	6		7.56	5.80	1.76	—
57	9-95	1200×300 单层百叶回风口制作	100 kg	0.03m₄	3×m₄	1345.72	828.49	506.41	10.82
58	9-137	1200×300 单层百叶回风口安装	个	3		28.53	20.43	7.88	0.22
59	9-310	500×288 Ⅱ型 T236-1 塑料插板式侧面风口制作	100 kg	0.2118	6×3.53	4305.43	1298.30	1232.98	1774.15
60	9-310	500×288 Ⅱ型 T236-1 塑料插板式侧面风口安装	个	6		387.38	229.11	64.89	93.38
61	9-41	600×500×600 帆布软接	m²	1.32	2×(0.6+0.5)×0.6	171.45	47.83	121.74	1.88
62	9-41	φ800 帆布软接	m²	1.507	3.14×0.8×0.6	171.45	47.83	121.74	1.88

【例 9】 一、工程概况

此公寓为 3 室 2 厅,建筑面积为 100m²,采用全空调系统,如图 1-132 所示。产品采用美国麦克维尔小型中央空调系统。送回风口均设置消声器 2 个,尺寸为 300mm×500mm,单重为 23kg/个,聚酯泡沫管式消声器。

新风口设置防电丝网矩形 T262,尺寸 200mm×150mm,0.56kg/个

送回风口均采用双层百叶风口 T202-2,尺寸 300mm×150mm,2.52kg/个,共 5 个

尺寸 200mm×150mm,1.73kg/个,共 3 个

方形直片散流器尺寸 250mm×250mm,5.29kg/个,2 个

尺寸 120mm×120mm,2.34kg/个,1 个

风管口有 6 个风量调节阀,尺寸 120mm×120mm,2.87kg/个,共 6 个

风管支架 2m/个,每个制作单重为 3.08kg/个,阀长为 0.21m

二、工程量计算

1. 清单工程量

	单位	数量
(1) 镀锌矩形风管 500×150	m²	18.3

周长 2×(0.5+0.15)m=1.3m

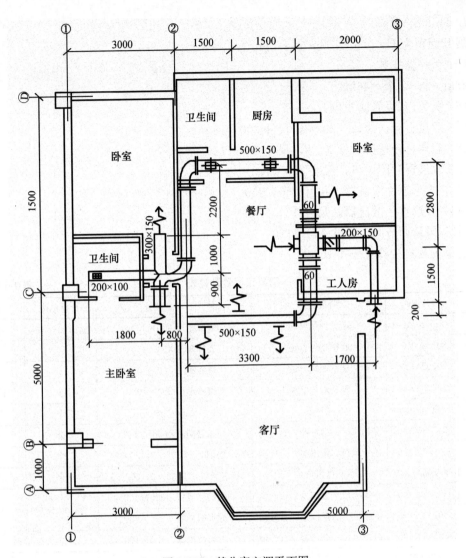

图 1-132 某公寓空调平面图

$L = (3.3+0.3+1.5+2.2+3.3+2.8+1)\text{m} = 14.4\text{m}$

展开面积 $F = (14.4\times1.3-0.21\times2\times1)\text{m}^2 = 18.3\text{m}^2$

(2) 镀锌矩形风管 200×150   m²   2.31

周长 $2\times(0.2+0.15)\text{m} = 0.7\text{m}$

$L = (1.7+1.5+0.2\div2)\text{m} = 3.3\text{m}$

展开面积 $F = 3.3\times0.7\text{m}^2 = 2.31\text{m}^2$

(3) 镀锌矩形风管 300×150   m²   1.71

周长 $2\times(0.3+0.15)\text{m} = 0.9\text{m}$

$L = (1+0.9)\text{m} = 1.9\text{m}$

展开面积为 $0.9\times1.9\text{m}^2 = 1.71\text{m}^2$

(4) 镀锌矩形风管 200×100   m²   1.08

周长 $2\times(0.2+0.1)\text{m} = 0.6\text{m}$

$L=1.8\text{m}$

展开面积为 $F=0.6\times1.8\text{m}^2=1.08\text{m}^2$

(5) 消声器安装	kg	46	
$23\text{kg}/\text{个}\times2$ 个 $=46\text{kg}$			
(6) 新风口(设管防虫网)	个	1	
(7) 双层百叶送风口 T202-2,尺寸 300×150	个	4	
(8) 双层百叶送风口 T202-2,尺寸 200×150	个	3	
(9) 双层百叶回风口,尺寸 300×150	个	1	
(10) 方形直片散流器,尺寸 250×250	个	2	
(11) 方形直片散流器,尺寸 120×120	个	1	
(12) 风量调节阀,尺寸 120×120	个	6	

清单工程量计算见表 1-159。

清单工程量计算表 表 1-159

序号	项目编码	项目名称	项目特征描述	计量单位	工程量
1	030702001001	碳钢通风管道	镀锌矩形 500×150	m²	18.30
2	030702001002	碳钢通风管道	镀锌矩形 200×150	m²	2.31
3	030702001003	碳钢通风管道	镀锌矩形 300×150	m²	1.17
4	030702001004	碳钢通风管道	镀锌矩形 200×100	m²	1.08
5	030703020001	消声器	$23\text{kg}/\text{个}$	个	1
6	030703007001	碳钢风口、散流器、百叶窗	设管防虫网新风口	个	1
7	030703007002	碳钢风口、散流器、百叶窗	双层送风口,T202-2,300×150	个	4
8	030703007003	送风口	双层送风口,T202—2,200×150	个	3
9	030703007004	碳钢风口、散流器、百叶窗	双层回风口,300×150	个	1
10	030703007005	碳钢风口、散流器、百叶窗	方形散流器,250×250	个	2
11	030703007006	碳钢风口、散流器、百叶窗	方形散流器,120×120	个	1
12	030703001001	碳钢阀门	调节阀 120×120	个	6

2. 定额工程量

(1) 镀锌矩形风管,500×150	m²	16.874
①镀锌矩形风管的制安	10m²	1.6874
②风管的吊支架	100kg	0.19989
$12.98\text{m}/2\text{m}/\text{个}=6.49$ 个	$3.08\times6.49\text{kg}=19.989\text{kg}$	
③金属支架刷防锈底漆一遍	100kg	0.19989
④刷灰调和漆二遍	100kg	0.19989
(2) 镀锌矩形风管,200×150	m²	2.156
①镀锌矩形风管的制安	10m²	0.2156
②风管的吊支架	100kg	0.0441
$2.99\text{m}/2\text{m}/\text{个}=1.495$ 个		

每个支架的制作单重为 $2.95\text{kg}/\text{个}$

2.95×1.495kg＝4.41kg

	单位	数量
③金属支架刷防锈底漆一遍	100kg	0.0441
④刷灰调和漆二遍，	100kg	0.0441
（3）镀锌矩形风管，300×150	m²	1.71
①镀锌矩形风管的制安	10m²	0.171
②风管的吊支架	100kg	0.03

制作单重为 3.00kg/个×1 个＝3.00kg

③金属支架刷防锈底漆一遍	100kg	0.03
④刷灰调和漆二遍，	100kg	0.03
（4）镀锌矩形风管，200×100	m²	1.08
①镀锌矩形风管的制安	10m²	0.108
②风管的吊支架	100kg	0.0205

1 个吊支架制作的单重为 2.05kg

（5）消声器的制安	kg	46
①消声器的制作	100kg	0.46
②消声器的安装	个	2
（6）新风口（设置防电网）	个	1
①新风口（设置防电网）制作	100kg	0.0056
②新风口的安装	个	1
（7）双层百叶送风口 T202-2，300×150	个	5
①双层百叶送回风口 T202-2，300×150 制作	100kg	0.126

5×2.52kg＝12.6kg

②双层百叶送回风口 T202-2，300×150 安装	个	5
（8）双层百叶送风口 T202-2，200×150 制安	个	3
①双层百叶送风口 T202-2，200×150 制作	100kg	0.0519

1.73×3kg＝5.19kg

②双层百叶送风口 T202-2，200×150 安装	个	3
（9）方形直片散流器，250×250	个	2
①方形直片散流器的制作	100kg	0.1058

5.29×2kg＝10.58kg

②方形直片散流器的安装	个	2
（10）方形直片散流器，120×120	个	1
①方形直片散流器的制作	100kg	0.0234
②方形直片散流器的安装	个	1
（11）风量调节阀，120×120	个	6
①风量调节阀的制作	100kg	0.1722

2.87kg/个×6 个＝17.22kg

②风量调节阀的安装	个	6

（12）空调机组　　　　　　　　　　　　　　　台　　　　　　　1

工程预算表见表 1-160。

工程预算表　　　　　　　　　　　　　　　　　表 1-160

序号	定额编号	分项工程名称	定额单位	工程量	基价/元	人工费	材料费	机械费
						其中/元		
1		镀锌矩形风管，500×150	m²	16.874				
	9-6	镀锌矩形风管的制作安装	10m²	1.6874	387.05	154.18	213.52	19.35
	9-270	风管的吊支架	100kg	0.19989	975.57	183.44	776.36	15.77
	11-119	金属支架刷防锈底漆一遍	100kg	0.19989	13.11	5.34	0.81	6.96
	11-126	刷灰调和漆一遍	100kg	0.19989	12.33	5.11	0.26	6.96
	11-127	刷灰调和漆第二遍	100kg	0.19989	12.30	5.11	0.23	6.96
2		镀锌矩形风管，200×150	m²	2.156				
	9-5	镀锌矩形风管的制作安装	10m²	0.2156	441.65	211.77	196.98	32.90
	9-270	风管的吊支架	100kg	0.0441	975.57	183.44	776.36	15.77
	11-119	金属支架刷防锈底漆一遍	100kg	0.0441	13.11	5.34	0.81	6.96
	11-126	刷灰调和漆第一遍	100kg	0.0441	12.33	5.11	0.26	6.96
3		镀锌矩形风管，300×150	m²	1.71				
	9-6	镀锌矩形风管的制作安装	10m²	0.171	387.05	154.18	213.52	19.35
	9-270	风管的吊支架	100kg	0.03	975.57	183.44	776.36	15.77
	11-119	金属支架刷防锈漆一遍	100kg	0.03	13.11	5.34	0.81	6.96
	11-126	刷灰调和漆第一遍	100kg	0.03	12.33	5.11	0.26	6.96
	11-127	刷灰调和漆第二遍	100kg	0.03	12.30	5.11	0.23	6.96
4		镀锌矩形风管，200×100	m²	1.08				
	9-5	镀锌矩形风管的制作安装	10m²	0.108	441.65	211.77	196.98	32.90
	9-270	风管的吊支架	100kg	0.0205	975.57	183.44	776.36	15.77
5		消声器的制作安装	kg	46				
	9-195	消声器的制作	100kg	0.46	636.12	146.22	439.80	50.10
	9-195	消声器的安装	个	2	23.95	14.46	8.98	0.51
6		新风口（设置防电网）	个	1				
	9-121	新风口（设置防电网）制作	100kg	0.0056	1233.99	586.30	561.73	85.96
	9-158	新风口的安装	个	1	3.56	3.02	0.54	—
7		300×150，双层百叶送回风口 T202-2	个	5				
	9-96	T202-2，300×150，双层百叶送回风口制作	100kg	0.126	1727.72	1201.63	507.30	18.79
	9-133	T202-2，300×150，双层百叶送回风口安装	个	5	6.87	4.18	2.47	0.22
8		200×150 制作安装，双层百叶送风口 T202-2	个	3				
	9-96	T202-2，200×150，双层百叶送风口制作	kg	0.0519	1727.72	1201.63	507.30	18.79

序号	定额编号	分项工程名称	定额单位	工程量	基价/元	其中/元		
						人工费	材料费	机械费
	9-133	T202-2，200×150，双层百叶送风口安装	个	3	6.87	4.18	2.47	0.22
9		方形直片散流器，250×250	个	2				
	9-113	方形直片散流器的制作	100kg	0.1058	1700.64	811.77	584.07	304.80
	9-147	方形直片散流器的安装	个	2	7.56	5.80	1.76	—
10		方形直片散流器，120×120	个	1				
	9-112	方形直片散流器的制作	100kg	0.0234	2022.96	1155.66	551.57	315.73
	9-146	方形直片散流器的安装	个	1	5.57	4.64	0.93	—
11		风量调节阀，120×120	个	6				
	9-53	风量调节阀的制作	100kg	0.1722	1188.62	344.35	402.58	441.69
	9-72	风量调节阀的安装	个	6	7.32	4.88	2.22	0.22
12	9-238	空调机组(1t 以内)	台	1	318.71	315.79	2.92	—

【例 10】 （一）工程概况

此工程是位于某住宅楼 7 层，房间坐北朝南，建筑面积 $100m^2$，空调面积 $80m^2$，下送风口布置在餐厅、厨房、卫生间管有吊顶房间内，在其他房间布置侧送风口，除厨房、厕所外，其他房间均设置回风口，各房间回风最后回到室内机，如图 1-133、图 1-134 所示，本工程的室内新风由室外阳台接入室内机，然后与回风混合送到各房间。

送风口为双层百叶风口 T202-2，尺寸 300mm×150mm，单重 2.52kg/个，共 2 个

尺寸 300mm×185mm 的风口，单重 2.85kg/个，共 1 个

新风口采用的网式风口尺寸 250mm×200mm，单重 0.73kg/个，共 1 个

回风口全部采用双层百叶风口 T202-2，尺寸 300mm×150mm，单重 2.52kg/个，共 3 个

其余送风口为双层百叶风口，尺寸 200mm×150mm，单重 1.73kg/个，共 7 个

为了保证系统运行期间风管的稳定性，风管吊支架按 1.6m/个，其单重因其风管尺寸的大小而定。金属支架刷防锈底漆一遍，刷灰调和漆二遍，空调机组为吊顶空调机组。

（二）工程量计算

1. 清单工程量

（1）镀锌矩形风管，尺寸 500mm×150mm，单位：m^2，数量　5.33

周长 $2×(0.5+0.15)m=1.3m$

$L=(3.3+0.8)m=4.1m$

工程量 $F=1.3×4.1m=5.33m^2$

（2）镀锌矩形风管，尺寸 500mm×200mm，单位：m^2，数量　3.22

周长 $2×(0.5+0.2)m=1.4m$

$L=(0.8+1.5)m=2.3m$

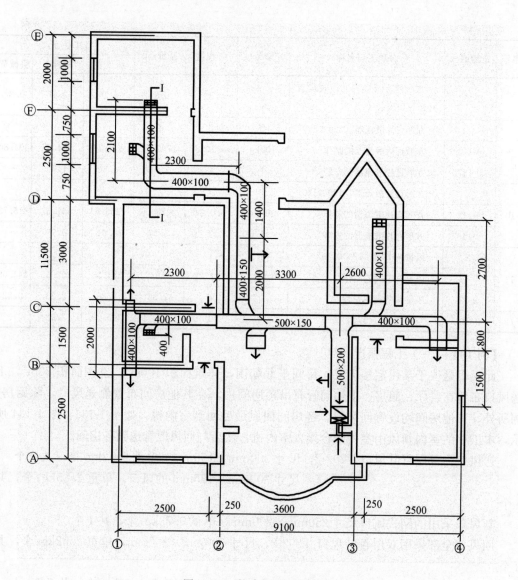

图 1-133　某建筑空调平面图

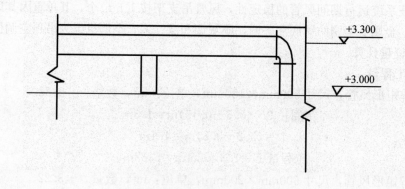

图 1-134　Ⅰ-Ⅰ剖面图

$$工程量 F=1.4\times2.3m^2=3.22m^2$$

（3）镀锌矩形风管，尺寸 400mm×150mm，单位：m²，数量　2.2

$$周长 2\times(0.4+0.15)m=1.1m$$

$$L=2m$$

$$工程量 F=1.1\times2m^2=2.2m^2$$

（4）镀锌矩形风管，尺寸 400mm×100mm，单位：m²，数量　18.2

$$周长 2\times(0.4+0.1)m=1.0$$

$$L=[2.1+0.4+2.3+1.4+2+2.3+0.4+2.6+0.8+2.7+(3.3-3)\times4]m=18.2m$$

$$工程量 F=18.2\times1m^2=18.2m^2$$

（5）空气处理机组，单位：台　数量：1

（6）新风口采用网式风口，尺寸 250×200，单位：个　数量：1

（7）双层百叶送风口 T202-2，尺寸 300×150，单位：个　数量：2

（8）双层百叶送风口 T202-2，尺寸 300×185，单位：个　数量：1

（9）双层百叶送风口 T202-2，尺寸 200×150，单位：个　数量：7

（10）双层百叶回风口 T202-2，尺寸 300×150，单位：个　数量：3

清单工程量计算见表 1-161。

清单工程量计算表　　　　　　　　　　　　　　表 1-161

序号	项目编码	项目名称	项目特征描述	计量单位	工程量
1	030702001001	碳钢通风管道	镀锌矩形 500×150	m²	5.33
2	030702001002	碳钢通风管道	镀锌矩形 500×200	m²	3.22
3	030702001003	碳钢通风管道	镀锌矩形 400×150	m²	2.20
4	030702001004	碳钢通风管道	镀锌矩形 100×100	m²	18.20
5	030701004001	风机盘管		台	1
6	030703007001	碳钢风口、散流器、百叶窗	网式新风口，250×200	个	1
7	030703007002	碳钢风口、散流器、百叶窗	双层送风口，T202-2，300×150	个	2
8	030703007003	碳钢风口、散流器、百叶窗	双层送风口，T202-2，300×180	个	1
9	030703007004	碳钢风口、散流器、百叶窗	双层送风口，T202-2，200×150	个	7
10	030703007005	碳钢风口、散流器、百叶窗	双层回风口，T202-2，300×150	个	3

2. 定额工程量

说明：所有风口和空气处理机组都是已制作好的，所以以定额计算过程中只考虑安装，不考虑制作，因此风口计算和清单所列项一致，空气处理机组则需另算吊支架，除锈，刷漆。

（1）镀锌矩形风管，尺寸 500×150，单位：m²　数量：5.33

①镀锌矩形风管的制安，尺寸 500×150，单位：10m²　数量：0.533

②风管的吊支架，单位：100kg　数量：0.078848

$$4.1m/1.6m/个=2.56 个$$

其制作单重为 3.08kg/个

$$3.08\times2.56kg=7.8848kg$$

③金属支架刷防锈漆一遍，单位：100kg　数量：0.078848

④金属支架刷灰调和漆二遍，单位：100kg　数量：0.078848

（2）镀锌矩形风管，尺寸500×200，单位：m²　数量：3.22

①镀锌矩形风管的制安，尺寸500×200，单位：10m²　数量：0.322

②风管的吊支架，单位：100kg　数量：0.046

$$2.3m/1.6m/个＝1.4375个$$

其制作单重为3.2kg/个

$$1.4375个×3.2kg/个＝4.6kg$$

③金属支架刷防锈漆一遍，单位：100kg　数量：0.046

④金属支架刷灰调和漆二遍，单位：100kg　数量：0.046

（3）镀锌矩形风管，尺寸400×150，单位：m²　数量：2.2

①镀锌矩形风管的制安，尺寸400×150，单位：10m²　数量：0.22

②风管的吊支架，单位：100kg　数量：0.0295

1个支架，其制作单重为2.95kg/个

$$1个×2.95kg/个＝2.95kg$$

③金属支架刷防锈漆一遍，单位：100kg　数量：0.0295

④金属支架刷灰调和漆二遍，单位：100kg　数量：0.0295

（4）镀锌矩形风管，尺寸400×100，单位：m²　数量：18.3

①镀锌矩形风管的制安，尺寸400×100，单位：10m²　数量：1.83

②风管吊支架，单位：100kg　数量：0.286

$$18.3m/1.6m/个＝11.4375个$$

其制作单重为2.5kg/个

$$11.4375个×2.5kg/个＝28.6kg$$

③金属支架刷防锈漆一遍，单位：100kg　数量：0.286

④金属支架刷灰调和漆二遍，单位：100kg　数量：0.286

（5）空气处理机组，单位：台　数量：1

①空气处理机组吊支架，单位：100kg　数量：0.115

$$2个其单重为5.75kg/个$$

$$5.75kg/个×2个＝11.5kg$$

②金属支架的刷防锈漆一遍，单位：100kg　数量：0.115

③金属支架刷灰调和漆二遍，单位：100kg　数量：0.115

工程预算表见表1-162。

工程预算表　　　　　　　　　　　　表 1-162

序号	定额编号	分项工程名称	定额单位	工程量	基价/元	其中/元		
						人工费	材料费	机械费
1		镀锌矩形风管，500×150	m²	5.33				
	9-6	镀锌矩形风管的制作安装	10m²	0.533	387.05	154.18	213.52	19.35
	9-270	风管的吊支架	100kg	0.078848	975.57	183.44	776.38	15.77

续表

序号	定额编号	分项工程名称	定额单位	工程量	基价/元	其中/元		
						人工费	材料费	机械费
	11-119	金属支架刷防锈漆一遍	100kg	0.078848	13.11	5.34	0.81	6.96
	11-126	金属支架刷灰调和漆一遍	100kg	0.078848	12.33	5.11	0.26	6.96
	11-127	金属支架刷灰调和漆第二遍	100kg	0.078848	12.30	5.11	0.23	6.96
2		镀锌矩形风管，500×200	m²	3.22				
	9-6	镀锌矩形风管的制作安装	10m²	0.322	387.05	154.18	213.52	19.35
	9-270	风管的吊支架	100kg	0.046	975.57	183.44	776.36	15.77
	11-119	金属支架刷防锈漆一遍	100kg	0.046	13.11	5.34	0.81	6.96
	11-126	金属支架刷灰调和漆第一遍	100kg	0.046	12.33	5.11	0.26	6.96
	11-127	金属支架刷灰调和漆第二遍	100kg	0.046	12.30	5.11	0.23	6.96
3		镀锌矩形风管，400×150	m²	2.2				
	9-6	镀锌矩形风管的制作安装	10m²	0.22	387.05	154.18	213.52	19.35
	9-270	风管的吊支架	100kg	0.0295	975.57	183.44	776.36	15.77
	11-119	金属支架刷防锈漆一遍	100kg	0.0295	13.11	5.34	0.81	6.96
	11-126	金属支架刷灰调和漆第一遍	100kg	0.0295	12.33	5.11	0.26	6.96
	11-127	金属支架刷灰调和漆第二遍	100kg	0.0295	12.30	5.11	0.23	6.96
4		镀锌矩形风管，400×100	m²	18.3				
	9-6	镀锌矩形风管的制作安装	10m²	1.83	387.05	154.18	213.52	19.35
	9-270	风管的吊支架	100kg	0.286	975.57	183.44	776.36	15.77
	11-119	金属支架刷防锈漆一遍	100kg	0.286	13.11	5.34	0.81	6.96
	11-126	金属支架刷调和漆第一遍	100kg	0.286	12.33	5.11	0.26	6.96
	11-127	金属支架刷调和漆第二遍	100kg	0.286	12.30	5.11	0.23	6.96
5		空气处理机组	台	1				
	9-211	空气处理机组支吊架	100kg	0.115	523.29	75.23	330.52	8.63
	11-86	金属支架刷防锈漆一遍	100kg	0.115	6.99	5.80	1.19	—
	11-210	金属支架刷灰调和漆第一遍	100kg	0.115	14.11	13.70	0.41	—
	11-211	金属支架刷灰调和漆第二遍	100kg	0.115	11.70	11.38	0.32	—

【例11】 一、工程概况

此系统是一次回风，全空气系统，如图1-135～图1-138所示。房间高6m，吊顶距地面高度为3.5m，风管暗装在吊顶内，送风口直接开在顶面上，用的是双层百叶风口，新风口是带网式的风口，起过滤作用，散流器全部采用的是方形直片散流器，根据国家标准通风部件重量查得其单重，根据风管支吊架的安装规范，支架之间的单距为3m/个，起到稳固的作用。其单重根据风管的尺寸而定制作的单重视具体情况而定，非标准件的重量是根据制作出来的成品重量，金属支架要除锈刷漆一遍刷灰调和漆二遍。

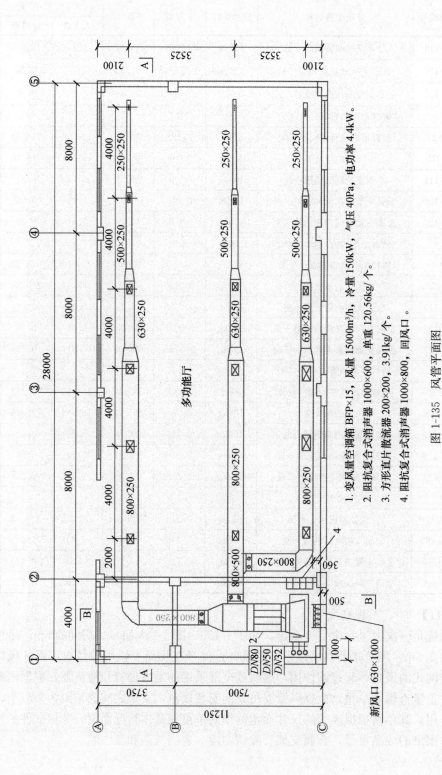

图 1-135　风管平面图

1. 变风量空调箱 BFP×15，风量 15000m³/h，冷量 150kW，气压 40Pa，电功率 4.4kW。

2. 阻抗复合式消声器 1000×600，单重 120.56kg/个。

3. 方形直片散流器 200×200，3.91kg/个。

4. 阻抗复合式消声器 1000×800，回风口。

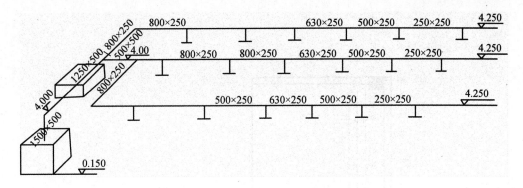

图 1-136 多功能厅系统图

二、工程量计算

1. 清单工程量

(1) 镀锌矩形风管，尺寸 200×200，单位：m^2，数量 10.8

$$周长 2 \times (0.2 + 0.2)m = 0.8m$$

$$L = [4.25 - 3.5(吊顶高度)]m = 0.75m$$

总共 18 根：$L = 0.75 \times 18m = 13.5m$

$$工程量 F = 0.8 \times 13.5m^2 = 10.8m^2$$

(2) 镀锌矩形风管，尺寸 250×250，共 3 根，单位：m^2 数量：12

$$周长 2 \times (0.25 + 0.25)m = 1m$$

$$L = 4m$$

由 A-A 剖面图可知，

$$工程量 F = 1 \times 4m^2 = 4m^2$$

小计：$4 \times 3m^2 = 12m^2$

(3) 镀锌矩形风管，尺寸 500×250，单位：m^2 数量：18

$$周长 2 \times (0.5 + 0.25)m = 1.5m$$

$$L = 4m$$

由 A-A 剖面图可知，

$$工程量 F = 1.5 \times 4 \times 3m^2 = 18m^2$$

(4) 镀锌矩形风管，尺寸 630×250，单位：m^2 数量：21.12

$$周长 2 \times (0.63 + 0.25)m = 1.76m$$

$$L = 4m$$

由 A-A 剖面图可知，

$$工程量 F = 1.76 \times 4 \times 3m^2 = 21.12m^2$$

(5) 镀锌矩形风管，尺寸 800×250，单位：m^2 数量：72.79

$$周长 2 \times (0.8 + 0.25)m = 2.1m$$

$$L = \left[8 \times 3 + \underset{垂直管}{\frac{(3.525 - 0.21)}{}} \times 2 + \underset{第一根管}{\frac{(4 - 1.57 - 0.4)}{}} + 2\right]m$$

$$= (24 + 6.63 + 4.03)m$$

$$= 34.66m$$

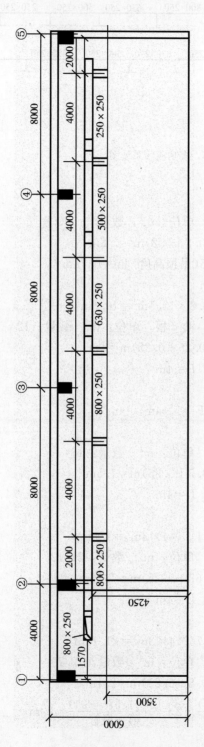

图 1-137 A-A 剖面图

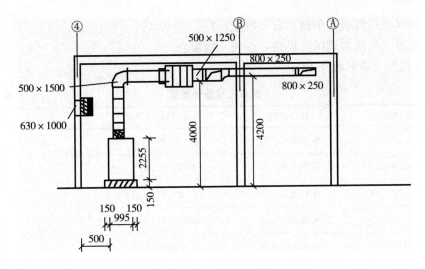

图 1-138 B-B 剖面图

$$工程量\ F=34.66\times2.1m^2=72.79m^2$$

（6）镀锌风管，尺寸 800×500，单位：m^2 数量：4.73

周长 $2\times(0.8+0.5)m=2.6m$

$$L=(4-1.57-0.4-0.21)m=1.82m$$

$$工程量\ F=2.6\times1.82m^2=4.73m^2$$

（7）镀锌矩形风管，尺寸 1500×500，单位：m^2 数量：12.38

$$周长\ 2\times(1.5+0.5)m=4m$$

$$L=\dfrac{(4-2.255-0.15+\dfrac{0.5}{2})m=1.595m}{竖直方向}$$

水平方向 $L=1.5m$

小计 $L=(1.595+1.5)m=3.095m$

工程量 $F=4\times3.095m^2=12.38m^2$

（8）镀锌矩形风管，尺寸 1250×500，单位：m^2 数量：8.84

周长 $2\times(1.25+0.5)m=3.5m$

$$L=(3.525-1)m=2.525m$$

$$工程量\ F=3.5\times2.525m^2=8.84m^2$$

（9）方形直片形散流器，单位：个 数量：18

（10）阻抗复合式消声器，单位：kg 数量：255.18

查图标通风部件标准重量表

阻抗型复合式消声器：尺寸 1000×600，单重：120.56kg/个 数量：1 个

尺寸 1000×800，单重：134.62kg/个 数量：1 个

$(120.56+134.62)kg=255.18kg$

（11）风量调节阀，单位：个 数量：3

（12）网式新风口，尺寸 630×1000，单位：个 数量：1

（13）双层百叶回风口，尺寸 1000×800，单位：个 数量：1

（14）空气处理机组，单位：台　数量：1

（15）通风工程检测调试，单位：系统　数量：1

清单工程量计算见表1-163。

清单工程量计算表

表1-163

序号	项目编码	项目名称	项目特征描述	计量单位	工程量
1	030702001001	碳钢通风管道	镀锌矩形 200×200	m²	10.80
2	030702001002	碳钢通风管道	镀锌矩形 250×250	m²	12.00
3	030702001003	碳钢通风管道	镀锌矩形 500×250	m²	18.00
4	030702001004	碳钢通风管道	镀锌矩形 630×250	m²	21.12
5	030702001005	镀锌矩形风管	800×250	m²	72.79
6	030702001006	碳钢通风管道	镀锌矩形 800×250	m²	4.73
7	030702001007	碳钢通风管道	镀锌矩形 1500×500	m²	12.38
8	030702001008	碳钢通风管道	镀锌矩形 1250×500	m²	8.84
9	030703007001	碳钢风口、散流器、百叶窗	方形散流器	个	18
10	030703020001	消声器	阻抗复合式，1000×600	个	1
11	030703020002	消声器	阻抗复合式，1000×800	个	1
12	030703001001	碳钢阀门	调节阀	个	3
13	030703007002	碳钢风口、散流器、百叶窗	网式新风口，630×1000	个	1
14	030703007003	碳钢风口、散流器、百叶窗	双层回风口，1000×800	个	1
15	030701004001	风机盘管		台	1
16	030704001001	通风工程检测、调试		系统	1

2. 定额工程量：

说明：以上所有的标准件都是成品，在以定额计算过程中，成品只算安装，制作不算，且安装的计算规则和以清单计算的计算规则相同，故略。

（1）镀锌矩形风管，尺寸200×200，单位：m²　数量：10.8

①镀锌矩形风管制安，单位：10m²　数量：1.08

②风管的吊支架（无）

（2）镀锌矩形风管，尺寸250×250，单位：m²　数量：12

①镀锌矩形风管制安，单位：10m²　数量：1.2

②风管的吊支架，单位：100kg　数量：0.06

根据规范3根每根可装一个吊支架其制作单重为2kg/个

2kg/个×3个＝6kg

③金属支架除锈刷漆一遍，单位：100kg　数量：0.06

④金属支架刷灰调和漆二遍，单位：100kg　数量：0.06

（3）镀锌矩形风管，尺寸 500×250，单位：m² 数量：18

①镀锌矩形风管制安，单位：10m² 数量：1.8

②风管的吊支架，单位：100kg 数量：0.075

根据安装规范此风管共设 3 个吊支架

每个支架的制作单重为 2.5kg/个

$$2.5kg/个×3 个＝7.5kg$$

③金属支架除锈刷漆一遍，单位：100kg 数量：0.075

④金属支架刷灰调和漆二遍，单位：100kg 数量：0.075

（4）镀锌矩形风管，尺寸 630×250，单位：m² 数量：21.12

①镀锌矩形风管，尺寸 630×250 制安，单位：10m² 数量：2.112

②风管的吊支架，单位：100kg 数量：0.0924

根据安装规范可确定 3 个吊支架

每个支架的制作单重为 3.08kg/个

$$3.08×3kg＝9.24kg$$

③金属支架刷除锈漆一遍，单位：100kg 数量：0.0924

④金属支架刷灰调和漆二遍，单位：100kg 数量：0.0924

（5）镀锌矩形风管，尺寸 800×250，单位：m² 数量：72.786

①镀锌矩形风管的制安，单位：10m² 数量：7.2786

②风管的吊支架，单位：100kg 数量：0.3204

根据安装规范确定 9 个

每个吊支架的制作单重为 3.56kg/个

$$3.56×9kg＝32.04kg$$

③金属支架除锈刷漆一遍，单位：100kg 数量：0.3204

④金属支架刷灰调和漆二遍，单位：100kg 数量：0.3204

（6）镀锌风管，尺寸 800×500，单位：m² 数量：4.732

①镀锌矩形风管，尺寸 800×500 制安，单位：10m² 数量：0.4732

②风管的吊支架，单位：100kg 数量：0.0395

根据安装规范此风管用一个吊支架，

其制作单重为 3.95kg/个

③金属支架刷除锈漆一遍，单位：100kg 数量：0.0395

④金属支架刷灰调和漆二遍，单位：100kg 数量：0.0395

（7）空调机组，单位：台 数量：1

①空调机组的安装，单位：台 数量：1

②空调机组的减震台座，单位：100kg 数量：0.304

根据其国标通风部件标准

重量表查得尺寸 3.6A 的单重为 30.4kg/个

③台座除锈刷漆一遍，单位：100kg 数量：0.304

④台座刷灰调和漆二遍，单位：100kg 数量：0.304

工程预算表见表 1-164。

工程预算表 表 1-164

序号	定额编号	分项工程名称	定额单位	工程量	基价/元	其中/元		
						人工费	材料费	机械费
1		镀锌矩形风管，200×200	m²	10.8				
	9-5	镀锌矩形风管的制作安装	10m²	1.08	441.65	211.77	196.98	32.90
2		镀锌矩形风管，250×250	m²	12				
	9-6	镀锌矩形风管制作安装	10m²	1.2	387.05	154.18	213.52	19.35
	9-270	风管的吊支架	100kg	0.06	975.57	183.44	776.36	15.77
	11-7	金属支架除锈	100kg	0.06	17.35	7.89	2.50	6.96
	11-117	金属支架刷漆一遍	100kg	0.06	13.17	5.34	0.87	6.96
	11-126	金属支架刷灰调和漆一遍	100kg	0.06	12.33	5.11	0.26	6.96
	11-127	金属支架刷灰调和漆第二遍	100kg	0.06	12.30	5.11	0.23	6.96
3		镀锌矩形风管，500×250	m²	18				
	9-6	镀锌矩形风管制作安装	10m²	1.8	387.05	154.18	213.52	19.35
	9-270	风管的吊支架	100kg	0.075	975.57	183.44	776.36	15.77
	11-7	金属支架除锈	100kg	0.075	17.35	7.89	2.50	6.96
	11-117	金属支架刷漆一遍	100kg	0.075	13.17	5.34	0.81	6.96
	11-126	金属支架刷灰调和漆一遍	100kg	0.075	12.33	5.11	0.26	6.96
	11-127	金属支架刷灰调和漆第二遍	100kg	0.075	12.30	5.11	0.23	6.96
4		镀锌矩形风管，630×250	m²	21.12				
	9-6	镀锌矩形风管的制作安装	10m²	2.112	387.05	154.18	213.52	19.35
	9-270	风管的吊支架	100kg	0.0924	975.57	183.44	776.36	15.77
	11-7	金属支架除锈	100kg	0.0924	17.35	7.89	2.50	6.96
	11-117	金属支架刷漆一遍	100kg	0.0924	13.17	5.34	0.81	6.96
	11-126	金属支架刷灰调和漆一遍	100kg	0.0924	12.33	5.11	0.26	6.96
	11-127	金属支架刷灰调和漆第二遍	100kg	0.0924	12.30	5.11	0.23	6.96
5		镀锌矩形风管，800×250	m²	72.786				
	9-7	镀锌矩形风管的制作安装	10m²	7.2786	295.54	115.87	167.99	11.68
	9-270	风管的吊支架	100kg	0.3204	975.57	183.44	776.36	15.77
	11-7	金属支架除锈	100kg	0.3204	17.35	7.89	2.50	6.96
	11-117	金属支架刷漆一遍	100kg	0.3204	13.17	5.34	0.87	6.96
	11-126	金属支架刷灰调和漆一遍	100kg	0.3204	12.33	5.11	0.26	6.96

序号	定额编号	分项工程名称	定额单位	工程量	基价/元	人工费	材料费	机械费
	11-127	金属支架刷灰调和漆第二遍	100kg	0.3204	12.30	5.11	0.23	6.96
6		镀锌矩形风管，800×500	m²	4.732				
	9-7	镀锌矩形风管的制作安装	10m²	0.4732	295.54	115.87	167.99	11.68
	9-270	风管的吊支架	100kg	0.0395	975.57	183.44	776.36	15.77
	11-7	金属支架除锈	100kg	0.0395	17.35	7.89	2.50	6.96
	11-117	金属支架刷漆一遍	100kg	0.0395	13.17	5.34	0.87	6.96
	11-126	金属支架刷灰调和漆一遍	100kg	0.0395	12.33	5.11	0.26	6.96
	11-127	金属支架刷灰调和漆第二遍	100kg	0.0395	12.30	5.11	0.23	6.96
7		空调机组	台	1				
	9-238	空调机组的安装	台	1	318.71	315.79	2.92	—
	9-211	空调机组的减震台座	100kg	0.304	523.29	159.75	348.27	15.27
	11-7	台座除锈	100kg	0.304	17.35	7.89	2.50	6.96
	11-117	台座刷漆一遍	100kg	0.304	13.17	5.34	0.87	6.96
	11-126	台座刷灰调和漆一遍	100kg	0.304	12.33	5.11	0.26	6.96
	11-127	台座刷灰调和漆第二遍	100kg	0.304	12.30	5.11	0.23	6.96

【例12】 （一）工程概况

图1-139是一层空调平面图，采用的是全空气系统，所有进出空调机房的风管穿过防火墙的风管（排烟管除外）穿越楼板的主立风管与支风管相连处的支风管上均设70℃防火调节阀，本设计图中所示的散流器风口尺寸均指其颈口接管尺寸，风口材质除装修要求外，本工程所有风口均采用铝合金风口。防火阀采用FV型，风管与空调机进出口连接处应采用复合铝箔柔性玻纤软管，设于负压侧时，长度为200mm，设于正压侧时，长度为300mm，消声器采用阻抗复合式；消声器的接口尺寸与所接风管相同，系统试压，空调冷热水系统试验压力均为0.6MPa，上述均指系统最低点压力，凡以上未说明之处，如管道支吊架间距；管道焊接管道穿楼板的防水做法，风管所用钢板厚度及法兰配用等，均应按照国家标准《通风与空调工程施工质量验收规范》。

（二）工程量计算

（1）清单工程量　　　　　　　　单位　　数量

1）镀锌矩形风管：400×150　　　　m²　　　61.6

周长 2×(0.4+0.15)m=1.1m

水平：L=[(7.5-2.1-5)×2+5]m=5.8m

散流器离风管端面的距离

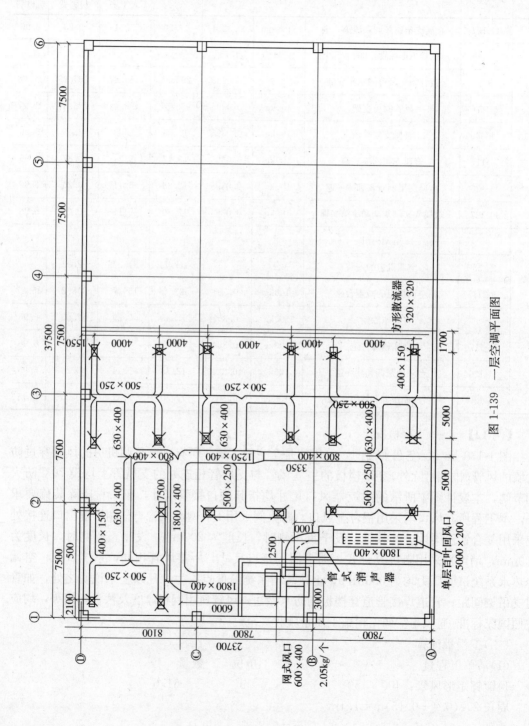

图 1-139 一层空调平面图

工程量：$F=1.1\times5.8\times8m^2=51.04m^2$

竖直：$L=[4+(7.5-2.1-5)\times2]m=4.8m$

工程量：$F=1.1\times4.8\times2m^2=10.56m^2$

总工程量：$F_{总}=(51.04+10.56)m^2=61.6m^2$

2）镀锌矩形风管：500×250 m^2 31.5

周长：$2\times(0.5+0.25)m=1.5m$

$$L=\left(\underset{竖直部分}{\frac{4\times4}{}}+\underset{水平部分}{\frac{2.5\times2}{}}\right)m=21m$$

工程量：$F=1.5\times21m^2=31.5m^2$

3）镀锌风管 630×400 m^2 33.48

周长：$2\times(0.63+0.4)m=2.06m$

$L=(3.75\times3+5)m=16.25m$

工程量：$F=(2.06\times16.25)m^2=33.48m^2$

4）镀锌风管：800×400 m^2 29.04

周长：$2\times(0.8+0.4)m=2.4m$

$L=(2+4+2+0.1+2+2)m=12.1m$

工程量：$F=(2.4\times12.1)m^2=29.04m^2$

5）镀锌风管：1250×400 m^2 12.87

周长：$2\times(1.25+4.0)m=3.3m$

$L=(4\times4-12.1)m=3.9m$

工程量：$F=3.3\times3.9=12.87$

6）镀锌风管：1800×400 m^2 64.86

周长：$2\times(1.8+0.4)m=4.4m$

$L=[7.5+6-0.3（软风管）-0.21+3.55（风管底标高）-1.8 空调机组出风口标高]m$

$=14.74m$

工程量：$F=4.4\times14.74m^2=64.86m^2$

7）新风管 600×400 m^2 4.98

周长 2：$(0.6+0.4)m=2m$

$L=[3-0.21-0.3（软风管长）]m=2.49m$

工程量：$F=2.49\times2m^2=4.98m^2$

8）回风管：1800×400 m^2 44.40

周长：$2(1.8+0.4)m=4.4m$

$L=[2.5+1+7.8-0.2-0.5（消声器长）-0.21（风量调节阀）-0.3（软风管）]m$

$=10.09m$

工程量：$F=4.4\times10.09m^2=44.40m^2$

9）方形直片散流器 320×320 个   20

10）单层百叶回风口 500×200 个   1

11）网式新风口 600×400 个   1

12) 风管调节阀长 210mm   个   3

13) 软风管   m   0.3×3

14) 空气处理机组   台   1

15) 消声器   个   3

清单工程量计算见表 1-165。

清单工程量计算表   表 1-165

序号	项目编码	项目名称	项目特征描述	计量单位	工程量
1	030702001001	碳钢通风管道	镀锌矩形 400×150	m²	61.60
2	030702001002	碳钢通风管道	镀锌矩形 500×250	m²	31.50
3	030702001003	碳钢通风管道	镀锌矩形 630×400	m²	33.48
4	030702001004	碳钢通风管道	镀锌矩形 800×400	m²	29.04
5	030702001005	碳钢通风管道	镀锌矩形 1250×400	m²	12.87
6	030702001006	碳钢通风管道	镀锌矩形 1800×400	m²	64.86
7	030702002001	碳钢通风管道	镀锌矩形新风管 600×400	m²	4.98
8	030702001007	碳钢通风管道	镀锌矩形回风管 1800×400	m²	44.40
9	030702007001	碳钢风口、散流器、百叶窗	方形散流器，320×320	个	20
10	030703007002	碳钢风口、散流器、百叶窗	单层回风口，500×200	个	1
11	030703007003	碳钢风口、散流器、百叶窗	网式新风口，600×400	个	2
12	030703001001	碳钢阀门	调节阀长 210mm	个	3
13	030702008001	软风管	负压侧：$l=0.2$m 正压侧：$l=0.3$m	m	0.90
14	030701004001	风机盘管		台	1
15	030703020001	消声器	阻抗复合式	个	3

（2）定额工程量   单位   数量

1) 镀锌矩形风管 450×150   m²   61.6

①镀锌矩形风管 450×150 的安装   10m²   6.16

②风管的吊支架   100kg   0.41

根据规范《通风与空调工程施工质量验收规范》（GB 50243—2002）

共需20个，每个的制作单重为 2.05kg/个

小计：2.05×20kg＝41kg

③金属支架除锈刷漆一遍   100kg   0.41

④金属支架刷灰调和漆二遍   100kg   0.41

2) 镀锌矩形风管 500×250   m²   31.5

①镀锌矩形风管 500×250 的制安   10m²   3.15

②风管的吊支架：   100kg   0.23

根据《通风与空调工程施工质量验收规范》共需10个，每个制作单重 2.3kg/个

小计：2.3×10kg＝23kg

③风管的吊支架除锈刷漆一遍   100kg   0.23

④风管的吊支架刷灰调和漆二遍	100kg	0.23
3) 镀锌矩形风管 630×400	m²	33.475
①镀锌矩形风管 630×400 的制安	10m²	3.3475
②风管的吊支架	100kg	0.112

根据《通风与空调工程施工质量验收规范》
共需 4 个，每个制作单重 2.8kg/个
小计：2.8kg/个×4 个＝11.2kg

③金属支架除锈刷漆一遍	100kg	0.112
④金属支架刷灰调和漆二遍	100kg	0.112
4) 镀锌矩形风管 800×400	m²	29.04
①镀锌风管 800×400 的制安	10m²	2.904
②风管的吊支架	100kg	0.0915

根据《通风与空调工程施工质量验收规范》
确定共需 3 个，每个制作的单重为 3.05kg/个
小计：3.05kg/个×3 个＝9.15kg

③金属支架除锈刷漆一遍	100kg	0.0915
④金属支架刷灰调和漆二遍	100kg	0.0915
5) 镀锌矩形风管 1250×400	m²	12.87
①镀锌矩形风管 1250×400 的制安	10m²	1.287

②风管的吊支架：根据《通风与空调工程施工质量验收规范》确定共需 2 个，每个制作
单重 3.8kg/个

小计：3.8kg/个×2＝7.6kg	100kg	0.076
③金属支架除锈刷漆一遍	100kg	0.076
④金属支架刷灰调和漆二遍	100kg	0.076
6) 镀锌矩形风管 1800×400	m²	63.98
①镀锌矩形风管 1800×400 的制安	10m²	6.398

②风管的吊支架，根据《通风与空调工程施工质量验收规范》
确定共需 4 个，每个的制作单重为 4.05kg/个

小计：4.05kg/个×4 个＝16.2kg	100kg	0.162
③金属支架除锈刷漆一遍	100kg	0.162
④金属支架刷灰调和漆二遍	100kg	0.162
7) 新风管 600×400	m²	4.98
①新风管 600×400 的制安	10m²	0.498
②风管的吊支架	100kg	0.025

根据《通风与空调工程施工质量验收规范》
确定 1 个支架，其制作单重为 2.5kg/个

③金属支架除锈刷漆一遍	100kg	0.025
④金属支架刷灰调和漆二遍	100kg	0.025
8) 回风管 1800×400	m²	44.396

①回风管 1800×400 的制安   10m²   4.4396

②风管的吊支架；根据《通风与空调工程施工质量验收规范》确定 3 个，每个制作单重为 4.05kg/个

小计：4.05×3kg＝12.15kg

③金属支架除锈刷漆一遍   100kg   0.1215

④金属支架刷灰调和漆二遍   100kg   0.1215

9）方形直片散流器 320×320   个   20

①方形直片散流器 320×320 的制作   100kg   1.486

查国标通风部件标准重量表：7.43kg/个   共 20 个

小计：7.43kg/个×20 个＝148.6kg

②方形直片散流器 320×320 的安装   个   20

10）单层百叶回风口 500×200   个   1

①单层百叶回风口 500×200 的制作   100kg   0.0809

由于其风口是非标准件，制作单重：8.09kg/个

②单层百叶回风口 500×200 的安装   个   1

11）网式新风口 600×400   个   1

①网式新风口 600×400 的制作   100kg   0.0205

查国标通风部件标准重量表其单重为 2.05kg/个

②网式新风口的安装   个   1

12）风管调节阀   个   3

13）软风管   m   0.9

14）空气处理机组   台   1

15）消声器

消声器制作   个   3

①消声器的制作：查国际通风部件标准重量表   100kg   2.1804

1800×400 单重 85kg/个

共 2 个，小计 170kg，400×600，单重 48.04kg/个

总计(48.04＋170)kg＝218.04kg

②消声器的安装   个   3

工程预算表见表 1-166。

工程预算表   表 1-166

序号	定额编号	分项工程名称	定额单位	工程量	基价/元	其中/元		
						人工费	材料费	机械费
		镀锌矩形风管，450×150	m²	61.6				
	9-6	镀锌矩形风管的制作安装	10m²	6.16	387.05	154.18	213.52	19.35
1	9-270	风管的吊支架	100kg	0.41	975.57	183.44	776.36	15.77
	11-7	金属支架除锈	100kg	0.41	17.35	7.89	2.50	6.96
	11-117	金属支架刷防锈底漆一遍	100kg	0.41	13.11	5.34	0.81	6.96

序号	定额编号	分项工程名称	定额单位	工程量	基价/元	其中/元		
						人工费	材料费	机械费
	11-126	金属支架刷灰调和漆一遍	100kg	0.41	12.33	5.11	0.26	6.96
	11-127	金属支架刷灰调和漆第二遍	100kg	0.41	12.30	5.11	0.23	6.96
2		镀锌矩形风管，500×250	m²	31.5				
	9-6	镀锌矩形风管的制作安装	10m²	3.15	387.05	154.18	213.52	19.35
	9-270	风管的吊支架	100kg	0.23	975.57	183.44	776.36	6.96
	11-7	金属支架除锈	100kg	0.23	17.35	7.89	2.50	6.96
	11-117	金属支架刷防锈底漆一遍	100kg	0.23	13.17	5.34	0.87	6.96
	11-126	金属支架刷灰调和漆第一遍	100kg	0.23	12.33	5.11	0.26	6.96
	11-127	金属支架刷灰调和漆第二遍	100kg	0.23	12.30	5.11	0.23	6.96
3		镀锌矩形风管，630×400	m²	33.475				
	9-7	镀锌矩形风管的制作安装	10m²	3.3475	295.54	115.87	167.99	11.68
	9-270	风管的吊支架	100kg	0.112	975.57	183.44	776.36	6.96
	11-7	金属支架除锈	100kg	0.112	17.35	7.89	2.50	6.96
	11-117	金属支架刷防锈底漆一遍	100kg	0.112	13.17	5.34	0.87	6.96
	11-126	金属支架刷灰调和漆第一遍	100kg	0.112	12.33	5.11	0.26	6.96
	11-127	金属支架刷灰调和漆第二遍	100kg	0.112	12.30	5.11	0.23	6.96
4		镀锌矩形风管，800×400	m²	29.04				
	9-7	镀锌矩形风管的制作安装	10m²	2.904	295.54	115.87	167.99	11.68
	9-270	风管的吊支架	100kg	0.0915	975.57	183.44	776.36	6.96
	11-7	金属支架除锈	100kg	0.0915	17.35	7.89	2.50	6.96
	11-117	金属支架刷防锈底漆一遍	100kg	0.0915	13.17	5.34	0.81	6.96
	11-126	金属支架刷调和漆第一遍	100kg	0.0915	12.33	5.11	0.26	6.96
	11-127	金属支架刷调和漆第二遍	100kg	0.0915	12.30	5.11	0.23	6.96
5		镀锌矩形风管，1250×400	m²	12.87				
	9-7	镀锌矩形风管的制作安装	10m²	1.287	295.54	115.87	167.99	11.68
	9-270	风管的吊支架	100kg	0.076	975.57	183.44	776.36	6.96
	11-7	金属支架除锈	100kg	0.076	17.35	7.89	2.50	6.96
	11-117	金属支架刷防锈底漆一遍	100kg	0.076	13.17	5.34	0.81	6.96
	11-126	金属支架刷调和漆第一遍	100kg	0.076	12.33	5.11	0.26	6.96
	11-127	金属支架刷调和漆第二遍	100kg	0.076	12.30	5.11	0.23	6.96
6		镀锌矩形风管，1800×400	m²	63.98				
	9-8	镀锌矩形风管的制作安装	10m²	6.398	341.15	140.71	191.90	8.54
	9-270	风管的吊支架	100kg	0.162	975.57	183.44	776.36	6.96
	11-7	金属支架除锈	100kg	0.162	17.35	7.89	2.50	6.96
	11-117	金属支架刷防锈底漆一遍	100kg	0.162	13.17	5.34	0.81	6.96

续表

序号	定额编号	分项工程名称	定额单位	工程量	基价/元	其中/元 人工费	其中/元 材料费	其中/元 机械费
	11-126	金属支架刷调和漆第一遍	100kg	0.162	12.33	5.11	0.26	6.96
	11-127	金属支架刷调和漆第二遍	100kg	0.162	12.30	5.11	0.23	6.96
7		新风管，600×400	m²	4.98				
	9-6	新风管的制作安装	10m²	0.498	387.05	154.18	213.52	19.35
	9-270	风管的吊支架	100kg	0.025	975.57	183.44	776.36	6.96
	11-7	金属支架除锈	100kg	0.025	17.35	7.89	2.50	6.96
	11-117	金属支架刷防锈底漆一遍	100kg	0.025	13.17	5.34	0.87	6.96
	11-126	金属支架刷调和漆第一遍	100kg	0.025	12.33	5.11	0.26	6.96
	11-127	金属支架刷调和漆第二遍	100kg	0.025	12.30	5.11	0.23	6.96
8		回风管，1800×400	m²	44.396				
	9-8	回风管的制作安装	10m²	4.4396	341.15	140.71	191.90	8.54
	9-270	风管的吊支架	100kg	0.1215	975.57	183.44	776.36	6.96
	11-7	金属支架除锈	100kg	0.1215	17.35	7.89	2.50	6.96
	11-117	金属支架刷防锈底漆一遍	100kg	0.1215	13.17	5.34	0.87	6.96
	11-126	金属支架刷调和漆第一遍	100kg	0.1215	12.33	5.11	0.26	6.96
	11-127	金属支架刷调和漆第二遍	100kg	0.1215	12.30	5.11	0.23	6.96
9		方形直片散流器，320×320	个	20				
	9-113	方形直片散流器的制作	100kg	1.486	1700.64	811.77	584.07	304.80
	9-148	方形直片散流器的安装	个	20	10.94	8.36	2.58	—
10		单层百叶回风口，500×200	个	1				
	9-95	单层百叶回风口的制作	100kg	0.0809	1345.72	828.49	506.41	10.81
	9-135	单层百叶回风口的安装	个	1	14.97	10.45	4.30	0.22
11		网式新风口，600×400	个	1				
	9-122	网式新风口的制作	100kg	0.0205	858.72	248.69	563.39	46.64
	9-160	网式新风口的安装	个	1	4.62	3.72	0.90	—
12	9-89	风管调节阀	个	3	48.20	29.02	19.18	
13	9-25	软风管	m	0.9	0.70	0.70	—	—
14	9-213	空气处理机组	台	1	87.59	29.49	51.45	6.65
15		消声器	个	3				
	9-195	消声器的制作	100kg	2.1804	636.12	146.22	439.80	50.10
	9-195	消声器的安装	个	3	23.95	14.46	8.98	0.51

【例13】（一）工程概况

本系统是二层空调系统，如图1-140、图1-141所示，中间餐厅部分采用的是全空气系统，两边雅间采用的是无室外新风的风机盘管的系统，凝结水管安装时，应按排水方向做不小于0.003的下行坡度，机房内空调箱的凝结水管排至机房地漏处，其管径接到贷机

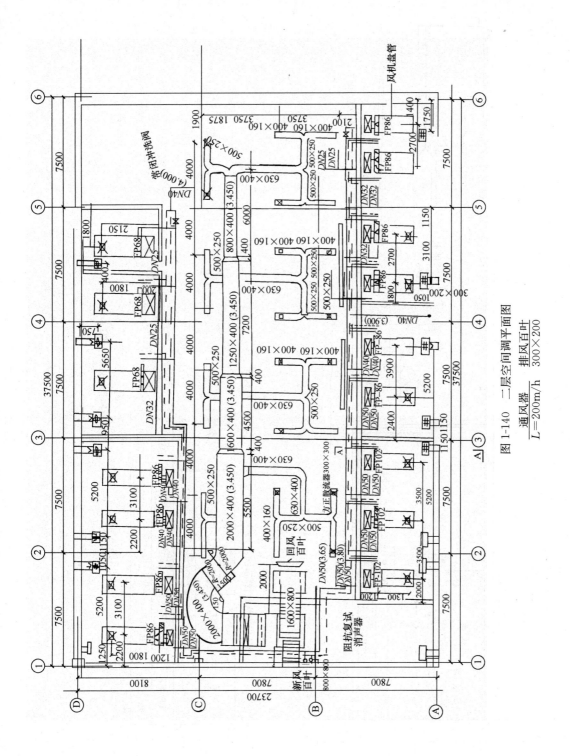

图 1-140　二层空间调平面图

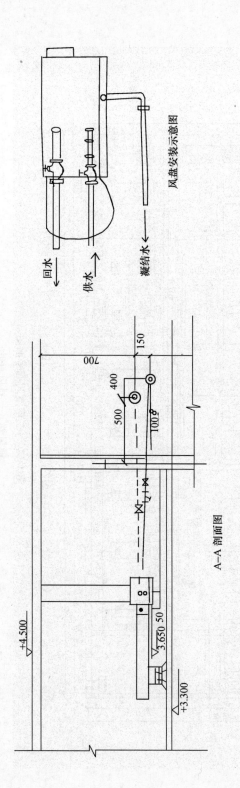

风盘安装示意图

A—A 剖面图

风机盘管统计表

型号	回风口	散流器		供回水管	凝结水管
		型号	数量		
FP-68	1000×400	240×240		DN25	DN20
FP-86	1200×400	240×240		DN25	DN20
FP-102	1200×400	240×240		DN25	DN20

图 1-141　工程示意图

组所的实际管径配管，凝结水出口处应与水管相连处，设 200mm 长的透明塑料软管，空气凝结水管采用 PPR 管，其他水管当管径<DN100 时采用焊接钢管。水管保温前应先除锈和清洁表面，然后刷防锈漆两道，再做保温，管道吊支架间距，管道焊接，管道穿楼板的防水做法，风管所用钢板厚度及法兰配用等；均应接用国家标准《通风与空调工程施工质量验收规范》。

（二）工程量　　　　　　　　　　　　单位　　　　　　数量

（1）镀锌风管：400×160　　　　　　　m^2　　　　　52.08

周长：$2×(0.4+0.16)=1.12m$

$$L=\frac{4×6}{横向}+\frac{3.75×6}{竖向}=46.5m$$

展开面积：$F=52.08m^2$

（2）镀锌风管：500×250　　　　　　　m^2　　　　　34.88

周长：$2×(0.5+0.25)m=1.5m$

$L=[4×3(横向)+竖向(1.875×4+3.75)]m=23.25m$

展开面积 $F=1.5×23.25m^2=34.88m^2$

（3）镀锌风管　630×400　　　　　　　m^2　　　　　37.76

$L=竖向(\frac{3.75}{2}+\frac{3.75}{2})m×4+横向(\frac{4}{2}+\frac{4}{3})m$

$=(15+3.33)m$

$=18.33m$

周长：$2×(0.63+0.4)m=2.06m$

展开面积：$F=18.33×2.06m^2=37.76m^2$

（4）镀锌风管 800×400

周长：$2×(0.8+0.4)m^2=2.4m^2$　　　m^2　　　　　14.4

$L=6m$

展开面积：$F=2.4×6=14.4m^2$

（5）镀锌风管（变径）

周长：$(1.25+0.4+0.8+0.4)m=2.85m$　m^2　　　　1.14

$L=0.4m$

展开面积：$F=1.14m^2$

（6）镀锌矩形风管：1250×400　　　　　m^2　　　　　23.76

周长：$2×(1.25+0.4)m=3.3m$

$L=7.2m$

展开面积：$F=3.3×7.2m^2=23.76m^2$

（7）镀锌矩形风管 1600×400　　　　　　m^2　　　　　18

周长：$2×(1.6+0.4)m=4m$

$L=4.5m$

展开面积：$F=18m^2$

（8）变径风管：　　　　　　　　　　　m^2　　　　　1.46

周长：$(1.6+0.4+1.25+0.4)\text{m}=3.65\text{m}$

$L=0.4\text{m}$

展开面积：$F=1.46\text{m}^2$

(9) 镀锌矩形风管 2000×400   m²   26.4

周长：$2\times(2+0.4)\text{m}=4.8\text{m}$

$L=5.5\text{m}$

展开面积：$F=4.8\times5.5\text{m}^2=26.4\text{m}^2$

(10) 变径风管   m²   1.76

周长：$(2+0.4+1.6+0.4)\text{m}=4.4\text{m}$

$L=0.4\text{m}$

展开面积：$F=4.4\times0.4\text{m}^2=1.76\text{m}^2$

(11) 矩形风管 2000×400   m²   7.2

周长：$2\times(2+0.4)\text{m}=4.8\text{m}$

$L=1.5\text{m}$

展开面积：$F=7.2\text{m}^2$

(12) 弧形风管 2000×400   m²   25.10

周长：$2\times(0.4+2)\text{m}=4.8\text{m}$

$L=(\dfrac{5\pi}{6}\times2)\text{m}=\dfrac{5}{3}\pi\text{m}=5.23\text{m}$

展开面积：$F=4.8\times5.23\text{m}^2=25.10\text{m}^2$

(13) 回风管：1600×800   m²   5.76

周长：$2\times(1.6+0.8)\text{m}=4.8\text{m}$

$L=[2-0.3(\text{风管调节阀})-0.5(\text{阻抗复合式消声器的长度})]\text{m}=1.2\text{m}$

展开面积：$F=4.8\times1.2\text{m}^2=5.76\text{m}^2$

(14) 新风管：1000×800   m²   2.52

周长：$2\times(1+0.8)\text{m}=3.6\text{m}$

$L=1-0.3(\text{风管调节阀})=0.7\text{m}$

展开面积：$3.6\times0.7\text{m}^2=2.52\text{m}^2$

(15) 排风管：300×200   m²   2.8

周长：$2\times(0.3+0.2)\text{m}=1\text{m}$

$L=1.05-0.4(\text{通风机的长})-0.3(\text{风管调节阀长})=0.35\text{m}$

$L=(0.75-0.4-0.3)\text{m}=0.05\text{m}$

小计：$(0.35\times7+0.05\times7)\text{m}=2.8\text{m}$

展开面积：$F=1\times2.8\text{m}^2=2.8\text{m}^2$

(16) 通风机：   台   14

(17) 空调机组   台   1

(18) 单层排风百叶风口 300×200   个   14

(19) 单层回风百叶风口 5000×200   个   2

(20) 单层新风百叶风口 800×800   个   1

	单位	数量
（21）方形散流器 300×300	个	38
（22）风盘的回风口 1200×400	个	13
（23）风管的回风口 1000×400	个	3

（24）凝结水管：PPR（图 1-142）

	单位	数量
①DN20PPR 管		
[(1.2+0.15)×16+3.5+2.7+3.1]m＝30.9m	m	30.9
②DN25		
L＝(4.4+3.5+3.5)m＝11.4m	m	11.4
③DN30		
L＝(3.1+5.7+4.65+3.9+2.7)m＝20.05m	m	20.05

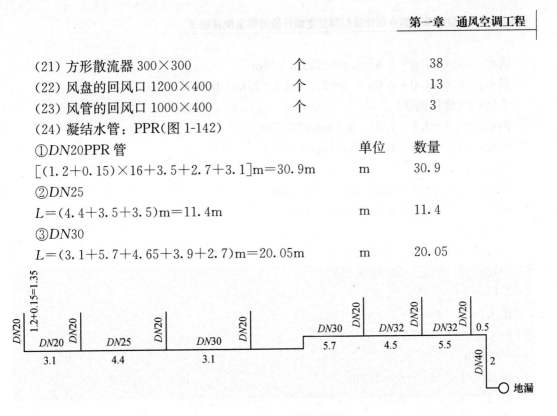

图 1-142　凝结水管道系统图

④DN32

$L＝(0.6+3.3+4.5+5.5)m＝13.9m$　　　　　m　　13.9

⑤DN40

$V＝(5.0+2+0.5)m＝7.5m$　　　　　　　　m　　7.5

（25）空调水管：（图 1-143）

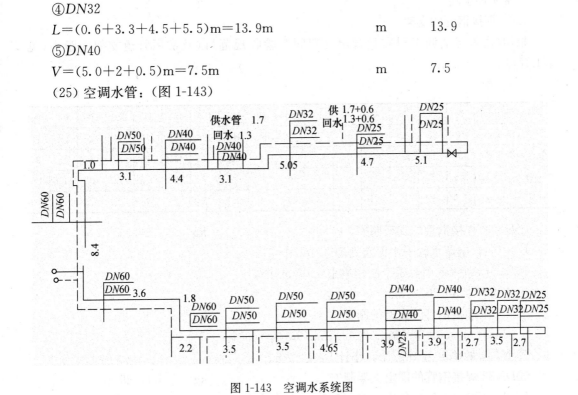

图 1-143　空调水系统图

①DN60（焊接钢管）　　　　　　　　　　　m　　32.8

供水：(8.4＋1.0＋3.6＋1.8＋2.2)m＝16m

回水：(8.4＋1.0＋3.6＋1.8＋2.2＋0.4×2)m＝16.8m

②DN50(焊接钢管)　　　　　　　　　　m　　29.5

供水：(3.5＋3.5＋4.65＋3.1)m＝14.75m

回水：(3.5＋3.5＋4.65＋3.1)m＝14.75m

③DN40　　　　　　　　　　　　　　m　　30.6

供水：(4.4＋3.1＋3.9＋3.9)m＝15.3m

回水：(4.4＋3.1＋3.9＋3.9)m＝15.3

④DN32

供水：(2.7＋3.5＋5.95)m＝12.15m　　　m　　24.3

回水：(2.7＋3.5＋5.95)m＝12.15m

⑤DN25

供水：(2.7＋4.7＋5.1)m＝12.5m

回水：(2.7＋4.7＋5.1)m＝12.5m　　　m　　25

⑥DN20

供水：(1.2＋0.5)m＝1.7m　　　　　　m　　56.8

(1.2×14＋(1.7＋0.6)×2)m＝(23.8＋4.6)m＝28.4m

回水：(1.2×14＋(1.7＋0.6)×2)m＝(23.8＋4.6)m＝28.4m

⑦常闭冲洗阀　　　　　　　　　　　个　　2

(26) 焊接钢管的支架

根据《通风与空调工程质量管道支架间距验收规范》以及常用管道支架间距表(见表1-167)。

表 1-167

公称直径/mm		15	20	25	32	40	50	65	80	100	125	150	200	250	300	350	400
管子外径/mm		18	25	32	38	45	57	73	89	108	133	159	219	273	325	377	426
管子壁厚/mm		3	3	3.5	3.5	3.5	3.5	4	4	4	4	4.5	6	8	8	9	9
支架间距	不保温	2.5	3	3.5	4	4.5	5	6	6	6.5	7	8	9.5	11	12	11.5	12
	保温	1.5	2	2	2.5	3	3	4	4	4.5	5	6	7	8	8.5	10	10.5

①DN60 焊接钢管的支架制安　　　　　kg　　20.25

L＝16m，空调水管采用保温处理 3.5m/个

16/3.5m/个≈5 个，每个制作单重 4.05kg/个

小计 4.05×5＝20.25kg

②DN50 焊接钢管的支架的制安　　　　kg　　20

L＝14.75m　3m/个　确定为 14.75m/3m/个＝5 个

每个支架的单重为4kg/个，小计 5×4＝20kg

③DN32 焊接钢管的固定支架制安　　　kg　　17.25

L＝12.15m，2.5m/个共计 12.15/2.5≈5 个

每个固定支架单重为 3.45kg/个

小计 5×3.45kg＝17.25kg

④DN25 焊接钢管的固定支架制安　　　　　　　kg　　　19.5

L＝12.5m，2m/个，共计：12.5m/2m/个＝6 个

每个固定支架单重为 3.25kg/个

小计 3.25×6kg＝19.5kg

⑤风盘的吊支架：　　　　　　　　　　　　　　kg　　　4.55

L＝700mm，角钢的每米重量为 6.5kg/m

6.5×0.7kg＝4.55kg

(27) 风管的吊支架：

根据《通风与空调工程质量验收规范》规定：

1. 风管水平安装，直径或长边尺寸小于等于 400mm，间距不应大于 4m；大于 400mm，不应大于 3m。螺旋风管的支吊架间距分别延长至 5m 和 3.75m，对于薄钢板法兰的风管，其支吊架间距不应大于 3m。

2. 风管垂直安装，间距不应大于 4m；单根直管至少应有 2 个固定点。

3. 风管支、吊架宜按图标图集与规范选用强度和刚度相适应的形式和规格，对于直径或边长大于 250mm 的超宽、超重等特殊风管的支、吊架应按设计规定。

①镀锌风管 400×160 的支吊架：

根据《通风与空调工程施工质量验收的规范》，确定 3m/个，由于其每个长度为 $\frac{3.75}{2}$ ＝1.875 不予考虑，为了稳固期间在 500×250 上各装一个固定支架。

②镀锌风管 500×250 固定支架　　　　　　　　kg　　　36.6

确定共 12 个，每个根据制作单重为 3.05kg/个

小计 3.05kg/个×12 个＝36.6kg

③镀锌矩形风管 630×400 的固定支架　　　　　　kg　　　19

根据《通风与空调工程施工质量验收规范》需 5 个每个作单重为 3.8kg/个

3.8kg/个×5 个＝19kg

④镀锌风管 800×400 的固定支架　　　　　　　　kg　　　9

根据规范确定为 2 个固定支架，每个作单重为 4.5kg/个

小计 4.5×2＝9kg

⑤镀锌风管 1250×400 的固定支架　　　　　　　kg　　　14.14

根据规范确定为 3m/个 L＝7.2m

7.2m/3m/个≈3 个

⑥镀锌矩形风管 1600×400 的固定支架　　　　　kg　　　10.1

根据规范不大于 3m/个，L＝4.5m，确定 2 个，每个制作单重为 5.05kg/个

5.05kg/个×2 个＝10.1kg

⑦镀锌风管：2000×400 固定支架：　　　　　　　kg　　　27.25

L＝(5.5＋1.5＋6.28)m＝13.28m

根据规范确定为 2.5m/个

13.28/2.5m/个＝5.3≈5 个

每个的制作单重为5.45kg/个

小计5×5.45kg＝27.25kg

⑧金属支架除锈刷漆一遍　　　　　　　　　　　　kg　　　197.64

$(27.25＋10.1＋14.14＋9＋19＋36.6＋4.55＋19.5＋17.25＋20＋20.25)kg$
$＝197.64kg$

（28）金属支架刷灰调和漆二遍　　　　　　　　　kg　　　197.64

（29）风管水管的刷油量：　　　　　　　　　　　m²　　　283.30

$(52.08＋34.875＋37.76＋14.4＋1.14＋23.76＋18＋1.46＋26.4＋1.76＋7.2＋25.104＋5.76＋2.52＋2.8＋\pi×0.06×32.8＋\pi×0.05×29.5＋\pi×0.04×30.6＋\pi×0.032×24.3＋\pi×0.025×25＋\pi×0.02×56.8)m²$
$＝(255.019＋6.2＋4.6＋3.8＋2.44＋1.9628＋3.567)m²$
$＝277.59m²$

清单工程量计算见表1-168。

清单工程量计算表

表1-168

序号	项目编码	项目名称	项目特征描述	计量单位	工程量
1	030702001001	碳钢通风管道	镀锌 400×160	m²	52.08
2	030702001002	碳钢通风管道	镀锌 500×250	m²	34.88
3	030702001003	碳钢通风管道	镀锌 630×400	m²	37.67
4	030702001004	碳钢通风管道	镀锌 800×400	m²	14.40
5	030702001005	碳钢通风管道	镀锌变径管 大：1250×400，小，800×400	m²	1.14
6	030702001006	碳钢通风管道	镀锌 1250×400	m²	23.76
7	030702001007	碳钢通风管道	镀锌 1600×400	m²	18.00
8	030702001008	碳钢通风管道	镀锌变径管 大：1600×400，小，1250×400	m²	1.46
9	030702001009	碳钢通风管道	镀锌 2000×400	m²	26.4
10	030702001010	碳钢通风管道	镀锌变径管 大：2000×400，小，1600×400	m²	1.76
11	030702001011	碳钢通风管道	镀锌 2000×400	m²	7.20
12	030702001012	碳钢通风管道	镀锌弧形 2000×400	m²	25.10
13	030702001013	碳钢通风管道	镀锌回风管 1600×800	m²	5.76
14	030702002001	净化通风管	新风管 1000×800	m²	2.52
15	030702002002	净化通风管	排风管 300×200	m²	2.80
16	030108001001	离心式通风机		台	14
17	030701004001	空调器		台	1
18	030703007001	碳钢风口、散流器、百叶窗	单层百叶风口，300×200	个	14
19	030703007002	碳钢风口、散流器、百叶窗	单层百叶风口，500×200	个	2
20	030703007003	碳钢风口、散流器、百叶窗	单层百叶风口，800×800	个	1
21	030703007004	碳钢风口、散流器、百叶窗	方形散流器，300×300	个	38

续表

序号	项目编码	项目名称	项目特征描述	计量单位	工程量
22	030703007005	碳钢风口、散流器、百叶窗	回风口 1200×400	个	13
23	030703007006	碳钢风口、散流器、百叶窗	回风口 1000×400	个	3
24	031001006001	塑料管	DN20PPR	m	30.90
25	031001006002	塑料管	DN25PPR	m	11.40
26	031001006003	塑料管	DN30PPR	m	20.05
27	031001006004	塑料管	DN32PPR	m	13.90
28	031001006005	塑料管	DN40PPR	m	7.50
29	031001002001	钢管	焊接，DN60	m	32.80
30	031001002002	钢管	焊接，DN50	m	29.50
31	031001002003	钢管	焊接，DN40	m	30.60
32	031001002004	钢管	焊接，DN32	m	24.30
33	031001002005	钢管	焊接，DN25	m	25.00
34	031007002006	钢管	焊接，DN20	m	56.80
35	031003001001	冲洗阀		个	2
36	031002001001	管道支吊架	吊支架	kg	4.55
37	031002001002	管道支吊架	支吊架	kg	77.00

工程预算表见表 1-169。

工程预算表　　　　　　　　　　　　　　　　　　　　表 1-169

序号	定额编号	项目名称	计量单位	工程量	基价/元	人工费/元	材料费/元	机械费/元
1		镀锌风管 400×160	m²	52.08				
	9-6	镀锌风管制作安装	10m²	5.208	387.05	154.18	213.52	19.35
2		镀锌风管 500×250	m²	34.875				
	9-6	镀锌风管制作安装	10m²	3.4875	387.05	154.18	213.52	19.35
3		镀锌风管 630×400	m²	37.67				
	9-7	镀锌风管制作安装	10m²	3.767	295.54	115.87	167.99	11.68
4		镀锌风管 800×400	m²	14.4				
	9-6	镀锌风管制作安装	10m²	1.44	387.05	154.18	213.52	19.35
5		镀锌风管（变径）	m²	1.14				
	9-7	镀锌风管制作安装	10m²	0.114	295.54	115.87	167.99	11.68
6		镀锌风管 1250×400	m²	23.76				
	9-7	镀锌风管制作安装	10m²	2.376	295.54	115.87	167.99	11.68
7		镀锌风管 1600×400	m²	18				
	9-7	镀锌风管制作安装	10m²	1.8	295.54	115.87	167.99	11.68
8		变径风管	m²	1.46				
	9-8	变径风管制作安装	10m²	0.146	341.15	140.71	191.90	8.54
9		镀锌风管 2000×400	m²	26.4				

序号	定额编号	项目名称	计量单位	工程量	基价/元	人工费/元	材料费/元	机械费/元
	9-8	镀锌风管制作安装	10m²	2.64	341.15	140.71	191.90	8.54
10		变径风管	m²	1.76				
	9-8	变径风管制作安装	10m²	0.176	341.15	140.71	191.90	8.54
11		矩形风管 2000×400	m²	7.2				
	9-8	矩形风管制作安装	10m²	0.72	341.15	140.71	191.90	8.54
12		弧形风管 2000×400	m²	25.104				
	9-8	弧形风管制作安装	10m²	2.5104	341.15	140.71	191.90	8.54
13		回风管 1600×800	m²	5.76				
	9-8	回风管制作安装	10m²	0.576	341.15	140.71	191.90	8.54
14		新风管 1000×800	m²	2.52				
	9-7	新风管制作安装	10m²	0.252	295.54	115.87	167.99	11.68
15		排风管 300×200	m²	2.8				
	9-5	排风管制作安装	10m²	0.28	441.65	211.77	196.98	32.90
16		通风机	台	14				
	9-216	离心式通风机制作安装	台	14	34.15	19.74	14.41	—
17		空调机组	台	1				
	9-235	空调器安装	台	1	44.72	41.80	2.92	—
18		单层排风百叶风口 300×200	个	14				
	9-134	百叶风口安装	个	14	8.64	5.34	3.08	0.22
19		单层回风百叶风口 500×200	个	2				
	9-135	百叶风口安装	个	2	14.97	10.45	4.30	0.22
20		单层新风百叶风口 800×800	个	1				
	9-137	百叶风口安装	个	1	28.53	20.43	7.88	0.22
21		方形散流器 300×300	个	38				
	9-148	方形散流器安装	个	38	10.94	8.36	2.58	—
22		风盘的回风口 1200×400	个	13				
	9-137	百叶风口安装	个	13	28.53	20.43	7.88	0.22
23		风管的回风口 1000×400	个	3				
	9-137	百叶风口安装	个	3	28.53	20.43	7.88	0.22
24		风机盘管以及自带的风管	台	9				
	9-245	风机盘管安装	台	9	98.69	28.79	66.11	3.79
25		DN20 PPR 管	m	30.9				
	6-274	塑料管安装	10m	3.09	15.62	11.91	0.47	3.24
26		DN25 PPR 管	m	11.4				
	6-275	塑料管安装	10m	1.14	17.70	13.03	0.55	4.12

序号	定额编号	项目名称	计量单位	工程量	基价/元	人工费/元	材料费/元	机械费/元
27		DN30 PPR 管	m	20.05				
	6-275	塑料管安装	10m	2.005	17.70	13.03	0.55	4.12
28		DN32 PPR 管	m	13.9				
	6-276	塑料管安装	10m	1.39	21.33	15.00	0.68	5.65
29		DN40 PPR 管	m	7.5				
	6-277	塑料管安装	10m	0.75	28.12	19.76	1.83	6.53
30		DN60 焊接钢管	m	32.8				
	8-104	焊接钢管安装	10m	3.28	115.48	63.62	46.87	4.99
31		DN50 焊接钢管	m	29.5				
	8-103	焊接钢管安装	10m	2.95	101.55	62.23	36.06	3.26
32		DN40 焊接钢管	m	30.6				
	8-102	焊接钢管安装	10m	3.06	93.39	60.84	31.16	1.39
33		DN32 焊接钢管	m	24.3				
	8-101	焊接钢管安装	10m	2.43	87.41	51.08	35.30	1.03
34		DN25 焊接钢管	m	25				
	8-100	焊接钢管安装	10m	2.5	81.37	51.08	29.26	1.03
35		DN20 焊接钢管	m	56.8				
	8-99	焊接钢管安装	10m	5.68	63.11	42.49	20.62	—
36		金属支架制作安装	kg	197.64				
	9-270	吊托支架	100kg	1.9764	975.57	183.44	776.36	15.77
37		金属支架刷灰调和漆二遍	kg	197.64				
	11-126	刷调和漆第一遍	100kg	1.9764	12.33	5.11	0.26	6.96
38		11-127	刷调和漆第二遍	100kg	1.9764	12.30	5.11	0.23	6.96
		风管水管刷油	m²	283.30				
39		11-51	刷红丹防锈漆第一遍	10m²	28.33	7.34	6.27	1.07	—
	11-52	刷红丹防锈漆第二遍	10m²	28.33	7.23	6.27	0.96	—

【例 14】（一）工程概况

此系统是风机盘管系统，由于其活动室人员流量大，人体以及各种产生的污染空气比较多，此房间用的是机械排火烟，如图 1-144，图 1-145 所示，吸风口为单面吸口 I 型 T212-1，200×200 单重为 4.01kg/个，出风口为双层百叶 300×150；单重为 2.52kg/个，空调器采用的变风量 $L=20000m^3/h$，冷量 121.5kW（四排）$H=450Pa$ 功率 $N=7.5kW$，消声器采用的是阻抗复合式，尺寸为 800×500，单重为 82.68kg/个，凝水管安装时，应接排水方向，做不小于 0.003 的下行坡度，机房内空调箱的凝结水管排至该机房地漏处，其管径按到货机组所带的实际管径配管凝结水管口与水管相连时，设 200mm 长的透明型料软管，空气凝结水管采用 PPR 管；其他水管当管径＜100 时采用焊接钢管，当管径不大

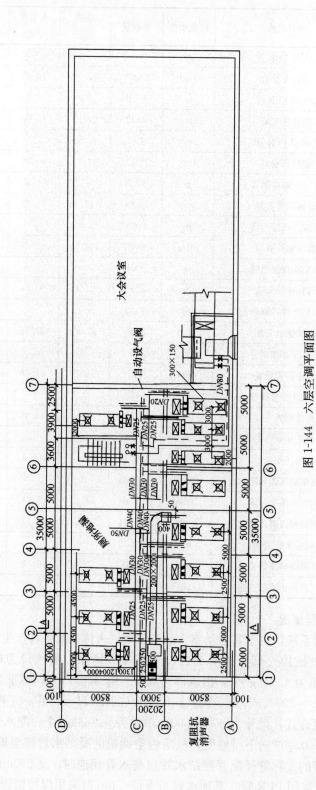

图 1-144　六层空调平面图

下面长度，所以在套定额时应把供、回水管和凝水管的长度及其阀门附件都包括进去。

风机盘管中，一般供、回水管为同一种管径，凝水管可比供、回水管大一个规格型号。供、回水管可用不锈钢管、镀锌钢管或塑料管，凝水管一般可用塑料管，视图纸具体要求而定。

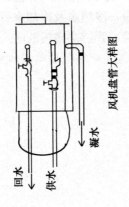

风机盘管大样图

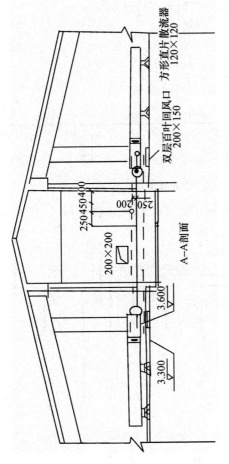

图 1-145　排水烟示意图

于100时，用无缝钢管，凝结水管保温厚度为15mm，室外冷却水管保温完后应用0.5mm的镀锌钢板做保护外壳，水管保温前应先除锈和清洁表面，然后刷防锈漆两道，再做保温，空调冷水供回水管，与其支吊架之间应采用与保温厚度相同的经过防腐处理的木垫片，安装完成后，支吊架应做保温喷涂，冷热水及冷却水管道每隔2m做一色环，凡未说明之处，如管道吊支架间距，管道焊接，管道穿楼板的防水做法，风管所用钢板厚度及法兰配用等，均应按照国家标准《通风空调工程施工质量验收规范》。

（二）工程量计算：

1. 清单工程量：

（1）凝水管PPR管：（如图1-146所示）

	单位	数量
①DN50	m	2.5
②DN40	m	7.2
③DN30	m	14
④DN25	m	5+1=6
⑤DN20	m	38

$L=(1.3+1.3+3)\times4+(1.3+3-0.1-0.3)\times4=38m$

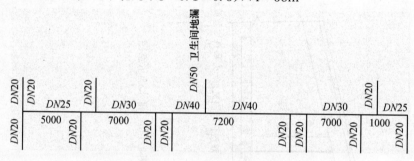

图1-146 空调凝水管系统图

（2）供水管：钢管（如图1-147所示）①DN80供回水管　m　21.16

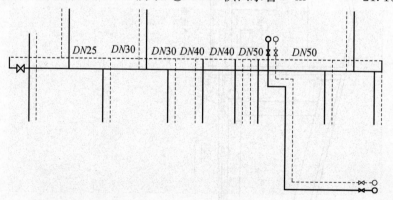

图1-147 空调水管系统图

$L=[11\times2-0.21(截止阀长度)\times4]m=21.16m$

②DN50 　　　　　　　　　　　　　　　　　m　　10

供水管：$L=5m$

回水管：$L=5\text{m}$

③$DN40$

供回水管：$L=11.7\times2\text{m}=23.4\text{m}$ m   23.4

④$DN30$ m   10

供回水管 $5\times2\text{m}=10\text{m}$

⑤$DN25$

供回水管：$(5\times2+0.4\times2)\text{m}=10.8\text{m}$ m   10.8

⑥$DN20$

供回水管：$[1\times2-0.3\times2+(1.3+1.3+3)\times4\times2+(1.3+3-0.4-0.45-0.25)\times4$

     $\times2]\text{m}=(1.4+44.8+25.6)\text{m}=71.8\text{m}$ m   71.8

(3) 镀锌矩形风管 200×200 m^2 12.4

周长 $2\times(0.2+0.2)\text{m}=0.8\text{m}$

$L=[4\times5-0.75-0.5-0.25(\text{帆布软接口})-0.25(\text{风量调节阀})-0.5+1.450-0.8$

   (通风机长)]m

   $=18.4\text{m}$

展开面积：$F=0.8\times15.5\text{m}^2=12.4\text{m}^2$

(4) 阻抗复合式消声器尺寸 800×500 个   1

单重 82.68kg/个

(5) 通风机   台   1

(6) 方形散流器 120×120

单重 2.34kg/个共 24 个   个   24

(7) 矩形风管：300×150 m^2 4.99

周长 $2\times(0.3+0.15)\text{m}=0.9\text{m}$

$L=[4+1.2-0.21(\text{风量调节阀})]\text{m}=4.99\text{m}$

展开面积：$F=0.9\times4.99\text{m}^2=4.49\text{m}^2$

(8) 风机盘管 FP$-$8.5 共 4 台   FP$-$10.2 共 8 台   台   12

小计：$(4+8)$台$=12$台

(9) 变风量空调器 $L=20000\text{m}^3/\text{h}$ 台   1

冷量 121.51kW，$H=450\text{Pa}$

功率 $N=7.5\text{kW}$

(10) 单面吸风口 I 型 T212-1，200×200 个   1

单重为 $4.0/\text{kg}$个

(11) 出风口双层百叶 300×150 单重为 2.52kg/个   个   1

清单工程量计算见表 1-170。

清单工程量计算表   表 1-170

序号	项目编码	项目名称	项目特征描述	计量单位	工程量
1	031001006001	塑料管	$DN50$PPR	m	2.50
2	031001006002	塑料管	$DN40$PPR	m	7.20

续表

序号	项目编码	项目名称	项目特征描述	计量单位	工程量
3	031001006003	塑料管	DN30PPR	m	14.00
4	031001006004	塑料管	DN25PPR	m	6.00
5	031001006005	塑料管	DN20PPR	m	38.00
6	031001002001	钢管	DN80	m	21.16
7	031001002002	钢管	DN50	m	10.00
8	031001002003	钢管	DN40	m	23.40
9	031001002004	钢管	DN30	m	10.00
10	031001002005	钢管	DN25	m	10.80
11	031001002006	钢管	DN20	m	71.80
12	030702001001	碳钢通风管道	镀锌矩形 200×200	m²	12.40
13	030703020001	消声器	阻抗复合式，800×500	个	1
14	030108001001	离心式通风机		台	1
15	030703007001	碳钢风口、散流器、百叶窗	方形散流器，120×120	台	1
16	030702001002	碳钢通风管道	镀锌矩形 300×150	m²	4.99
17	030701004001	风机盘管	FP-8.5	台	4
18	030701004002	风机盘管	FP-10.2	台	8
19	030701003001	空调器	$L=20000 m^3/h$	台	1
20	030703007001	碳钢风口、散流器、百叶窗	单面吸风口Ⅰ型 T21-2-1，200×200	个	1
21	030703007002	碳钢风口、散流器、百叶窗	双层百叶风口 2.52kg/个，300×150	个	1

2. 定额工程量

(1) DN50   m   2.5

①DN50   10m   0.25

②管子的固定支架   100kg   0.011

根据《空调与通风工程施工质量验收规范》确定 2 个固定支架，其单重 0.55kg/个

0.55kg/个 ×2＝1.1kg

(2) DN40   10m   0.72

①DN40   m   7.2

②风管的固定支架   100kg   0.01

《根据通风与空调工程 W 施工质量验收规范》确定 3.5m/个，共 7。2m/3.5m/个≈

2个

每个的单重 0.5kg/个

小计 0.5kg/个×2 个＝1kg

（3）DN30	m	14
①DN30	10m	1.4
②管子的固定支架	100kg	0.0225

根据《通风与空调工程施工质量验收规范》确定 3m/个

共 14m/3m/个＝5 个

共制作单重 0.45kg/个，小计：0.45×5kg＝2.25kg

（4）DN25	m	6
①DN25	10m	0.6
②管子的固定支架	100kg	0.004

根据《通风空调工程施工质量验收规范》确定为 3m/个，共 2 个，其单重为 0.2kg/个

小计 0.4kg

（5）DN20	m	38
①DN20	10m	38
②管子的固定支架	100kg	0.024

根据《通风空调工程施工质量验收规范》确定 12 个，每个的制作单重为 0.2kg/个，小计12×0.2kg＝2.4kg

（6）焊接钢管 DN80	m	21.16
①焊接钢管 DN80	10m	2.116
②钢管的固定支架	100kg	0.128

根据《通风空调工程施工质量验收规范》确定 6m/个共 21.16m/6m/个＝3.52≈4 个

每个制作单重为 3.2kg/个，小计 3.2kg/个×4 个＝12.8kg

③金属固定支架的除锈刷漆一遍	100kg	0.128
④金属固定支架刷灰调和漆二遍	100kg	0.128
⑤管子的刷油：		
$\pi DL=3.14\times0.08\times21.16m^2=5.315m^2$	m²	5.315
（7）焊接钢管 DN50	m	10
①焊接钢管 DN50	10m	1
②钢管的固定支架：	100kg	0.056

根据《通风与空调施工质量验收规范》确定 2 个支架：每个支架的单重为 2.8kg/个

小计：2.8kg/个×2 个＝5.6kg

③金属支架的除锈刷漆一遍	100kg	0.056
④金属支架刷灰调和漆二遍	100kg	0.056
⑤管子的刷油：$\pi DL=3.14\times0.05\times10m^2=1.57m^2$	m²	1.57
（8）DN40 焊接钢管：	m	23.4
①焊接钢管 DN40	10m	2.34
②钢管固定支架	100kg	0.075

同上 11.7/3.5≈3 个，每个制作单重为 2.5kg/个×3 个＝7.5kg

③金属支架的除锈刷漆一遍	100kg	0.075
④金属支架刷灰调和漆二遍	100kg	0.075
⑤管子刷油量		
$\pi DL = 3.14 \times 0.04 \times 23.4 m^2 = 2.94 m^2$	m^2	2.94
(9) DN30 焊接钢管	m	10
①焊接钢管　　　　DN30	10m	1
②钢管支架同上,一个单重为 2kg/个	100kg	0.02
③金属支架的除锈刷漆一遍	100kg	0.02
④刷灰调和漆二遍	100kg	0.02
⑤管子刷油量	m^2	0.942
$\pi DL = 3.14 \times 0.03 \times 10 m^2 = 0.942 m^2$		
(10) 焊接钢管 DN25	m	10.8
①焊接钢管 DN25	10m	1.08
②钢管支架,同上,一个单重为 1.8kg/个	100kg	0.018
③金属支架的除锈刷漆一遍	100kg	0.018
④刷灰调和漆二遍	100kg	0.018
⑤管子刷油量:$\pi DL = 3.14 \times 0.025 \times 10.8 m^2 = 0.8478 m^2$	m^2	0.8478
(11) DN20	m	71.8
①焊接钢管 DN20	10m	7.18
②钢管支架(无)		
③管子刷油量:$\pi DL = 3.14 \times 0.02 \times 71.8 m^2 = 4.51 m^2$	m^2	4.51
(12) 镀锌矩形风管:200×200	m^2	12.4
①镀锌矩形风管的制安	$10m^2$	1.24
②风管的吊支架:	100kg	0.1225
根据《通风与空调工程施工验收规范》3m/个共 15.5 个/3≈5 个,每个单重为 2.45kg/个		
小计: $2.45 \times 5 kg = 12.25 kg$		
③金属支架的除锈刷漆一遍	100kg	0.1225
④金属支架的刷灰调和漆二遍	100kg	0.1225
(13) 矩形风管 300×150	m^2	4.49
①矩形风管的制安	$10m^2$	0.449
②风管吊支架,同上单重为 2.63kg/个	100kg	0.0263
③金属支架,单重为 2.63kg/个	100kg	0.0263
④金属支架刷灰调和漆	100kg	0.0263
(14)阻抗复合式消声器的制作	100kg	0.8268
阻抗复合式消声器的安装	个	1
(15)通风机的安装	台	1

其中方形散流器,风机盘管,变风量空调器,双层百叶风口,单面口及风口都为成品,其工作量只有安装与清单一致。

常用管道支架间距见表1-171。

常用管道支架间距表 表 1-171

公称直径	15	20	25	32	40	50	65	80	100	125	150	200	250	300	350	400
管子外径/mm	18	25	32	38	45	57	73	89	108	133	159	219	273	325	377	426
管子壁厚/mm	3	3	3.5	3.5	3.5	3.5	4	4	4	4	4.5	6	8	8	9	9
支架间距/m 不保温	2.5	3	3.5	4	4.5	5	6	6	6.5	7	8	9.5	11	12	11.5	12
保温	1.5	2	2	2.5	3	3	4	4	4.5	5	6	7	8	8.5	10	10.5

工程预算表见表 1-172。

工程预算表 表 1-172

序号	定额编号	项目名称	计量单位	工程量	基价/元	人工费/元	材料费/元	机械费/元
1		凝结管 PPR 管	m	67.7				
	6-278	DN50	10m	0.25	39.60	26.73	2.79	10.08
	6-277	DN40	10m	0.72	28.12	19.76	1.83	6.53
	6-275	DN30	10m	1.4	17.70	13.03	0.55	4.12
	6-275	DN25	10m	0.6	17.70	13.03	0.55	4.12
	6-274	DN20	10m	3.8	15.62	11.91	0.47	3.24
2		焊接钢管	m	14.716				
	8-105	DN80	10m	2.116	122.03	67.34	50.80	3.89
	8-103	DN50	10m	1	101.55	62.23	36.06	3.26
	8-102	DN40	10m	2.34	93.39	60.84	31.16	1.39
	8-101	DN30	10m	1	87.41	51.08	35.30	1.03
	8-100	DN25	10m	1.08	81.37	51.08	29.26	1.03
	8-99	DN20	10m	7.18	63.11	42.49	20.62	—
3		镀锌矩形风管	m²	16.89				
	9-5	200×200	10m²	1.24	441.65	211.77	196.98	32.90
	9-6	300×150	10m²	0.449	387.05	154.18	213.52	19.35
4		阻抗复合式消声器制作安装	kg	82.68				
	9-200	阻抗复合式消声器制作	100kg	0.8268	915.33	332.80	573.35	9.18
	9-200	阻抗复合式消声器安装	个	1	44.70	32.91	11.70	0.09
5		通风机安装	台	1				
	9-216	离心式通风机安装	台	1	34.15	19.74	14.41	—
6		金属支架制作安装	kg	51.73				
	9-270	吊托支架制作安装	100kg	0.5173	975.57	183.44	776.36	15.77
7		金属支架除锈	kg	44.58				
	11-7	手工除锈	100kg	0.4458	17.35	7.89	2.50	6.96
8		金属支架刷漆一遍	kg	44.58				
	11-121	金属结构刷油	100kg	0.4458	13.05	5.34	0.75	6.96
9		金属支架刷灰调和漆二遍	kg	44.58				
	11-126	刷调和漆第一遍	100kg	0.4458	12.33	5.11	0.26	6.96
	11-127	刷调和漆第二遍	100kg	0.4458	12.30	5.11	0.23	6.96
10		管子刷油	m²	16.12				
	11-51	红丹防锈漆第一遍	10m²	1.162	7.34	6.27	1.07	—
	11-52	红丹防锈漆第二遍	10m²	1.162	7.23	6.27	0.96	—

【例 15】 （一）工程概况

本系统是采用一次回风全空气系统，在出空调机组的出口装有消音静压箱一个，尺寸 2400mm×1200mm×1000mm，帆布软接管 2200mm×800mm×300mm，防火阀长度为 300mm；新风口采用的是单层百叶 1400mm×600mm，回风口采用是单层百叶 1400mm×600mm，本系统采用的是侧送下回的气流组织方案。送风口为双层百叶风口（带调节阀）900mm×300mm，如图 1-148 所示。

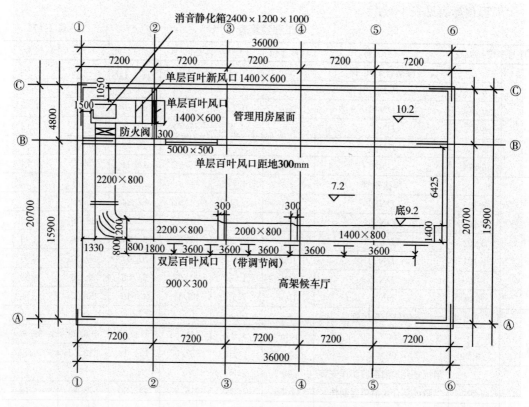

图 1-148　高架候车厅空调平面图

（二）工程量

(1) 镀锌矩形风管 1400×800   m²   63.36

周长 $2×(1.4+0.8)\text{m}=4.4\text{m}$

$l=(7.2+7.2)\text{m}=14.4\text{m}$

展开面积 $F=4.4×14.4\text{m}^2=63.36\text{m}^2$

(2) 镀锌矩形风管 2000×800   m²   38.64

周长 $2×(2+0.8)\text{m}=5.6\text{m}$

$l=(7.2-\underset{\text{(变径风管)}}{0.3})\text{m}=6.9\text{m}$

展开面积 $F=5.6×6.9\text{m}^2=38.64\text{m}^2$

(3) 镀锌矩形风管 2200×800   m²   124.47

水平段长：$(7.2+7.2-1.33-1.1-0.3)\text{m}=11.67\text{m}$

竖直段长：$(4.8-1.050-1.5-\underset{\text{(防火阀)}}{0.3}+6.425+0.7)\text{m}=9.075\text{m}$

小计：$(11.67+9.075)m=20.745m$

展开面积 $F=2×(2.2+0.8)×20.745m^2=124.47m^2$

（4）变径风管 　　　　　　　　　　　　　m^2　　　　3.24

周长 $[(2+0.8+1.4+0.8)+(2.2+0.8+2+0.8)]m=10.8m$

$l=0.3m$

展开面积 $F=10.8×0.3m^2=3.24m^2$

（5）导流叶片： 　　　　　　　　　　　　m^2　　　　6.908

$l=\gamma\theta=2.2×\dfrac{\pi}{2}m=3.454m$

叶片宽度为 $b=0.5m$　　n 为叶片的片数

$lb·n=3.454×0.5×4m^2=6.908m^2$

（6）新风管：$1400×600$ 　　　　　　　　m^2　　　　8

周长 $2×(1.4+0.6)m=4m$

$l=(10.2-7.2-1)m$ 空调机组的高$=2m$

展开面积 $F=4×2m^2=8m^2$

（7）消音静压箱 $2400×1200×1000$ 　　　m^2　　　12.96

展开面积 $F=2×(2.4×1.2+2.4×1+1.2×1)=12.96m^2$

【注释】　$2400×1200×1000$ 为消音静压箱的尺寸，$2.4×1.2$、$2.4×1$、$1.2×1$ 为各个面的面积，由于静压箱对立面的面积相同，故有 $2×(2.4×1.2+2.4×1+1.2×1)$。

（8）风机出口的风管 $2200×800$ 　　　　m^2　　　6.6

周长：$2×(2.2+0.8)m=6m$

$l=(9.2+0.4-1-0.3(帆布软管)-7.2)m=(6.3+2-7.2)m=1.1m$

展开面积 $F=6×1.1m^2=6.6m^2$

（9）帆布软接管 $2200×800×300$ 　　　　m^2　　　1.8

周长 $2×(2.2+0.8)m=6m=0.3m$

展开面积为：$6×0.3m^2=1.8m^2$

(10)风管的吊装支架：

根据《通风与空调工程施工验收规范》：

1. 风管水平安装，直径或上边尺寸小于等于 400mm，间距不应大于 4m；大于 400mm 不应大于 3m。螺旋风管的支吊架间距可分别延长至 5m 和 3.75m；对于薄钢板法兰的风管，其支吊架等间距不应大于 3m

2. 风管垂直安装，按间距不应大于 4m，单根直管，至少应有 2 个固定点。

3. 风管支、吊架宜接国标图集，与规范选用强度和刚度相适应的形式和规格。对于直径或边长大于 250mm 的超宽、超重等特殊风管的支、吊架应按设计的规定。

（11）镀锌矩形风管 $1400×800$ 吊支架 　　kg　　　22.5

根据规范：$l=14.4m$，确定 5 个吊支架，其每个支架根据国标图集制作其单重为 $4.5kg/个$。

小计：$4.5kg/个×5 个=22.5kg$

（12）镀锌矩形风管 $2000×800$ 吊支架 　　kg　　　14.55

根据规范可得 $l=6.9\text{m}$

确定3个吊支架每个支架的单重为 $4.85\text{kg}/$个

小计：$4.85\text{kg}/$个$\times3$个$=14.55\text{kg}$

(13) 镀锌矩形风管 2200×800　　　　　　kg　　　　34.86

根据规范可知：确定7个，水平4个，竖直3个，斜制作单重为 $4.98\text{kg}/$个。

小计：$4.98\text{kg}/$个$\times7$个$=34.86\text{kg}$

(14) 金属吊支架的除锈刷漆一遍　　　　　　kg　　　　71.91

$(22.5+14.55+34.86)\text{kg}=71.91\text{kg}$

(15) 金属吊支架刷灰调合漆二遍　　　　　　kg　　　　71.91

(16) 风管的刷油量：（内外壁均刷）　　　　m^2　　　520.44

$(63.36+38.64+124.47+3.24+6.908+8+7.2+6.6+1.8)\times2\text{m}^2=520.44\text{m}^2$

(17) 70℃防火阀　　　　　　　　　　　　个　　　　1

(18) 双层百叶风口（带调节阀）：900×300　　个　　　　1

(19) 单层百叶风口：5000×500　　　　　　个　　　　1

(20) 单层百叶新风口：1400×600　　　　　个　　　　1

(21) 单层百叶通风口：1400×600　　　　　个　　　　1

清单工程量计算见表1-173。

清单工程量计算表　　　　　　　　　　　　　　　　表1-173

序号	项目编码	项目名称	项目特征描述	计量单位	工程量
1	030702001001	碳钢通风管道	镀锌矩形 1400×800	m^2	63.36
2	030702001002	碳钢通风管道	镀锌矩形 2000×800	m^2	38.64
3	030702001003	碳钢通风管道	镀锌矩形 2200×800	m^2	124.47
4	030702001004	碳钢通风管道	镀锌矩形变径风管 2000×800 与 1400×800，2200×800 与 2000×800	m^2	3.24
5	030702001001	碳钢通风管道	镀锌矩形新风管 1400×600	m^2	8.00
6	030703021001	静压箱	$2400\times1200\times1000$，消音	m^2	7.20
7	030702001005	塑料通风管道	2200×800	m^2	6.60
8	030702008001	柔性软风管	$2200\times800\times300$	m	0.30
9	030703001001	碳钢阀门	防火阀 70℃	个	1
10	030703007001	碳钢风口、散流器、百叶窗	双层百叶风口 900×300	个	1
11	030703007002	碳钢风口、散流器、百叶窗	单层百叶风口 5000×500	个	1
12	030703007003	碳钢风口、散流器、百叶窗	单层百叶新风口 1400×600	个	1
13	030703007004	碳钢风口、散流器、百叶窗	单层百叶通风口 1400×600	个	1

工程预算表见表1-174。

工程预算表　　　　　　　　　　　　　　　表 1-174

序号	定额编号	项目名称	计量单位	工程量	基价/元	人工费/元	材料费/元	机械费/元
1		镀锌矩形风管	m²	226.47				
	9-8	1400×800	10m²	6.336	341.15	140.71	191.90	8.54
	9-8	2000×800	10m²	3.864	341.15	140.71	191.90	8.54
	9-8	2200×800	10m²	12.447	341.15	140.71	191.90	8.54
2		变径风管	m²	1.5				
	9-8	变径风管安装	10m²	0.15	341.15	140.71	191.90	8.54
3		导流叶片	m²	6.908				
	9-40	弯头导流叶片	m²	6.908	79.94	36.69	43.25	—
4		新风管 1400×600	m²	8				
	9-7	新风管安装	10m²	0.8	295.54	115.87	167.99	11.68
5		消音静压箱 2400×1200×1000	m²	7.2				
	9-252	静压箱的制作安装	10m²	0.72	468.34	283.28	166.14	18.92
6		风机出口的风管 2200×800	m²	6.6				
	9-8	风机出口风管的制作安装	10m²	0.66	341.15	140.71	191.90	8.54
7		帆布软接管 220×800×300	m²	1.8				
	9-41	软管接口	m²	1.8	171.45	47.83	121.74	1.88
8		金属支架制作安装	kg	71.91				
	9-270	吊托支架制作安装	100kg	7.191	975.57	183.44	776.36	15.77
9		金属支架除锈	kg	71.91				
	11-7	手工除锈	100kg	7.191	17.35	7.89	2.50	6.96
10		金属支架刷漆一遍	kg	71.91				
	11-121	带锈底漆一遍	100kg	7.191	13.05	5.34	0.75	6.96
11		金属支架刷灰调和漆二遍	kg	71.91				
	11-126	调和漆第一遍	100kg	7.191	12.33	5.11	0.26	6.96
	11-127	调和漆第二遍	100kg	7.191	12.30	5.11	0.23	6.96
12		风管刷油	m²	412.44				
	11-51	红丹防锈漆第一遍	10m²	41.244	7.34	6.27	1.07	—
	11-52	红丹防锈漆第二遍	10m²	41.244	7.23	6.27	0.96	—
13		70℃防火阀	个	1				
	9-91	风管防火阀安装	个	1	98.55	63.16	35.39	—
14		双层百叶风口 900×300	个	1				
	9-136	百叶风口安装	个	1	21.99	15.79	5.98	0.22
15		单层百叶风口 500×500	个	1				
	9-136	百叶风口安装	个	1	21.99	15.79	5.98	0.22
16		单层百叶新风口 1400×600	个	1				
	9-137	百叶风口安装	个	1	28.53	20.43	7.88	0.22

续表

序号	定额编号	项目名称	计量单位	工程量	基价 /元	人工费 /元	材料费 /元	机械费 /元
17		单层百叶通风口 1400×600	个	1				
	9-137	百叶风口安装	个	1	28.53	20.43	7.88	0.22
18		变径风管	m²	1.74				
	9-8	变径风管安装	10m²	0.174	34.15	140.71	191.90	8.54

【例 16】 一、工程概论

此系统是风机盘管系统，无新风、室内通风换气次数，卫生间，10 次/小时，风机盘管凝水集中排放就近卫生间地漏，且凝水管采用的是 PPR，其他水管采用的是焊接钢管。如图 1-149、图 1-150 所示。管道支架间距均按照国家标准《通风与空调工程施工质量验收规范》(GB 50243—2002)

二、工程量

凝水管 PPR(图 1-151)：

$$\qquad\qquad\qquad\qquad\qquad\qquad 单位\qquad\qquad 数量$$

(1) $DN20PPR$ m 56.3

② $l=(1+1.2+2.4-0.8-0.4-0.1)m=3.3m$

㉒ $l=(1+1.2+2.4-0.8-0.4-0.1+1.2)m=4.5m$

① $l=(\underset{平面图}{\underbrace{1.2}}+\underset{由A-A剖面可知}{\underbrace{0.8+0.4+0.1}})m=2.5m$

小计：$l_{总}=2.5×11m=27.5m$

⑦ $l=(1.2+2.4-0.8-0.4-0.1)m=2.3m$

小计：$l×6=2.3×6m=13.8m$

总计：$(13.8+27.5+\underset{水平部分}{\underbrace{7.2-1.8+3.6-1.8}}+3.3+4.5)m=56.3m$

(2) $DN25PPR$ m 10.8

$l=③+⑪+㉚+㉛+㉜$

$③=\dfrac{3.5+3.7}{4}m=1.8m$

⑪ $l=3.6m$

㉚$=$㉛$=$㉜$=1.8m$

小计：$(3.6+1.8×3+1.8)m=10.8m$

(3) $DN30PPR$ m 14.4

⑩$+$⑨$+$⑧$+$㉝$+$㉞$+$㉟$+$㊱$+$㊲

$=(1.8×3+1.8+3.6×2)m=14.4m$

(4) $DN32PPR$ m 3.6

$l=④+⑥=3.6m$

(5) $DN40$ m 6.4

$l=⑤+㉑=(2.4-0.8-0.4-0.1+2.4-\underset{地漏离墙的距离}{\underbrace{0.3}})×2m=6.4m$

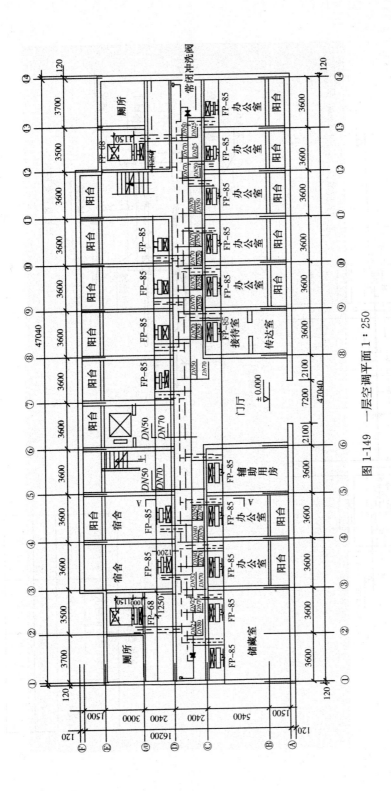

图 1-149　一层空调平面 1∶250

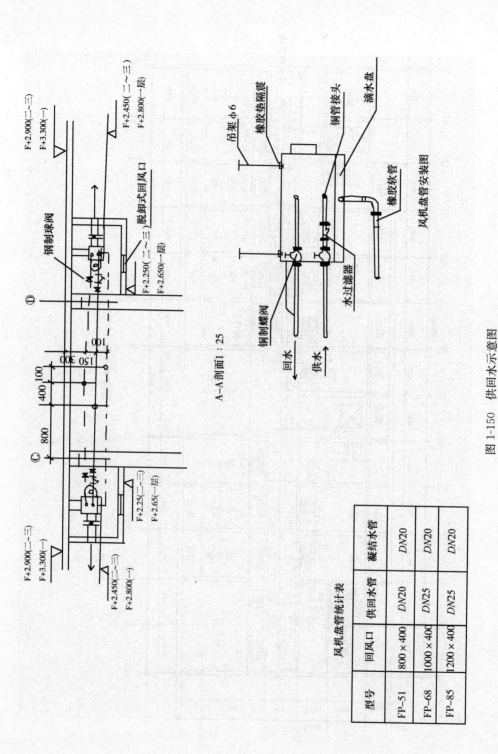

图 1-150　供回水示意图

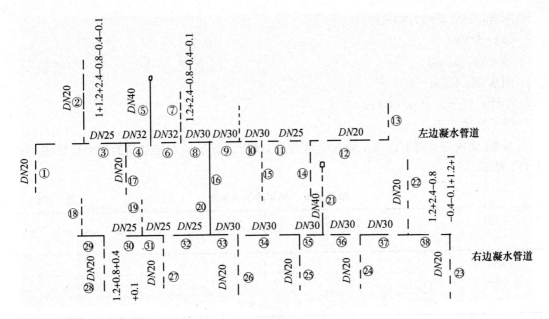

图 1-151 凝水管示意图

供回水管(焊接钢管):

(6) DN20   m   19.2

供水管:$l=(1+2.4+2.4-0.8)m=5m$

回水管:$l=(1+2.4+2.4-0.8-0.4)m=4.6m$

小计:$2\times(5+4.6)m=9.6\times2m=19.2m$

(7) DN25   m   86.8

供水管:$(1.2+2.4-0.8)m=2.8m$

回水管:$(1.2+2.4-0.8-0.4)m=2.4m$

小计:$[\underbrace{(2.8+2.4)\times6}_{北边}+\underbrace{(1.2+0.8+1.2+1.2)\times11}_{南边}+\underbrace{3.6\times2}_{水平}]=86.8m$

(8) DN32   m   3.6

供、回水管:$l=(1.8+1.8)m=3.6m$

(9) DN40   m   9

供水管:$l=(3.6+1.8)m=5.4m$

回水管:$l=3.6$

小计:$(3.6+3.6+1.8)m=9m$

(10) DN50   m   9

供水管:$(1.8+1.8)m=3.6m$

回水管:$(3.6+1.8)m=5.4m$

小计:$(3.6+5.4)m=9m$

(11) DN70   m   54

供水管:$3.6\times9m=32.4m$

回水管:$3.6\times6m=21.6m$

小计：$(32.4+21.6)m=54m$

(12) DN80   m   9.5

供水管：5.0m

回水管：4.5m

小计：$(5+4.5)m=9.5m$

管子的吊支架：

根据《通风与空调工程施工质量验收规范》规定，管子吊支架之间的间距应该满足表 1-175 要求。

钢管道支、吊架的最大间距   表 1-175

公称直径 /mm		15	20	25	32	40	50	70	80	100	125	150	200	250	300
支架的 最大间距 /m	L_1	1.5	2.0	2.5	2.5	3.0	3.5	4.0	5.0	5.0	5.5	6.5	7.5	8.5	9.5
	L_2	2.5	3.0	3.5	4.0	4.5	5.0	6.0	6.5	6.5	7.5	7.5	9.0	9.5	10.5
	对于大于 300mm 的管道可参考 300mm 管道														

注：1. 适用于工作压力不大于 2.0MPa，不保温或保温材料密度不大于 200kg/m 的管道系统；

2. L_1 用于保温管道，L_2 用于不保温管道。

凝水管道的吊支架：所有凝水吊支架均采用塑料制作，且凝水管的材料为 PPR，根据国家标准图集的吊支架制作：

①DN20 的吊支架：   kg   10.8

$l=56.3m$，根据规范确定

2.5m/个，共 24 个

每个吊支架的单重为 0.45kg

小计：$0.45×24kg=10.8kg$

②DN25，根据规范规定：   kg   2.5

2.5m/个 $×l=10.8m$

共：$(10.8/2.5)$个$≈5$个

每个单重 0.5kg

小计：$0.5×5kg=2.5kg$

③DN30 根据规范确定   kg   3.12

2.5m/个

$l=14.4m$ 确定$(14.4/2.5)$个$≈6$个

每个单重为 0.52kg

小计：$0.52×6kg=3.12kg$

④DN32   kg   1.1

$l=3.6m$，确定 2 个吊支架

单重为 $0.55×2kg=1.1kg$

⑤DN40，确定 3m/个   kg   1.2

$l=6.4m$

可知确定 2 个吊支架，每个单重为 0.6kg

小计：$0.6 \times 2kg = 1.2kg$

焊接钢管：

⑥DN20   kg   20.5

根据规范，2m/个

$l = 21.2m$，确定：10 个

每个吊支架的制作单重为 2.05kg

小计：$2.05 \times 10kg = 20.5kg$

⑦DN25   kg   75.25

根据规范：2.5m/个

(86.8/2.5)个 ≈ 35 个

每个制作单重为 2.15kg

小计：$35 \times 2.15kg = 75.25kg$

⑧DN32   kg   4.4

根据规范确定 2.5m/个

(3.6/2.5)个 ≈ 2 个

每个制作单重为 2.2kg

小计：$2.2 \times 2kg = 4.4kg$

⑨DN40   kg   7.5

根据《通风与空调工程施工质量验收规范可知》确定 3.0m/个

(9/3)个 = 3 个

按照国家标准图集中的吊支架，每个制作单重为 2.5kg/个

小计：$2.5kg/个 \times 3 个 = 7.5kg$

⑩DN50   kg   7.95

根据规范可知：3m/个

(9/3)个 = 3 个

每个根据国家标准图制作单重为 2.65kg/个

小计：$2.65 \times 3kg = 7.95kg$

⑪DN70   kg   41.25

根据规范可知：确定 3.5m/个

$l = 54m(54/3.5)个 ≈ 15 个$

每个制作单重为 2.75kg

$15 \times 2.75kg = 41.25kg$

⑫DN80   kg   5.8

根据规范 4.5m/个

$l = 9.5m$，确定为 2 个

每个制作单重 2.9kg/个

$2.9 \times 2kg = 5.8kg$

⑬金属支架除锈刷漆一遍   kg   181.37

$(5.8+41.25+7.95+7.5+4.4+75.25+20.5+1.2+1.1+3.12+2.5+10.8)kg$
$=181.37kg$

⑭金属支架刷灰调和漆二遍　　　　　　kg　　　　　　　181.37

⑮焊接钢管的刷油量：　　　　　　　m^2　　　　　　25.18

$\pi \times 0.02 \times 19.2 + \pi \times 0.025 \times 86.8$
$+\pi \times 0.032 \times 3.6 + \pi \times 0.04 \times 9 +$
$\pi \times 0.05 \times 9 + \pi \times 0.07 \times 54 +$
$\pi \times 0.08 \times 9.5 m^2$

$(1.21+6.81+0.36+1.13+1.413+11.87+2.386)m^2 = 25.18m^2$

说明：《全国统一安装工程预算定额》第八册"给排水，采暖、燃气工程"，说明指出：管道直径 DN32mm 以内的支架已包括在管道安装定额内，不能重复计算，管径在 DN32mm 以上的管道支架，应分别列项计算。

⑯常闭冲洗阀　　　　　　　　　　　　个　　　　　　　2

说明是成品，仅有安装。

⑰风机盘管FP-68　2个　　　　　　　个　　　　　　　19
　　　　　　FP-85　17

小计：(17+2)个=19个

⑱铜制蝶阀　　　　　　　　　　　　　个　　　　　　　38

(19×2)个=38个

⑲水过滤器　　　　　　　　　　　　　个　　　　　　　19

⑳橡胶软管：　　　　　　　　　　　　m　　　　　　　5.7

每个风机盘管 0.3m

19×0.3m=5.7m

㉑脱卸式回风口 1200×400　17个　　个　　　　　　　19
脱卸式回风口 1100×400　2个

㉒双层面叶送风口 1200×400　17个　个　　　　　　　19
双层面叶送风口 1000×400　2个

清单工程量计算见表 1-176。

清单工程量计算表　　　　　　　　　　　　　　　　　　表 1-176

序号	项目编码	项目名称	项目特征描述	计量单位	工程量
1	031001006001	塑料管	DN20PPR	m	56.30
2	031001006002	塑料管	DN25PPR	m	10.80
3	031001006003	塑料管	DN30PPR	m	14.40
4	031001006004	塑料管	DN32PPR	m	3.60
5	031001002001	钢管	焊接，DN20	m	19.20
6	031001002002	钢管	焊接，DN25	m	86.80
7	031001002003	钢管	焊接，DN32	m	3.60
8	031001002004	钢管	焊接，DN40	m	9.00

序号	项目编码	项目名称	项目特征描述	计量单位	工程量
9	031001002005	钢管	焊接，DN50	m	9.00
10	031001002006	钢管	焊接，DN70	m	54.00
11	031001002007	钢管	焊接，DN80	m	9.50
12	031002001001	管道支吊架	吊支架	kg	180.92
13	031003001001	冲洗阀	常闭式	个	2
14	030701004001	风机盘管	FP-68	个	2
15	030701004002	风机盘管	FP-85	个	2
16	030703001	碳钢阀门	铜制蝶阀	个	38
17	030701008001	滤水器、溢水盘	水过滤器	个	19
18	030702008001	柔性软风管	橡胶	m	5.70
19	030703009001	塑料风口、散流器、百叶窗	脱卸式回风口 1200×400	个	17
20	030703009002	塑料风口、散流器、百叶窗	脱卸式回风口 1100×400	个	2
21	030703009003	塑料风口、散流器、百叶窗	双层送风口 1200×400	个	17
22	030703009004	塑料风口、散流器、百叶窗	双层送风口 1000×400	个	2

【例 17】 （一）工程概况

此系统是全空气系统一次回风，采用的是散流器下送顶回的气流组织方式，空气处理机组是采用吊装的，减小了机组的占地空间，散流器采用的全部是方形散流器 200mm×200mm，回风口采用是双层百叶回风口 200mm×150mm，新风口采用的是双层百叶新风口，风管调节阀装在新风口端长约 200mm，帆布软风管 600mm×300mm 接在风机出口尺寸为 600mm×300mm，长度为 300mm；阻抗复合式消声器 800mm×500mm，单重为82.68kg/个，70℃防火阀长约 300mm 装在风机出口的总风管上，如图 1-152 所示。

（二）工程量

（1）镀锌矩形风管：320×200　　　　　m^2　　　　81.12

周长：$2×(0.32+0.2)m=1.04m$

$l=(7.5-0.5-0.5)m=6.5m$

总计：$6.5×12m=78m$

工程量：$1.04×78m^2=81.12m^2$

（2）镀锌矩形风管：400×200　　　　　m^2　　　　56.4

$l=(2.25+3+1.5+5)×4m=47m$

周长：$2×(0.4+0.2)m=1.2m$

工程量：$F=1.2×47m^2=56.4m^2$

（3）镀锌矩形风管：400×300　　　　　m^2　　　　26.25

周长 $2×(0.4+0.3)m=1.4m$

$l=\left(\dfrac{7.5}{2}+7.5+7.5\right)m=18.75m$

工程量：$F=18.75×1.4m^2=26.25m^2$

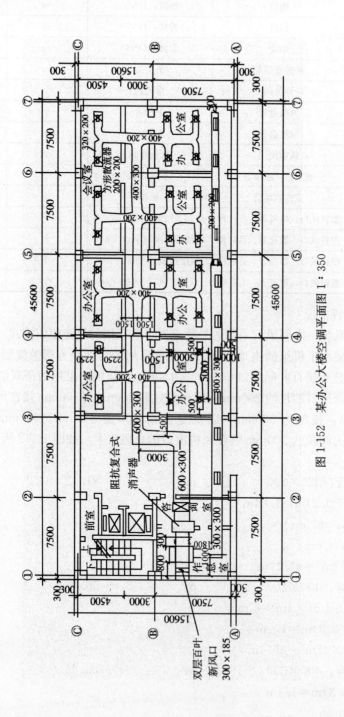

图 1-152　某办公大楼空调平面图 1：350

（4）镀锌矩形风管：600×300　　　　　　m²　　　　　35.1

周长：2×(0.6+0.3)m=1.8m

l=(7.5+7.5+3+7.5−0.8−3.6−0.3−1.0−0.3)m

　　　　　竖直　　新风　　吊顶空　帆布　阻抗复合
　　　　　段　　　管　　　调机组长　接口　式消声器

　=19.5m

工程量：F=1.8×19.5m²=35.1m²

（5）散流器（方形直片）200×200　　　　个　　　　　24

单重为 3.91kg/个

（6）镀锌矩形回风管：200×200　　　　　m²　　　　　11.6

周长：2×(0.2+0.2)m=0.8m

l=(7.5+7.5−0.5)m=14.5m

工程量：F=14.5×0.8m²=11.6m²

（7）镀锌矩形风管：300×300　　　　　　m²　　　　　36.94

周长：2×(0.3+0.3)m=1.2m

l=(7.5×3+7.5−1+1.8)m=30.8m

　　　水平段　　　　　竖直段

工程量：F=30.8×1.2m²=36.96m²

（8）双层百叶回风口：200×150　　　　　个　　　　　10

单重为 1.73kg/个

（9）双层百叶新风口：300×185　　　　　个　　　　　1

单重为 1.73kg/个

（10）风量调节阀　　　　　　　　　　　个　　　　　1

（11）吊顶空调机组　　　　　　　　　　台　　　　　1

（12）阻抗复合式消声器：800×500　　　个　　　　　1

（13）70℃防火阀　　　　　　　　　　　个　　　　　1

（14）帆布软接管：600×300　　　　　　m²　　　　　0.54

周长：2×(0.6+0.3)m=1.8m

l=0.3m

工程量：F=1.8×0.3m²=0.54m²

风管的吊支架：

《通风及空调工程施工质量验收规范》中规定：

①风管水平安装，直径或上边尺寸小于等于 400mm，间距不应大于 4m；大于 400mm，不应大于 3m。螺旋风管的支、吊架间距可分别延长至 5m 和 3.75m；对于薄钢板法兰的风管，其支、吊架间距不应大于 3m。

②风管垂直安装，间距不应大于 4m，单根直管至少应有 2 个固定点。

③风管支、吊架宜按国际图集与规范选用强度和刚度相适应的形式和规格。对于直径或边长大于 2500mm 的超宽、超重等特殊风管的支吊架，应按设计规定。

④支、吊架不宜设置在风口、阀门、检查门及自控机构处，离风口或插接管的距离不

应小于 200mm。

⑤当水平悬吊的主干风管长度超过 200m，应设置防止摆动的固定点，每个系统不应少于 1 个。

（15）镀锌风管 320×200 的吊支架　　　　kg　　　　49.2

根据规范确定 24 个

每个单重 2.05kg/个

小计：24×2.05kg=49.2kg

（16）镀锌矩形风管 400×200 的吊支架　　kg　　　　26.4

根据规范确定 12 个

每个单重为 2.20kg/个

小计：2.20×12kg=26.4kg

（17）镀锌矩形风管 400×300 的吊支架　　kg　　　　14.7

根据规范确定 3m/个

$l=18.75m$，18.75/3 个≈6 个

其制作单重为 2.45kg/个

小计：2.45kg/个×6 个=14.7kg

（18）镀锌矩形风管 600×300 的吊支架　　kg　　　　21

根据规范确定为 3m/个

（19.5/3）个≈7 个

其制作单重为 3kg/个

小计：3×7kg=21kg

（19）镀锌矩形回风管 200×200 的吊支架 kg　　　　9.25

根据规范确定 3m/个

（14.5/3）个≈5 个

其制作单重为 1.85kg/个

小计：1.85×5kg=9.25kg

（20）镀锌矩形风管 300×300 的吊支架　　kg　　　　23

根据规范确定 3m/个

（30.2/3）个≈10 个

其制作单重为 2.3kg/个

小计：2.3kg/个×10 个=23kg

说明：其镀锌矩形回风管 300×300

$l=30.2m>20m$

需设 2 个防止摆动的固定点。

（21）金属支架防锈刷漆一遍：　　　　　kg　　　　143.55

（23+9.25+21+14.7+26.4+49.2）kg=143.55kg

（22）金属支架刷灰调和漆二遍　　　　　kg　　　　143.55

（23）风管的刷油量　　　　　　　　　　m²　　　　234.75

（81.12+43.2+26.25+35.1+11.6+36.94+0.54）m²=234.75m²

（24）吊顶空气处理机组的吊支架　　　　kg　　　　4.832

吊支架井槽钢 6.04kg/m

吊顶空气处理机组

$l = \underset{\substack{屋\\顶\\标\\高}}{(3.6} - \underset{\substack{机\\组\\标\\高}}{2.8)}m = 0.8m$

小计：6.04kg/m×0.8m＝4.832kg

（25）阻抗复合式消声器吊支架　　　　kg　　　　6.644

槽钢 66.04kg/m

$l = \underset{\substack{屋\\顶\\标\\高}}{(3.6} - \underset{消声器的顶标高}{2.5)}m = 1.1m$

小计：6.04kg/m×1.1m＝6.644kg

（26）金属支架防锈刷漆一遍　　　　kg　　　　11.476

（6.644＋4.832）kg＝11.476kg

（27）金属支架刷灰调和漆二遍　　　　kg　　　　11.476

清单工程量计算见表 1-177。

清单工程量计算表　　　　　　　　　　表 1-177

序号	项目编码	项目名称	项目特征描述	计量单位	工程量
1	030702001001	碳钢通风管道	镀锌矩形 320×200	m²	81.12
2	030702001002	碳钢通风管道	镀锌矩形 400×200	m²	56.40
3	030702001003	碳钢通风管道	镀锌矩形 400×300	m²	26.25
4	030702001004	碳钢通风管道	镀锌矩形 600×300	m²	35.10
5	030702001005	碳钢通风管道	镀锌矩形 300×300	m²	36.94
6	030702001006	碳钢通风管道	镀锌矩形 200×200	m²	11.60
7	030703007001	碳钢风口、散流器、百叶窗	方形直片散流器，200×200	个	24
8	030703007002	碳钢风口、散流器、百叶窗	双层百叶新风口，200×150	个	10
9	030703007003	碳钢风口、散流器、百叶窗	双层百叶新风口，300×185	个	1
10	030703001001	碳钢阀门	调节阀长 200mm	个	1
11	030701004001	风机盘管	吊顶式	台	1
12	030703020001	消声器	阻抗复合式，800×500	个	1
13	030703001002	碳钢阀门	防火阀70℃，82.68kg/个	个	1
14	030702008001	柔性软风管	600×300	m	0.30

工程预算表见表1-178。

工程预算表 表1-178

序号	定额编号	项目名称	计量单位	工程量	基价/元	其中/元		
						人工费	材料费	机械费
1		镀锌矩形风管，320×200	m²	81.12				
	9-6	镀锌矩形风管的制作安装	10m²	8.112	387.05	154.18	213.52	19.35
	9-270	风管的吊支架	100kg	0.492	975.57	183.44	776.36	15.77
2		镀锌矩形风管，400×200	m²	56.4				
	9-6	镀锌矩形风管的制作安装	10m²	5.64	387.05	154.18	213.52	19.35
	9-270	风管的吊支架	100kg	0.264	975.57	183.44	776.36	15.77
3		镀锌矩形风管，400×300	m²	26.25				
	9-6	镀锌矩形风管的制作安装	10m²	2.625	387.05	154.18	213.52	19.35
	9-270	风管的吊支架	100kg	0.147	975.57	183.44	776.36	15.77
4		镀锌矩形风管，600×300	m²	35.1				
	9-6	镀锌矩形风管的制作安装	10m²	3.51	387.05	154.18	213.52	19.35
	9-270	风管的吊支架	100kg	0.21	975.57	183.44	776.36	15.77
5		镀锌矩形回风管，200×200	m²	11.6				
	9-5	镀锌矩形回风管的制作安装	10m²	1.16	441.65	211.77	196.98	32.90
	9-270	风管的吊支架	100kg	0.0925	975.57	183.44	776.36	15.77
6		镀锌矩形风管，300×300	m²	36.94				
	9-6	镀锌矩形风管的制作安装	10m²	3.694	387.05	154.10	213.52	19.35
	9-270	风管的吊支架	100kg	0.23	975.57	183.44	776.36	15.77
7		散流器(方形直片)，200×200	个	24				
	9-112	散流器的制作	100kg	0.9384	2022.96	1155.66	551.57	315.73
	9-146	散流器的安装	个	24	5.57	4.64	0.93	—
8		双层百叶回风口	个	10				
	9-96	双层百叶回风口的制作	100kg	0.173	1727.72	1201.63	507.30	18.79
	9-133	双层百叶回风口的安装	个	10	6.87	4.18	2.47	0.22
9		双层百叶新风口，300×185	个	1				
	9-96	双层百叶新风口的制作	100kg	0.0173	1727.72	1201.63	507.30	18.79
	9-134	双层百叶新风口的安装	个	1	8.64	5.34	3.08	0.22
10	9-72	风量调节阀	个	1	7.32	4.88	2.22	0.22

序号	定额编号	项目名称	计量单位	工程量	基价/元	其中/元		
						人工费	材料费	机械费
11		吊顶空调机组	台	1				
	9-211	吊顶空调机组的吊支架	100kg	0.0482	523.29	159.75	348.27	15.27
12		阻抗复合式消声器，800×500	个	1				
	9-200	阻抗复合式消声器的制作安装	100kg		960.03	365.71	585.05	9.27
	9-211	阻抗复合式消声器的吊支架	100kg	0.06644	523.29	159.75	348.27	15.27
13	11-119	金属支架防锈刷漆一遍	100kg	1.4355	13.11	5.34	0.81	6.96
14	11-126	金属支架刷灰调和漆一遍	100kg	1.4355	12.33	5.11	0.26	6.96
15	11-127	金属支架刷灰调和漆二遍	100kg	1.4355	12.30	5.11	0.23	6.96
16	11-51	风管的刷油量	10m²	23.477	7.34	6.27	1.01	—
17	11-119	金属支架防锈刷漆一遍	100kg	0.11476	13.11	5.34	0.81	6.96
18	11-126	金属支架刷灰调和漆一遍	100kg	0.11476	12.33	5.11	0.26	6.96
19	11-127	金属支架刷灰调和漆二遍	100kg	0.11476	12.30	5.11	0.23	6.96

【例18】 （一）工程概况

此系统大堂采用的是全空气系统，一次回风，其他房间采用新风＋风机盘管形式，由于此工程的特殊性，有些房间设计机械排风排除有害粉尘，排风经过中效过滤器过滤后排出，通风、空调系统的风管在穿出机房处安装防火阀。排风管穿入竖井时设置70℃温感关闭的防火阀。排烟支管及排烟风机吸入口处设有280℃温感关闭的排烟防火阀。采用散流器上送、上回风形式。如图1-153所示。

（二）工程量

(1) 镀锌矩形风管1000×400

　　　　　　　　　　　　单位　　　　数量

　　　　　　　　　　　　m²　　　　52.08

周长：2×(1+0.4)m=2.8m

$$l=\underset{\text{水平部分}}{\underline{\frac{7.2+7.2+3}{}}}-\underset{\text{防火阀长度}}{\underline{0.3}}+\underset{\text{风管底标高}}{\underline{2.8}}+\underset{\text{风管的半高}}{\underline{0.2}}-1.5$$

　　　=18.6m

2.8m——风管底标高；

0.2m——风管的半高；

1.5m——空气处理机组的高度。

工程量：$F=2.8×18.6m^2=52.08m^2$

(2) 镀锌新风管320×250　　　　　　m²　　　　7.75

周长：2×(0.32+0.25)m=1.14m

$l=(6+0.8)m=6.8m$

0.8m——新风口到新风机组的距离。

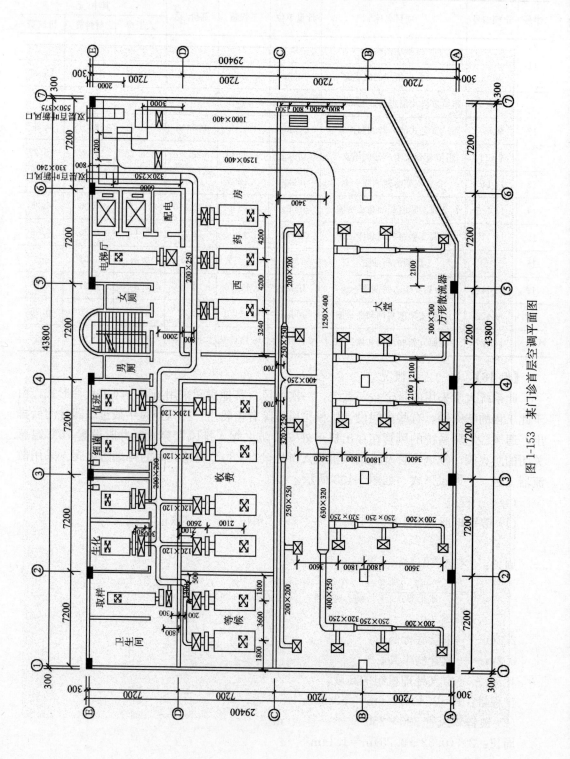

图 1-153 某门诊首层空调平面图

工程量：$F=(1.14\times6.8)m^2=7.75m^2$

(3) 镀锌矩形风管 200×250　　　　　　m^2　　　　　12.96

周长：$2\times(0.2+0.25)m=0.9m$

$l=(7.2+7.2)m=14.4m$

工程量：$F=0.9\times14.4m^2=12.96m^2$

(4) 镀锌矩形风管 200×200　　　　　　m^2　　　　　16.56

周长：$2\times(0.2+0.2)m=0.8m$

$l=(2.0+0.8+7.2\times2+2+0.2+1.3)m=20.7m$

1.3m——水平部分长(由进入风盘支管中心线到新风干管中心线的长度)

工程量：$F=0.8\times20.7m^2=16.56m^2$

(5) 镀锌矩形风管 120×120　　　　　　m^2　　　　　11.344

周长：$2\times(0.12+0.12)m=0.48m$

$l=[(2.4+0.3+2.1)\times4+2\times0.3+3.6]m=19.2m$

0.3m——左边连接风盘的风管长；

2.4m——走廊的宽；

3.6m——左边两个风机盘管之间的距离。

$l=[19.2+0.6+3.6+(0.8+0.3)\times4]m=27.8m$

工程量：$F=0.48\times27.8m^2=13.344m^2$

(6) 镀锌矩形风管 1250×400　　　　　　m^2　　　　　132.33

周长：$2\times(1.25+0.4)m=3.3m$

$l=[1.2+(2.8+0.2-1.5)+7.2-2+7.2+3.4+7.2\times3]m=40.1m$

2.8m——风管的标高；

0.2m——风管的半高；

1.5m——空气处理机组的高度。

工程量：$F=3.3\times40.1m^2=132.33m^2$

(7) 镀锌矩形风管 630×320　　　　　　m^2　　　　　13.68

周长：$2\times(0.63+0.32)m=1.9m$

$l=7.2m$

工程量：$F=1.9\times7.2m^2=13.68m^2$

(8) 镀锌矩形风管 400×250　　　　　　m^2　　　　　12.87

周长：$2\times(0.4+0.25)m=1.3m$

$l=(7.2+3.4-0.7)m=9.9m$

0.7m——风管竖直干管中心线到内墙中心线的距离。

工程量：$F=1.3\times9.9m^2=12.87m^2$

(9) 镀锌矩形风管 320×250　　　　　　m^2　　　　　14.36

周长：$2\times(0.32+0.25)m=1.14m$

$l=(1.8\times5+3.6)m=12.6m$

工程量：$F=1.14\times12.6m^2=14.364m^2$

(10) 镀锌钢管 250×250　　　　　　m^2　　　　　19.8

周长：$2×(0.25+0.25)m=1m$

$l=(5×1.8+3.6+7.2)m=(9+3.6+7.2)m=19.8m$

工程量：$F=1×19.8m^2=19.8m^2$

(11) 镀锌矩形风管 200×200 　　　　　　　　m² 　　　　　49.92

周长：$2×(0.2+0.2)m=0.8m$

$l=[7.2+7.2+3.6×5+(7.2-1.8-3.6-0.7)×5+(7.2-2.1-2.1)/2×15]m$
$=(14.4+18+5.5+22.5)m=60.4m$

其中：$(7.2-1.8-3.6-0.7)m$ 为竖直风管长度(接散流器)；

$(7.2-2.1-2.1)/2m$ 为水平风管长度(接散流器)；

$l=(2.8-2.7)m=0.1m$ 为散流器至风管底标高的距离。

小计：$(0.1×20+60.4)m=62.4m$

工程量：$F=0.8×62.4m^2=49.92m^2$

(12) 方形散流器 300×300 　　　　　　　　　个 　　　　　35

(13) 空气处理机组 　　　　　　　　　　　　台 　　　　　1

(14) 双层百叶孔向上 　　　　　　　　　　　个 　　　　　2

330×240 　　　1个

550×375 　　　1个

(15) 格栅回风口 　　　　　　　　　　　　　个 　　　　　2

(16) 70℃防火阀 　　　　　　　　　　　　　个 　　　　　2

(17) 所有风管的刷油量 　　　　　　　　　　m² 　　　　　345.66

$(52.08+7.752+12.96+16.56+13.344+132.33+13.68+12.87+14.364+19.8+49.92)m^2=345.66m^2$

风管的吊支架：

根据《通风与空调工程施工质量验收规范》所要求的：

①风管水平安装，直径或长边尺寸小于等于 400mm，间距不应大于 4m；大于 400mm，不应大于 3m。螺旋风管的支吊架间距可分别延长至 5m 和 3.75m，对于薄钢板法兰的风管，其支、吊架间距不应大于 3m。

②风管垂直安装，间距不应大于 4m，单根直管至少应有 2 个固定点。

③风管支、吊架宜按图标图集，与规范选用强度和刚度相适应的形式和规格。对于直径或边长大于 2500mm 的超宽、超重等特殊风管的支、吊架应按设计规定。

④当水平悬吊的主、干风管长度超过 20m 时，应设置防止摆动的固定点每个系统不应少于 1 个。

(18) 镀锌矩形风管 1000×400 的吊支架 　　　kg 　　　　　48.4

根据规范可知确定 2.5m/个

　　　　　　　　　　　　　　$l=18.6m$ 　18.6m/2.5m/个≈8 个

根据标准图集所示，其吊支架制作的单重为 6.05kg/个

小计 6.05kg/个×8 个=48.4kg

(19) 镀锌矩形风管 320×250 的吊支架 　　　kg 　　　　　3.7

根据规范可知：确定 3m/个

$l=6.8\text{m}$ $6.8\text{m}/3\text{m}/个≈2$ 个

根据国家标准图所示，共制作单重为 1.85kg/个

小计：1.85kg/个×2 个＝3.7kg

（20）镀锌矩形风管 200×250 的吊支架　　　kg　　　　8.25

根据规范可知：确定 3m/个

$l=14.4\text{m}$ $14.4\text{m}/3\text{m}/个≈5$ 个

根据国家标准图所示，其制作单重为 1.65kg/个

小计：1.65kg/个×5 个＝8.25kg

（21）镀锌矩形风管 200×200 的吊支架　　　kg　　　　10.15

根据规范可知：确定 3m/个

$l=20.7\text{m}$，$20.7\text{m}/3\text{m}/个≈7$ 个

根据国家标准图集可知，其制作单重为：1.45kg/个

小计：1.45kg/个×7 个＝10.15kg

（22）镀锌矩形风管 120×120 的吊支架　　　kg　　　　4.2

根据《通风与空调工程施工质量验收规范》可知：确定 4 个，每个制作单重为 1.05kg/个

小计：1.05kg/个×4 个＝4.2kg

（23）镀锌矩形风管 1250×400 的吊支架：　　　kg　　　　100

根据《通风与空调工程施工质量验收规范》可知：确定 2.5m/个，$l=40.1\text{m}$

$40.1\text{m}/2.5\text{m}/个≈16$ 个，每个根据国家标准其制作单重为 6.25kg/个

小计：6.25kg/个×16 个＝100kg

（24）镀锌矩形风管 630×320 的吊支架：　　　kg　　　　12.15

根据《通风与空调工程施工质量验收规范》可知：确定 2.5m/个，$l=7.2\text{m}$

$7.2\text{m}/2.5\text{m}/个≈3$ 个

每个根据标准制作单重为 4.05kg/个

小计：4.05kg/个×3 个＝12.15kg

（25）镀锌矩形风管 400×250 的吊支架　　　kg　　　　8.2

根据《通风与空调工程施工质量验收规范》可知：确定 2.5m/个

$l=9.9\text{m}$ $9.9\text{m}/2.5\text{m}/个＝4$ 个

根据国家标准要求其制作单重 2.05kg/个

小计 2.05kg/个×4 个＝8.2kg

（26）镀锌矩形风管 320×250 的吊支架　　　kg　　　　7.4

根据《通风与空调工程施工质量验收规范》可知：确定 3m/个，$l=12.6\text{m}$，$12.6\text{m}/3\text{m}/个＝4$ 个，根据国家标准要求其制作单重为 1.85kg/个

小计：1.85kg/个×4 个＝7.4kg

（27）镀锌风管 250×250 的吊支架　　　kg　　　　12.25

同样原理：共 19.8m/3m/个＝7 个

其每个根据国家标准制作单重为 1.75kg/个

小计：1.75kg/个×7 个＝12.25kg

(28)镀锌风管 200×200 的吊支架：   kg   24.65

同样原理：共 62.4m/3.6m/个＝17 个

每个根据国家标准制作单重为 1.45kg/个

小计：1.45kg/个×17 个＝24.65kg

(29)风机盘管和吊顶新风机组的吊支架：   kg   218.688

8 号角钢：8.04kg/m

$l=(3.6-2.8)\times2\times15m=24m$

小计：8.04kg/m×24m＝192.96kg

吊顶空气处理机组$(3.6-2.8)\times4\times8.04kg=25.728kg$

总计：(92.96＋25.728)kg＝218.688kg

(30)金属支架的除锈刷漆一遍   kg   458.038

总计：(218.688＋24.65＋12.25＋7.4＋8.2＋12.15＋100＋4.2＋10.15＋8.25＋3.7
＋48.4)kg＝458.038kg

(31)金属支架刷灰调和漆二遍   kg   458.038

清单工程量计算见表 1-179。

清单工程量计算表   表 1-179

序号	项目编码	项目名称	项目特征描述	计量单位	工程量
1	030702001001	碳钢通风管道	镀锌矩形 1000×400	m²	52.08
2	030702001002	碳钢通风管道	镀锌矩形 320×250	m²	7.75
3	030702001003	碳钢通风管道	镀锌矩形 200×250	m²	12.96
4	030702001004	碳钢通风管道	镀锌矩形 200×200	m²	16.56
5	030702001005	碳钢通风管道	镀锌矩形 120×120	m²	11.34
6	030702001006	碳钢通风管道	镀锌矩形 1250×400	m²	132.33
7	030702001007	碳钢通风管道	镀锌矩形 630×320	m²	13.68
8	030702001008	碳钢通风管道	镀锌矩形 400×250	m²	12.87
9	030702001009	碳钢通风管道	镀锌矩形 320×250	m²	14.36
10	030702001010	碳钢通风管道	镀锌矩形 200×200	m²	49.92
11	030702001011	碳钢通风管道	镀锌 250×250	m²	19.80
12	030703007001	碳钢风口、散流器、百叶窗	方形散流器 300×300	个	35
13	030701004001	风机盘管	新风＋风机盘管形式	台	1
14	030703007001	碳钢风口、散流器、百叶窗	双层百叶风口，向上	个	2
15	030703007002	碳钢风口、散流器、百叶窗	格栅回风口	个	2
16	030703001001	碳钢阀门	防火阀 70℃	个	2

工程预算表见表 1-180。

工程预算表　　　　表 1-180

序号	定额编号	项目名称	计量单位	工程量	基价/元	其中/元		
						人工费	材料费	机械费
1		镀锌矩形风管，1000×400	m²	52.08				
	9-7	镀锌矩形风管的制作安装	10m²	5.208	295.54	115.87	167.99	11.68
2		镀锌矩形风管，320×250	m²	7.752				
	9-6	镀锌矩形风管的制作安装	10m²	0.7752	387.05	154.18	213.52	19.35
3		镀锌矩形风管，200×250	m²	12.96				
	9-6	镀锌矩形风管的制作安装	10m²	1.296	387.05	154.18	213.52	19.35
4		镀锌矩形风管，200×200	m²	16.56				
	9-5	镀锌矩形风管的制作安装	10m²	1.656	441.65	211.77	196.98	32.90
5		镀锌矩形风管，120×120	m²	11.232				
	9-5	镀锌矩形风管的制作安装	10m²	1.123	441.65	211.77	196.98	32.90
6		镀锌矩形风管，1250×400	m²	132.33				
	9-7	镀锌矩形风管的制作安装	10m²	1.3233	295.54	115.87	167.99	11.68
7		镀锌矩形风管，630×320	m²	13.68				
	9-6	镀锌矩形风管的制作安装	10m²	1.368	387.05	154.18	213.52	19.35
8		镀锌矩形风管，400×250	m²	12.87				
	9-6	镀锌矩形风管的制作安装	10m²	1.287	387.05	154.18	213.52	19.35
9		镀锌矩形风管，320×250	m²	14.364				
	9-6	镀锌矩形风管的制作安装	10m²	1.4364	387.05	154.18	213.52	19.35
10		镀锌矩形风管，250×250	m²	28.8				
	9-6	镀锌矩形风管的制作安装	10m²	19.8	387.05	154.18	213.52	19.35
11		镀锌矩形风管，200×200	m²	49.92				
	9-5	镀锌矩形风管的制作安装	10m²	4.992	441.65	211.77	196.98	32.90
12		方形散流器，300×300	个	35				
	9-112	方形散流器的制作	100kg	<5kg/个	2022.96	1155.66	551.57	315.73
	9-148	方形散流器的安装	个	35	10.94	8.36	2.58	—
13		空气处理机组	台	1				
	9-213	空气处理机组的安装	台	1	87.59	29.49	51.45	6.65
14		双层百叶孔向上，330×240	个	1				
	9-96	双层百叶口的制作	100kg	<5kg/个	1727.72	1201.63	507.30	18.79
	9-134	双层百叶口的安装	个	1	8.64	5.34	3.08	0.22

序号	定额编号	项目名称	计量单位	工程量	基价/元	其中/元		
						人工费	材料费	机械费
15		双层百叶孔向上，550×375	个	1				
	9-96	双层百叶口的制作	100kg	<5kg/个	1727.72	1201.63	507.30	18.79
	9-135	双层百叶口的安装	个	1	14.97	10.45	4.30	0.22
16		格栅回风口	个	2				
		格栅回风口的制作	100kg					
		格栅回风口的安装	个	2				
17		70℃防火阀	个	2				
	9-65	防火阀的制作	100kg		614.44	134.21	394.33	85.90
	9-88	防火阀的安装	个	2	19.82	4.88	14.94	—
18		所有风管的刷油量	m²	345.66				
	11-51	风管的刷油量（红丹防锈漆）	10m²	34.566	7.34	6.27	1.07	—
19		所有风管的吊支架	kg	239.35				
	9-270	风管的吊支架	100kg	2.3935	975.57	183.44	776.36	15.77
20		风机盘管和吊顶新风机组的吊支架	kg	218.688				
	9-211	设备的吊支架	100kg	2.18688	523.29	159.75	348.27	15.27
21		金属支架的除锈	kg	458.038				
	11-7	金属支架的除锈（轻锈）	100kg	4.58038	17.35	2.50	2.50	6.96
22		金属支架的刷油	kg	458.038				
	11-117	金属支架的刷油（红丹防锈漆）	100kg	4.58038	13.17	5.34	0.87	6.96
23		金属支架刷灰调和漆二遍	kg	458.038				
	11-126	金属支架刷调和漆一遍	100kg	4.58038	12.33	5.11	0.26	6.96
	11-127	金属支架刷调和漆二遍	100kg	4.58038	12.30	5.11	0.23	6.96

【例 19】 （一）工程概况

五层办公区采用风机盘管加新风的空气——水系统，如图 1-154 所示。新风顶送，立式明装的风机盘管沿外墙放置。该建筑五层中央设有露天广场，办公室是外环布置，设有内区房间。所有散流器均采用的是 120mm×120mm 方形直片散流器，单重为 2.34kg/个，风盘均采用 FP-16 型号，此房间的标高为 3.6m，新风机组是吊顶的，底标高为 2.8m，散流器的标高均为 2.7m。

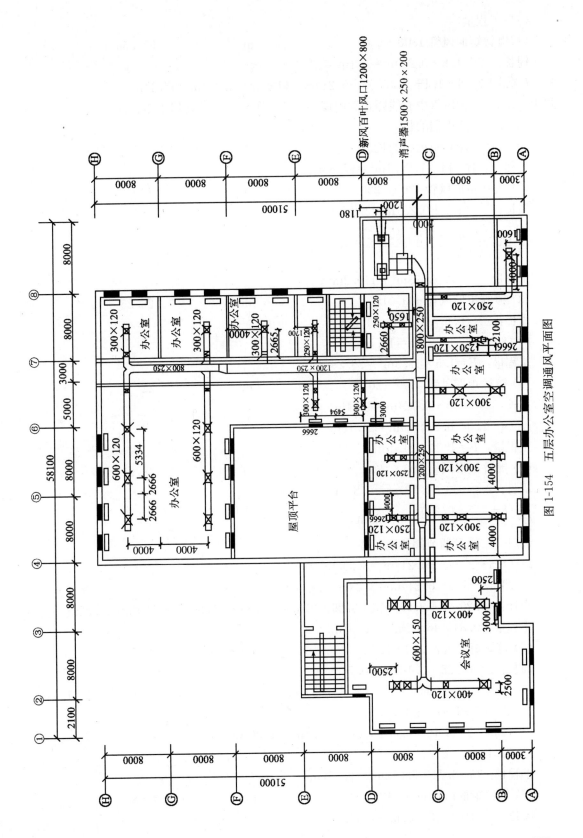

图 1-154 五层办公室空调通风平面图

(二)工程量

(1)镀锌矩形风管 1800×250   m²   57.85

周长：$2×(1.8+0.25)m=4.1m$

$l=(8+3+8-1.18-1.5-2-0.21)m=(16.32-2.21)m=14.11m$

式中   1.5——为风管中心线距走廊内墙中心线的距离，风管是居中布置的；

      2——消声器的长；

  0.21——70℃防火阀的长。

工程量：$F=14.11×4.1m²=57.85m²$

(2)镀锌矩形风管 1200×250   m²   110.2

周长：$2×(1.2+0.25)m=2.9m$

$l=\underset{水平}{(8-3+8+4}+\underset{竖直}{8+8+8-3)}m=(17+21)m=38m$

工程量：$F=2.9×38m²=110.2m²$

(3)镀锌矩形风管 600×150   m²   26.25

周长：$2×(0.6+0.15)m=1.5m$

$l=(8-2.5+8+4)m=17.5m$

工程量：$F=1.5×17.5m²=26.25m²$

(4)镀锌矩形风管 400×120   m²   22

周长：$2×(0.4+0.12)m=1.04m$

$l=(8-2.5-0.21)×4m=21.16m$

工程量：$F=1.04×21.16m²=22m²$

(5)镀锌矩形风管 300×120   m²   38.91

周长：$2×(0.3+0.12)m=0.84m$

$l=\underset{竖直部分}{\frac{(8+1.5-0.21)m}{}}=9.29m$

0.21——风量调节阀长度。

$l=(1.5+2.665-0.21)m=3.995m$

$l=(8-3-1.5-0.21)m=3.29m$

小计：$(9.29×3+3.955×3+3.29×2)m=(27.87+11.865+6.58)m=46.32m$

工程量：$0.84×46.32m²=38.91m²$

(6)镀锌矩形风管 250×120   m²   38.57

周长：$2×(0.25+0.12)m=0.74m$

$l=[(8+1.5+2.666)×2+(1.5+1.65)+(8-2.666+1.5)+(4+8+3-1.6+1.5)+$

   $(2.665+1.5)-6×0.21]m$

   $=(24.332+3.15+6.834+14.9+4.165-1.26)m$

   $=52.12m$

工程量：$F=0.74×52.12m²=38.57m²$

(7)镀锌矩形风管 600×120   m²   48.83

周长：$2×(0.6+0.12)m=1.44m$

$$l = [(2.666 + 2.666 + 5.334 + 8 - 1.5) \times 2 - 2 \times 0.21]m$$
$$= (34.332 - 2 \times 0.21)m = 33.912m$$

工程量：$F = 1.44 \times 33.912m^2 = 48.83m^2$

(8) 70℃防火阀长 210mm	个	1
(9) 风量调节阀长 210mm	个	20
(10) 新风机组	台	1
(11) 新风双层百叶风口 1200×800	个	1
(12) 消声器 1500×250×2000	个	1
(13) 明装风机盘管	个	43
(14) 风管的刷油量：	m²	333.60

$(57.85 + 110.2 + 26.25 + 22 + 38.9046 + 29.57 + 48.83)m^2 = 333.60m^2$

(15) 镀锌矩形风管 1800×250 的吊支架　　　kg　　42.3

根据《通风与空调工程施工质量验收规范》

可知：2.5m/个

$l = 14.11m$　14.11m/2.5m/个≈6 个

根据国标图集与规范选用强度和刚度相适应形式与规格的规定 7.05kg/个

小计：7.05kg/个×6 个=42.3kg

(16) 镀锌矩形风管 1200×250 的吊支架　　　kg　　89.25

根据规范可知：2.5m/个

$l = 38m$　38m/2.5m/个≈15 个

每个单重为 5.95kg/个

小计：5.95kg/个×15 个=89.25kg

因为镀锌矩形风管固定点需设 1 个，因为此风管竖直部分 21m＞20m，根据规范，为了防止摆动，需设一个摆动点。

(17) 镀锌矩形风管 600×150 的吊支架　　　kg　　28.35

根据规范可知：确定 2.5m/个

$l = 17.5m$　17.5m/2.5m/个=7 个

根据国家标准图，以及所要求的制作规格，其制作单重为 4.05kg/个

小计：4.05kg/个×7 个=28.35kg

(18) 镀锌矩形风管 400×120 的吊支架：　　　kg　　16.45

根据规范可知：确定 3m/个

$l = 21.16m$　21.16m/3m/个=7 个

其制作单重为：2.35kg/个

小计：2.35kg/个×7 个=16.45kg

(19) 镀锌矩形风管 300×120 的吊支架　　　kg　　30.75

根据规范可知：确定 3m/个

$l = 46.315m$　46.315m/3m/个=15 个，确定 15 个

每个制作单重为 2.05kg/个

小计：2.05kg/个×15 个=30.75kg

(20) 镀锌矩形风管 250×120 的吊支架　　　　　kg

根据规范可知：确定 3m/个

l＝29.57m，29.57m/3m/个＝10 个

每个制作单重　2.05kg/个

小计：10 个×2.05kg＝20.5kg

(21) 新风机组的吊支架：　　　　　kg　　　36.98

8 号槽钢：8.04kg/m

l＝(3.6－2.8)×2m＝1.6m

(1.6＋1.5×2)m＝4.6m

1.5——为新风机组的宽。

小计：4.6m×8.04kg/m＝36.98kg

(22) 消声器的吊支架：　　　　　kg　　　36.98

(1.6＋2×1.5)m＝4.6m

8.04kg/m×4.6m＝36.98kg

(23) 金属支架刷防锈漆一遍　　　　　kg　　　336.36

(36.98×2＋55.3＋30.75＋16.45＋28.35＋89.25＋42.3)kg＝336.36kg

(24) 金属支架刷灰调和漆二遍　　　　　kg　　　336.36

清单工程量计算见表 1-181。

清单工程量计算表

表 1-181

序号	项目编码	项目名称	项目特征描述	计量单位	工程量
1	030702001001	碳钢通风管道	镀锌矩形 1800×250	m²	57.85
2	030702001002	碳钢通风管道	镀锌矩形 1200×250	m²	110.2
3	030702001003	碳钢通风管道	镀锌矩形 600×150	m²	26.25
4	030702001004	碳钢通风管道	镀锌矩形 400×120	m²	22.00
5	030702001005	碳钢通风管道	镀锌矩形 300×120	m²	38.91
6	030702001006	碳钢通风管道	镀锌矩形 250×120	m²	38.57
7	030702001007	碳钢通风管道	镀锌矩形 600×120	m²	48.83
8	030703001001	碳钢阀门	防火阀 70℃，长 210mm	个	1
9	030703001002	碳钢阀门	防火阀长 210mm	个	20
10	030701004001	风机盘管	吊顶式	台	1
11	030703007001	碳钢风口、散流器、百叶窗	百叶风口 1200×800	个	1
12	030703020001	消声器	1500×250×2000	个	1
13	030701004002	风机盘管	明装，FP-16	台	43

工程预算表见表1-182。

定额工程预算表　　　　　表 1-182

序号	定额编号	项目名称	计量单位	工程量	基价/元	其中/元		
						人工费	材料费	机械费
1		镀锌矩形风管，1800×250	m²	57.85				
	9-8	镀锌矩形风管的制作安装	10m²	5.785	341.15	140.71	191.90	8.54
2		镀锌矩形风管，1200×250	m²	110.2				
	9-7	镀锌矩形风管的制作安装	10m²	11.02	295.54	115.87	167.99	11.68
3		镀锌矩形风管，600×150	m²	26.25				
	9-6	镀锌矩形风管的制作安装	10m²	2.625	387.05	154.18	213.52	19.35
4		镀锌矩形风管，400×120	m²	22				
	9-6	镀锌矩形风管的制作安装	10m²	2.2	387.05	154.18	213.52	19.35
5		镀锌矩形风管，300×120	m²	38.91				
	9-6	镀锌矩形风管的制作安装	10m²	3.89046	387.05	154.18	213.52	19.35
6		镀锌矩形风管，250×120	m²	38.57				
	9-5	镀锌矩形风管的制作安装	10m²	3.857	441.65	211.77	196.98	32.90
7		镀锌矩形风管，600×120	m²	48.83				
	9-6	镀锌矩形风管的制作安装	10m²	4.883	387.05	154.18	213.52	19.35
8		70℃防火阀，1800×250	个	1				
	9-90	防火阀的安装	个	1	65.90	42.03	23.87	—
9		风量调节阀，400×120	个	4				
	9-73	风量调节阀的安装	个	4	19.24	6.97	3.33	8.94
10		风量调节阀，300×120	个	8				
	9-73	风量调节阀的安装	个	8	19.24	6.97	3.33	8.94
11		风量调节阀，250×120	个	6				
	9-72	风量调节阀的安装	个	6	7.32	4.88	2.22	0.20
12		风量调节阀，600×120	个	2				
	9-73	风量调节阀的安装	个	2	19.24	6.97	3.33	8.94

续表

序号	定额编号	项目名称	计量单位	工程量	基价/元	其中/元		
						人工费	材料费	机械费
13		新风机组（4号）	台	1				
	9-216	新风机组的安装	台	1	34.15	19.74	14.41	—
14		新风双层百叶风口，1200×800	个	1				
	9-137	新风双层百叶风口的安装	个	1	28.53	20.43	7.88	0.22
15		消声器，1500×250×2000	个	1				
	9-200	消声器的安装	个	1	44.7	32.91	11.70	0.09
	9-200	消声器的制作	100kg	3.4765	915.33	332.80	573.35	9.18
16		风机盘管（吊顶式）	个	43				
	9-245	明装风机盘管	个	43	98.69	28.79	66.11	3.79
17		风管的刷油量（刷红丹防锈漆）	m²	333.60				
	11-51	风管的刷油量	10m²	33.360	7.34	6.27	1.07	—
18		风管的吊支架（所有）	kg	42.3				
	9-270	风管的吊支架制作安装	100kg	0.423	975.57	183.44	776.36	15.77
19		新风机组和消声器的吊支架	kg	73.96				
	9-211	设备的吊支架制作安装	100kg	0.7396	523.29	159.75	348.27	15.27
20		金属支架刷防锈漆一遍	kg	336.36				
	11-119	金属支架刷防锈漆一遍	100kg	3.3636	13.11	5.34	0.81	6.96
21		金属支架刷灰调和漆二遍	kg	336.36				
	11-126	金属支架刷灰调和漆一遍	100kg	3.3636	12.33	5.11	0.26	6.96
	11-127	金属支架刷灰调和漆二遍	100kg	3.3636	12.30	5.11	0.23	6.96

【例20】 一、工程概况

此系统是新风机组＋风机盘管系统的通风部分，如图1-155所示，水系统未画出，风机盘管全部采用FP-5型号，新风机组是吊顶系列KCDX，新风口均采用双层百叶送风口，回风口均采用双层百叶回风口，在每个风管上均设置一个方形，T302-8型号，蝶阀一个120mm×120mm，新风机组出口接帆布软风管长为300mm，新风机组的吊顶支架采用8号槽钢和L50×5角钢焊接制成，钢支架除锈后刷红丹防锈漆一遍，灰调和漆二遍。

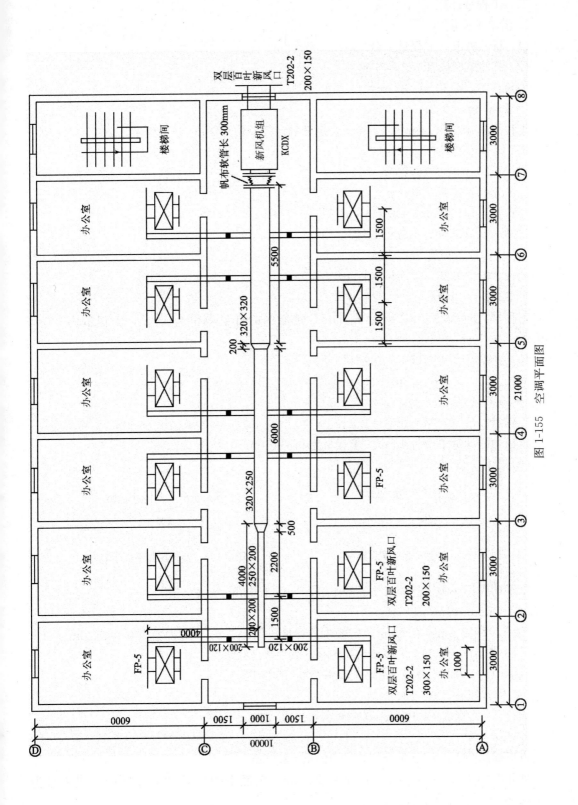

图 1-155 空调平面图

二、工程量计算

1. 清单工程量

(1) 新风机组：工程量一台

(2) 镀锌矩形风管 320×320

周长：$2×(0.32+0.32)m=1.28m$

$l=5500mm=5.5m$

工程量：$1.28×5.5m^2=7.04m^2$，定额的计量单位为 $10m^2$，工程量 0.704

(3) 镀锌矩形风管：320×250

周长：$2×(0.32+0.25)m=1.14m$

$l=6m$

工程量：$1.14×6m^2=6.84m^2$

定额的计量单位为 $10m^2$，工程量为 $0.684(10m^2)$

(4) 镀锌矩形风管 250×200

周长：$2×(0.25+0.2)m=0.9m$

$l=2200m=2.2m$

工程量：$F=0.9×2.2m^2=1.98m^2$，定额中的计量单位为 $10m^2$，工程量为 0.198 $(10m^2)$

(5) 镀锌矩形风管 200×200

周长：$2×(0.2+0.2)m=0.8m$

$l=1500mm=1.5m$

工程量：$F=0.8×1.5m^2=1.2m^2$

定额中的计量单位为 $10m^2$，工程量为 $0.12(10m^2)$

(6) 变径风管：(图 1-156、图 1-157)

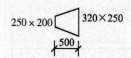
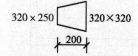

图 1-156　变径风管平面示意图　　　　图 1-157　变径风管平面示意图

①平均周长=$(0.25+0.2+0.32+0.25)m=1.02m$

$l=500mm=0.5m$

$F=1.02×0.5m^2=0.51m^2$，定额中的计量单位为 $10m^2$，工程量为 $0.051(10m^2)$。

②$F=(0.32+0.25+0.32+0.32)×0.2m^2=0.242m^2$

定额中的计量单位为 $10m^2$，工程量为 $0.0242(10m^2)$

(7) 镀锌风管 200×120

周长：$2×(0.2+0.12)m=0.64m$

$l=4m$

方形蝶阀为 120×120　$l=(4-0.12)m=3.88m$

展开面积为 $0.64×3.88×12m^2=29.8m^2$，定额中的计量单位为 $10m^2$，工程量为 $2.98(10m^2)$。

（8）双层百叶送风口 T202-2，300×150 查国标通风部件标准重量表：

2.52kg/个×12 个＝30.24kg，定额中的计量单位为 100kg，工程量为 0.3024（100kg）。

（9）双层百叶回风口 T202-2，200×150，查国标通风部件标准重量表 1.73kg/个×12 个＝20.76kg，定额中的计量单位为 100kg，工程量为 0.2076（100kg）。

（10）双层百叶新风口 T202-2，200×150，同上一样。

（11）方形蝶阀 120×120 拉链式，保温 T302-4，查国标通风部件标准重量表：3.20kg/个×12 个＝38.4kg，定额中的计量单位为 100kg，工程量为 0.384（100kg）。

（12）帆布软管长：300mm

周长：2×(0.32＋0.32)m＝1.28m

工程量：1.28×0.3m² ＝0.384m²，定额中的计量单位为 10m²，工程量为 0.0384

（13）新风机组吊架，根据国家标准图及国标通风部件标准重量表可查得 9.1kg/个，定额中计量单位为 100kg，工程量为 0.091（100kg）。

（14）金属支架刷防锈底漆一遍，9.1kg，金属支架刷灰调和漆二遍 9.1kg。

清单工程量计算见表 1-183。

清单工程量计算表　　　　　　　　　　　　　　表 1-183

序号	项目编码	项目名称	项目特征描述	计量单位	工程量
1	030701004001	风机盘管	吊顶支架采用 8 号槽钢和 L 50×5 角钢焊接，刷漆两遍	台	1
2	030702001001	碳钢通风管道	镀锌矩形 320×320，刷调合漆两遍	m²	7.04
3	030702001002	碳钢通风管道	镀锌矩形 320×250	m²	6.84
4	030702001003	碳钢通风管道	镀锌矩形 250×200	m²	1.98
5	030702001004	碳钢通风管道	镀锌矩形 200×200	m²	1.20
6	030702001005	碳钢通风管道	镀锌变径风管	m²	0.752
7	030702001006	碳钢通风管道	镀锌 200×120	m²	29.80
8	030703007001	碳钢风口、散流器、百叶窗	双层百叶送风口 T202-2，300×150	个	12
9	030703007002	碳钢风口、散流器、百叶窗	双层百叶送风口 T202，200×150	个	12
10	030703007003	碳钢风口、散流器、百叶窗	双层百叶新风口 T202-2，200×150	个	12
11	030703001001	碳钢阀门	方形蝶阀 120×120，拉链式	个	12

2. 定额工程量：

工程预算表见表 1-184。

定额工程预算表   表 1-184

定额编号	项目名称	单位	数量	基价/元	其中/元		
					人工费	材料费	机械费
	(1)新风机组一台(4号)	台	1				
9-216	新风机组安装	台	1	34.15	19.74	14.41	—
9-41	帆布连接短管	m²	0.384	171.45	47.83	121.74	1.88
9-211	托支架	100kg	0.045	523.29	153.29	348.27	15.27
11-126	刷第一遍灰调和漆	100kg	0.045	12.33	5.11	0.26	6.96
11-127	刷第二遍灰调和漆	100kg	0.045	12.30	5.11	0.23	6.96
	(2)镀锌矩形风管 320×320	m²	7.04				
9-6	镀锌矩形风管 320×320	10m²	0.704	387.05	154.18	213.52	19.35
9-270	风管托支架	100kg	0.0451	975.57	183.44	776.36	15.77
11-126	刷第一遍灰调和漆	100kg	0.0451	12.33	5.11	0.26	6.96
11-127	刷第二遍灰调和漆	100kg	0.0451	12.30	5.11	0.23	6.96
	(3)镀锌矩形风管 320×250	m²	6.84				
9-6	镀锌矩形风管 320×250	10m²	0.684	387.05	154.18	213.52	19.35
	(4)镀锌矩形风管 250×200	m²	1.98				
9-6	镀锌矩形风管 250×200	10m²	0.198	387.05	154.18	213.52	19.35
	(5)镀锌矩形风管 200×200	m²	1.2				
9-5	镀锌矩形风管 200×200	10m²	0.12	441.65	211.77	196.98	32.90
	(6)变径风管	m²	0.752				
9-5	变径风管	10m²	0.0752	441.65	211.77	196.98	32.90
	(7)镀锌风管 200×120	m²	29.8				
9-5	镀锌风管 200×120	10m²	2.98	441.65	211.77	196.98	32.90
	(8)双层百叶送风口 T202-2 300×150	个	12				
9-96	双层百叶送风口	100kg	0.3024	1727.72	1201.63	507.30	18.79
	(9)双层百叶回风口 T202-2 200×150	个	12				
9-96	双层百叶回风口	100kg	0.2076	1727.72	1201.63	507.30	18.79
	(10)双层百叶新风口 T202-2 200×150	个	12				
9-96	双层百叶新风口	100kg	0.2076	1727.72	1201.63	507.30	18.79
	(11)方形蝶阀 120×120 拉链式	个	12				
9-53	方形蝶阀	100kg	0.384	1188.62	344.35	402.58	441.69

【例21】 一、工程概况

此系统是一次回风的全空气系统，散流器均采用方形散流器 160mm×160mm，新风口和回风口均采用双层百叶，此系统采用散流器平送，走廊回风走廊设有对外开启的门窗。如图 1-158、图 1-159 所示。

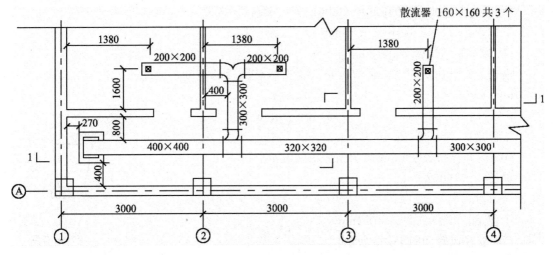

图 1-158　风管平面图

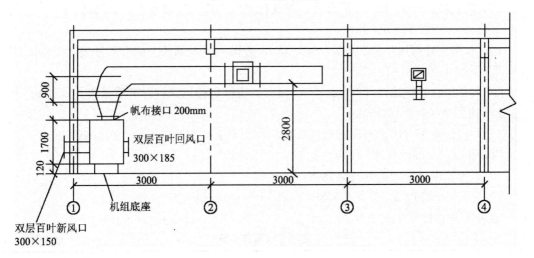

图 1-159　1-1 剖面图

二、工程量

(1)空气处理机组：1 台

(2)镀锌矩形风管 400×400

周长：$2×(0.4+0.4)m=1.6m$

$l=(3-0.27+0.12+0.4)m=3.13m$

工程量：$1.6×3.13m^2=5.008m^2$

(3)镀锌矩形风管 320×320

周长：$2×(0.32+0.32)m=1.28m$

$l=(3+0.12-0.4-0.15+1.38)\text{m}=3.95\text{m}$

工程量：$1.28\times3.95\text{m}^2=5.056\text{m}^2$

（4）镀锌矩形风管 300×300

周长：$2\times(0.3+0.3)\text{m}=1.2\text{m}$

$l=(800+1600+240)\text{mm}=2640\text{mm}=2.64\text{m}$

工程量：$1.2\times2.64\text{m}^2=3.168\text{m}^2$

（5）镀锌矩形风管 200×200

周长：$2\times(0.2+0.2)\text{m}=0.8\text{m}$，散流器至吊顶的高度：$(2.8-0.12-1.7-0.9-0.2)\text{m}=0.06\text{m}$

$l=(2.4+1.38+3-1.38+0.06)\text{m}=5.46\text{m}$

工程量：$F=0.8\times5.46\text{m}^2=4.368\text{m}^2$

（6）帆布接口长 200mm，$200\text{mm}\times200\text{mm}$

周长：$2\times(0.2+0.2)\text{m}=0.8\text{m}$

$l=0.2\text{m}$

图 1-160　变径钢管示意图

工程量：$0.8\times0.2\text{m}^2=0.16\text{m}^2$

（7）变径风管如图 1-160 所示：

$F=(0.2+0.2+0.4+0.4)\times0.9\text{m}^2=1.08\text{m}^2$

（8）散流器：160×160 方形直片，查国标通风部件标准重量表：2.73kg/个

$2.73\text{kg}/\text{个}\times3\text{个}=8.19\text{kg}$

（9）双层百叶回风口 T202-2，300×185，查国标通风部件上标准重量表：2.85kg/个

$2.85\text{kg}/\text{个}\times1\text{个}=2.85\text{kg}$

（10）双层百叶新风口 T202-2，300×150，查国标通风部件标准重量表：2.52kg/个

$2.52\text{kg}/\text{个}\times1\text{个}=2.52\text{kg}$

（11）机组减震台座，查国标通风部件标准重量表：型号 3.6A，30.40kg/个

$30.40\text{kg}/\text{个}\times1\text{个}=30.40\text{kg}$

（12）风管内外刷两遍红丹防锈漆：

$(5.008+5.056+3.168+4.368+1.08)\text{m}^2=18.68\text{m}^2$

定额工程量计算见表 1-185。

定额工程量预算表　　　　　　　　　　　　　表 1-185

定额编号	分项工程名称	定额单位	工程量	基价/元	其中/元		
					人工费	材料费	机械费
	（1）空气处理机组（100kg 以下）	台	1				
9-213	空气处理机组	台	1	87.59	29.49	51.45	6.65
9-41	帆布接口长 200mm	m²	0.16	171.45	47.83	121.74	1.88
9-211	机组减震台座	100kg	0.304	523.29	159.75	348.27	15.27
	（2）镀锌矩形风管 400×400	m²	5.008				
11-51	风管内外刷两遍红丹	10m²	0.5008	7.34	6.27	1.07	—
11-52				7.23	6.27	0.96	—

定额编号	分项工程名称	定额单位	工程量	基价/元	其中/元		
					人工费	材料费	机械费
9-6	风管的制安	10m²	0.5008	387.05	154.18	213.52	19.35
	(3)镀锌矩形风管 320×320	m²	5.056				
11-51	风管内外刷油两遍红丹	10m²	0.5056	7.34	6.27	1.07	—
11-52				7.23	6.27	0.96	—
9-6	风管的制安	10m²	0.5056	387.05	154.18	213.52	19.35
	(4)镀锌矩形风管 300×300	m²	3.168				
11-51	风管内外刷油两遍红丹	10m²	0.3168	7.34	6.27	1.07	—
11-52				7.23	6.27	0.96	—
9-6	风管的制安	10m²	0.3168	387.05	154.18	213.52	19.35
	(5)镀锌矩形风管 200×200	m²	4.368				
11-51	风管内外刷油两遍红丹	10m²	0.4368	7.34	6.27	1.07	—
11-52				7.23	6.27	0.96	—
9-5	风管的制安	10m²	0.4384	441.65	211.77	196.98	32.90
	(6)变径风管	m²	1.08				
11-51	风管内外刷油两遍红丹	10m²	0.108	7.34	6.27	1.07	—
11-52				7.23	6.27	0.96	—
9-6	风管的制安	10m²	0.108	387.05	154.18	213.52	19.35
	(7)散流器(周长≤500mm)	个	3				
9-112	散流器的制作	100kg	0.0819	1700.64	811.77	584.07	304.80
9-146	散流器的安装	个	3	5.57	4.64	0.93	—
	(8)双层百叶回风口的制安	个	1				
9-96	双层百叶回风口的制作	100kg	0.0285	1727.72	1201.63	507.30	18.79
9-133	双层百叶回风口的安装	个	1	6.87	4.18	2.47	0.22
	(9)双层百叶新风口(周长≤900mm)	个	1				
9-96	双层百叶新风口的制作	100kg	0.0252	1727.72	1201.63	507.30	18.79
9-133	双层百叶新风口的安装	个	1	6.87	4.18	2.47	0.22

1. 1000×1500×600 帆布软接

2. 防火调节阀 280℃(1500×500)

3. 排烟防火调节阀 280℃融断(800×400)

4. 排烟防火调节阀 280℃融断(1000×500)

5. 防火调节阀 70℃融断(800×400)

6. 柜式离心排烟风机 19600m³/h，350Pa，DT22-4，$N=7.5\text{kW}$

7. 柜式离心风机 16000m³/h，350Pa，DT20-5，$N=5.5\text{kW}$

8. 防火调节阀 70℃融断(1000×500)

9. 防火阀 70℃融断(1500×500)

10. 800×500×600 帆布软接

11. 风量测定孔

【例22】 图 1-161 为某办公楼地下停车场的空调平面图，由图可知此空调设计充分考虑补入新风及防排烟设计，风管材料采用优质碳钢镀锌钢板。其厚度为：风管周长<2000mm 时，为 0.75mm；风管周长<4000mm 时为 1mm，风口均为碳钢材料，接口形式为咬口连接，风管保温材料采用 80mm 的超细玻璃棉防潮层是一道塑料布，保护层采用两道玻璃丝布，外刷一道调和漆，试计算此工程的工程量。

【解】 (1)清单工程量

①DT22-4 柜式离心排烟风机的工程量为 1 台

②DT20-5 柜式离心风机的工程量为 1 台

③1500×500 碳钢风管的工程量为：

$$S = 2 \times (1.5 + 0.5) \times \left[\underbrace{\frac{2.0 + 10.6 - 0.6 - 1.0 - (0.5 + 0.24)}{a}}_{} \right.$$

$$\left. + \underbrace{\frac{2.0 + 0.6 + \frac{1}{2}\pi D + 16.2 - 1.0 - 0.6 - (0.5 + 0.24)}{b}}_{} \right] \mathrm{m}^2$$

$$= 2 \times 2 \times (10.26 + 18.815) \mathrm{m}^2$$

$$= 2 \times 2 \times 29.075 \mathrm{m}^2 = 116.3 \mathrm{m}^2$$

【注释】 $1.5 \times 0.5 \mathrm{m}^2$ 为 1500×500 碳钢风管的截面面积即截面长度×截面宽度，$2 \times (1.5 + 0.5)$ 为 1500×500 碳钢风管的截面周长，中括号内为 1500×500 碳钢风管的长度，具体数据解释见题下。

④1000×500 碳钢风管的工程量为：

$$S = 2 \times (1.0 + 0.5) \times \underbrace{\frac{6.0 + \frac{1}{2}\pi \times 1 + 6.4 + \frac{1}{2}\pi \times 1 + 8 - (0.5 + 0.24)}{c}}_{}$$

$$+ \underbrace{\frac{5 + \frac{1}{2}\pi \times 1 + 7.0 - (0.5 + 0.24)}{d}}_{} \mathrm{m}^2$$

$$= 2 \times 1.5 \times (6.0 + \frac{3}{2} \times 3.14 + 6.4 + 8 - 0.74 \times 2 + 12) \mathrm{m}^2$$

$$= 3 \times 35.63 \mathrm{m}^2 = 106.89 \mathrm{m}^2$$

【注释】 $1.0 \times 0.5 \mathrm{m}^2$ 为 1000×500 碳钢风管的截面面积即截面长度×截面宽度，$2 \times (1.0 + 0.5)$ 为 1000×500 碳钢风管的周长，后面的为 1000×500 碳钢风管的长度，具体数据解释见题下。

⑤800×500 碳钢风管工程量为：

$$S = 2 \times (0.8 + 0.5) \times \underbrace{\frac{(16 + 13)}{e}}_{} = 2 \times 1.3 \times 29 \mathrm{m}^2 = 75.4 \mathrm{m}^2$$

【注释】 $0.8 \times 0.5 \mathrm{m}^2$ 为 800×500 碳钢风管的截面面积即截面长度×截面宽度，$2 \times (0.8 + 0.5)$ 为 800×500 碳钢风管的展开周长，中括号内为 800×500 碳钢风管的长度，具体数据解释见题下。

⑥800×400 碳钢风管工程量为：

$$S = 2 \times (0.8 + 0.4) \times \left(\underbrace{\frac{5.8 + \frac{1}{2}\pi \times 0.8 + 2 - 0.4 - 0.24}{f}}_{} + \underbrace{\frac{7.4 - 0.4 - 0.24}{g}}_{} \right)$$

$$= 2 \times 1.2 \times 15.176 \mathrm{m}^2 = 36.422 \mathrm{m}^2$$

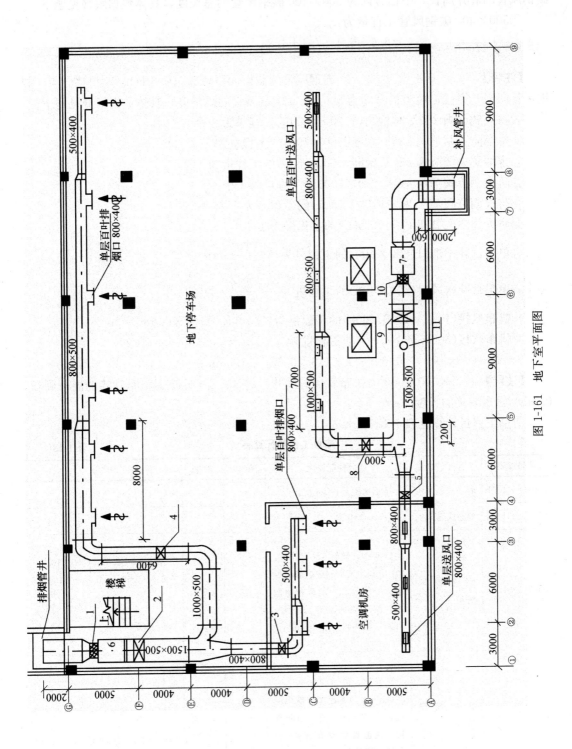

图 1-161　地下室平面图

【注释】 $0.8 \times 0.4 m^2$ 为 800×400 碳钢风管的截面面积，$2 \times (0.8+0.4)$ 为 800×400 碳钢风管的展开周长，中括号内为 800×400 碳钢风管的总长度，具体数据解释见题下。

⑦$500 \times 400$ 碳钢风管工程量为：

$$S = 2 \times (0.5+0.4) \times \left(\frac{6.6+6.4}{h} + \frac{7.4+4.8}{i} \right) = 2 \times 0.9 \times 25.2 m^2 = 45.36 m^2$$

【注释】 0.5×0.4 为 500×400 碳钢风管的截面面积，$2 \times (0.5+0.4)$ 为 500×400 碳钢风管的展开周长，后边括号内为 500×400 碳钢风管的总长度，具体数据解释见题下。

⑧防火调节阀280℃时融断(1500×500)的工程量为1个

⑨排烟防火调节阀280℃融断(800×400)的工程量为1个

⑩排烟防火调节阀280℃融断(1000×500)的工程量为1个

⑪防火调节阀70℃融断(800×400)的工程量为1个

⑫防火调节阀70℃融断(1000×500)的工程量为1个

⑬防火阀70℃融断(1500×500)的工程量为1个

⑭单层百叶排烟口(800×400)的工程量为 $\frac{(6+3)个}{j} = 9$ 个

⑮单层百叶送风口(800×400)的工程量为 $\frac{(6+3)个}{k} = 9$ 个

⑯帆布软接(1000×1500×600)的工程量为 $(1.0+1.5) \times 2 \times 0.6 m^2 = 3 m^2$

⑰帆布软接(800×500×600)的工程量为

$$S = 2 \times (0.8+0.5) \times 0.6 m^2 = 2 \times 1.3 \times 0.6 m^2 = 1.56 m^2$$

【注释】 $800 \times 500 \times 600$ 为帆布软接的尺寸，$2 \times (0.8+0.5)$ 为帆布软接的展开周长，$0.6 m$ 为帆布软接的长度。

清单工程量计算见表1-186。

清单工程量计算表 表1-186

项目编码	工程项目名称	项目特征描述	单位	数量	计算式
030108001001	离心式通风机	排烟风机 DT22-4 柜式	台	1	
030108001002	离心式通风机	DT20-5 柜式	台	1	
030702001001	碳钢通风管道	碳素钢，镀锌 1500×500，$\delta=1mm$，风管超细玻璃棉保温，$\delta=80mm$，塑料布防潮层，两道玻璃丝布保护层，外刷一道调和漆咬口连接	m²	116.3	$2 \times (1.5+0.5) \times (2.0+10.6-0.6-1.0-0.5-0.24+2.0+0.6+16.2+\frac{1}{2} \times 3.14 \times 1.5-1.0-0.6-0.5-0.24)$
030702001002	碳钢通风管道	碳素钢，镀锌 1000×500，$\delta=1mm$，风管超细玻璃棉保温，$\delta=80mm$，塑料布防潮层，两道玻璃丝布保护层，外刷一道调和漆	m²	106.89	$2 \times (1.0+0.5) \times (6.0+\frac{1}{2} \times 3.14 \times 1+6.4+\frac{1}{2} \pi \times 1+8-0.5-0.24+5+\frac{1}{2} \pi \times 1+7.0-0.5-0.24)$

续表

项目编码	工程项目名称	项目特征描述	单位	数量	计算式
030702001003	碳钢通风管道	碳素钢，镀锌800×500，δ＝1mm，风管超细玻璃棉保温，δ＝80mm，塑料布防潮层，两道玻璃丝布保护层外刷一道调和漆	m²	75.4	2×(0.8+0.5)×(16+13)
030702001004	碳钢通风管道	碳素钢，镀锌800×400，δ＝1mm，风管超细玻璃棉保温，δ＝80mm，塑料布防潮层，两道玻璃丝布保护层，外刷一道调和漆	m²	36.422	$2×(0.8+0.4)×(5.8-0.24-0.4+\frac{1}{2}×3.14×0.8+2+7.4-0.24-0.4)$
030702001005	碳钢通风管道	碳素钢，镀锌　500×400，δ＝0.75mm，风管超细玻璃棉保温，δ＝80mm，塑料布防潮层两道玻璃丝布保护层外刷一道调和漆	m²	45.36	2×(0.5+0.4)×(6.6+6.4+7.4+4.8)
030703001001	碳钢阀门	防火调节阀1500×500	个	1	
030703001002	碳钢阀门	排烟防火调节阀800×400	个	1	
030703001003	碳钢阀门	排烟防火调节阀1000×500	个	1	
030703001004	碳钢阀门	防火调节阀800×400	个	1	
030703001005	碳钢阀门	防火调节阀1000×500	个	1	
030703001006	碳钢阀门	防火阀1500×500	个	1	
030703007001	碳钢风口、散流器、百叶窗	单层百叶排烟口800×400	个	9	6+3
030703007002	碳钢风口、散流器、百叶窗	单层百叶送风口800×400	个	9	6+3
030703019001	柔性接口	帆布软接1000×1500×600	m²	3	2×(1.0+1.5)×0.6
030703019002	柔性接口	帆布软接800×500×600	m²	1.56	2×(0.8+0.5)×0.6

注：a 是 1500×500 排烟风管的长度，其中：

2.0 是排烟风口顶端至Ⓖ轴线的距离，10.6 是Ⓖ轴线至三通间的距离，0.6 是帆布软接的长度，1.0 是 DT22—4 柜式离心排烟风机的长度，0.5+0.24 是防火调节阀(1500×500)的长度。

b 是补入新风管的轴线长度，其中：

2.0 是补风管风口至Ⓐ轴线的长度，0.6 是Ⓐ轴线至弯头间的长度，而$\frac{1}{2}×3.14×1.5$是弯头轴线长，16.2 是三通至弯头间的长度，1.0 是 DT20-5 柜式离心风机的长度，0.6

是帆布软接的长度，0.5＋0.24是防火阀(1500×500)的长度。

c是1000×500排烟风管的长度，其中：

6.0是三通至弯头间长度，$\frac{1}{2} \times \pi \times 1$是弯头的长度，6.4是两弯头间长度，8是弯头至变径处的长度，0.5＋0.24是排烟防火调节阀(1000×500)的长度。

d是1000×500新风补入管的长度，其中：

5是三通至弯头的长度，$\frac{1}{2} \times \pi \times 1$是弯头的轴线长，7.0是弯头至变径管的长度，0.5＋0.24是防火调节阀(1000×500)的长度。

e为800×500风管的长度，其中：

16是排烟风管的长度，13是新风补入管的长度。

f是800×400排烟风管的长度，其中：

5.8为三通至弯头间的长度，$\frac{1}{2} \times \pi \times 0.8$是弯头的长度，2是弯头至变径管的长度，(0.4＋0.24)是排烟防火调节阀(800×400)的长度。

g是800×400新风补风管的长度，其中：

7.4是新风补风管三通至变径处的长度，0.4＋0.24是防火调节阀(800×400)的长度。

h是500×400排烟风管的长度，其中：

6.6是地下停车场中500×400排烟风管的长度，6.4是空调机房中500×400排烟风管的长度。

i是500×400新风补风管的长度，其中：

7.4是地下停车场中500×400风管的长度，4.8是空调机房中500×400补风管的长度。

j是单层百叶排风口(800×400)的工程量，其中：

6是地下停车场中单层百叶排风口(800×400)的个数，3是空调机房中单层百叶排风口(800×400)的个数。

k是单层百叶送风口(800×400)的工程量，其中：

6是地下停车场中单层百叶送风口的数目，3是空调机房中单层百叶送风口的数目。

(2)定额工程量

通风机、通风管道、调节阀、柔性接口、风口的安装工程量计算同清单中与之对应的工程量。

①1500×500碳钢风管保温层工程量为：

$$V = 2 \times [(1.5+1.033\delta)+(0.5+1.033\delta)] \times 1.033\delta \times L$$

$$= 2 \times [(1.5+1.033 \times 0.08)+(0.5+1.033 \times 0.08)] \times 1.033 \times 0.08 \times [2.0+10.6-0.6-1.0-(0.5+0.24)+2.0+0.6+\frac{1}{2} \times 3.14 \times 1.5+16.2-1.0-0.6-(0.5+0.24)]m^3$$

$$= 2 \times 2.16528 \times 1.033 \times 0.08 \times 29.075 m^3$$

$$= 10.41 m^3$$

②1500×500碳钢风管防潮层工程量为：

$$S = 2 \times [(1.5 + 2.1\delta + 0.0082) + (0.5 + 2.1\delta + 0.0082)] \times L$$

$$= 2 \times [(1.5 + 2.1 \times 0.08 + 0.0082) + (0.5 + 2.1 \times 0.08 + 0.0082)] \times \Big[2.0 + 10.6 - 0.6$$

$$- 1.0 - (0.5 + 0.24) + 2.0 + 0.6 + \frac{1}{2} \times 3.14 \times 1.5 + 16.2 - 1.0 - 0.6 - (0.5 +$$

$$0.24) \Big] m^2$$

$$= 2 \times 2.3524 \times 29.075 m^2$$

$$= 136.79 m^2$$

③1500×500碳钢风管保护层工程量为：

$$S = 2 \times [(1.5 + 2.1\delta + 0.0082) + (0.5 + 2.1\delta + 0.0082)] \times L \times 2$$

$$= 2 \times [(1.5 + 2.1 \times 0.08 + 0.0082) + (0.5 + 2.1 \times 0.08 + 0.0082)] \times 2 \times \Big[2.0 +$$

$$10.6 - 0.6 - 1.0 - (0.5 + 0.24) + 2.0 + 0.6 + \frac{1}{2} \times 3.14 \times 1.5 + 16.2 - 1.0 - 0.6 -$$

$$(0.5 + 0.24) \Big] m^2$$

$$= 2 \times 2.3524 \times 2 \times 29.075 m^2$$

$$= 273.58 m^2$$

因有两道玻璃丝布所以乘以2

④1500×500碳钢风管调和漆的工程量为：

$$S = 2 \times (1.5 + 0.5) \times \Big[2.0 + 10.6 - 0.6 - 1.0 - (0.5 + 0.24) + 2.0 + 0.6 + \frac{1}{2} \times 3.14 \times$$

$$1.5 + 16.2 - 1.0 - 0.6 - (0.5 + 0.24) \Big] m^2$$

$$= 2 \times 2 \times 29.075 m^2$$

$$= 116.3 m^2$$

⑤1000×500碳钢风管保温层工程量为

$$V = 2 \times [(1.0 + 1.033\delta) + (0.5 + 1.033\delta)] \times 1.033\delta \times L$$

$$= 2 \times [(1.0 + 1.033 \times 0.08) + (0.5 + 1.033 \times 0.08)] \times 1.033 \times 0.08 \times \Big[6.0 + \frac{1}{2} \times$$

$$3.14 \times 1 + 6.4 + \frac{1}{2} \times 3.14 \times 1 + 8 - (0.5 + 0.24) + 5.0 + \frac{1}{2} \times 3.14 \times 1 + 7.0 - (0.5$$

$$+ 0.24) \Big] m^3$$

$$= 2 \times (1.5 + 1.033 \times 0.08 \times 2) \times 1.033 \times 0.08 \times 35.63 m^3$$

$$= 9.807 m^3$$

⑥1000×500碳钢风管防潮层工程量为

$$S = 2 \times [(1.0 + 2.1\delta + 0.0082) + (0.5 + 2.1\delta + 0.0082)] \times L$$

$$= 2 \times (1.0 + 2.1 \times 0.08 \times 2 + 0.0082 \times 2 + 0.5) \times \Big[6.0 + \frac{1}{2} \times 3.14 \times 1 + 6.4 + \frac{1}{2} \times 3.14$$

$$\times 1 + 8 - (0.5 + 0.24) + 5.0 + \frac{1}{2} \times 3.14 \times 1 + 7.0 - (0.5 + 0.24) \Big] m^2$$

$$=2\times(1.5+2.1\times0.16+0.0164)\times35.63m^2$$
$$=132.002m^2$$

⑦1000×500 碳钢风管保护层工程量为：

$$S=2\times[(1.0+2.1\delta+0.0082)+(0.5+2.1\delta+0.0082)]\times L\times2$$
$$=2\times(1.0+2.1\times0.08\times2+0.0082\times2+0.5)\times\left[6.0+\frac{1}{2}\times3.14\times1+6.4+\frac{1}{2}\times3.14\right.$$
$$\left.\times1+8-(0.5+0.24)+5.0+\frac{1}{2}\times3.14\times1+7.0-(0.5+0.24)\right]\times2m^2$$
$$=2\times(1.5+2.1\times0.16+0.0164)\times35.63\times2m^2$$
$$=264.004m^2$$

⑧1000×500 碳钢风管刷调和漆工程量为：

$$S=2\times(1.0+0.5)\times\left[6.0+\frac{1}{2}\times3.14\times1+6.4+\frac{1}{2}\times3.14\times1+8-(0.5+0.24)+5.0+\right.$$
$$\left.\frac{1}{2}\times3.14\times1+7.0-(0.5+0.24)\right]m^2$$
$$=2\times1.5\times35.63m^2$$
$$=106.89m^2$$

⑨800×500 碳钢风管保温层工程量为：

$$V=2\times[(0.8+1.033\delta)+(0.5+1.033\delta)]\times1.033\delta\times L$$
$$=2\times(0.8+1.033\times0.08\times2+0.5)\times1.033\times0.08\times(16+13)m^3$$
$$=2\times1.46528\times1.033\times0.08\times29m^3$$
$$=7.023m^3$$

⑩800×500 碳钢风管防潮层工程量为：

$$S=2\times[(0.8+2.1\delta+0.0082)+(0.5+2.1\delta+0.0082)]\times L$$
$$=2\times(0.8+0.5+2\times2.1\times0.08+2\times0.0082)\times(16+13)m^2$$
$$=2\times1.6524\times29m^2$$
$$=95.839m^2$$

⑪800×500 碳钢风管保护层工程量为：

$$S=2\times[(0.8+2.1\delta+0.0082)+(0.5+2.1\delta+0.0082)]\times L\times2$$
$$=2\times1.6524\times29\times2m^2=191.678m^2$$

⑫800×500 碳钢风管刷调和漆工程量为：

$$S=2\times(0.8+0.5)\times(16+13)m^2$$
$$=2\times1.3\times29m^2$$
$$=75.4m^2$$

⑬800×400 碳钢风管保温层工程量为：

$$V=2\times[(0.8+1.033\delta)+(0.4+1.033\delta)]\times1.033\delta\times2$$
$$=2\times[(0.8+1.033\times0.08)+(0.4+1.033\times0.08)]\times1.033\times0.08\times\left(5.8+\frac{1}{2}\times\right.$$
$$\left.3.14\times0.8+2-0.4-0.24+7.4-0.4-0.24\right)m^3$$
$$=2\times1.36528\times1.033\times0.08\times15.176m^3$$

$=3.425m^3$

⑭800×400 碳钢风管防潮层工程量为：

$$S=2\times[(0.8+2.1\delta+0.0082)+(0.4+2.1\delta+0.0082)]\times L$$

$$=2\times(0.8+2.1\times0.08+0.0082+0.4+2.1\times0.08+0.0082)\times\left(5.8+\frac{1}{2}\times3.14\times\right.$$

$$\left.0.8+2-0.4-0.24+7.4-0.4-0.24\right)m^2$$

$$=2\times1.5524\times15.176m^2$$

$$=47.118m^2$$

⑮800×400 碳钢风管保护层工程量为：

$$S=2\times[(0.8+2.1\delta+0.0082)+(0.4+2.1\delta+0.0082)]\times L\times2$$

$$=2\times[(0.8+2.1\times0.08+0.0082)+(0.4+2.1\times0.08+0.0082)]\times2\times\left(5.8+\frac{1}{2}\times\right.$$

$$\left.3.14\times0.8+2-0.4-0.24+7.4-0.4-0.24\right)m^2$$

$$=2\times1.5524\times15.176\times2m^2$$

$$=94.237m^2$$

⑯800×400 碳钢风管刷一道调和漆的工程量为：

$$S=2\times(0.8+0.4)\times\left(5.8+\frac{1}{2}\times3.14\times0.8+2-0.4-0.24+7.4-0.4-0.24\right)m^2$$

$$=2\times1.2\times15.176m^2$$

$$=36.422m^2$$

⑰500×400 碳钢风管保温层工程量为：

$$V=2\times[(0.5+1.033\delta)+(0.4+1.033\delta)]\times1.033\delta\times L$$

$$=2\times[(0.5+1.033\times0.08)+(0.4+1.033\times0.08)]\times1.033\times0.08\times(6.6+6.4+$$

$$7.4+4.8)m^2$$

$$=2\times1.06528\times1.033\times0.08\times25.2m^2$$

$$=4.437m^3$$

⑱500×400 碳钢风管防潮层工程量为：

$$S=2\times[(0.5+2.1\delta+0.0082)+(0.4+2.1\delta+0.0082)]\times L$$

$$=2\times(0.5+2.1\times0.08+0.0082+0.4+2.1\times0.08+0.0082)\times(6.6+6.4+$$

$$7.4+4.8)m^2$$

$$=2\times1.2524\times25.2m^2$$

$$=63.121m^2$$

⑲500×400 碳钢风管保护层工程量为：

$$S=2\times[(0.5+2.1\delta+0.0082)+(0.4+2.1\delta+0.0082)]\times L\times2$$

$$=2\times(0.5+2.1\times0.08+0.0082+0.4+2.1\times0.08+0.0082)\times2\times(6.6+6.4+7.4$$

$$+4.8)m^2$$

$$=2\times1.2524\times25.2\times2m^2$$

$$=126.242m^2$$

⑳500×400 碳钢风管刷一道调和漆的工程量为：

$$S = 2 \times (0.5+0.4) \times (6.6+6.4+7.4+4.8) \text{m}^2$$
$$= 2 \times 0.9 \times 25.2 \text{m}^2$$
$$= 45.36 \text{m}^2$$

㉑风量测定孔工程量为 1 个

定额工程量计算见表 1-187。

定额工程量计算表

表 1-187

序号	定额编号	项目名称规格	单位	工程量	计算式	基价/元	其中/元		
							人工费	材料费	机械费
1	9-216	DT22-4 柜式离心排烟风机	台	1		34.15	19.74	14.41	—
2	9-216	DT20-5 柜式离心风机	台	1		34.15	19.74	14.41	—
3	9-23	1500×500 碳钢风管	10m²	11.63	$2 \times (1.5+0.5) \times (2.0+10.6-0.6-1.0-0.5-0.24+2.0+0.6+16.2+\frac{1}{2} \times 3.14 \times 1.5-1.0-0.6-0.5-0.24)$	499.12	203.87	244.33	50.92
4	9-23	1000×500 碳钢风管	10m²	10.689	$2 \times (1.0+0.5) \times (6.0+\frac{1}{2} \times 3.14 \times 1+6.4+\frac{1}{2} \times 3.14 \times 1+8-0.5-0.24+5+\frac{1}{2} \times 3.14 \times 1+7.0-0.5-0.24)$	499.12	203.87	244.33	50.92
5	9-23	800×500 碳钢风管	10m²	7.54	$2 \times (0.8+0.5) \times (16+13)$	499.12	203.87	244.33	50.92
6	9-23	800×400 碳钢风管	10m²	3.6422	$2 \times (0.8+0.4) \times (5.8-0.24-0.4+\frac{1}{2} \times 3.14 \times 0.8+2+7.4-0.24-0.4)$	499.12	203.87	244.33	50.92
7	9-22	500×400 碳钢风管	10m²	4.536	$2 \times (0.5+0.4) \times (6.6+6.4+7.4+4.8)$	668.75	295.82	290.07	82.86
8	9-90	防火调节阀(1500×500)安装	个	1		65.90	42.03	23.87	—
9	9-89	排烟防火调节阀(800×400)安装	个	1		48.20	29.02	19.18	—

序号	定额编号	项目名称规格	单位	工程量	计算式	基价/元	其中/元		
							人工费	材料费	机械费
10	9-89	排烟防火调节阀(1000×500)安装	个	1		48.20	29.02	19.18	—
11	9-89	防火调节阀(800×400)安装	个	1		48.20	29.02	19.18	—
12	9-89	防火调节阀(1000×500)安装	个	1		48.20	29.02	19.18	—
13	9-90	防火阀(1500×500)安装	个	1		65.90	42.03	23.87	—
14	9-136	单层百叶排烟口(800×400)安装	个	9	9+3	21.99	15.79	5.98	0.22
15	9-136	单层百叶送风口(800×400)安装	个	9	9+3	21.99	15.79	5.98	0.22
16	9-41	帆布软接(1000×1500×600)	m²	3	2×(1.0+1.5)×0.6	171.45	47.83	121.74	1.88
17	9-41	帆布软接(800×500×600)	m²	1.56	2×(0.8+0.5)×0.6	171.45	47.83	121.74	1.88
18	11-1870	1500×500碳钢风管保温层	m³	11.41	$2×[(1.5+1.033×0.08)+(0.5+1.033×0.08)]×1.033×0.08×[2.0+10.6-0.6-1.0+2.0+0.6-(0.5+0.24)+\frac{1}{2}×3.14×1.5+16.2-1.0-0.6-(0.5+0.24)]$	166.06	86.61	72.70	6.75
19	11-2157	1500×500碳钢风管防潮层	10m²	13.679	$2×[(1.5+2.1×0.08+0.0082)+(0.5+2.1×0.08+0.0082)]×[2.0+10.6-0.6-1.0+2.0+0.6-(0.5+0.24)+\frac{1}{2}×3.14×1.5+16.2-1.0-0.6-(0.5+0.24)]$	11.11	10.91	0.20	—

序号	定额编号	项目名称规格	单位	工程量	计算式	基价/元	其中/元		
							人工费	材料费	机械费
20	11-2153	1500×500 碳钢风管保护层	10m²	27.358	$2\times[(1.5+2.1\times0.08+0.0082)+(0.5+2.1\times0.08+0.0082)]\times[2.0+10.6-0.6-1.0+2.0+0.6-(0.5+0.24)+\frac{1}{2}\times3.14\times1.5+16.2-1.0-0.6-(0.5+0.24)]\times2$	11.11	10.91	0.20	—
21	11-93	1500×500 碳钢风管刷调和漆	10m²	11.63	$2\times(1.5+0.5)\times[2.0+10.6-0.6-1.0-(0.5+0.24)+2.0+0.6+\frac{1}{2}\times3.14\times1.5+16.2-1.0-0.6-(0.5+0.24)]$	6.12	5.80	0.32	—
22	11-1870	1000×500 碳钢风管保温层	m³	9.807	$2\times[(1.0+1.033\times0.08)+(0.5+1.033\times0.08)]\times1.033\times0.08\times[6.0+\frac{1}{2}\times3.14\times1+6.4+\frac{1}{2}\times3.14\times1+8-(0.5+0.24)+5.0+7.0+\frac{1}{2}\times3.14\times1-(0.5+0.24)]$	166.06	86.61	72.70	6.75
23	11-2157	1000×500 碳钢风管防潮层	10m²	13.2002	$2\times(1.0+2.1\times0.08+0.0082+0.5+0.0082+2.1\times0.08)\times[6.0+\frac{1}{2}\times3.14\times1+6.4+\frac{1}{2}\times3.14\times1+8-(0.5+0.24)+5.0+7.0+\frac{1}{2}\times3.14\times1-(0.5+0.24)]$	11.11	10.91	0.20	—

序号	定额编号	项目名称规格	单位	工程量	计算式	基价/元	其中/元		
							人工费	材料费	机械费
24	11-2153	1000×500 碳钢风管保护层	10m²	26.4004	$2 \times (1.0 + 2.1 \times 0.08 + 0.0082 + 0.5 + 0.0082 + 2.1 \times 0.008) \times [6.0 + \frac{1}{2} \times 3.14 \times 1 + 6.4 + \frac{1}{2} \times 3.14 \times 1 + 8 - (0.5 + 0.24) + 5.0 + 7.0 + \frac{1}{2} \times 3.14 \times 1 - (0.5 + 0.24)] \times 2$	11.11	10.91	0.20	—
25	11-93	1000×500 碳钢风管刷调和漆	10m²	10.689	$2 \times (1.0 + 0.5) \times [6.0 + \frac{1}{2} \times 3.14 \times 1 + 6.4 + 8 + \frac{1}{2} \times 3.14 \times 1 - (0.5 + 0.24) + 5.0 + 7.0 + \frac{1}{2} \times 3.14 \times 1 - (0.5 + 0.24)]$	6.12	5.80	0.32	—
26	11-1870	800×500 碳钢风管保温层	m³	7.023	$2 \times (0.8 + 1.033 \times 0.08 + 0.5 + 1.033 \times 0.08) \times 1.033 \times 0.08 \times (16 + 13)$	166.06	86.61	72.70	6.75
27	11-2157	800×500 碳钢风管防潮层	10m²	9.5839	$2 \times [(0.8 + 2.1 \times 0.08 + 0.0082) + (0.5 + 0.0082 + 2.1 \times 0.08)] \times (16 + 13)$	11.11	10.91	0.20	—
28	11-2153	800×500 碳钢风管保护层	10m²	19.1678	$2 \times [(0.8 + 2.1 \times 0.08 + 0.0082) + (0.5 + 0.0082 + 2.1 \times 0.08)] \times (16 + 13) \times 2$	11.11	10.91	0.20	—
29	11-93	800×500 碳钢风管刷调和漆	10m²	7.54	$2 \times (0.8 + 0.5) \times (16 + 13)$	6.12	5.80	0.32	—
30	11-1870	800×400 碳钢风管保温层	m³	3.425	$2 \times [(0.8 + 1.033 \times 0.08) + (0.4 + 1.033 \times 0.08)] \times 1.033 \times 0.08 \times (5.8 + \frac{1}{2} \times 3.14 \times 0.8 + 2 - 0.4 - 0.24 + 7.4 - 0.4 - 0.24)$	166.06	86.61	72.70	6.75

续表

序号	定额编号	项目名称规格	单位	工程量	计算式	基价/元	其中/元		
							人工费	材料费	机械费
31	11-2157	800×400 碳钢风管防潮层	10m²	4.7118	$2×(0.8+2.1×0.08+0.0082+0.4+0.0082+2.1×0.08)×(5.8+\frac{1}{2}×3.14×0.8+2-0.4-0.24+7.4-0.4-0.24)$	11.11	10.91	0.20	—
32	11-2153	800×400 碳钢风管保护层	10m²	9.4237	$2×(0.8+2.1×0.08+0.0082+0.4+0.0082+2.1×0.08)×(5.8+\frac{1}{2}×3.14×0.8+2-0.4-0.24+7.4-0.4-0.24)×2$	11.11	10.91	0.20	—
33	11-93	800×400 碳钢风管刷调和漆	10m²	3.6422	$2×(0.8+0.4)×(5.8+\frac{1}{2}×3.14×0.8+2-0.4-0.24+7.4-0.4-0.24)$	6.12	5.80	0.32	
34	11-1870	500×400 碳钢风管保温层	m³	4.437	$2×[(0.5+1.033×0.08)+(0.4+1.033×0.08)×1.033×0.08×(6.6+6.4+7.4+4.8)]$	166.06	86.61	72.70	6.75
35	11-2157	500×400 碳钢风管防潮层	10m²	6.3121	$2×(0.5+2.1×0.08+0.0082+0.4+2.1×0.08+0.0082)×(6.6+6.4+7.4+4.8)$	11.11	10.91	0.20	—
36	11-2153	500×400 碳钢风管保护层	10m²	12.6242	$2×(0.5+2.1×0.08+0.0082+0.4+2.1×0.08+0.0082)×(6.4+6.6+7.4+4.8)×2$	11.11	10.91	0.20	—
37	11-93	500×400 碳钢风管刷调和漆	10m²	4.536	$2×(0.4+0.5)×(6.4+6.6+7.4+4.8)$	6.12	5.80	0.32	—
38	9-43	风量测定孔	个	1		26.58	14.16	9.20	3.22

1. 塑料槽边吸风罩(450×400)

2. 手动密闭式对开多叶调节阀(1600×500)

3. 天圆地方管(1600×500，ϕ800)

4. 帆布连接管(ϕ800)

5. 4—72型离心式塑料通风机

6. 帆布连接管(480×420×300)

7. 天圆地方管(ϕ630，480×420)

8. T609圆伞型风帽(ϕ800)

9. 通风机基础

10. 方型T302-8，250×250钢制蝶阀(手柄式)

【例23】　图1-162、图1-163是一生产厂房排风系统图，风管材料采用优质碳钢镀锌钢板，其厚度为：风管周长＜2000mm时，为0.75mm，风管周长＜4000mm时，为1mm，风管周长＞4000mm时，为1.2mm，通风机基础采用钢支架用8号槽钢和L50×5角钢焊接制成。钢架下垫ϕ100×40橡皮防震共4点，每点4块，下面做素混凝土基础及软木一层。在安装钢架时，基础必须校正水平。钢支架除锈后刷红丹防锈漆一遍，灰调和漆二遍，有风管吊托架两个，试计算此系统的工程量。

【解】　(1)清单工程量

①离心式6号塑料通风机的工程量是1台

②1600×500碳钢风管的工程量为：

$$S = 2 \times (1.6+0.5) \times \left(\frac{1.25+1.5-0.25-0.21}{a} + \frac{3.250-0.25}{b} + \frac{6.0-4.0}{c} \right)$$

$$= 2 \times 2.1 \times 7.29 \text{m}^2$$

$$= 30.618 \text{m}^2$$

【注释】　1600×500为碳钢风管的截面面积，2×(1.6+0.5)为1600×500碳钢风管的展开周长，(1.25+1.5−0.25−0.21+3.250−0.25+6.0−4.0)为1600×500碳钢风管的长度。

③1200×400碳钢风管的工程量为：

$$S = 2 \times (1.2+0.4) \times \left(\frac{1}{2}\pi \times 1.2 + \frac{\frac{1}{2}\pi \times 1.2}{d} + \frac{2.2}{e} + \frac{3.0+3.0+3.0+3.0+3.0-0.4+0.5}{f} \right)$$

$$\times \frac{2}{g}$$

$$= 2 \times 1.6 \times (3.14 \times 1.2+2.2+15+0.1) \times 2 \text{m}^2$$

$$= 134.835 \text{m}^2$$

【注释】　1200×400为碳钢风管的截面面积，2×(1.2+0.4)为1200×400碳钢风管的展开周长，中括号内为1200×400碳钢风管的长度，具体数据解释见题下，由于有2根相同的支管系统故乘以2。

④ϕ800碳钢风管的工程量为：

$$S = 3.14 \times 0.8 \times 0.2 \text{m}^2 = 0.502 \text{m}^2$$

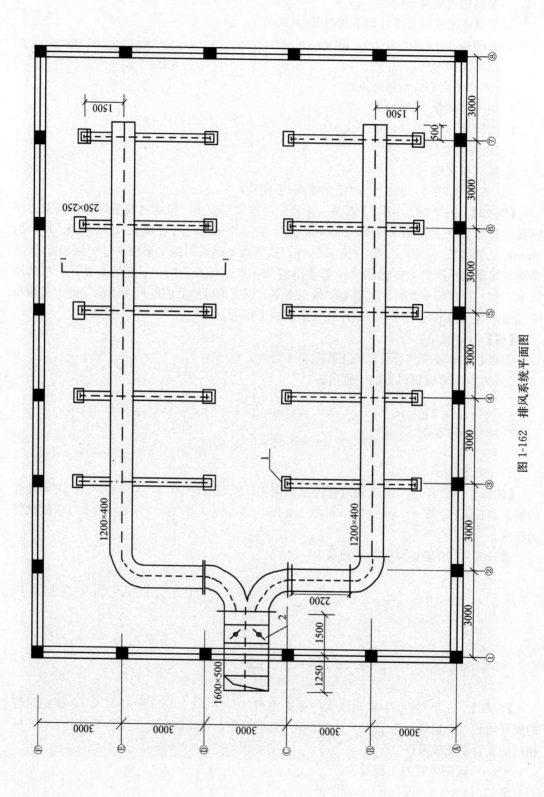

图 1-162 排风系统平面图

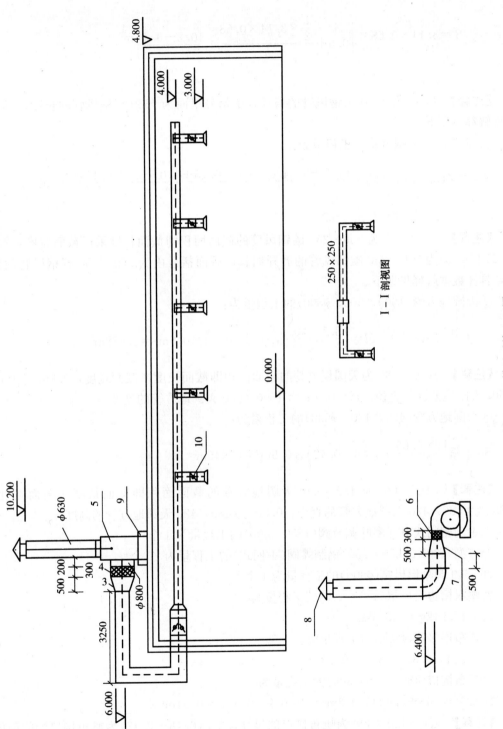

图 1-163 排风系统立面图

【注释】 0.8m 为 ϕ800 碳钢风管的直径，0.2m 为 ϕ800 碳钢风管的长度。

⑤ϕ630 碳钢风管的工程量为：

$$S = 3.14 \times 0.63 \times \left(0.5 + \frac{\frac{1}{2} \times 3.14 \times 0.63}{h} + \frac{10.2 - 6.4}{i} \right) \text{m}^2$$

$$= 10.463 \text{m}^2$$

【注释】 0.63 为 ϕ630 碳钢风管的直径，中括号里面为 ϕ630 碳钢风管的长度，具体数据解释见题下。

⑥250×250 碳钢风管的工程量为：

$$S = 2 \times (0.25 + 0.25) \times \frac{(1.5 + 3 + 4.0 - 3.0 - 0.15 + 4.0 - 3.0 - 0.15)}{j} \times \frac{10}{k} \text{m}^2$$

$$= 2 \times 0.5 \times 6.2 \times 10 \text{m}^2 = 62 \text{m}^2$$

【注释】 250×250 为 250×250 碳钢风管的截面面积即截面长度乘以截面宽度，2×(0.25+0.25)为 250×250 碳钢风管的展开周长，后面括号内为 250×250 碳钢风管的长度，具体数据解释见题下。

⑦天圆地方管(1600×500，ϕ800)的工程量为：

$$S = \left(\frac{\pi D}{2} + A + B \right) \times H = \left(\frac{3.14 \times 0.8}{2} + 1.6 + 0.5 \right) \times 0.5 \text{m}^2 = 1.678 \text{m}^2$$

【注释】 1600×500 为天圆地方管的截面面积即截面长度×截面宽度，0.8m 为 1600×500 天圆地方管的直径，H=0.5m 为 1600×500 天圆地方管的高度。

⑧天圆地方管(480×420，ϕ630)的工程量为：

$$S = \left(\frac{3.14 \times 0.63}{2} + 0.48 + 0.42 \right) \times 0.5 \text{m}^2 = 0.945 \text{m}^2$$

【注释】 480×420 为 480×420 天圆地方管的截面面积即截面长度×截面宽度，0.63m 为 480×420 天圆地方管的直径，0.5m 为 480×420 天圆地方管的高度。

⑨手动密闭式对开多叶调节阀(1600×500)的工程量为 1 个

⑩方型 T302-8(250×250)钢制蝶阀(手柄式)的工程量为 20 个

⑪T609 圆伞形风帽(ϕ800)的工程量为 1 个

⑫塑料槽边吸风罩(450×400)的工程量为：

20×17.94kg＝358.8kg

⑬帆布连接管(ϕ800)的工程量为：

$S = 3.14 \times 0.8 \times 0.3 \text{m}^2 = 0.754 \text{m}^2$

⑭帆布接口(480×420×300)的工程量为：

$S = 2 \times (0.48 + 0.42) \times 0.3 \text{m}^2 = 2 \times 0.9 \times 0.3 \text{m}^2 = 0.54 \text{m}^2$

【注释】 480×420×300 为帆布接口的尺寸，2×(0.48+0.42)为帆布接口处的截面周长，0.3m 为帆布接口的长度。

清单工程量计算见表 1-188。

清单工程量计算表

表 1-188

项目编码	项目名称	项目特征描述	单位	数量	计算式
030108001001	离心式通风机	5 号钢支架由 8 号槽钢和 L50×5 焊接而成	台	1	
030702001001	碳钢通风管道	矩形 $\delta=1.2mm$，1600 ×500	m²	30.618	$2\times(1.6+0.5)\times(1.25+1.5-0.25-0.21+3.25-0.25+6.0-4.0)$
030702001002	碳钢通风管道	矩形 $\delta=1.0mm$，1200 ×400	m²	134.835	$2\times(1.2+0.4)\times(\frac{1}{2}\times3.14\times1.2+\frac{1}{2}\times3.14\times1.2+2.2+3.0+3.0+3.0+3.0+3.0-0.4+0.5)\times2$
030702001003	碳钢通风管道	$\delta=1.0mm$，$\phi800$	m²	0.502	$3.14\times0.8\times0.2$
030702001004	碳钢通风管道	圆形 $\delta=0.75mm$，$\phi630$	m²	10.463	$3.14\times0.63\times(0.5+\frac{1}{2}\times3.14\times0.63+10.2-6.4)$
030702001005	碳钢通风管道	矩形 $\delta=0.75mm$，250 ×250	m²	62	$2\times(0.25+0.25)\times(1.5+3+4.0-3.0-0.15+4.0-3.0-0.15)\times10$
030702001006	碳钢通风管道	天圆地方 1600×500，$\phi800$	m²	1.678	$(3.14\times0.8\div2+1.6+0.5)\times0.5$
030702001007	碳钢通风管道	天圆地方 480×420，$\phi630$	m²	0.945	$(3.14\times0.63\div2+0.48+0.42)\times0.5$
030703001001	碳钢阀门	手动密闭式对开多叶调节阀 1600×500	个	1	
030703001002	碳钢阀门	手柄式，方型钢制蝶阀 T302-8(250×250)	个	20	1×20
030703012001	碳钢风帽	圆伞型 $\phi800$，T609	个	1	
030703018001	塑料罩类	槽边吸气罩 450×400	kg	358.8	20×17.94
030703019001	帆布接口	$\phi800$	m²	0.754	$3.14\times0.8\times0.3$
030703019002	帆布接口	480×420×300	m²	0.54	$2\times(0.48+0.42)\times0.3$

注：a 是厂房内 1600×500 风管的长度，其中：

1.25 是①轴线至风管外边缘的长度，1.5 是①轴线至三通处的长度，0.25 是风管中心线至外边缘的长度，即风管宽度的一半，0.21 是密闭式对开多叶调节阀的长度。

b 是 1600×500 风管的长度，0.25 的意义同 a 屋顶水平方向长度。

c 是竖直方向上 1600×500 风管的长度，其中 6.0 和 4.0 分别为屋顶和厂房内风管中心线的标高。

d 是弯头中心线的长度如图所示。

e 是②轴线上风管 1200×400 的长度。

f 是⑧轴线上风管 1200×400 的长度，其中：

0.4 是②轴线至法兰连接处的距离，0.5 是⑦轴线至风管顶端的长度。

g 是因为图示有两相同的支管系统，所以乘以 2。

h 是 $\phi630$ 弯头中心线的长度。

i 是两标高间的距离也即 $\phi630$ 风管竖直方向上风管长度。

j 是 250×250 碳钢风管一支管的长度，其中 1.5 是⑧轴线至风管弯头中心线的距离，3 是⑧轴线至风管另一个弯头中心线的距离，4.0−3.0 是一边支管竖直方向上的长度。

k 乘以 10 是因为共有 10 个这样的支管系统。

（2）定额工程量

通风机、碳钢风管、碳钢调节阀、碳钢风帽、塑料罩类和柔性接口的安装工程量与以清单形式的计算过程相同。

①风机减震台座工程量为 55kg

②风管吊托架工程量为 $9.1 \times 2kg = 18.2kg$

③设备支架工程量为：

8 号槽钢 $6.6 \times 8.04kg = 53.064kg$

④金属支架刷灰调和漆第一遍工程量为：

$M = (55 + 9.1 \times 2 + 6.6 \times 8.04)kg = 126.264kg$

⑤金属支架刷第二遍灰调和漆的工程量为：

$M = (55 + 9.1 \times 2 + 6.6 \times 8.04)kg = 126.264kg$

⑥金属支架刷红丹防锈漆一遍的工程量为：

$M = (55 + 9.1 \times 2 + 6.6 \times 8.04)kg = 126.264kg$

其中，55 是风机减振台座的工程量。

定额工程量计算见表 1-189。

定额工程量计算表 　　　　　　　　　　　　　　　　　　　表 1-189

序号	定额编号	分项工程名称	单位	工程量	计算式	基价/元	其中/元		
							人工费	材料费	机械费
1	9-217	离心式塑料通风机 6 号	台	1		104.10	78.48	25.62	—
2	9-16	1600×500 碳钢矩形风管，$\delta = 1.2mm$	10m²	3.0618	$2 \times (1.6 + 0.5) \times (1.25 + 1.5 - 0.25 - 0.21 + 3.25 - 0.25 + 6.0 - 4.0)$	380.69	157.43	180.83	42.43
3	9-15	1200×400 碳钢矩形风管，$\delta = 1.0mm$	10m²	13.4835	$2 \times (1.2 + 0.4) \times (\frac{1}{2} \times 3.14 \times 1.2 + 2.2 + 3.0 + \frac{1}{2} \times 3.14 \times 1.2 + 3.0 + 3.0 + 3.0 + 3.0 - 0.4 + 0.5) \times 2$	410.82	179.72	180.18	50.92

续表

序号	定额编号	分项工程名称	单位	工程量	计算式	基价/元	其中/元 人工费	其中/元 材料费	其中/元 机械费
4	9-11	$\phi800$ 碳钢圆形风管，$\delta=1.0mm$	10m²	0.0502	$3.14\times0.8\times0.2$	541.81	256.35	211.04	74.42
5	9-11	$\phi630$ 碳钢圆形风管，$\delta=0.75mm$	10m²	1.0463	$3.14\times0.63\times(0.5+\frac{1}{2}\times3.14\times0.63+10.2-6.4)$	541.81	256.35	211.04	74.42
6	9-13	250×250 碳钢矩形风管，$\delta=0.75mm$	10m²	6.2	$2\times(0.25+0.25)\times(1.5+3+4.0-3.0-0.15+4.0-3.0-0.15)\times10$	787.10	387.54	255.26	144.30
7	9-15	天圆地方碳钢风管（1600×500，$\phi800$）	10m²	0.1678	$(3.14\times0.8\div2+1.6+0.5)\times0.5$	410.82	179.72	180.18	50.92
8	9-14	天圆地方碳钢风管（480×420，$\phi630$）	10m²	0.0945	$(3.14\times0.63\div2+0.48+0.42)\times0.5$	533.38	254.72	196.63	82.03
9	9-86	手动密闭式对开多叶调节阀（1600×500）	个	1		37.80	13.93	23.87	—
10	9-73	方型 T302-8（250×250）钢制蝶阀（手柄式）	个	20	1×20	19.24	6.97	3.33	8.94
11	9-166	T609 圆伞型风帽（$\phi800$）	个			1208.34	98.69	109.47	0.18
12	9-318	塑料槽边吸气罩（450×400）	100kg	3.588	$20\times17.94\div100$	2860.73	854.80	1388.36	617.87
13	9-41	帆布接口（$\phi800$）	m²	0.754	$3.14\times0.8\times0.3$	171.45	47.83	121.74	1.88
14	9-41	帆布接口（480×420×300）	m²	0.54	$2\times(0.48+0.42)\times0.3$	171.45	47.83	121.74	1.88
15	9-212	风机减震台座	个	1		414.38	75.23	330.52	8.63
16	9-270	风管吊托架	100kg	0.182	9.1×2	975.57	183.44	776.36	15.77
17	9-211	设备支架	100kg	0.53064	6.6×8.04	523.29	159.75	348.27	15.27
18	11-126	金属支架刷第一遍灰调和漆	100kg	1.26264	$55+9.1\times2+6.6\times8.04$	12.33	5.11	0.26	6.96
19	11-127	金属支架刷第二遍灰调和漆	100kg	1.26264	$55+9.1\times2+6.6\times8.04$	12.30	5.11	0.23	6.96
20	11-117	金属支架刷一遍红丹防锈漆	100kg	1.26264	$55+9.1\times2+6.6\times8.04$	13.17	5.34	0.87	6.96

1. 电动对开密闭式多叶调节阀（630×630）

2. 静压箱（1.25×1.25×1.0，$\delta=1.5mm$）

3. 天圆地方管(1000×400，$\phi655$)

4. 圆形风管止回阀(垂直式，$\phi630$)

5. 双速排烟风机 GYF6-SI-BX，$L=1500\text{m}^3/\text{h}$，$H=600\text{Pa}/150\text{Pa}$，$N=5.9\text{kW}/1.4\text{kW}$

6. 软管接口($\phi655$)

7. 单层百叶排风口(600×300)

8. 400×400 方形直片散流器

9. 天圆地方管(1000×400，$\phi550$)

10. 软管接口($\phi550$)

11. 单速送风机 G×F5.5-1-BX，$L=8000\text{m}^3/\text{h}$，$H=345\text{Pa}$，$N=1.5\text{kW}$

12. 垂直式圆形风管止回阀($\phi500$)

13. 天圆地方管(800×500，$\phi550$)

14. 电动防火阀(800×500)

15. 电动密闭式对开多叶调节阀(1000×400)

16. 风管检查孔(270×230)

【例 24】 图 1-164 是某工业厂房一层通风平面图，既可机械排风(兼排烟)又可机械补风，平时双速排烟风机低速运转进行机械排风，可通过门窗楼梯等进行自然补风，当发生火灾时，可以高速运转进行排烟，与此同时单速送风机可补入新风，所有管道除锈后，刷两道防锈漆，试计算此系统工程量，风管周长<2000mm 时，$\delta=0.75\text{mm}$，风管周长>2000mm 时，$\delta=1.0\text{mm}$。

【解】 (1) 清单工程量

① 双速排烟风机 GYF6-S1-BX 的工程量为 1 台

② 单速送风机 GXF5.5-1-BX 的工程量为 1 台

③ 1000×400 镀锌钢板通风管的工程量为：

$$S=[2\times(1.0+0.4)\times(\underbrace{\frac{0.5+2.6+2.6+2.6+0.5+0.5}{a}}+\underbrace{\frac{0.7+2.6+2.6+0.8+1.1-0.21}{b}})]\text{m}^2$$
$$=2\times1.4\times16.89\text{m}^2$$
$$=47.292\text{m}^2$$

【注释】 1000×400 为镀锌钢板通风管的截面面积即截面长度×截面宽度，$2\times(1.0+0.4)$ 为 1000×400 镀锌钢板通风管的截面周长，$(0.5+2.6+2.6+2.6+0.5+0.5)$ 为 1000×400 镀锌钢板通风管的长度，具体数据解释见题下。

④ 800×500 镀锌钢板风管的工程量为：

$$S=2\times(0.8+0.5)\times\underbrace{\frac{[1.8-(0.5+0.24)]}{c}}\text{m}^2$$
$$=2\times1.3\times1.06\text{m}^2$$
$$=2.756\text{m}^2$$

【注释】 解释原理同上文相同，$2\times(0.8+0.5)$ 为 800×500 镀锌钢板风管的展开周长，$[1.8-(0.5+0.24)]$ 为 800×500 镀锌钢板风管的长度，具体数据解释见题下。

⑤ 630×630 镀锌钢板风管的工程量为：

$$S=2\times(0.63+0.63)\times\underbrace{\frac{(1.5-0.21)}{d}}\text{m}^2=2\times1.26\times1.3\text{m}^2=3.276\text{m}^2$$

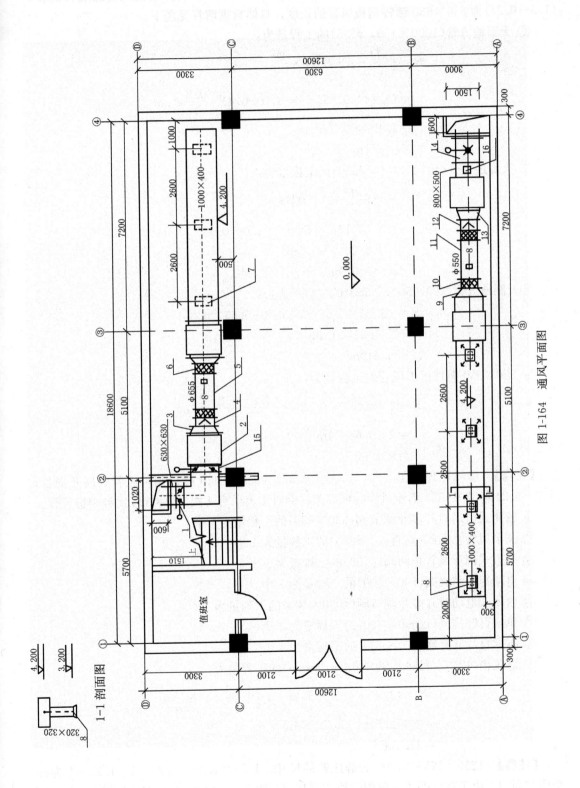

图 1-164 通风平面图

【注释】 解释原理同④，$2 \times (0.63+0.63)$ 为 630×630 镀锌钢板风管的展开周长，$(1.5-0.21)$ 为 630×630 镀锌钢板风管的长度，具体数据解释见题下。

⑥ 天圆地方管（1000×400，$\phi 655$）的工程量为：

$$S = \left(\frac{\pi D}{2} + A + B \right) H \times \frac{2}{e}$$

$$= (3.14 \times 0.655 \div 2 + 1.0 + 0.4) \times \frac{0.2}{f} \times 2 \, \mathrm{m^2}$$

$$= 2.428 \times 0.4 \, \mathrm{m^2}$$

$$= 0.971 \, \mathrm{m^2}$$

⑦ 天圆地方管（1000×400，$\phi 550$）的工程量为：

$$S = \left(\frac{\pi D}{2} + A + B \right) H$$

$$= (3.14 \times 0.55 \div 2 + 1.0 + 0.4) \times 0.3 \, \mathrm{m^2}$$

$$= 2.2635 \times 0.3 \, \mathrm{m^2}$$

$$= 0.679 \, \mathrm{m^2}$$

⑧ 天圆地方管（800×500，$\phi 550$）的工程量为：

$$S = (3.14 \times 0.55 \div 2 + 0.8 + 0.5) \times 0.3 \, \mathrm{m^2}$$

$$= 2.1635 \times 0.3 \, \mathrm{m^2}$$

$$= 0.649 \, \mathrm{m^2}$$

⑨ 320×320 镀锌钢板风管的工程量为：

$$S = 2 \times (0.32 + 0.32) \times \frac{(4.2 - 3.2) \times 4}{g} \, \mathrm{m^2}$$

$$= 2 \times 0.64 \times 4 \, \mathrm{m^2}$$

$$= 5.12 \, \mathrm{m^2}$$

【注释】 解释原理同④，$2 \times (0.32+0.32)$ 为 320×320 镀锌钢板风管的展开周长，$(4.2-3.2)$ 为 320×320 铝板风管的标高差，乘以 4 表示有 4 根 320×320 镀锌钢板风管。

⑩ 密闭式电动对开多叶调节阀（630×630）的工程量为 1 个

⑪ 圆形风管止回阀（垂直式，$\phi 630$）的工程量为 1 个

⑫ 垂直式圆形风管止回阀（$\phi 500$）的工程量为 1 个

⑬ 电动矩形防火阀（800×500）的工程量为 1 个

⑭ 密闭式电动对开多叶调节阀（1000×400）的工程量为 1 个

⑮ 单层百叶排风口（600×300）的工程量为 3 个

⑯ 方形直片散流器（400×400）的工程量为 4 个

⑰ 静压箱（$1250 \times 1250 \times 1000$，$\delta = 1.5 \mathrm{mm}$）的工程量为：

$$S = 2 \times (1.25 \times 1.25 + 1.25 \times 1 + 1.25 \times 1) \times \frac{4}{h} \, \mathrm{m^2}$$

$$= 2 \times (2.5 + 1.5625) \times 4 \, \mathrm{m^2}$$

$$= 32.5 \, \mathrm{m^2}$$

【注释】 $1250 \times 1250 \times 1000$ 为静压箱的尺寸，1.25×1.25、1.25×1、1.25×1 为各个面的面积，由于对立面的面积相同故应乘以 2，故有 $2 \times (1.25 \times 1.25 + 1.25 \times 1 + 1.25$

×1)，共有 4 个静压箱故乘以 4。

清单工程量计算见表 1-190。

清单工程量计算表 表 1-190

项目编码	项目名称	项目特征描述	单位	数量	计算式
030108001001	离心式通风机	双速排烟风机 GYF6-SI-BX	台	1	
030108001002	离心式通风机	单速送风机 GXF5.5-1-BX	台	1	
030702001001	碳钢通风管道	1000×400 镀锌 $\delta=1mm$，刷两道漆防锈漆	m²	47.292	$2×(1.0+0.4)×(0.5+2.6+2.6+2.6+0.5+0.5+0.7+2.6+2.6+0.8+1.1-0.21)$
030702001002	碳钢通风管道	800×500 镀锌 $\delta=1.0mm$，刷两道防锈漆	m²	2.756	$2×(0.8+0.5)×[1.8-(0.5+0.24)]$
030702004001	铝板通风管道	630×630 $\delta=1.0mm$，刷两道防锈漆	m²	3.276	$2×(0.63+0.63)×(1.51-0.21)$
030702001003	碳钢通风管道	天圆地方 1000×400，$\phi655$，$\delta=1.0mm$，刷两道防锈漆	m²	0.971	$(3.14×0.655÷2+1.0+0.4)×0.2×2$
030702001004	碳钢通风管道	天圆地方 1000×400，$\phi550$，$\delta=1.0mm$，刷两道防锈漆	m²	0.679	$(3.14×0.55÷2+0.8+0.5)×0.3$
030702001005	碳钢通风管道	天圆地方 800×500，$\phi550$，$\delta=1.0mm$，刷两道防锈漆	m²	0.649	$(3.14×0.55÷2+0.8+0.5)×0.3$
030702001006	碳钢通风管道	矩形镀锌 $\delta=0.75mm$，320×320	m²	5.12	$2×(0.32+0.32)×(4.2-3.2)×4$
030703001001	碳钢阀门	密闭式电动对开多叶调节阀 630×630	个	1	
030703001002	碳钢阀门	垂直式止回阀，$\phi630$	个	1	
030703001003	碳钢阀门	垂直式止回阀 $\phi500$	个	1	
0307903001004	碳钢阀门	电动矩形防火阀 800×500	个	1	
030703001005	碳钢阀门	密闭式电动对开多叶调节阀 1000×400	个	1	
030703011001	碳钢阀门、散流器、百叶窗	单层百叶排风口 600×300	个	3	$1×3$
030703011002	碳钢阀门、散流器、百叶窗	方形直片散流器 400×400	个	4	$1×4$
030703021001	静压箱	1.25×1.25×1.0，$\delta=1.5mm$	m²	32.5	$2×(1.25×1.25+1.25×1+1.25×1)×4$

注：a 是 1000×400 镀锌钢板通风管的长度（补风管部分）

如图所示(0.5＋2.6＋2.6＋2.6＋0.5)是③轴线至端线风管的长度，0.5 是③轴线至(1000×400，$\phi550$)天圆地方管之间 1000×400 铝板的长度。

b 是 1000×400 排风管的长度

$(0.7+2.6+2.6+0.8)$ 是③、④轴线间 1000×400 镀锌钢板风管的长度，$(1.1-0.21)$ 是 2 静压箱至弯头处的长度，0.21 是密闭式电动对开多叶调节阀的长度，故应减去此阀门的长度。

c 是 800×500 镀锌钢板风管的长度，如图所示

1.8 是新风井至静压箱间的距离，$(0.5+0.24)$ 是电动防火阀(800×500)所占长度。

d 是 630×630 镀锌钢板风管的长度

1.51 是排风井至弯头处 630×630 风管的长度，0.21 是密闭式电动对开多叶调节阀(630×630)的长度。

e 是因为有两段相同的天圆地方管 1000×400，$\phi 655$ 所以乘以 2。

f 是天圆地方管$(1000 \times 400$，$\phi 655)$的长度。

g 是 320×320 镀锌钢板风管的长度。

$(4.2-3.2)$是 320×320 铝板风管的标高差，乘以 4 是因为有四根 320×320 的镀锌钢板风管。

h 是因为有四个 $1250 \times 1250 \times 1000$ 的静压箱，所以乘以 4。

(2) 定额工程量：

① 风管的制作安装，通风机的安装，碳钢调节阀的安装，镀锌钢风口、散流器安装，同清单形式下工程量的计算。

② 1000×400 镀锌钢板通风管的第一道防锈漆的工程量为：

$$S = 2 \times (1.0+0.4) \times (0.5+2.6+2.6+2.6+0.5+0.5+0.7+2.6$$
$$+2.6+0.8+1.1-0.21) \text{m}^2$$
$$= 2 \times 1.4 \times 16.89 \text{m}^2$$
$$= 47.292 \text{m}^2$$

③ 1000×400 镀锌钢板通风管刷第二道防锈漆的工程量同②

【注释】 ②、③数据解释相同，$2 \times (1.0+0.4)$ 为 1000×400 镀锌钢板通风管的展开周长，$(0.5+2.6+2.6+2.6+0.5+0.5+0.7+2.6+2.6+0.8+1.1-0.21)$ 为 1000×400 镀锌钢板通风管的长度。

④ 800×500 镀锌钢板通风管刷第一道防锈漆的工程量为：

$$S = 2 \times (0.8+0.5) \times [1.8-(0.5+0.24)] \text{m}^2$$
$$= 2 \times 1.3 \times 1.06 \text{m}^2$$
$$= 2.756 \text{m}^2$$

⑤ 800×500 镀锌钢板通风管刷第二道防锈漆的工程量同④

【注释】 ④、⑤数据解释相同，$2 \times (0.8+0.5)$ 为 800×500 镀锌钢板通风管的周长，$1.8-(0.5+0.24)$ 为 800×500 镀锌钢板通风管的长度。

⑥ 630×630 镀锌钢板通风管刷第一道防锈漆的工程量为：

$$S = 2 \times (0.63+0.63) \times (1.51-0.21) \text{m}^2 = 3.276 \text{m}^2$$

⑦ 630×630 镀锌钢板通风管刷第二道防锈漆的工程量为：

$$S = 2 \times (0.63+0.63) \times (1.51-0.21) \text{m}^2 = 3.276 \text{m}^2$$

【注释】 ⑥、⑦数据解释相同，$2 \times (0.63+0.63)$ 为 630×630 镀锌钢板通风管的展开周长，$(1.51-0.21)$ 为 630×630 镀锌钢板通风管的长度。

⑧ 天圆地方管(1000×400，ϕ655)的工程量(刷第一遍防锈漆)为：
$$S = (3.14 \times 0.655 \div 2 + 1.0 + 0.4) \times 0.2 \times 2 \, \text{m}^2$$
$$= 2.428 \times 0.4 \, \text{m}^2$$
$$= 0.971 \, \text{m}^2$$

⑨ 天圆地方管(1000×400，ϕ655)刷第二遍除锈漆的工程量同⑧

⑩ 天圆地方管(1000×400，ϕ550)刷第一遍防锈漆的工程量为：
$$S = (3.14 \times 0.55 \div 2 + 1.0 + 0.4) \times 0.3 \, \text{m}^2$$
$$= 2.2635 \times 0.3 \, \text{m}^2$$
$$= 0.679 \, \text{m}^2$$

⑪ 天圆地方管(1000×400，ϕ550)刷第二遍防锈漆的工程量同⑩

【注释】 1000×400 为天圆地方管的截面面积即截面长度×截面宽度，0.3 为天圆地方管的长度。

⑫ 天圆地方管(800×500，ϕ550)刷第一遍防锈漆的工程量为：
$$S = (3.14 \times 0.55 \div 2 + 0.8 + 0.5) \times 0.3 \, \text{m}^2$$
$$= 2.1635 \times 0.3 \, \text{m}^2$$
$$= 0.649 \, \text{m}^2$$

⑬ 天圆地方管(800×500，ϕ550)刷第二遍防锈漆的工程量同⑫

【注释】 800×500 为天圆地方管的截面面积，即截面长度×截面宽度，0.3 为天圆地方管的长度。

⑭ 320×320 镀锌钢板风管刷第一遍防锈漆的工程量为：
$$S = 2 \times (0.32 + 0.32) \times (4.2 - 3.2) \times 4 \, \text{m}^2$$
$$= 2 \times 0.64 \times 4 \, \text{m}^2$$
$$= 5.12 \, \text{m}^2$$

【注释】 320×320 为 0 镀锌钢板风管的截面面积即截面长度×截面宽度，$2 \times (0.32 + 0.32)$ 为 320×320 镀锌钢板风管的截面周长，乘以 4 表示有 4 根 320×320 镀锌钢板风管。

⑮ 密闭式电动对开多叶调节阀(630×630)的制作工程量为：
$$1 \times 22.80 \, \text{kg} = 22.80 \, \text{kg}$$

⑯ 圆形风管止回阀(垂直式，ϕ630)的制作工程量为：
$$1 \times 17.42 \, \text{kg} = 17.42 \, \text{kg}$$

⑰ 垂直式圆形风管止回阀 ϕ500 的制作工程量为：
$$1 \times 13.69 \, \text{kg} = 13.69 \, \text{kg}$$

⑱ 电动矩形防火阀(800×500)的安装工程量为 1 个

⑲ 密闭式电动对开多叶调节阀(1000×400)的制作工程量为：
$$1 \times 22.40 \, \text{kg} = 22.40 \, \text{kg}$$

⑳ 电动矩形防火阀(800×500)的制作工程量为：
$$1 \times M \text{kg} = M \text{kg}$$
其中 M kg 是电动防火阀(800×500)的单重。

㉑ 单层百叶排风口(600×300)的制作工程量为：
$$3 \times m \text{kg} = 3 m \text{kg}$$

其中 mkg 是单层百叶排风口(600×300)的单重。

㉒ 方形直片散流器(400×400)的制作工程量为:

$$4×8.89kg=35.56kg$$

㉓ 静压箱(1250×1250×1000,δ=1.5mm)的工程量为:

$$S=2×(1.25×1.25+1.25×1+1.25×1)×4m^2$$
$$=2×(2.5+1.5625)×4m^2$$
$$=32.5m^2$$

【注释】 1250×1250×1000 为静压箱的尺寸,1.25×1.25、1.25×1、1.25×1 为每个面的面积,由于箱的对立面面积相同故应乘以2,故有 2×(1.25×1.25+1.25×1+1.25×1),共有4个静压箱故乘以4。

㉔ $\phi655$ 软管接口的制作安装工程量为:

$$S=3.14×0.655×0.3×\frac{2}{Ⅰ}m^2=1.234m^2$$

【注释】 0.655m 为 $\phi655$ 软管接口的直径,0.3m 为软管接头的长度,共有2段软管接头故乘以2。

㉕ $\phi550$ 软管接口的制作安装工程量为:

$$S=3.14×0.55×0.3×\frac{2}{Ⅱ}m^2=1.036m^2$$

【注释】 0.55m 为 $\phi550$ 软管接口的直径,0.3m 为软管接头的长度,共有2段软管接头故乘以2。

㉖ 风管检查孔(270×230)的工程量为:

$$1×1.68kg=1.68kg$$

㉗ 320×320 风管刷第二遍防锈漆的工程量同⑭为 3.84m²

注:Ⅰ是因为有两段相同长度的 $\phi655$ 软管接口所以乘以2

Ⅱ是因为有两段相同长度的 $\phi550$ 软管接口所以乘以2

定额工程量计算见表 1-191。

定额工程量计算表 表 1-191

序号	定额编号	分项工程名称	单位	工程量	计算式	基价/元	其中/元		
							人工费	材料费	机械费
1	9-217	双速排烟风机 GYF6-SI-BX	台	1		104.10	78.48	25.62	
2	9-222	单速送风机 GXF5.5-1-BX	台	1		37.23	34.83	2.40	
3	9-7	1000×400 镀锌钢板矩形风管,δ=1.0mm	10m²	4.7292	2×(1.0+0.4)×(0.5+2.6+2.6+2.6+0.5+0.5+0.7+2.6+2.6+0.8+1.1-0.21)	295.54	115.87	167.99	11.68
4	9-7	800×500 镀锌钢板矩形风管 mδ=1.0mm	10m²	0.2756	2×(0.8+0.5)×[1.8-(0.5+0.24)]	295.54	115.87	167.99	11.68

续表

序号	定额编号	分项工程名称	单位	工程量	计算式	基价/元	其中/元		
							人工费	材料费	机械费
5	9-7	630×630 镀锌钢板矩形风管，δ＝1.0mm	10m²	0.3276	2×(0.63＋0.63)×(1.51－0.21)	295.54	115.87	167.99	11.68
6	9-7	天圆地方管(1000×400，φ655)，δ＝1.0mm	10m²	0.0971	(3.14×0.655÷2＋1.0＋1.4)×0.2×2	295.54	115.87	167.99	11.68
7	9-7	天圆地方管(1000×400，φ550)，δ＝1.0mm	10m²	0.0679	(3.14×0.55÷2＋1.0＋0.4)×0.3	295.54	115.87	167.99	11.68
8	9-7	天圆地方管(800×500，φ550)，δ＝1.0mm	10m²	0.0649	(3.14×0.55÷2＋0.8＋0.5)×0.3	295.54	115.87	167.99	11.68
9	9-6	320×320 镀锌钢板矩形风管，δ＝0.75mm	10m²	0.512	2×(0.32＋0.32)×(4.2－3.2)×4	387.05	154.18	213.52	19.35
10	9-84	电动密闭式对开多叶调节阀的安装(630×630)	个	1		25.77	10.45	15.32	—
11	9-79	垂直式圆形风管止回阀(φ630)的安装	个	1		24.92	9.98	14.94	—
12	9-79	垂直式圆形风管止回阀(φ500)安装	个	1		24.92	9.98	14.94	—
13	9-89	电动矩形防火阀(800×500)安装	个	1		48.20	29.02	19.18	—
14	9-84	密闭式电动对开多叶调节阀(1000×400)安装	个	1		25.77	10.45	15.32	—
15	9-135	单层百叶排风口(600×300)安装	个	3	1×3	14.97	10.45	4.30	0.22
16	9-148	方形直片散流器(400×400)安装	个	4	1×4	10.94	8.36	2.58	—
17	11-53	1000×400 镀锌钢板矩形风管刷第一道防锈漆	m²	47.292	2×(1.0＋0.4)×(0.5＋2.6＋2.6＋2.6＋0.5＋0.5＋0.7＋2.6＋2.6＋0.8＋1.1－0.21)	7.40	6.27	1.13	—
18	11-54	1000×400 镀锌钢板矩形风管刷第二道防锈漆	m²	47.292	2×(1.0＋0.4)×(0.5＋2.6＋2.6＋2.6＋0.5＋0.5＋0.7＋2.6＋2.6＋0.8＋1.1－0.21)	7.28	6.24	1.01	—
19	11-53	800×500 镀锌钢板矩形风管刷第一道防锈漆	m²	2.756	2×(0.8＋0.5)×[1.8－(0.5＋0.24)]	7.40	6.27	1.13	—
20	11-54	800×500 镀锌钢板矩形风管刷第二道防锈漆	m²	2.756	2×(0.8＋0.5)×[1.8－(0.5＋0.24)]	7.28	6.27	1.01	—

续表

序号	定额编号	分项工程名称	单位	工程量	计算式	基价/元	其中/元		
							人工费	材料费	机械费
21	11-53	630×630 镀锌钢板矩形风管刷第一道防锈漆	m²	3.276	2×(0.63＋0.63)×(1.51－0.21)	7.40	6.27	1.13	—
22	11-54	630×630 镀锌钢板矩形风管刷第二道防锈漆	m²	3.276	2×(0.63＋0.63)×(1.51－0.21)	7.28	6.27	1.01	—
23	11-53	天圆地方管(1000×400，φ655)刷第一道防锈漆	m²	0.971	(3.14×0.655÷2＋1.0＋0.4)×0.2×2	7.40	6.27	1.13	—
24	11-54	天圆地方管(1000×400，φ655)刷第二道防锈漆	10m²	0.0971	(3.14×0.655÷2＋1.0＋0.4)×0.2×2	7.28	6.27	1.01	—
25	11-53	天圆地方管(1000×400，φ550)刷第一道防锈漆	10m²	0.0679	(3.14×0.55÷2＋1.0＋0.4)×0.3	7.40	6.27	1.13	—
26	11-54	天圆地方管(1000×400，φ550)刷第二道防锈漆	10m²	0.0679	(3.14×0.55÷2＋1.0＋0.4)×0.3	7.28	6.27	1.01	—
27	11-53	天圆地方管(800×500，φ550)刷第二道防锈漆	10m²	0.0649	(3.14×0.55÷2＋0.8＋0.5)×0.3	7.40	6.27	1.13	—
28	11-54	天圆地方管(800×500，φ550)刷第二道防锈漆	10m²	0.0649	(3.14×0.55÷2＋0.8＋0.5)×0.3	7.28	6.27	1.01	—
29	11-53	320×320 镀锌钢板风管刷第一遍防锈漆	10m²	0.512	2×(0.32＋0.32)×(4.2－3.2)×4	7.40	6.27	1.13	—
30	11-54	320×320 镀锌钢板风管刷第二道防锈漆	10m²	0.512	2×(0.32＋0.32)×(4.2－3.2)×4	7.28	6.27	1.01	—
31	9-62	密闭式电动对开多叶调节阀(630×630)的制作	100kg	0.228	1×22.80	1103.29	344.58	546.37	212.34
32	9-55	圆形风管止回阀(垂直式，φ630)的制作	100kg	0.1742	1×17.42	1012.82	310.22	613.49	89.11
33	9-55	垂直式圆形风管止回阀φ500 的制作	100kg	0.1369	1×13.69	1012.82	310.22	613.49	89.11
34	9-62	密闭式电动对开多叶调节阀(1000×400)的制作	100kg	0.224	1×22.40	1103.29	344.58	546.37	212.34
35	9-65	电动矩形防火阀800×500制作	100kg	0.01M	M 是此类型防火阀的单重(kg/个)	614.44	134.21	394.33	85.90

序号	定额编号	分项工程名称	单位	工程量	计算式	基价/元	其中/元		
							人工费	材料费	机械费
36	9-94	单层百叶排风口(600×300)的制作	100kg	0.03m	m 为此类型风口的单重(kg/个)<2kg	2014.47	1477.95	520.88	15.64
37	9-110	方形直片式散流器(400×400)制作	100kg	0.3556	4×8.89	2119.76	1170.75	584.54	364.47
38	9-252	静压箱(1250×1250×1000, δ=1.5mm)	10m²	3.25	2×(1.25×1.25+1.25×1+1.25×1)×4	468.34	283.28	166.14	18.92
39	9-41	φ655 软管接口制作安装	m²	1.234	3.14×0.655×0.3×2	171.45	47.83	121.74	1.88
40	9-41	φ550 软管接口制作安装	m²	1.036	3.14×0.55×0.3×2	171.45	47.83	121.74	1.88
41	9-42	风管检查孔(270×230)	100kg	0.0168	1×1.68	1147.41	486.92	543.99	116.50

1. 100×150 单层百叶送回风口

2. 400×200 手柄式矩形钢制蝶阀

3. 200×200 手柄式方形钢制蝶阀

4. 200×200 单层百叶回风口

5. 800×200 手动密闭式对开多叶调节阀

6. 1000×1200×900(B×H×L)阻抗复合式消声器

7. 天圆地方管(ϕ350，780×630)

8. 帆布软管接口(ϕ350)

9. BI-P-I 排风机 $V=4000m^3/h$，$N=1.1kW$

10. 700×700 防雨百叶(塑料)

11. BI-S-I 送风机，$V=5000m^3/h$，$N=1.1kW$

12. 1000×320 手动密闭式对开多叶调节阀

13. 250×200 矩形钢制蝶阀(手柄式)

14. 300×300 单层百叶送风口

15. 250×250 单层百叶送回风口

【例 25】 如图 1-165 所示，图示为两个会议室的送排风通风系统平面图，其中 9 是排风机，11 是送风机，送风机由室外引入新风送入室内，以维持室内气流流通，试计算图示的工程量。

【解】 (1)清单工程量

① BI-P-I 排风机($V=4000m^3/h$，$N=1.1kW$)的工程量是 1 台

② BI-S-I 送风机($V=5000m^3/h$，$N=1.1kW$)的工程量是 1 台

③ 1000×200 不锈钢风管的工程量为：

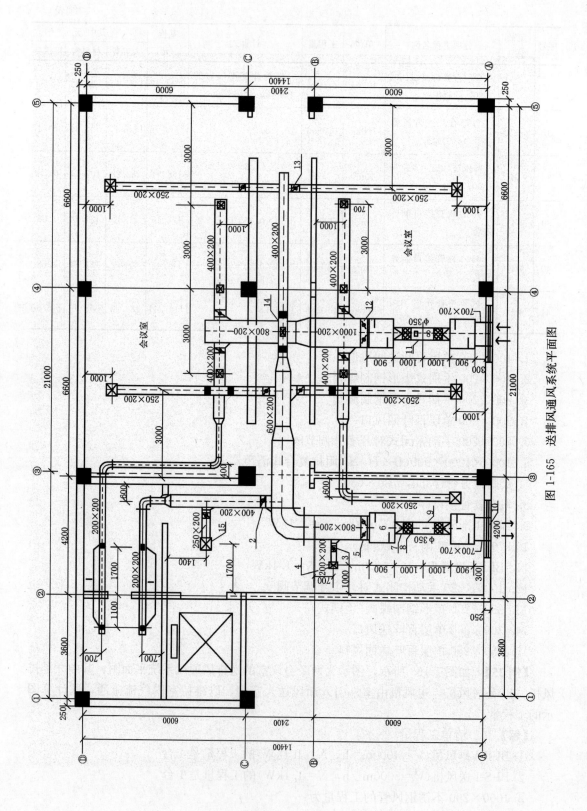

图 1-165 送排风通风系统平面图

$$S = 2 \times (1.0+0.2) \times \frac{(1.9-0.21+0.7)}{a} \text{m}^2$$

$$= 2 \times 1.2 \times 2.39 \text{m}^2$$

$$= 5.736 \text{m}^2$$

【注释】 1000×200 为不锈钢风管的截面面积，$2 \times (1.0+0.2)$ 为 1000×200 不锈钢风管的展开周长，$\frac{(1.9-0.21+0.7)}{a}$ 为 1000×200 不锈钢风管的长度，具体数据解释见题下。

④ 700×700 不锈钢风管的工程量为：

$$S = 2 \times (0.7+0.7) \times \frac{0.5 \times 2 \text{m}^2}{b} = 2 \times 1.4 \text{m}^2 = 2.8 \text{m}^2$$

【注释】 700×700 为不锈钢风管的截面面积，$2 \times (0.7+0.7)$ 为 700×700 不锈钢风管的展开周长，$\frac{0.5 \times 2 \text{m}^2}{b}$ 为 700×700 不锈钢风管的长度，具体数据解释见题下。

⑤ 800×200 不锈钢风管的工程量为：

$$S = 2 \times (0.8+0.2) \times \frac{(3.3+2.3-0.21+\frac{1}{2} \times 3.14 \times 0.8+3.9)}{c} \text{m}^2$$

$$= 2 \times 1.0 \times 10.546 \text{m}^2$$

$$= 21.092 \text{m}^2$$

【注释】 解释原理同上文一样，$2 \times (0.8+0.2)$ 为 800×200 不锈钢风管的展开周长，$\frac{1}{2} \times \frac{3.14 \times 0.8+3.9)}{c}$ 为 800×200 不锈钢风管的长度，具体数据解释见题下。

⑥ 600×200 不锈钢风管的工程量为：

$$S = 2 \times (0.6+0.2) \times 2.4 \text{m}^2 = 2 \times 0.8 \times 2.4 \text{m}^2 = 3.84 \text{m}^2$$

【注释】 原理相同，$2 \times (0.6+0.2)$ 为 600×200 不锈钢风管的展开周长，2.4 为 600×200 不锈钢风管的长度。

⑦ 400×200 不锈钢矩形风管的制作安装工程量为：

$$S = 2 \times (0.4+0.2) \times \frac{(3.2-0.15+4.2-0.15+3.2-0.15+4.2-0.15+6.5+4.2-0.15) \text{m}^2}{d}$$

$$= 2 \times 0.6 \times 24.75 \text{m}^2$$

$$= 29.7 \text{m}^2$$

【注释】 $2 \times (0.4+0.2)$ 为 400×200 不锈钢矩形风管的展开周长，($3.2-0.15+4.2-0.15+3.2-0.15+4.2-0.15+6.5+4.2-0.15$) 为 400×200 不锈钢矩形风管的长度，250×200 不锈钢矩形风管的长度。

⑧ 天圆地方管($\phi350$，780×630)的工程量为：

$$S = (3.14 \times 0.35 \div 2+0.78+0.63) \times \frac{0.3 \times 4}{e} \text{m}^2 = 2.3514 \text{m}^2$$

【注释】 ($3.14 \times 0.35 \div 2+0.78+0.63$) 为天圆地方管的展开周长，0.3 为一段天圆地方管的长度，共有 4 段故乘以 4。

⑨ 250×200 不锈钢矩形风管的工程量为：

$$S = 2 \times (0.25 + 0.2) \times \frac{[(6.9-0.15) \times 4 + 1.7 - 0.15 + 2.3 + 3.9 + \frac{1}{2} \times 3.14 \times 0.25]}{f} \text{m}^2$$

$$= 2 \times 0.45 \times (27 + 1.7 - 0.15 + 2.3 + 3.9 + 0.3925) \text{m}^2$$

$$= 31.628 \text{m}^2$$

【注释】 $2 \times (0.25 + 0.2)$ 为 250×200 不锈钢矩形风管的展开周长，$(6.9-0.15) \times 4 + 1.7 - 0.15 + 2.3 + 3.9 + \frac{1}{2} \times \frac{3.14 \times 0.25}{f} \text{m}^2$ 为 250×200 不锈钢矩形风管的长度，具体数据解释见题下。

⑩ 200×200 不锈钢风管的工程量为：

$$S = 2 \times (0.2 + 0.2) \times \frac{(1.4 - 0.15 + 0.5 + \frac{1}{2} \times 3.14 \times 0.2 + 4.4 + 1.2 + \frac{1}{2} \times 3.14 \times 0.2 + 3.6 + \frac{1}{2} \times 3.14 \times 0.2 + 5.6) \text{m}^2}{g}$$

$$= 2 \times 0.4 \times (1.4 - 0.15 + 0.5 + 4.4 + 1.2 + 3.6 + 5.6 + \frac{3}{2} \times 3.14 \times 0.2) \text{m}^2$$

$$= 2 \times 0.4 \times (1.4 - 0.15 + 0.5 + 4.4 + 1.2 + 3.6 + 5.6 + 0.942) \text{m}^2$$

$$= 0.8 \times 17.492 \text{m}^2$$

$$= 13.994 \text{m}^2$$

【注释】 $2 \times (0.2 + 0.2)$ 为 200×200 不锈钢风管的展开周长，$(1.4 - 0.15 + 0.5 + \frac{1}{2} \times 3.14 \times 0.2 + 4.4 + 1.2 + \frac{1}{2} \times 3.14 \times 0.2 + 3.6 + \frac{1}{2} \times 3.14 \times 0.2 + 5.6)$ 为 200×200 不锈钢风管的长度，具体数据解释见题下。

⑪ 400×200 手柄式矩形钢制蝶阀的工程量为 5 个

⑫ 200×200 手柄式方形钢制蝶阀的工程量为 1 个

⑬ 800×200 手动密闭式对开多叶调节阀的工程量为 1 个

⑭ 1000×320 手动密闭式对开多叶调节阀的工程量为 1 个

⑮ 250×200 矩形钢制蝶阀（手柄式）的工程量为 1 个

⑯ 100×150 单层百叶送回风口的工程量为 $\frac{4 \text{ 个}}{h}$

⑰ 200×200 单层百叶回风口的工程量为 1 个

⑱ 300×300 单层百叶送风口的工程量为 1 个

⑲ 250×250 单层百叶送回风口的工程量为 $\frac{12 \text{ 个}}{i}$

⑳ 700×700 塑料防雨百叶的工程量为 $\frac{2 \text{ 个}}{j}$

㉑ $1000 \times 1200 \times 900$ 阻抗复合式消声器的工程量为：

$M = 124.19 \times 4 \text{kg} = 496.76 \text{kg}$

之所以乘以 4 是因为有 4 个相同的 $(1000 \times 1200 \times 900)$ 阻抗复合式消声器，送、排风机的前后各有一台消声器，如图所示。

注：a 是 1000×200 不锈钢风管的长度，其中：1.9 是消声器出口处至Ⓑ轴线间 1000×200 不锈钢的长度，0.21 是 1000×200 密闭式手动对开多叶调节阀所占风管的长度，故应

减去0.21，0.7是Ⓑ轴线至1000×200－800×200变径管处的长度。

b是700×700不锈钢风管的长度，其中：0.5是700×700塑料百叶至消声器入口处风管的中心线长度，之所以乘以2，是因为送、排风机管道上各连接有相同长度的700×700不锈钢风管。

c是800×200不锈钢风管的长度，其中：3.3是送风管道上800×200不锈钢风管的中心线长度，2.3是排风管路上消声器至弯头连接处800×200不锈钢风管的长度，0.21是800×200手动密闭式对开多叶阀的长度，$\frac{1}{2}×3.14×0.8$是弯头中心线的长度，3.9是弯头连接处至800×200－600×200变径管处的长度。

d是400×200不锈钢矩形风管的长度，其中：3.2－0.15＋4.2－0.15＋3.2－0.15＋4.2－0.15是送风管道上400×200不锈钢风管的长度，0.15是400×200手柄式钢制矩形蝶阀的长度，详见图示，6.5＋4.2－0.15是排风管道上400×200不锈钢风道的长度，6.5是600×200－400×200变径处至端点处风管的长度，4.2－0.15是800×200与400×200中心线交点处至400×200－200×200变径处风管的长度，0.15是400×200蝶阀所占管道的长度。

e是天圆地方管(350，780×630)的长度，其中：0.3是一段天圆地方管的长度，在图中可知，送、排风机的出、入口处各连有一段相同长度、管径的天圆地方管，所以要乘以4。

f是250×200不锈钢风管的长度，其中：6.9－0.15是排风管道上600×200与250×200中心线交点至250×200风管端点处的长度，0.15是250×200手柄式矩形钢制蝶阀所占管道长度，在图上易知共有四段相同长度的250×200风管，所以乘以4，1.7－0.15是电梯间右边长度，400×200排风干管与250×200支管的中心线交点至250×200管道端点处的长度，0.15也为250×200蝶阀所占管道的长度；$2.3＋3.9＋\frac{1}{2}×3.14×0.25$是送风管道上250×200风管的长度，2.3是400×200－250×200变径处至弯头法兰连接处的长度，$\frac{1}{2}×3.14×0.25$弯头中心线的长度，3.9是弯头连接处至风管端点处中心线的长度。

g是200×200不锈钢风管的长度，其中：1.4－0.15是排风管道第一根支管(200×200)的长度，即以200×200风管中心线与800×200风管中心线的交点至200×200风管端线处的长度，0.15是200×200蝶阀的长度，$0.5＋\frac{1}{2}×3.14×0.2＋4.4$是排风管道上第二根支管上200×200风管的长度，如图所示：0.5是400×200－200×200变径处至弯头连接处200×200不锈钢风管的长度，$\frac{1}{2}×3.14×0.2$是弯头中心线的长度，4.4是弯头至200×200风管端线处的长度，$1.2＋\frac{1}{2}×3.14×0.2＋3.6＋\frac{1}{2}×3.14×0.2＋5.6$是送风管上200×200不锈钢风管的长度，1.2是400×200－200×200变径处至弯头连接处风管(200×200)的长度，3.6是两弯头间风管的长度，5.6是弯头连接处至风管端线的长度，$\frac{1}{2}×3.14×0.2$是弯头中心线的长度。

h是因为有两个150×100单层百叶送风口（$V=200\text{m}^3/\text{h}$），两个150×100单层百叶回风口（$V=160\text{m}^3/\text{h}$）。

i是图中共有12个250×250单层百叶送回风口，其中五个250×200的单层百叶回风口，七个250×200的单层百叶送风口。

j是因为送排风口与室处联接共有两个相同的700×700塑料防雨百叶，所以乘以2。

清单工程量计算见表1-192。

清单工程量计算表　　　　表1-192

项目编码	项目名称	项目特征描述	单位	数量	计算式
030108001001	离心式通风机	排风机$V=4000\text{m}^3/\text{h}$，BI-P-I	台	1	
030108001002	离心式通风机	送风机$V=5000\text{m}^3/\text{h}$，$N=1.1\text{kW}$，BI-S-I	台	1	
030702003001	不锈钢板通风管道	矩形$\delta=1.0\text{mm}$，外刷两道灰调漆，1000×200	m²	5.736	$2\times(1.0+0.2)\times(1.9-0.21+0.7)$
030702003002	不锈钢板通风管道	矩形$\delta=1.0\text{mm}$，外刷两道灰调和漆，700×700	m²	2.8	$2\times(0.7+0.7)\times0.5\times2$
030702003003	不锈钢板通风管道	矩形$\delta=0.75\text{mm}$，外刷两道灰调和漆，800×200	m²	21.092	$2\times(0.8+0.2)\times(3.3+2.3-0.21+3.9+\frac{1}{2}\times3.14\times0.8)$
030702003004	不锈钢板通风管道	矩形$\delta=0.75\text{mm}$，外刷两道灰调和漆，600×200	m²	3.84	$2\times(0.6+0.2)\times2.4$
030702003005	不锈钢板通风管道	矩形$\delta=0.75\text{mm}$，外刷两道灰调和漆，400×200	m²	29.7	$[(3.2+4.2-0.15\times2)\times2+6.5+4.2-0.15]\times(0.4+0.2)\times2$
030702003006	不锈钢板通风管道	天圆地方$\phi350$，780×630，$\delta=0.75\text{mm}$，外刷两道灰调和漆	m²	2.3514	$(3.14\times0.35\div2+0.78+0.63)\times0.3\times4$
030702003007	不锈钢板通风管道	矩形$\delta=0.75\text{mm}$，外刷两道灰调和漆，250×200	m²	31.628	$2\times(0.25+0.2)\times[(6.9-0.15)\times4+1.7-0.15+2.3+3.9+\frac{1}{2}\times3.14\times0.25]$
030702003008	不锈钢板通风管道	矩形$\delta=0.75\text{mm}$，外刷两道灰调和漆，200×200	m²	13.994	$(1.4-0.15+0.5+\frac{1}{2}\times3.14\times0.2+4.4+1.2+3.6+5.6+\frac{1}{2}\times3.14\times0.2+\frac{1}{2}\times3.14\times0.2)\times2\times(0.2+0.2)$
030703001001	碳钢阀门	手柄式矩形钢制蝶阀400×200	个	5	
030703001002	碳钢阀门	手柄式方形钢制蝶阀200×200	个	1	
030703001003	碳钢阀门	手动密闭式对开多叶调节阀800×200	个	1	

项目编码	项目名称	项目特征描述	单位	数量	计算式
030703001004	碳钢阀门	手动密闭式对开多叶调节阀 1000×320	个	1	
030703001005	碳钢阀门	手柄式矩形钢制蝶阀，250×200	个	1	
030703008001	碳钢风口、散流器、百叶窗	单层百叶送回风口 100×150	个	4	
030703008002	碳钢风口、散流器、百叶窗	单层百叶回风口 200×200	个	1	
030703008003	碳钢风口、散流器、百叶窗	单层百叶送风口 300×300	个	1	
030703008004	碳钢风口、散流器、百叶窗	单层百叶送回风口 250×250	个	12	
030703009001	塑料风口、散流器、百叶窗	防雨百叶风口 700×700	个	2	
030703020001	消声器	阻抗复合式消声器 1000×1200×900	个	16	

（2）定额工程量

① 通风机，不锈钢板风管的制作安装，碳钢调节阀的安装，不锈钢风口、散流器安装（百叶窗），消声器的制作安装同清单形式下工程量的计算。

② 1000×200 不锈钢板风管刷第一道灰调和漆的工程量为：
$$S = 2×(1.0+0.2)×(1.9-0.21+0.7)m^2$$
$$= 2×1.2×2.39m^2$$
$$= 5.736m^2$$

③ 1000×200 不锈钢板风管刷第二道灰调和漆的工程量同②

【注释】 ①－③数据解释相同，2×(1.0+0.2)为 1000×200 不锈钢板风管的展开周长，1.9-0.21+0.7 为 1000×200 不锈钢板风管的长度。

④ 700×700 不锈钢板风管刷第一道灰调和漆的工程量为：
$$S = 2×(0.7+0.7)×0.5×2m^2 = 2×1.4m^2 = 2.8m^2$$

⑤ 700×700 不锈钢板风管刷第二道灰调和漆的工程量为：
$$S = 2×(0.7+0.7)×0.5×2m^2 = 2×1.4m^2 = 2.8m^2$$

【注释】 ④－⑤数据解释相同，2×(0.7+0.7)为 700×700 不锈钢板风管的展开周长，0.5×2 为 700×700 不锈钢板风管的长度。

⑥ 800×200 不锈钢板风管刷第一道灰调和漆的工程量为：
$$S = 2×(0.8+0.2)×(3.3+2.3-0.21+\frac{1}{2}×3.14×0.8+3.9)m^2$$
$$= 2×1.0×10.546m^2$$
$$= 21.092m^2$$

⑦ 800×200 不锈钢板风管刷第二道灰调和漆的工程量同⑥

【注释】 ⑥—⑦数据解释相同，$2\times(0.8+0.2)$ 为 800×200 不锈钢板风管的截面面积 $(3.3+2.3-0.21+\frac{1}{2}\times3.14\times0.8+3.9)$ 为 800×200 不锈钢板风管的长度。

⑧ 600×200 不锈钢板风管刷第一道灰调和漆的工程量为：
$$S=2\times(0.6+0.2)\times2.4m^2=2\times0.8\times2.4m^2=3.84m^2$$

⑨ 600×200 不锈钢板风管刷第二道灰调和漆的工程量同⑧

【注释】 ⑧—⑨数据解释相同，$2\times(0.6+0.2)$ 为 600×200 不锈钢板风管的展开周长，$2.4m$ 为 600×200 不锈钢板风管的长度。

⑩ 400×200 不锈钢板风管刷第一道灰调和漆的工程量为：
$$S=2\times(0.4+0.2)\times(3.2-0.15+4.2-0.15+3.2-0.15+4.2-0.15+6.5+4.2-0.15)m^2$$
$$=2\times0.6\times24.75m^2$$
$$=29.7m^2$$

⑪ 400×200 不锈钢板风管刷第二道灰调和漆的工程量同⑩

【注释】 ⑩—⑪数据解释相同，$2\times(0.4+0.2)$ 为 400×200 不锈钢板风管的截面面积，$(3.2-0.15+4.2-0.15+3.2-0.15+4.2-0.15+6.5+4.2-0.15)$ 为 400×200 不锈钢板风管的长度。

⑫ 天圆地方管($\phi350$，780×630)刷第一道灰调和漆的工程量为：
$$S=(0.35\times3.14\div2+0.78+0.63)\times0.3\times4m^2=2.3514m^2$$

⑬ 天圆地方管($\phi350$，780×630)刷第二道灰调和漆的工程量同⑫

【注释】 ⑫—⑬数据解释相同，$(0.35\times3.14\div2+0.78+0.63)$ 为天圆地方管($\phi350$，780×630)的展开长度，$0.3m$ 为一段天圆地方管的长度，共有 4 段故乘以 4。

⑭ 250×200 不锈钢板矩形风管刷第一道灰调和漆的工程量为：
$$S=2\times(0.25+0.2)\times[(6.9-0.15)\times4+1.7-0.15+2.3+3.9+\frac{1}{2}\times3.14\times0.25]m^2$$
$$=2\times0.45\times(27+1.7-0.15+2.3+3.9+0.3925)m^2$$
$$=31.628m^2$$

⑮ 250×200 不锈钢板风管刷第二道灰调和漆的工程量同⑭

【注释】 ⑭—⑮数据解释相同，$2\times(0.25+0.2)$ 为 250×200 不锈钢板矩形风管的展开周长，$(6.9-0.15)\times4+1.7-0.15+2.3+3.9+\frac{1}{2}\times3.14\times0.25$ 为 250×200 不锈钢板矩形风管的长度。

⑯ 200×200 不锈钢风管刷第一道灰调和漆的工程量是
$$S=2\times(0.2+0.2)\times(1.4-0.15+0.5+\frac{1}{2}\times3.14\times0.2+4.4+1.2+\frac{1}{2}\times3.14\times0.2$$
$$+3.6+\frac{1}{2}\times3.14\times0.2+5.6+0.942)m^2$$
$$=2\times0.4\times(1.4-0.15+0.5+4.4+1.2+3.6+5.6+0.942)m^2$$
$$=0.8\times17.492m^2$$
$$=13.994m^2$$

⑰ 200×200 不锈钢风管刷第二道灰调和漆的工程量同⑯

【注释】 ⑯—⑰数据解释相同，$2\times(0.2+0.2)$ 为 200×200 不锈钢风管的展开长度，$(1.4-0.15+0.5+\frac{1}{2}\times3.14\times0.2+4.4+1.2+\frac{1}{2}\times3.14\times0.2+3.6+\frac{1}{2}\times3.14\times0.2+5.6+0.942)$ 为 200×200 不锈钢风管的长度。

⑱ 400×200 手柄式矩形钢制蝶阀的制作工程量为：

$$5\times6.49kg=32.45kg$$

400×200 手柄式矩形钢制蝶阀的标准重量为 6.49kg/个

⑲ 200×200 手柄式方形钢制蝶阀的制作工程量为：

$$1\times4.37kg=4.37kg$$

200×200 钢制方形蝶阀(手柄式)的标准重量是 4.37kg/个

⑳ 800×200 手动密闭式对开多叶调节阀的制作工程量为：

$$1\times17.30kg=17.30kg$$

800×320 手动密闭式对开多叶调节阀的标准重量是 17.30kg/个

㉑ 1000×320 手动密闭式对开多叶调节阀的制作工程量为：

$$1\times20.20kg=20.20kg$$

1000×320 手动密闭式对开多叶调节阀的标准重量为 20.20kg/个

㉒ 250×200 矩形钢制蝶阀(手柄式)的工程量(制作)为：

$$1\times4.98kg=4.98kg$$

250×200 矩形钢制蝶阀(手柄式)的标准重量为 4.98kg/个

㉓ 100×150 单层百叶送回风口的制作工程量为：

$$4\times m_1 kg=4m_1 kg$$

m_1 是一个 100×150 单层百叶风口的标准重量(kg/个)

㉔ 200×200 单层百叶回风口的制作工程量为：

$$1\times m_2 kg=m_2 kg$$

m_2 是一个 200×200 单层百叶回风口的标准重量(kg/个)

㉕ 300×300 单层百叶送风口的工程量(制作)

$$1\times m_3 kg=m_3 kg$$

m_3 是一个 300×300 单层百叶回风口的标准重量(kg/个)

㉖ 250×250 单层百叶风口的制作工程量为

$$12\times m_4 kg=12m_4 kg$$

m_4 是一个 250×250 单层百叶风口的标准重量(kg/个)

㉗ 700×700 塑料防雨百叶的制作工程量为

$$2\times m_5 kg=2m_5 kg$$

m_5 是一个 700×700 塑料防雨百叶风口的标准重量(kg/个)

㉘ 帆布软管接头的制作安装工程量为：

$$S=3.14\times0.35\times4\times0.3m^2=1.319m^2$$

因有 4 段长度，管径相同的帆布软管所以乘以 4

定额工程量计算见表 1-193。

定额工程量计算表　　　　　　　　　　　　　　　　　　　　表 1-193

序号	定额编号	分项工程名称	单位	工程量	计算式	基价/元	其中/元		
							人工费	材料费	机械费
1	9-216	BI-P-I 排风机($V=$ 4000m³/h, $N=1.1$kW)	台	1		34.15	19.74	14.4	—
2	9-222	BI-S-I 送风机($V=$ 5000m³/h, $N=1.1$kW)	台	1		37.23	34.83	2.40	—
3	9-266	1000×200 不锈钢矩形风管, $\delta=1.00$mm	10m²	0.5736	$2\times(1.0+0.2)\times(1.9-0.21+0.7)$	1115.01	531.97	399.25	183.79
4	9-266	700×700 不锈钢矩形风管, $\delta=1.0$mm	10m²	0.28	$2\times(0.7+0.7)\times 0.5\times 2$	1115.01	531.97	399.25	183.79
5	9-265	800×200 不锈钢风管, $\delta=0.75$mm	10m²	2.1092	$2\times(0.8+0.2)\times(3.3+2.3-0.21+3.9+\frac{1}{2}\times3.14\times 0.8)$	1401.35	669.66	423.68	308.01
6	9-264	600×200 不锈钢风管, $\delta=0.75$mm	10m²	0.384	$2\times(0.6+0.2)\times 2.4$	1372.27	781.12	276.70	314.45
7	9-263	400×200 不锈钢风管, $\delta=0.75$mm	10m²	2.97	$[(3.2+4.2-0.15\times2)\times2+6.5+4.2-0.15]\times(10.4+0.2)\times 2$	1785.32	1084.84	314.40	368.08
8	9-265	天圆地方管($\phi350$, 780×630)$\delta=0.75$mm	10m²	0.23514	$(3.14\times0.35\div2+0.78+0.63)\times0.3\times4$	1401.35	669.66	423.68	308.01
9	9-263	250×200 不锈钢风管 $\delta=0.75$mm	10m²	3.1628	$2\times(0.25+0.2)\times[(6.9-0.15)\times4+1.7-0.15+2.3+3.9+\frac{1}{2}\times3.14\times0.25]$	1785.32	1084.84	314.40	386.08
10	9-263	200×200 不锈钢矩形风管 $\delta=0.75$mm	10m²	1.3994	$(1.4-0.15+0.5+\frac{1}{2}\times3.14\times0.2+4.4+1.2+3.6+5.6+\frac{1}{2}\times3.14\times0.2+\frac{1}{2}\times3.14\times0.2)$	1785.32	1084.84	314.40	386.08
11	9-53 9-73	400×200 手柄式矩形钢制蝶阀的制作安装	100kg 个	0.3245 5	5×6.49	1188.62 19.24	344.35 6.97	402.58 3.33	441.69 8.94
12	9-53 9-72	200×200 手柄式方形钢制蝶阀的制作安装	100kg 个	0.0437 1	1×4.37	1188.62 7.32	344.35 4.88	402.58 2.22	441.69 0.22

序号	定额编号	分项工程名称	单位	工程量	计算式	基价/元	其中/元		
							人工费	材料费	机械费
13	9-62 9-84	800×200 手动密闭式对开多叶调节阀的制作安装	100kg	0.173	1×17.30	1103.29	344.58	546.37	212.34
			个	1		25.77	10.45	15.32	—
14	9-62 9-84	1000×320 手动密闭式对开多叶调节阀的制作安装	100kg	0.202	1×20.20	1103.29	344.58	546.37	212.34
			个	1		25.77	10.45	15.32	
15	9-53 9-73	250×200 矩形钢制蝶阀(手柄式)的制作安装	100kg	0.0498	1×4.98	1188.62	344.35	402.58	441.69
			个	1		19.24	6.97	3.33	8.94
16	9-94 9-133	100×150 单层百叶送回风口的制作安装	100kg	0.04m_1	4×m_1(m_1<2kg)	2014.47	1477.95	520.88	15.64
			个	4		6.87	4.18	2.47	0.22
17	9-94 9-133	200×200 单层百叶回风口的制作安装	100kg	0.01m_2	1×m_2(m_2<2kg)	2014.47	1477.95	520.88	15.64
			个	1		6.87	4.18	2.47	0.22
18	9-94 9-134	300×300 单层百叶送风口的制作安装	100kg	0.01m_3	1×m_3(m_3<2kg)	2014.47	1477.95	520.88	15.64
			个	1		8.64	5.34	3.08	0.22
19	9-94 9-134	250×250 单层百叶风口的制作安装	100kg	0.12m_4	12×m_4(m_4<2kg)	2014.47	1477.95	520.88	15.64
			个	12		8.64	5.34	3.08	0.22
20	9-94 9-137	700×700 塑料防雨百叶的制作安装	100kg	0.02m_5	2×m_5(m_5<2kg)	2014.47	1477.95	520.88	15.64
			个	2		28.53	20.43	7.88	0.22
21	9-41	帆布软管接头的制作安装	m²	1.319	3.14×0.35×4×0.3	171.45	47.83	121.74	1.88
22	11-222	1000×200 不锈钢板风管刷第一道灰调和漆	10m²	0.5736	2×(1.0+0.2)× (1.9-0.21+0.7)	15.50	15.09	0.41	—
23	11-223	1000×200 不锈钢板风管刷第二道灰调和漆	10m²	0.5736	2×(1.0+0.2)× (1.9-0.21+0.7)	12.86	12.54	0.32	—
24	11-222	700×700 不锈钢板风管刷第一道灰调和漆	10m²	0.28	2×(0.7+0.7)× 0.5×2	15.50	15.09	0.41	—
25	11-223	700×700 不锈钢板风管刷第二道灰调和漆	10m²	0.28	2×(0.7+0.7)× 0.5×2	12.86	12.54	0.32	—
26	12-222	800×200 不锈钢板风管刷第一道灰调和漆	10m²	2.1092	2×(0.8+0.2)× (3.3+2.3-0.21+ $\frac{1}{2}$×3.14×0.8+ 3.9)	15.50	15.09	0.41	—
27	12-223	800×200 不锈钢板风管刷第二道灰调和漆	10m²	2.1092	2×(0.8+0.2)× (3.3+2.3-0.21+ $\frac{1}{2}$×3.14×0.8+ 3.9)	12.86	12.54	0.32	—

序号	定额编号	分项工程名称	单位	工程量	计算式	基价/元	其中/元		
							人工费	材料费	机械费
28	12-222	600×200 不锈钢板风管刷第一道灰调和漆	10m²	0.384	$2\times(0.6+0.2)\times2.4$	15.50	15.09	0.41	—
29	12-223	600×200 不锈钢板风管刷第二道灰调和漆	10m²	0.384	$2\times(0.6+0.2)\times2.4$	12.86	12.54	0.32	—
30	12-222	400×200 不锈钢板风管刷第一道灰调和漆	10m²	2.97	$2\times(0.4+0.2)\times(3.2-0.15+4.2-0.15+3.2-0.15+4.2-0.15+6.5+4.2-0.15)$	15.50	15.09	0.41	—
31	12-223	400×200 不锈钢板风管刷第二道灰调和漆	10m²	2.97	$2\times(0.4+0.2)\times(3.2-0.15+4.2-0.15+3.2-0.15+4.2-0.15+6.5+4.2-0.15)$	12.86	12.54	0.32	—
32	12-222	天圆地方管($\phi350$,780×630)刷第一道灰调和漆	10m²	0.23514	$(3.14\times0.35\div2+0.78+0.63)\times0.3\times4$	15.50	15.09	0.41	—
33	12-223	天圆地方管($\phi350$,780×630)刷第二道灰调和漆	10m²	0.23514	$(3.14\times0.35\div2+0.78+0.63)\times0.3\times4$	12.86	12.54	0.32	—
34	12-222	250×200 不锈钢板风管刷第一道灰调和漆	10m²	3.1628	$2\times(0.25+0.2)\times[(6.9-0.15)\times4+1.7-0.15+2.3+3.9+\frac{1}{2}\times3.14\times0.25]$	15.50	15.09	0.41	—
35	12-223	250×200 不锈钢板风管刷第二道灰调和漆	10m²	3.1628	$2\times(0.25+0.2)\times[(6.9-0.15)\times4+1.7-0.15+2.3+3.9+\frac{1}{2}\times3.14\times0.25]$	12.86	12.54	0.32	—
36	12-222	200×200 不锈钢板风管刷第一道灰调和漆	10m²	1.3994	$2\times(0.2+0.2)\times[1.4-0.15+0.5+\frac{1}{2}\times3.14\times0.2+4.4+1.2+3.6+\frac{1}{2}\times3.14\times0.2+\frac{1}{2}\times3.14\times0.2+5.6]$	15.50	15.09	0.41	—

序号	定额编号	分项工程名称	单位	工程量	计算式	基价/元	其中/元		
							人工费	材料费	机械费
37	12-223	200×200 不锈钢板风管刷第二道灰调和漆	10m²	1.3994	$2\times(0.2+0.2)\times[1.4-0.15+0.5+4.4+\frac{1}{2}\times3.14\times0.2+1.2+3.6+\frac{1}{2}\times3.14\times0.2+\frac{1}{2}\times3.14\times0.2+5.6]$	12.86	12.54	0.32	—

第二章 自动化控制仪表安装工程

第一节 分 部 分 项 实 例

【例1】 某电缆敷设工程，采用电缆沟铺砂盖砖直埋，并列敷设 5 根 $VV_{29}(3\times50+1\times25)$ 电缆，如图 2-1 所示，控制室配电柜至室内部分电缆穿钢管 $\phi50$ 保护，共 10m 长。室外电缆敷设共 100m 长，中间穿过热力管沟，在配电间有 5m 穿钢管 $\phi50$ 保护(本处控制室位于独立大楼中)。试求：①列概算工程项目；②计算工程量并套用定额。

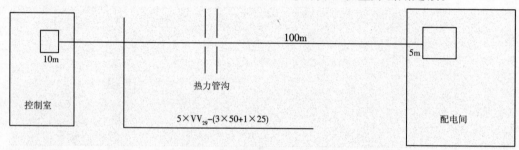

图 2-1 某电缆敷设工程示意图

【解】

(1) 概算工程项目有：电缆敷设、电缆沟铺砂盖砖工程、穿钢管敷设等项。

(2) 工程量：

分析电缆敷设在各处的预留长度：电缆进入建筑物预留 2.0m；电缆进入沟内预留 1.5m；电力电缆终端头进动力箱预留 1.5m；电缆中间接线盒两端各留 2.0m，电缆进控制、保护屏、模拟盘时留高＋宽；高压开关柜及低压配电盘、箱预留 2.0m；垂直至水平留 0.5m。

$$L = [(5+100+10)+2\times2+1.5\times2+1.5\times2+2\times2+2\times0.5]\times5m$$
$$= 650m$$

电缆沟铺砂盖砖工程量为 100m。

套用预算定额 2-672

基价：149.98 元；其中人工费 96.60 元，材料费 53.38 元

每增加一根单算工程量，共 400m。

套用预算定额 2-529

计量单位：100m

基价：793.99 元；其中人工费 145.13 元，材料费 648.86 元

密封保护管沟工程量计数：每条电缆有 2 根密封保护管，故共有 5×2 根＝10 根

套用预算定额 2-530

计量单位：100m

基价：298.78 元；其中人工费 38.78 元，材料费 260.12 元

清单工程量计算见表 2-1。

清单工程量计算表				表 2-1
项目编码	项目名称	项目特征描述	计量单位	工程量
030408001001	电力电缆	$VV_{29}(3\times50+1\times25)$，直埋	m	650.00
030408003001	电缆保护管	$\phi50$	m	650.00

【例2】 某电缆敷设工程，从控制室均配电柜到 1 号车间均配电柜，中间采用电缆沟直埋铺砂盖砖，4 根 $VV_{29}(3\times50+1\times16)$，进建筑物时电缆穿管 SC50，室外水平距离 100m，中途穿过热力管沟，进入 1 号车间后经 10m 到配电柜而从控制室配电柜到外墙 5m，试列出概算项目、计算工程量并套用定额。

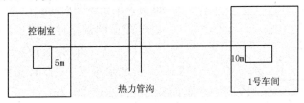

图 2-2 某电缆敷设工程

【解】 如图 2-2 所示：

电缆沟铺砂盖板工程量：100m

套用预算定额 2-529

计量单位：100m

基价：793.99 元；其中人工费 145.13 元，材料费 648.86 元

每增加一根单算工程量：$100\times3m=300m$

套用预算定额 2-530

计量单位：100m

基价：298.78 元；其中人工费 38.78 元，材料费 260.12 元

电缆敷设工程量：

$$(100+5+10+2\times2+1.5\times2+1.5\times2+2\times2+2\times0.5)\times4m=520m$$

套用预算定额 2-672

计量单位：100m

基价：149.98 元；其中人工费 96.60 元，材料费 53.38 元

清单工程量计算见表 2-2。

清单工程量计算表				表 2-2
项目编码	项目名称	项目特征描述	计量单位	工程量
030408001001	电力电缆	$VV_{29}(3\times50+1\times16)$，直埋	m	520.00

【例3】 如图 2-3、图 2-4 所示，电缆由调速箱向上引出至 +7m 标高处，水平敷设至 3.5m 平台处，沿墙引下（卡设），经 3.5m 平台楼板穿管暗配，试计算工程量并套用定额。

1 号、2 号发电机各为 30MW；调速箱（高 1.7m，宽 0.7m），电缆为 VV(3×35＋1×16)。

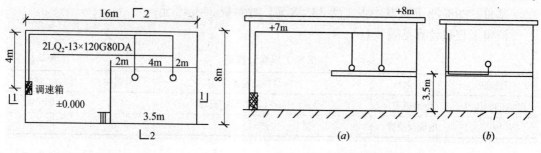

图 2-3　电缆敷设平面图

图 2-4　电缆敷设立面图

(a) 1-1 剖面图；(b) 2-2 剖面图

【解】　工程量：

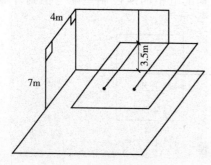

图 2-5　电缆敷设立体图

c. 保护管暗配(ϕ50)计算式：

4m(平台暗配管长)＝4m

d. 电缆穿导管敷设计算式：

[4.1(明管长)＋4(暗管长)＋1(发电机预留长)]m＝9.1m

(可以考虑水平垂直转控时均预留长度 0.5m)

② 同理，调速箱至 2 号机工程量计算：

a. 电缆沿墙卡设计算式：

[5.3(7－1.7 的引上长)＋4(宽之水平长)＋(8＋2＋4)(长之水平长)＋2.4(箱之高 1.7＋宽 0.7)＋3.5(引下长)]m＝29.2m

b. 保护管明配(ϕ80)计算式：(3.5＋0.6)m＝4.1m

c. 保护管暗配(ϕ80)计算式：4m(平台暗配长)＝4m

d. 电缆穿导管敷设计算式：(4.1＋4＋1)m＝9.1m

综合①②，可得总工程量为：

a. 电缆沿墙卡设：(25.2＋29.2)m＝54.4m

套用预算定额　2-672

计量单位：100m

基价：149.98 元；其中人工费 96.60 元，材料费 53.38 元

b. 保护管明配：(4.1＋4.1)m＝8.2m

套用预算定额　2-1002

① 调速箱至 1 号机：

如图 2-5 立体图所示：

a. 电缆沿墙敷设计算式：

[5.3(7－1.7 的引上长)＋4m(宽之水平长)＋(8＋2)(长之水平长)＋2.4(箱的高 1.7＋宽 0.7)＋3.5(引下长)]m＝25.2m

b. 保护管明配(ϕ50)计算式：

[3.5(引下线长)＋0.6(由楼板引出至发电机)]m＝4.1m

计量单位：100m

基价：929.52元；其中人工费464.86元，材料费434.98元，机械费29.68元

套用预算定额 2-1004

计量单位：100m

基价：1643.23元；其中人工费969.90元，材料费907.27元，机械费47.91元

c. 保护管暗配：(4+4)m＝8m

套用预算定额 2-1013

计量单位：100m

基价：553.23元；其中人工费369.20元，材料费154.35元，机械费29.68元

套用预算定额 2-1015

计量单位：100m

基价：1080.08元；其中人工费797.61元，材料费234.56元，机械费47.91元

d. 电缆穿导管敷设：(9.1+9.1)m＝18.2m

套用预算定额 2-539

基价：241.77元；其中人工费130.50元，材料费100.54元，机械费10.70元

清单工程量计算见表2-3。

清单工程量计算表　　　　　　　　　　　　　　　表2-3

序号	项目编码	项目名称	项目特征描述	计量单位	工程量
1	030408001001	电力电缆	沿墙敷设	m	54.40
2	030408003001	电缆保护管	$\phi 50$	m	9.10
3	030408003002	电缆保护管	$\phi 80$	m	9.10

【例4】 若将上题的沿墙敷设改为沿支架敷设，其他敷设方法不变，试计算工程量。

【解】 计算和分析方法一样

只需将墙卡改为支架卡

清单工程量计算见表2-4。

清单工程量计算表　　　　　　　　　　　　　　　表2-4

序号	项目编码	项目名称	项目特征描述	计量单位	工程量
1	030408001001	电力电缆	支架卡设	m	54.4
2	030408003001	电缆保护管	$\phi 50$	m	9.1
3	030408003002	电缆保护管	$\phi 80$	m	9.1

【例5】 如图2-6所示，电缆由控制室1号低压盘通地沟引至室外入地埋设引至90号厂房N1动力箱，试计算其工程量并套用定额。

【解】 1. 电缆沟挖填土

包括①总长的挖填土；②顶过路管操作坑挖填土；③每增1根电缆挖土方：

① 考虑3个顶过路管和3个拐弯头和二端预留长度：根据实际情况推测

$$(2+20-6-8+80-6-8+40+20-6-8+2+2.28\times3)m=128.84m$$

则 $V_1＝128.84\times0.45m^3＝57.98m^3$

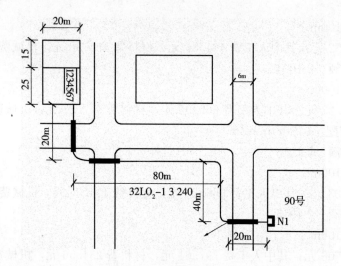

图 2-6　电缆敷设图

注：图中三处过马路为顶管敷设，电缆坑的截面取 0.45m²，每增一根需增 0.15m²

低压盘　高 2.14m　宽 0.9m　　　　动力箱　高 1.7m　宽 0.7m

② 顶过路管操作坑挖填土方：根据规定，没有具体给出要挖操作坑的参数时，一般取 1(深)×1.2(宽)×8(长)

故计算式为：(1×1.2×8)×3m³＝28.8m³

③ 每增加一根电缆挖土方可计为 128.84×0.15m³＝19.33m³

则总的电缆沟挖填土为

$$(57.98＋28.8＋119.33)m³＝106.11m³$$

套用预算定额　2-521

计量单位：m³

基价：12.07 元；其中人工费 12.07 元

2. 考虑到一次埋设 3 根电缆

则顶过路管的根数为 3×3 根＝9 根，工程量为：6m/根×9 根＝54m

套用预算定额　2-540

计量单位：10m

基价：478.21 元；其中人工费 158.13 元，材料费 154.61 元，机械费 165.47 元

3. 电缆沟铺砂盖砖

1～2 根可直接铺设，即为(2.28＋20＋80＋40＋20＋2.28－6×3)m＝146.56m＝147m

套用预算定额　2-529

计量单位：100m

基价：793.99 元；其中人工费 145.13 元，材料费 648.86 元

但每增加 1 根铺砂盖砖为 147m

套用预算定额　2-530

计量单位：100m

基价：298.90 元；其中人工费 38.78 元，材料费 260.12 元

4. 保护管的敷设：顶过路管两端各留 2.5m

则(2.5+2.5)×3m=15m

套用预算定额　2-536

计量单位：10m

基价：46.36 元；其中人工费 24.38 元，材料费 21.98 元

5. 电缆穿导管敷设：顶过路管长度+保护管长度=(54+15)m=69m

套用预算定额　2-536

计量单位：10m

基价：46.36 元；其中人工费 24.38 元，材料费 21.98 元

6. 电缆埋设(按 3 条计算处理)

[25+0.8+2.28+20+80+40+20+2.28+0.8+2.4-6×3-5]×3m=511.68m

上式中：25m 为由 1 号盘引入外墙(可以考虑预留长度 2.3m 过建筑物)

0.8m 为电缆入沟预留长度，2.28 为备用长度，0.8 为出沟预留长度，2.4(动力箱高 1.7+宽 0.7)，6×3 为过路管的长度，5 为保护管的长度

另外还可以考虑 1 号盘出盘时的预留长度为低压盘高 2.14m+宽 0.9m=3.04m。

套用预算定额　2-672

计量单位：100m

基价：149.98 元；其中人工费 96.60 元，材料费 53.38 元

7. 电缆头制安 2×3 个=6 个(3 根电缆，每根两端各有电缆头)

套用预算定额　2-680

计量单位：个

基价：42.87 元；其中人工费 12.07 元，材料费 30.80 元

8. 电缆出入建筑物保护密封

由于 3 根电缆，每根两端各一处，一共 6 处。

9. 动力箱基础槽钢制安：按一般规定常取 2.2m

套用预算定额　2-356

计量单位：10m

基价：90.86 元；其中人工费 48.07 元，材料费 33.52 元，机械费 9.27 元

10. 动力箱安装 1 台(落地式)

套用预算定额　2-262

计量单位：台

基价：161.49 元；其中人工费 84.29 元，材料费 30.95 元，机械费 41.25 元。

清单工程量计算见表 2-5。

清单工程量计算表　　表 2-5

项目编码	项目名称	项目特征描述	计量单位	工程量
030408001001	电力电缆	直埋	m	511.68
010101002001	挖一般土方	深 1m	m³	106.11
030404017001	配电箱	动力箱，高 1.7m，宽 0.7m	台	1

【例6】 某电缆工程采用电缆沟敷设，沟长150m，共16根电缆VV_{29}（$3\times140+1\times35$）分为4层，双边，支架镀锌，试列出其项目和计算工程量并套用定额。

【解】 电缆沟支架制作安装工程量为：$150\times2m=300m$

套用预算定额　2-358/2-359

计量单位：100kg

基价：424.11元/1212.83元；其中人工费250.78元/163.00元，材料费131.90元/24.39元，机械费41.43元/25.44元

电缆敷设工程量为：$\{[150(沟长)+2m(电缆进建筑物)+1.5\times2(缆头两个1.5m)+0.5\times2(水平到垂直2次)+3(进低压柜)]\times16\}m=2544m$

套用预算定额　2-672

计量单位：100m

基价：149.98元；其中人工费96.60元，材料费53.38元

将工程项目和工程量列表见表2-6。

定额工程量计算表　　　　　　　　　　　表2-6

工程项目	单位	数量
电缆沟支架制作安装4层	m	300.00
电缆沿沟内敷设	m	2544.00

清单工程量计算见表2-7。

清单工程量计算表　　　　　　　　　　　表2-7

项目编码	项目名称	项目特征描述	计量单位	工程量
030408001001	电力电缆	VV_{29}（$3\times140+1\times35$），双边	m	2544
030408004001	电缆槽盒	镀锌	m	300

【例7】 如图2-7所示：某记录仪表装于N1电杆上（9m处）其电缆从电杆引下入地埋设引至3号厂房N1动力箱，试计算其工程量并套用定额。

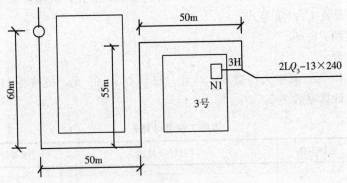

图2-7　电缆敷设尺寸示意图

【解】 1. 电缆沟的挖填土方工程量

[2.28(备用长)＋60＋50＋55＋50＋3(低压柜)＋2.28(备用长)＋0.4(预留长)]m

＝222.96m＝223m

由经验公式：223×0.45m³＝100.35m³

套用预算定额　2-521

计量单位：m³

基价：12.07 元；其中人工费 12.07 元

2. 电缆埋设工程量

[2.28＋60＋50＋55＋50＋3＋2.28＋0.8×2＋0.4＋2.4(两端备用长度)]m

＝226.96m＝227m

套用预算定额　2-672

计量单位：100m

基价：149.98 元；其中人工费 96.60 元，材料费 53.38 元

3. 电缆沿杆卡设计算工程量

[9＋1(杆上预留长)]m＝10m

套用预算定额　2-672

计量单位：100m

基价：149.98 元；其中人工费 96.60 元，材料费 53.38 元

4. 电缆保护管敷设 1 根

套用预算定额　2-536

计量单位：10 根

基价：46.36 元；其中人工费 24.38 元，材料费 21.98 元

5. 电缆铺砂盖砖工程量计算

(2.28＋60＋55＋50＋50＋3＋2.28)m＝222.56m＝223m

套用预算定额　2-529

计量单位：100m

基价：793.99 元；其中人工费 145.13 元，材料费 648.86 元

6. 室外电缆头制安 1 个

套用预算定额　2-680

计量单位：个

基价：42.87 元；其中人工费 12.07 元，材料费 30.80 元

7. 室内电缆头制安 1 个

套用预算定额　2-680

计量单位：个

基价：42.87 元；其中人工费 12.07 元，材料费 30.80 元

清单工程量计算见表 2-8。

清单工程量计算表

表 2-8

序号	项目编码	项目名称	项目特征描述	计量单位	工程量
1	010101002001	挖一般土方	截面积 0.45m²	m³	100.35

序号	项目编码	项目名称	项目特征描述	计量单位	工程量
2	030408001001	电力电缆	埋设	m	227.00
3	030408001002	电力电缆	沿杆卡设	m	10.00
4	030408003001	电缆保护管	敷设	m	223.00

【例8】 有一栋21层楼房,层高为3m,立管串接配电箱21台,每台箱高0.8m,立管标注为 BV(3×50+2×25)-SC50-FC,求干线立管和导线的工程量并套用定额(铜导线)。

【解】 当电源进线从二层架室引入时,立管工程量是从1层到21层配电箱为止,故立管工程量为:

$$(21-1)×3m=60m$$

套用预算定额 2-1013

计量单位:100m

基价:553.23元;其中人工费369.20元,材料费154.35元,机械费29.68元

BV-50mm² 工程量为:60×3m=180m

套用预算定额 2-1205

计量单位:100m 单线

基价:100.21元;其中人工费65.94元,材料费34.27元

BV-25mm² 工程量为:60×2m=120m

套用预算定额 2-1203

计量单位:100m 单线

基价:60.53元;其中人工费31.81元,材料费28.72元

清单工程量计算见表2-9。

清单工程量计算表   表2-9

项目编码	项目名称	项目特征描述	计量单位	工程量
030411001001	配管	干线立管	m	60.00
030411004001	配线	BV-50mm²	m	180.00
030411004002	配线	BV-25mm²	m	120.00

第二节 综 合 实 例

【例1】 有一流量测量回路,现场安装变送器 FT-7003,液面测量回路现场安装变送器 LT-9003,压力测量回路 P1-7101,P1-7102,采用安装标准图 K03-35(图2-8),K04-29(图2-9),K02-32,K02-33(图2-10),试计算其管路及附件量。

【解】 分析如下:

管路附件量是指仪表测量管、气信号、管件热管、冲洗管、吹气管、排放管等管路的

附件，包括各类仪表阀、辅助容器、连接仪等。仪表管路及附件的规格及材质较多，每一个回路都要统计，容易遗漏，因此，最好的办法是采用列表形式，直观又明了。

仔细核实图 2-8、图 2-9 中的图上附件数量名称与其中表格中的数量及名称，结果基本完全符合。只有 PI-7102 中，JBH-160Ⅲ、DN15 数量为 1。

测量气体，液体流量管路连接图 PN40.160（差压计位于节流装置近旁）		K03-35		

9	填料函 $\phi20$	2	A3	
8	J13H-160Ⅲ型内螺纹截止阀 DN15	3	碳钢	
7	直通终端接头	2	35	
6	直通穿板接头 $\phi18$	2	35	
5	无缝钢管 $\phi18\times3$		20	
4	短节 A ZG1/2″	8	20	
3	Z11H-160 型内螺纹截止阀 DN15	2	碳钢	
2	加厚短节 A ZG1/2″	2	20	
1	无缝钢管		20	
	B. PN160			
9	填料函 $\phi20$	2	A3	
8	J13H-160Ⅲ型内螺纹截止阀 DN15	3	碳钢	
7	直通终端接头	2	A3	
6	直通穿板接头 $\phi18$	2	A3	
5	无缝钢管 $\phi18\times3$		10	
4	短节 A ZG1/2″	8	20	
3	Z11H-40 型内螺纹闸阀 DN15	2	碳钢	
2	加厚短节 A ZG1/2″	2	20	
1	无缝钢管 $\phi14\times3$		10	
	A. PN40			
件号	名称及规格	数量	材料	备注

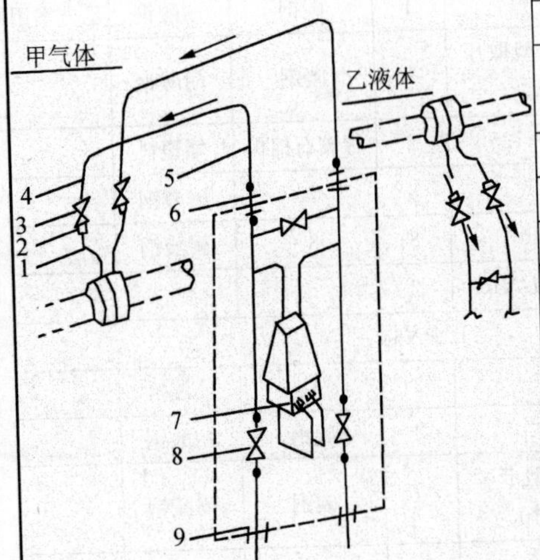

图 2-8　FT-7003 安装（乙液体 A 方案）

但是对于图 2-8、图 2-9 中的无缝钢管却没有具体说明其数量。现对其进行说明：

导压管路工程量计算除在桥架上敷设的气动管路外，一般在自控平面布置图上都不标明敷设的路径和长度，而是根据设计规定和采用的标准图纸估算的经验数据。如测量管用于压力、差压，分析等引压管。在设计中如果给出管路量，可以核算给定的长度。而如果像本例中没有给出量，那么在估算时，管线应按尽量短考虑。导压管路最好不超过 16m，一般估算 3～10m。而差压管（二根管）不超过 20m。分析管路根据现场情况确定。在计算取压管同时要计算出加工配件或管件的量。若平面图有一次元件和变送或转换仪表的位置、标高，则可按图估算。

差压式测量有压设备液面 管路连接图 PN25、64	K04-29

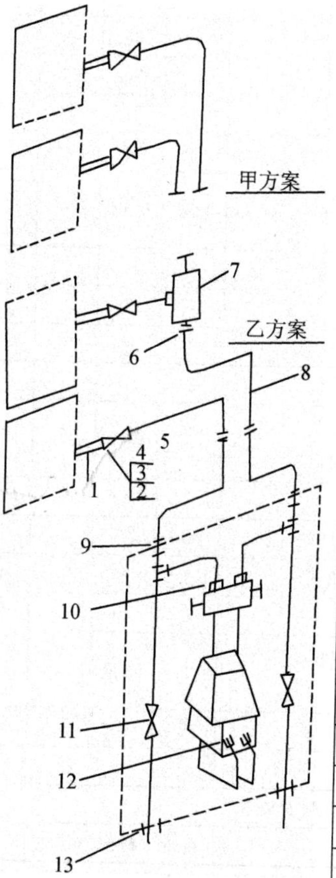

附注：甲方案适用于气相不冷凝和不需要隔离的情况。乙方案适用于气相易冷凝的情况，件号7冷凝容器也是平衡容器

件号	名称及规格	数量	I	II	备注
				材料	
13	填料函 $\phi16$	2	A_3	A_3	
12	直通终端接头	2	碳钢	耐酸钢	
11	JJ、Y1-(P、R)型卡套式 截止阀 DN64 DN5	2	碳钢	耐酸钢	
10	三阀组附接头	2			与差压计 成套供
9	直通穿板接头 $\phi14$	2	碳钢	耐酸钢	
8	无缝钢管 $\phi14\times2$		10	耐酸钢	
7	冷凝容器 PN64 DN100	1	碳钢	耐酸钢	乙方案用
6	直通中间接头 $\phi14$	1	碳钢	耐酸钢	乙方案用
5	JJ、BY1-(P、R)型取压 截止阀 DN64 DN5	2	碳钢	耐酸钢	
4	垫片 $\phi29/15$ $\delta=1.5$	2	橡胶石棉板	氟塑料	
3	螺母 AM12	8	25	耐酸钢	
2	螺栓 M12×40	8	35	耐酸钢	
1	法兰接管 PN64 DN10	2			
	B. PN64				
13	填料函 $\phi16$	2	A_3	A_3	
12	直通终端接头	2	碳钢	耐酸钢	
11	QG、Y1-(P、R)型卡套 式球阀 DN25 DN10	2	碳钢	耐酸钢	
10	三阀组附接头	2			与差压计 成套供
9	直通穿板接头 $\phi14$	2	碳钢	耐酸钢	
8	无缝钢管 $\phi14\times2$		10	耐酸钢	
7	冷凝容器 PN64 DN100	1	碳钢	耐酸钢	乙方案用
6	直通中间接头 $\phi14$	1	碳钢	耐酸钢	乙方案用
5	QG、AY1-(P、R)型取 压球阀 PN25 DN10	2	碳钢	耐酸钢	
4	垫片 $\phi46/15$ $\delta=1.5$	2	橡胶石棉板	氟塑料	
3	螺母 AM10	8	A_3	耐酸钢	
2	螺栓 M10×38	8	A_3	耐酸钢	
1	法兰接管 PN25 DN10	2			
	A. PN25				

图 2-9 LT-7003 安装(乙方案 A 类选材料 I)

针对图 2-8、图 2-9 中所示的无缝钢管(件号 5 和 1，8)。如图 2-8 中无缝钢管 1. $\phi14\times3$ 取 0.5m(由于其只作弯曲部分，用的很短)

$\phi18\times3$ 取 10m(由于其用于较长的导压、导液管)

如图 2-9 中无缝钢管 8. $\phi14\times2$ 取 16m(由于其二根用作差导管)

如图 2-10 中 PI-7101 的无缝钢管 5. $\phi18\times3$ 取 0.3m(由于其作为仪表与阀门部分的连接管)

综合图 2-8、图 2-9、图 2-10 中所有附件名称及数量可以总结出本题附件的统计表。如表 2-10 所示(表 2-10 为总表)。

分别列举管路统计，仪表阀门统计、加工件、紧固件统计、辅助容器冷凝弯统计数量。故此两种表格各有所长。见表 2-11～表 2-15。

带检查阀的压力表安装图 $PN160$ $t\leqslant60℃$ PI-7101 甲方案				K02-32

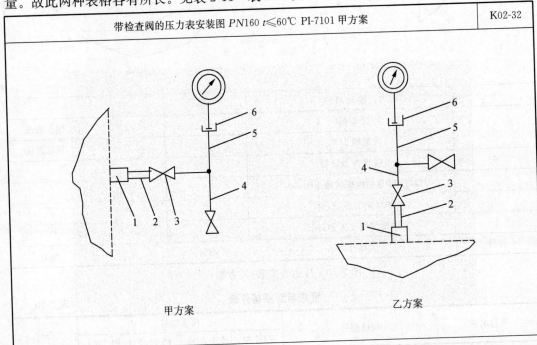

甲方案　　　　　　　　　　　　乙方案

附注：适用于泵出口或重要测量点在操作过程中需要对压力表的测量值进行就地校验的场合，以及用于进行临时采样或当泵检修时作排液排气。但当操作温度高于 200℃ 或被测介质闪点较低的情况下，不能采用此阀排放。

6	压力表接头 M20×1.5	1	35	
5	无缝钢管 $\phi18\times3$		20	
4	短节 A ZG1/2″	2	20	
3	J13H-160Ⅲ型内螺纹截止阀 DN15	2	碳钢	
2	加厚短节 B ZG1/2″	1	20	
1	内螺纹管接头 ZG1/2″	1		
件号	名称及规格	数量	材料	备注

图 2-10　压力表安装(乙方案)(一)

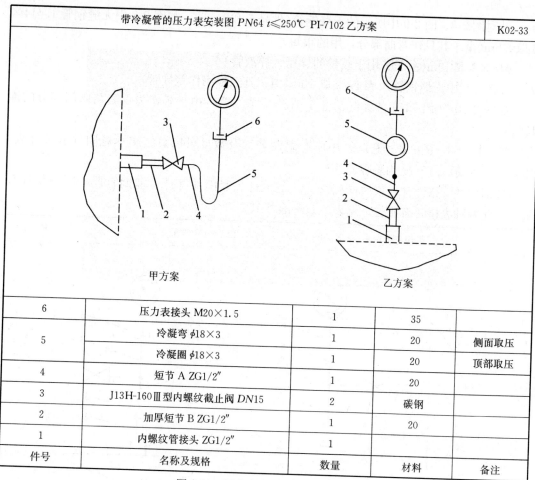

带冷凝管的压力表安装图 PN64 $t \leqslant 250℃$ PI-7102乙方案 | K02-33

甲方案　　　　　　乙方案

6	压力表接头 M20×1.5	1	35	
5	冷凝弯 $\phi18\times3$	1	20	侧面取压
	冷凝圈 $\phi18\times3$	1	20	顶部取压
4	短节 A ZG1/2″	1	20	
3	J13H-160Ⅲ型内螺纹截止阀 DN15	2	碳钢	
2	加厚短节 B ZG1/2″	1	20	
1	内螺纹管接头 ZG1/2″	1		
件号	名称及规格	数量	材料	备注

图 2-10　压力表安装(乙方案)(二)

管路与管路辅件表

表 2-10

| 项目名称 | 规格型号 | 仪表位号 | | | | 合计 |
		FT-7003	LT-7003	PI-7101	PI-7102	
无缝钢管	$\phi14\times3$	0.5m				0.5m
无缝钢管	$\phi14\times2$		16m			16m
无缝钢管	$\phi18\times3$	10m		0.3m		10.3m
内螺纹截止阀	J13H-160Ⅲ DN15	3个		2个	2个	7个
三阀组附接头	仪表自带	1个	1个			2个
卡套式球阀	QG、Y1-(P、R)PN25 DN10		2个			2个
取压球阀	QGAY1-(P、R)PN25 DN10		2个			2个
直通穿板接头	$\phi18$	2个				2个
直通终端接头		2个	2个			4个
填料函	$\phi20$	2个				2个
填料函	$\phi16$			2个		2个
直通中间接头	$\phi14$		1个			1个
压力表接头	M20×1.5			1个	1个	2个

续表

项目名称	规格型号	仪表位号				合计
		FT-7003	LT-7003	PI-7101	PI-7102	
内螺纹接头	ZG1/2″			1个	1个	2个
直通穿板接头	ϕ14		2个			2个
短节	A ZG1/2″	8个		2个	1个	11个
法兰片及接管	PN25 DN10		2个			2个
加厚短节	A/B ZG1/2″	2个		1个	1个	A2/B2个
螺栓	M10×38		8个			8个
螺母	AM10		8个			8个
垫片	ϕ46/15 δ=1.5		2个			2个
冷凝容器	PN60 DN100		1个			1个
冷凝弯	ϕ18×3				1个	1个
内螺纹闸阀	Z11H-40 DN15	2个				2个

管路统计

表 2-11

单位：m

名称 位号	无缝钢管		
	ϕ14×2	ϕ14×3	ϕ18×3
FT-7003		0.5	10
LT-7003	16		
PI-7101			
PI-7102			0.3
合　计	16	0.5	10.3

仪表阀门统计表

表 2-12

单位：个

名称 位号	内螺纹截止阀 DN15 J13H-160Ⅲ	卡套式球阀 QG-Y1-(P、R) PN25 DN10	取压球阀 QGAY1-(P、R) PN25 DN10	内螺纹闸阀 Z11H-40 DN15	三阀组 附接头
FT-7003	3			2	1
LT-7003		2	2		1
PI-7101	2				
PI-7102	2				
合　计	7	2	2	2	2

辅助容器冷凝弯统计表

表 2-13

单位：个

名称 位号	冷凝容器 PN60　DN100	冷凝弯 ϕ18×3
FT-7003		
LT-7003	1	
PI-7101		
PI-7102		1
合　计	1	1

加工件、紧固件统计表　　表 2-14

单位：套

名　称 / 位　号	直通穿板接头 φ18	直通穿板接头 φ14	直通终端接头	直通中间接头 φ14	压力表接头 M20×1.5	内螺纹管接头 ZG1/2″	法兰片及接管 PN25 DN10
FT-7003	2		2				
LT-7003		2	2	1			2
PI-7101					1	1	
PI-7102					1	1	
合　计	2	2	4	1	2	2	2

名　称 / 位　号	短节 A ZG1/2″	加厚短节 A ZG1/2″	加厚短节 B ZG1/2″	填料函 φ20	填料函 φ16	螺栓 M10×38	螺母 AM10	垫片 φ16/15 δ=1.5
FT-7003	8	2		2				
LT-7003					2	8	8	2
PI-7101	2		1					
PI-7102	1		1					
合　计	11	2	2	2	2	8	8	2

管路及附件量计算实例中管路及附件量预算清单　　表 2-15

序号	项目编码	项目名称	项目特征描述	计量单位	工程数量
1	030902001001	无缝钢管	φ14×2	m	16
	030902001002	无缝钢管	φ14×3	m	0.5
	030902001003	无缝钢管	φ18×3	m	10.3
2	030611001001	内螺纹截止阀	J13H-160Ⅲ DN15	个	7
	030611001002	三阀组	仪表自带	个	2
	030611001003	卡套式球阀	QG、Y1-(P、R)PN25 DN10	个	2
	030611001004	取压球阀	QGAY1-(P、R)PN25 DN10	个	2
3	030113004001	冷凝容器	PN60，DN100	台	1
4	030806002001	直通穿板接头	φ18	个	2
	030806002002	直通穿板接头	φ14	个	2
	030806002003	直通终端接头		个	4
	030806002004	直通中间接头	φ14	个	1
	030806002005	压力表接头	M20×1.5	个	2
	030806002006	内螺纹管接头	ZG1/2″	个	2
	030806002007	法兰片及接管	PN25 DN10	个	2
	030806002008	短节	A ZG1/2″	个	11
	030806002009	加厚短节	A/B ZG1/2″	个	A2/B2
	030806002010	填料函	φ20/φ16	个	4
	030806002011	螺栓	M10×38	个	8
	030806002012	螺母	AM10	个	8
	030806002013	垫片	φ46/15　δ=1.5	个	2

【例2】　根据某车间热力站自控仪表施工图计算量，编制自控仪表安装工程预算。该套施工图如图 2-11～图 2-15 所示。

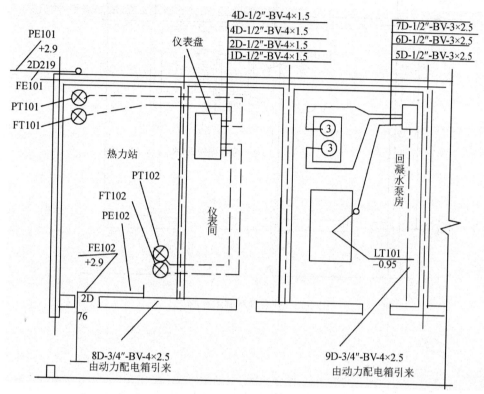

图 2-11　导线敷设平面图

【分析】　①由图 2-13，测量蒸汽流量管路连接图，可得表 2-16，材料数量汇总表。

材料数量汇总表

表 2-16

组合代号			211 对焊式压垫密封连接 PN2.5MPa 碳钢	
件号	名　称	数量	材料代号	材料规格
1	冷凝器	2	C013	$PN6.4MPa$, $DN100$
2	无缝钢管	15×2	P003	$\phi14\times2$
3	直通穿板接头	2	F297	$\phi14$
4	直通终端接头	2	F207	$\phi14/G1/2$
5	阀门	4	V073	外螺纹截止阀 $DN10$
6	填料函	2	F519	$\phi16$
7	三通接头	2	F273	$\phi14$

②同理：由图 2-14 测量压力管路连接图可得其材料数量汇总表。见表 2-17。

注：1. 压力变送器，差压变送器及动力箱安装高度离地 1.3m；

　　2. 差压、压力变压器支架套用 K08-15，支架安装高度为 1500mm；

　　3. PT101、PT102 压力变送器管路连接图套用 K02-7；

　　4. FT101、FT102 差压变送器管路连接图套用 K03-5。

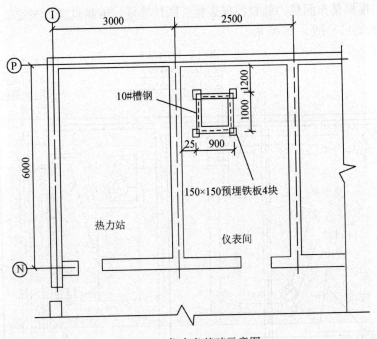

图 2-12　仪表盘基础示意图

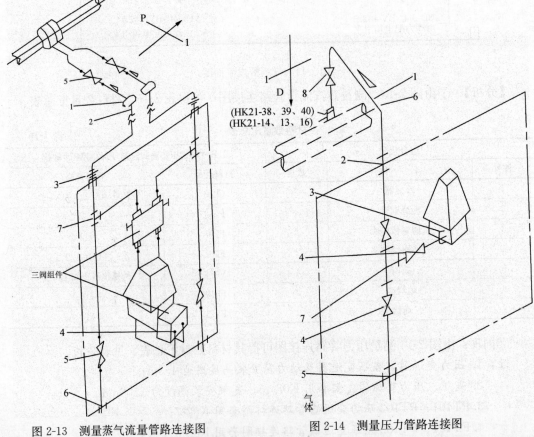

图 2-13　测量蒸气流量管路连接图　　　　图 2-14　测量压力管路连接图

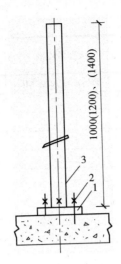

图 2-15　变送器在地上安装支架图

材料数量汇总表　　　　　　　　　　表 2-17

件号	组合代号		数量	111卡套连接 PN2.5MPa 碳钢	
	名　称			材料代号	材料规格
1	无缝钢管		15×2	P003	$\phi14\times2$
2	直通接头		1	F100	$\phi14$
3	压力表直通接头		1	F168	M20×1.5
4	阀门		3	V481	球阀 QGAY1-C，R，R 型 DN15 PN1.0MPa
5	填料函		1	F519	$\phi16$
6	弯头		1	F063	$\phi14$
7	三通接头		1	V078	$\phi14$
8	阀门		1	V539	取压球阀 QGAY1 DN10 PN2.5MPa

③ 同理，由图 2-15 所示可得其材料数量汇总如表 2-18。

材料数量汇总表　　　　　　　　　　表 2-18

件号	名称	数量	代号	材料规格、材质
1	底板	1	F824	$\phi200\ \delta=6mm\ Q235$
2	膨胀螺栓	3	B127	M10×80 碳钢
3	支柱	1	P113	低压流体输送钢管 2″

控制测量仪表单元一览表见表 2-19。

控制测量仪表单元一览表　　　　　　　　　　表 2-19

序号	系统编号	仪表名称	型号规格	单价	数量	安装地点	介质名称	管道直径
1	FQ-101	孔板(附冷凝器1套)	D219×6PN0.7MPa	套	1	车间蒸汽总管道	饱和蒸汽	$\phi219\times6$
		膜盒式差压变送器	CE	只	1	现场		
		压力变送器	DBY-122	只	1	现场		
		开方积算器	DXS-302	只	1	仪表盘		
		单针指示仪	DXZ-110	只	1	仪表盘		

327

续表

序号	系统编号	仪表名称	型号规格	单位	数量	安装地点	介质名称	管道直径
2	FQ-102	孔板（附冷凝器一副）	D76×4PN0.7MPa	套	1	1#蒸汽管道	饱和蒸汽	φ76×4
		膜盒式差压变送器	CE	只	1	现场		
		压力变送器	DBY-122	只	1	现场		
		开方积算器	DXS-302	只	1	仪表盘		
		单针指示仪	DXZ-110	只	1	仪表盘		
3	LS-101	回凝水水箱液位控制						
		浮球液位控制器	UQK-03	只	1	回凝水箱	水	
		仪表盘	KG-21 1000×900×2100	块	1	现场		
		控制箱	PXT-009	块	1	现场		

【解】 1. 工程量

由图 2-11 所示的电缆敷设路径可知，可以考虑从地面敷设的方式。另外如图 2-12 所示的仪表盘直接就地面安装的情况也符合条件。

① 对于 1D-1/2″-BV-4×1.5，其配管计算量为：

$[(2.9-1.5)+(6-1.2-1)+0.9]m=6.1m$，其中 2.9m 为标高，1.5m 为支架高度同理也适用于 2D-1/2″-BV-4×1.5

对于 3D-1/2″-BV-4×1.5 和 4D-1/2″-BV-4×1.5，其配管计算量为

$[(2.9-1.5)+1.2+0.9+3+0.5]m=7m$

其中 2.9m 为标高，1.5m 为支架高度，(1.2+0.9+3)m 为水平敷设长度，0.5 可要可不要。

对于 5D-1/2″-BV-3×2.5 6D-1/2″-BV-3×2.5 7D-1/2″-BV-2×2.5	由于从图上不能计算出其工程量，故暂不做考虑，到现场施工时计入实算。

综合可得：配管工程量计算为：$(6.1+6.1+7+7)m=26.2m$

② 对于管内穿线 BV1.5

计算式为：$[(6.1+1.3)×4+(6.1+1.3)×4+(7+1.3)×4+(7+1.3)×4]m$
$=125.6m$

工程量汇总表见表 2-20。

工程量汇总表（定额）   表 2-20

名 称	单 位	1D 2D 3D 4D 5D 6D 7D	数 量
暗配管 1/2″	m	6.1+6.1+7+7	26.2
管内穿线 BV-1.5	m	29.6+29.6+33.2+33.2	125.6
管内穿线 BV-2.5	m	—	—
管内穿线	m	(29.6+29.6+33.2+33.2)×1.16	146
无缝钢管 φ14×2	m	FT101-FE101 PT101-PE101 FT102-FE102 PT102-PE102 76.56 39.6	116.1
冷凝容器 PN6.4MPa DN100	只	4	4

续表

名　称	单　位	1D 2D 3D 4D 5D 6D 7D	数　量
螺纹截止阀 DN10	个	8	8
直通穿板接头 φ14	个	4　　　　2	6
直通终端接头 φ14/G 1/2″	个	4	4
填料函 φ16	个	4　　　　2	6
保温箱	个	2　　　　2	4
法兰接管 PN2.5MPa DN10	个	2	2
取压球阀 PGAY1 PN7.5MPa DN10	套	2	2
压力表直通接头	个	2	2
卡套球阀 QGY1 PN2.5MPa DN10	套	6	6
变送器支架			29
管路水压试验			6
端子板配线	m		24
脚手架	m²		12

对于管内穿线 BV2.5(不考虑)。

综合可知管内穿线计算量为：考虑到其不可预见性需预留长度。

则为[125.6×(1.05～1.2)]m＝(125.6×1.16)m＝146m

故可将安装工程的工程量计算采用"工程量汇总表"的形式，如表 2-20 所示。

2. 计算主要材料费

由于定额内有一部分材料未计价，在编制预算时，应将未计价的材料费编入定额或单独计算后加入直接费。

采取把未计价材料费编入定额的方法计算，可见表 2-21。

主材费计算表　　　　　　　　　　表 2-21

材料名称	单位	单位工程量中的主材消耗量	材料取定价/元	主材费/元
钢管 1/2″	100m	103.5	1.5 元/m	155.25
导线 BV-1.5	100m	103	0.17 元/m	17.51
无缝管 φ14×2	10m	10.35	1.65 元/m	17.08
取压球阀 QGAY1 PN2.5MPa DN10	套	1	28.5 元/套	28.5
卡套球阀 QGY1 PN2.5MPa DN10	套	1	25 元/套	25
螺纹截止阀 DN1	个	1	4.88 元/个	4.88
压力表直通接头 φ14	个	1	4.6 元/个	4.6
直通穿板接头 φ14	个	1	8.35 元/个	8.35
填料函 φ16	个	1	6.2 元/个	6.20

3. 计算应计入产值的自控设备预算价格

按照国家统计局规定，自控仪表安装工程的一次仪表，除了计算安装费外，还应将其本身价值编入预算，计入建筑安装工程产值之内，其计算办法是出厂价格加运杂费。

如浮球液位控制器、孔板 φ76×4、φ219×6，压力变送器，膜盒差压变送器、冷凝器等应考虑其运杂费，取值为 4% 的出厂价。

见表 2-22。

自控设备预算价格计算表　　　　　　　　　　　　　表 2-22

设备名称	单位	出厂价/元	运杂费率	预算价/元
浮球液位控制器	只	250	4%	
孔板 $\phi76\times4$	块	250	4%	260
孔板 $\phi219\times6$	块	500	4%	291
压力变送器	只	700	4%	520
膜盒差压变送器	只	250	4%	728
冷凝器	只	100	4%	780
				104

对于无缝钢管 $\phi14\times2$ 的工程量

FT101-FE101，FT102-FE102，$[(15\times2+1.5\times2)\times2]\times(1.05\sim1.2)$ m
$=66\times1.16$ m $=76.56$ m

PT101-PE101，PT102-PE102，$[(15+1.5)\times2]\times(1.05\sim1.2)$ m
$=33\times1.16$ m $=38.28$ m

4. 编制自控仪表安装工程预算表：见表 2-23。

安装工程预算表　　　　　　　　　　　　　　　表 2-23

工程名称：自控仪表工程

单位：元

工程量名称	单位	数量	单价			合计	甲供设备主材	其中工资
			合计	甲供设备主材	其中:工资			
自控设备安装								
浮标液位控制器安装	只	1	364.18	260	3.32	364.18	260	3.32
孔板安装 $\phi76\times4$	块	1	303.40	291	4.52	303.40	291	4.52
孔板安装 $\phi219\times6$	块	1	543.77	520	8.09	543.77	520	8.09
压力变送器安装	只	2	733.90	728	2.65	1467.80	1456	5.30
膜盒式差压变送器安装	只	2	786.16	780	2.71	1572.32	1560	5.42
单针指示仪安装	只	2	0.94		0.67	1.88		1.34
开方积算仪安装	只	2	1.26		0.92	2.52		1.84
冷凝器安装	只	4	105.99	104	1.45	423.96	416	5.80
仪表盘安装	台	1	12.21		4.94	12.21		4.94
保温箱安装	台	4	5.27		2.65	21.08		10.6
控制箱安装	台	1	12.42		5.29	12.42		5.29
自控设备调试								
浮球液位控制器调试	只	1	12.24		6.12	12.24		6.12
压力变送器调试	只	2	15.96		7.98	31.92		15.96
差压变送器调试	只	2	19.98		9.99	39.96		19.98
单针指示仪调试	只	2	5.64		2.82	11.28		5.64
开方积算仪调式	只	2	23.94		11.97	47.88		23.94
无缝钢管 $\phi14\times2$	10m	11.61	27.72		4.88	321.55		56.66
管路试压	根	6	1.2		1.17	7.20		7.02

工程量名称	单 位	数 量	单 价			合 计	甲供设备主材	其中工资
			合计	甲供设备主材	其中：工资			
螺纹截止阀 DN10	个	8	6.48		0.95	51.84		7.60
取压球阀 QGAY1 PN7.5MPa DN10	套	2	30.10		0.95	60.20		1.90
卡套球阀 QGY1 PN1.0MPa DN15	套	6	26.60		0.95	159.60		5.70
变送器支架4根	100kg	0.29	150.42		32.75	43.62		9.50
端子板接线	10个头	2.4	2.25		0.84	5.40		2.02
钢管暗配 1/2″	100m	0.396	252.86		34.74	100.13		13.76
管内穿线 BV-1.5	100m	1.5	19.65		1.87	29.48		2.81
脚手架搭拆	100m²	0.12	77.71		29.64	9.33		3.56
直通终端接头 φ14	个	4	7.25			29.00		
压力直通接头 φ14	个	2	4.60			9.20		
直通穿板接头 φ14	个	6	8.35			50.10		
填料函 φ16	个	6	6.20			37.20		
合计						5782.68	4503	238.63

清单工程量计算见表 2-24。

清单工程量计算表　　　　　　　　　　　　表 2-24

序号	项目编码	项目名称	项目特征描述	计量单位	工程量
1	030411001001	配管	地面敷设	m	26.20
2	030411004001	配线	BV-1.5	m	125.60
3	030609002001	无缝钢管	φ14×2	m	116.10
4	0301132004001	冷凝容器	PN6.4MPa DN100	个	4
5	030611001001	螺纹截止阀	DN10	个	9
6	030806002001	高压不锈钢管件	直通穿板接头 φ14，填料函 φ16	个	6
7	030601003001	变送单元仪表	保温箱，变送器支架	台	4
8	030611001002	取压球阀	PGAY1 PN7.5MPa DN10	个	2
9	030611001003	卡套球阀	QGY1 PN2.5MPa DN10	个	6
10	030411004002	配线	端子板配线	m	24.00

【例3】　有一张仪表供气空视图计算管路及附件量。供气空视图为仪表供气管线图，是一张独立的图纸，一般都标注尺寸，并给出量，在这张图上计算工程量较容易。

下列为一张+16.00m、+22.00m、+28.5m 平面供气空视图如图 2-16 及其附表表 2-25～表 2-28 所示，按设计要求，仪表供气总管采用镀锌管，分支管采用紫铜管，供气由工艺配管至仪表需要的合适部位（如图中虚线所示），计算仪表供气管、管件和阀门工程量并与材料表中的量进行核对，计算时要注意图中所标尺寸和标高。

【解】　计算方法：分析图 2-16。

①镀锌水煤气管工程量：

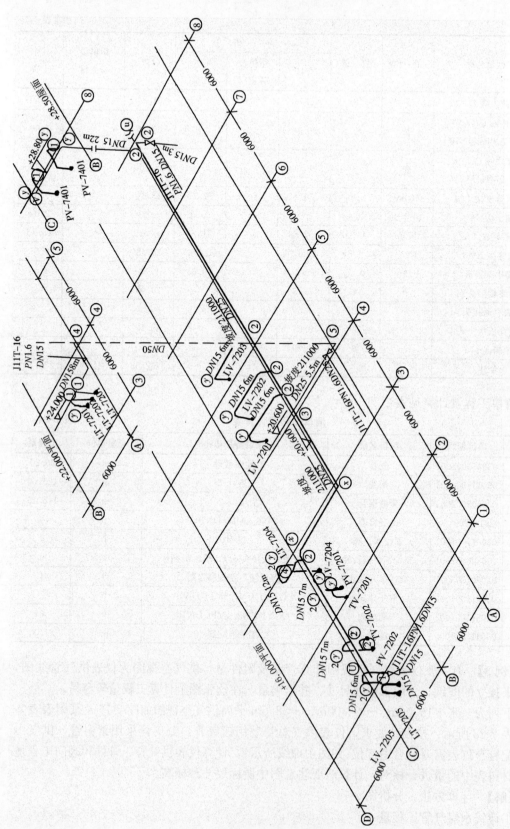

图 2-16　+16.00m、+22.00m、+28.5m 平面供气空视图

仪表仪气材料表　　　　　　　　　　表 2-25

序号	图号或标准号	名称及规格	材料	数量
1	QG、QY1-C	气源球阀 DN11/2″ϕ8	碳钢	16 个
2		镀锌堵头 DN15	可锻铸铁	1 个
3		直通终端接头 ϕ8×1/M10×1	黄铜	26 个
4		镀锌堵头 DN25	可锻铸头	2 个
5		镀锌直通接头 DN15	可锻铸头	22 个
6		镀锌直通接头 DN25	可锻铸头	2 个
7		镀锌90°弯头 DN15	可锻铸头	16 个
8		镀锌90°弯头 DN25	可锻铸头	1 个
9		镀锌三通 DN15	可锻铸头	8 个
10		镀锌三通 DN25/DN15/DN25	可锻铸头	9 个
11		镀锌三通 DN25	可锻铸头	1 个
12		镀锌三通 DN25/DN15/DN50	可锻铸头	1 个
13		镀锌三通 DN50/DN25/DN50	可锻铸头	1 个
14	J11T-16	内螺纹截止阀 PN1.6 DN15	碳钢	3 个
15	J11T-16	内螺纹截止阀 PN1.6 DN25	碳钢	1 个
16		紫铜管 ϕ8×1	紫铜	16m
17		镀锌水煤气管 DN15	Q235A	83m
18		镀锌水煤气管 DN25	Q235A	53.5m

$DN15$：$(3+22+8+6+6+6+12+7+7+6)\text{m}=83\text{m}$

$DN25$：$(6+6+6+6+5.5+6+6+6+6)\text{m}=53.5\text{m}$

②紫铜管的工程量：$16×1\text{m}=16\text{m}$（图上连接黑点的）

③仪表阀工程量：

$J11T\text{-}16\, PN1.6\, DN15$　3 个　　（图上可看出来）

$J11T\text{-}16\, PN1.6\, DN25$　1 个

QG、QY1-C $PN1\,1/2″\phi8$　16 个（16 个黑点与球阀、紫铜管连接）

④镀锌管件工程量

a. 三通：

① $DN15/DN15/DN15$　8 个
② $DN25/DN15/DN25$　9 个
③ $DN25/DN25/DN25$　1 个　｝红色数字标注于
④ $DN25/DN15/DN50$　1 个　图上相关位置
⑤ $DN50/DN25/DN50$　1 个

b. 90°弯头：

ⓧ $DN25$　1 个　｝标注于图上相关位置用红色字母ⓧ、ⓨ
ⓨ $DN15$　16 个

c. 直通接头：

ⓜ $DN25$　2 个　三通 $DN25/DN15/DN50$ 和 $DN50/DN25/DN50$ 处

ⓝ $DN15$　22 个　16 个紫铜管上各 1 个，共 16 个；另有 3 个 J11T-16$PN1\sim6$
$DN15$ 的两端各 1 个，共 6 个

d. 堵头：

ⓤ $DN25$　2 个　位于 $DN25$ 总管的两端上，用ⓤ标注

ⓥ $DN15$　1 个　位于＋28.80 标高处，用红色ⓥ标注

由于从图上所统计的材料数量与附表存在一定的差别，故其余仪气材料可以从现场统计，算到实际工程量中，现将从图上统计的材料及数量列表见表 2-26。

仪表仪气材料表　　　　　　　　　　　　　　　　表 2-26

名　　称	规　格	材　料	数　量
镀锌水	$DN15$	Q235A	83m
煤气管	$DN25$	Q235A	53.5m
紫铜管	$\phi8\times1$	紫铜	16m
内螺纹截止阀	J11T-16 $PN1.6$ $DN15$	碳钢	3 个
	J11T-16 $PN1.6$ $DN25$	碳钢	1 个
气源球阀	QG、QY1-C $DN11/2''$ $\phi8$	碳钢	16 个
镀锌 三通 管	$DN15/DN15/DN15$	可锻铸头	8 个
	$DN25/DN15/DN25$	可锻铸头	9 个
	$DN25/DN25/DN25$	可锻铸头	1 个
	$DN25/DN15/DN50$	可锻铸头	1 个
	$DN50/DN25/DN50$	可锻铸头	1 个
镀锌 90° 弯头	$DN15$	可锻铸头	1 个
	$DN25$	可锻铸头	16 个
直通 接头	$DN15$	可锻铸头	22 个
	$DN25$	可锻铸头	2 个
镀锌 堵头	$DN15$	可锻铸头	2 个
	$DN25$	可锻铸头	1 个
黄铜直通接头	$\phi8/M10\times1$	黄铜	16 个

仪表供气空视图的管路敷设预算表（清单）　　　　　　　表 2-27

序号	项目编码	项目名称	项目特征描述	计量单位	工程数量
1	030609001001	镀锌钢管	$DN15$	m	83
2	030609001002	镀锌钢管	$DN25$	m	53.5
3	030609001003	无缝钢管	$\phi14\times2$	m	16
4	030609001004	无缝钢管	$\phi18\times3$	m	10
5	030609004001	紫铜管	$\phi8\times1$	m	16
6	030611001001	截止阀	内螺纹	个	9
7	030611001002	球阀	卡套式	个	2
8	030611001003	三阀组		个	2
9	030611001004	球阀	取压法兰式	个	2
10	030611001005	球阀	气源	个	16
11	030113011001	冷凝容器		台	1
12	030606001001	检测回路模拟试验		套	2

序号	项目编码	项目名称	项目特征描述	计量单位	工程数量
13	030607003001	顺序控制装置		套	1
14	030607006001	数据采集及巡回检测报警装置		套	2

仪表供气空视图的管路敷设预算表(定额)　　　表 2-28

序号	定额编号	分项工程名称	定额单位	工程量	基价/元	其中/元 人工费	其中/元 材料费	其中/元 机械费
1	8-87	镀锌钢管 DN15	10m	8.3	65.45	42.49	22.96	—
2	8-89	镀锌钢管 DN25	10m	5.35	66.72	42.49	24.23	—
3	8-87	无缝钢管 $\phi14\times2$	10m	1.6	65.45	42.49	22.96	—
4	8-89	无缝钢管 $\phi18\times3$	10m	1.0	66.72	42.49	24.23	—
5	10-580	紫铜管 $\phi8\times1$	10m	1.6	23.65	16.72	6.34	0.59
6		内螺纹截止阀						
7		卡套式球阀						
8		三阀组						
9		取压法兰式球阀						
10		气源球阀						
11		冷凝容器						
12	10-302	回路模拟试验	套	1	72.95	47.60	2.45	22.90
13	10-410	顺序控制装置	套	1	62.61	47.83	3.29	11.49
14		检测系统						
15	10-307	回路模拟试验	套	1	145.22	88.70	4.70	51.82

【例4】 桥架、支架、电缆工程量计算实例

工程+0.000 面布置图见图 2-18 和表 2-33,然后计算下列内容:

(1) 槽盒量:⑯～⑲,托臂、立柱量

(2) 电缆敷设量:103C₁₇₋₁、103C₁₇、103C₂₇、105C₂～105C₉

(3) 支架制作工程量

(4) 变送器支座量

(5) 根据设计,信号电缆需穿管,故计算其电气配管量。

注:所有计算都按清单,最后汇表按定额

1. 先计算⑯～㉒、㉝～㉞、㉟～㊲、㊳～㊷、㊴～㊹其桥架、托臂、立柱在+0.000 平面的工程量:

[分析] 组合式桥架和配线桥架每片基本长度为 2m,按照设计和样本要求,每 2m 需一个把臂或立柱,此处涉及到桥架的概念。

[附注] 电缆桥架的主体部件包括:立柱、底座、横臂、梯架或槽形钢板、盖板及二、三、四通弯头等。

立柱是支承电缆桥架及电缆全部负载的主要部件。

底座是立柱的连接支承部件,用于悬挂式和直立式安装。

横臂主要同立柱配套使用,并固定在立柱上,支承梯架或槽形钢板桥,梯形或槽形钢板桥用连接螺栓固定在横臂上。盖板盖在梯形桥或槽形钢板上起屏蔽作用,能防尘、雨、晒或其他杂物。垂直或水平的各种弯头:用来改变电缆走向或电缆引上引下。

桥架、托臂、立柱、隔板、盖板为外购件成品。连接用螺栓和连接件随桥架成套购买，计算预算重量可按桥架总重或总价的 7% 计算。电缆桥架有槽式、梯式和托盘式桥架。本例中主要为槽式桥架。

工程量计算：

① 按桥架的"宽＋高"尺寸以延长米"10m"作为计量单位，定额综合考虑弯头或三通、四通安装。且在量取图纸计算工程量时，不扣除其所占的长度。

② 现场制作的桥架支撑架、立柱或托臂安装执行支架安装制作定额。外购成品的立柱和托臂安装按"100kg"作为计量单位。

③ 桥架盖板安装按不同规格形式综合考虑，如槽式桥架带盖板，宽大于 600mm 的带隔板。

④ 桥架厚度按制作的规定标准，如设计对钢制桥架主结构厚度要求超过 3mm 时，定额人工、机械乘以系数 1.2。

⑤ 不锈钢桥架执行钢制桥架安装定额，定额基价乘以系数 1.1。

根据图 2-18、图 2-19，表 2-36，得各量之间关系。

综合上述，将其计算结果列于表 2-35 中，表 2-33 中（都为定额）。

桥架、支撑架材料费计算在本例中加 5% 的损耗率和 7% 附件重量，桥架加 7% 附件重量。

2. ±0.000 平面的电缆敷设，电缆头制作及支架量计算。

(1) AE-7104 电缆量及支架量：

a. 计算 AE-7104 为电缆量：由于 AE-7104 是安装在管道上的流通式 pH 传感器，其自带 15m 电缆，编号为 $103C_{17-1}$，确定为随机电缆。

b. 计算 AT-7104 电缆敷设量：

由图 2-17 可知，其对应编号有 $103C_{17}$ 和 $103C_{27}$。

① 对于 AT-7104 的编号为 $103C_{17}$ 的电缆，输出信号 4-20mA 为信号电缆，其规格型号为：KVVRP-1×2×1.5 进 103 2P 盘。

② 对于 AT-7104 编号为 $103C_{27}$ 的电缆，其供电～22V，50Hz 为电力电缆，规格型号：kVV-2×1.5

由于 $103C_{17}$，$103C_{27}$ 这 2 根电缆工程量计算考虑不走桥架，而是沿墙敷设距 ±0.000 平面 3m 距离，其管配为暗配，沿支架敷设，再穿墙进控制室，需套管，且由电缆盘上部进线。$103C_{27}$ 计算方法和长度同 $103C_{17}$ 先计算 $103C_{27}$（单位：米）

为：[1.5＋(6－3)＋(1.2＋6＋1.2)＋(0.8＋2.2)]×1.1m＝15.9×1.1m＝18m

（上式中：1.5 为变送器处余量；6 为变送器相对 ±0.000 平面高度；3 为支架高度；(1.2＋6＋1.2) 为敷设长度，其中两个 1.2 为敷设余量；(0.8＋2.2) 分别为盘宽和盘高；1.1 为裕度系数）

同理：$103C_{27}$＝18m，由于其接入控制室，为控制电缆

综合：$103C_{17-1}$、$103C_{17}$，$103C_{27}$ 电缆汇总如下：

$103C_{17-1}$ 为随机电缆 1 根 15m；$103C_{17}$ 为屏蔽电缆 18m；

$103C_{27}$ 为控制电缆 18m。在计入清单时，屏蔽电缆计入控制电缆。

c. 计算电缆支架量：

① AE-7104 电缆支架：

由图 2-18 及 AT-7104 和 AE-7104 的接线可知，AE-7104 的电缆 $103C_{17-1}$（其设备自带电缆 15m），从标高 +17 下降至 +6（$103C_{17}$ 的位置），$103C_{27}$ 支架至 AT-7104。

由规则（自控施工规范）可知：电缆支架垂直敷设间隔为 1m，采用 $L30\times30\times4$ 角铁依托工艺结构或管道，取每根支架长为 $l=0.2m$。

则：垂直支架计算：$(17-6)/1$ 根 = 11 根

11 根 $\times$ 0.2m/根 = 2.2m

水平支架计算：（同理，取每根支架长 $l=0.2m$）

而每 0.8m 一根支架，3m 距离取 3 根支架：3 根 $\times$ 0.2m/根 = 0.6m

则 AE-7104 共需支架：$(2.2+0.6)\times1.05m=3m$

1.05 为修正系数。考虑 5% 的不可预见性，查表 2-24，将长度化为重量：

$3\times1.786kg\approx5.4kg$

② AT-7104 电缆支架：

支架可按承受三根电缆沿墙敷设考虑来运用标准图 K09-11（图 2-17）由自动化仪表安装与验收规范取每 0.8m 一根支架，支架选用 $L50\times50\times5$ 或表中数据，$l=300mm$，由敷设长度 $[(6.8-3)+1.2+6+1.2]m=12.2m$

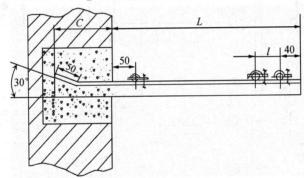

图 2-17 悬臂式墙架示意图

得 11.2/0.8 根 = 14 根，故量取共 14 根。电缆进控制室沿桥架从盘顶进入（图 2-21 和表 2-24）。

由于按承受三缆的支架计算：$4.2\times1.3m=5.5m$

计算：$14\times0.3m=4.2m\approx5.5m\times2.976kg/m\approx16.368kg$，又有 $16.368\times1.05kg=17.2kg$（1.05 为修正系数考虑 5% 的不可预见性），故由①、②可得电缆支架总量为 5.4kg+17.2kg = 22.6kg。

(2)电气配管量计算：

① 对于屏蔽电缆 $103C_{17}$，查表 2-30，可知选择电气配管 $DN15$，并考虑其不可预见性 5%，故计算如下：

$(3+8.4+1)\times1.05m=13.02m$

其中 3、8.4 分别对应其垂直 3 为 $(6-3)$ 和水平敷设距离，8.4 为 $(1.2+6+1.2)$，1 为配管两端的余量 0.5m。

② 配套的金属挠性管 1 根，按"10 个"作为计量单位，包括接头安装和密封。

③ 配管穿线盒按计算规则 2.8 个/10 来计算，并在结算时按实调整。

5	6	7	8
KV_1-7401-2	KV_2-7401-2	KV_3-7401-2	KV_4-7401-2
$105C_6$	$105C_7$	$105C_8$	$105C_9$
+4	+4	+4	+4

1	2	3	4
KV_1-7401-1	KV_2-7401-1	KV_3-7401-1	KV_4-7401-1
$105C_2$	$105C_3$	$105C_4$	$105C_5$
+4	+4	+4	+4

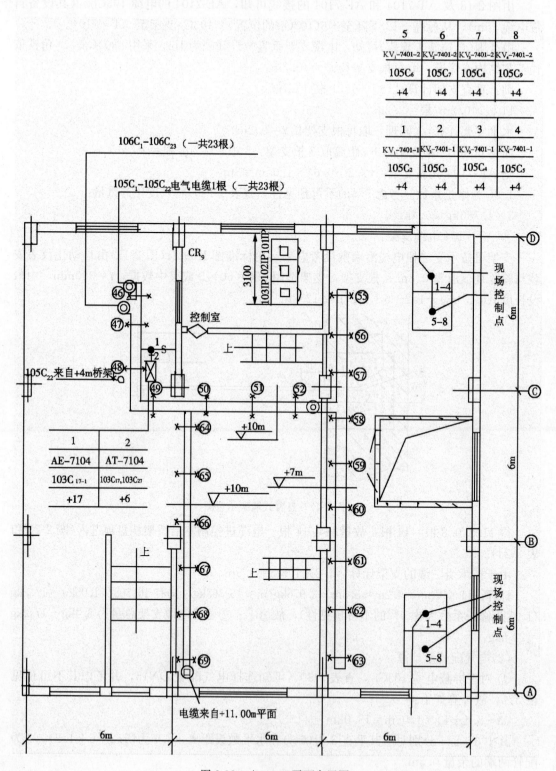

图 2-18　+0.000 平面布置图

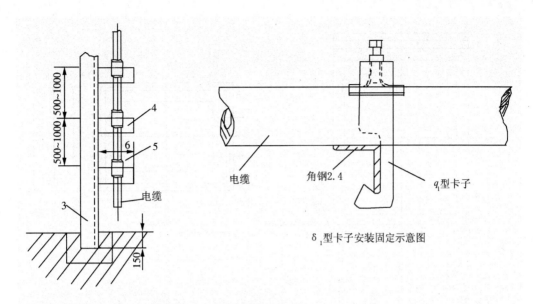

注:1. 本立架用于比较分散的少数电缆、管缆的敷设;

　　2."b"的尺寸现场定;

　　3. 可采用 K09–41 的 1 型电缆卡;

　　4. 数量按需要确定。

件号	图号或标准号	名称及规格	数量	材料	备注
5	K09-41	q_1 型 $\phi30$ 电缆卡		A3	
4		角钢 L40×40×4		A3	
3		角钢 L40×40×4		A3	
2		角钢 L40×40×4		A3	
1		槽钢 100×48×5.3		A3	

图 2-19　角钢立架示意图

④电缆过墙时，需要穿墙套管，查表 2-37，选择 $DN32$，

分析图 2-18 可知，电缆穿墙 4 次，量取 4 根穿墙套管，由 $DN32$ 的规格可算得: 0.35m/根×4 根=1.4m，考虑余量为 1.5m。

3. KV_1～KV_4-7401-1 和 KV_1～KV_4-7401-2 电缆和支架工程量计算: KV_1～KV_4 是电磁阀用电缆，在图上的黑点为现场控制点，由现场至控制室共 8 根电缆，编号分别为 $105C_2$～$105C_9$，沿桥架敷设电缆规格型号为 KVV-2×1.5。

(1)计算 $105C_2$～$105C_9$ 在+0.000 平面图的电缆量

①先计算编号为 $105C_2$、$105C_3$、$105C_4$、$105C_5$ 4 根电缆量:

计算: [1.5+1.2+2.4+(7-4)+(10-7)+9×2]×1.1m=29.1×1.1m=32m(一根的计算)由于是 4 根，故 32m/根×4 根=128m

上式中，1.5 为元件出口(变送器处)余量，2.4 为敷设电缆两端的预留长度 1.2×2，(7-4)和(10-7)分别为两处标高之差，即垂直敷设距离，1.1 为考虑了总体余量后的修正系数，1.2 为墙两边的余量长度 0.5×2=1 和现场两控制处之间隔墙两个 0.1m

②编号为 $105C_6$～$105C_9$，的电缆量的计算:

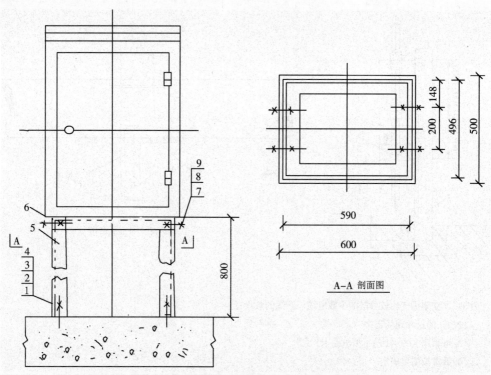

10		底板 50×50，δ=6	4	A3	
9	GB 45-66	螺母 AM10	4	A3	
8	FB 95-66	垫圈 10	4	A3	
7	GB 18-66	螺栓 M10×30	4	A3	
6		框架 L50×50×5，l=2172	1	A3	
5		支柱 L50×50×5，l=800	4	A3	
4		花瓣形紧固件 ϕ17，l=50	4	20	
3		锥形螺栓 M10×80	4	A3	
2	GB 95-66	垫圈 10	4	A3	
1	GB 41-66	螺母 AM10	4	A3	
件号	图号或标准号	名称及规格	数量	材料	备注

图 2-20　800×600×500 仪表保温箱在地上安装图　K08-30

同理：

计算式为：[1.5＋2.4＋1＋(7－4)＋(10－7)＋8×2]×1.1m＝30m

（一根的计算量）由于有 4 根，故有：30m/根×4 根＝120m。

综合①、②可知，电缆量合计 128m＋120m＝248m（由于进控制室，为控制电缆）另有控制电缆 103C_{27} 18m。

则总结如下：

＋0.000 平面电缆总况：屏蔽电缆 18m，控制电缆(248＋18)m＝266m

随机电缆 103C_{17-1}1 根 15m。

（2）计算支架量：只计算进桥架之前的支架的制作量。

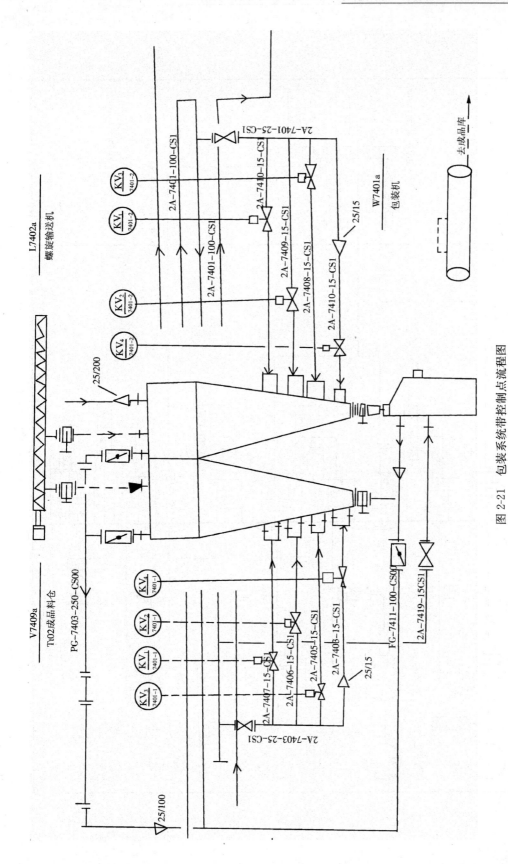

图 2-21 包装系统带控制点流程图

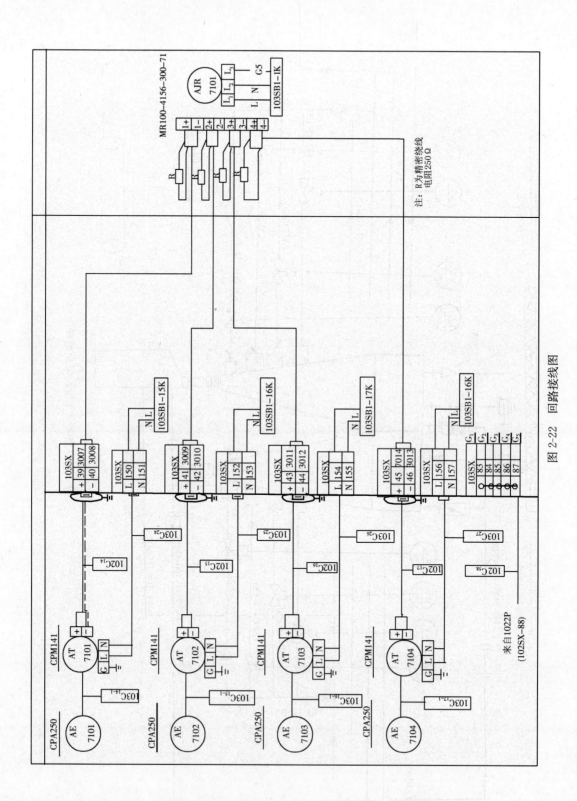

图 2-22　回路接线图

根据现场具体情况和经验，可以考虑 $KV_1 \sim KV_4$-7401-1 只设置一组水平支架敷设至 $KV_1 \sim KV_4$-7401-2，然后再与槽盒连接再进主控室，所用支架采用角铁 L40×40×4，即每根支架 0.3m 长，间距为 0.8m，则计算如下：$\{0.3×[(7-4)/0.8+3/0.8]+5.5\}m=8m$。

查规格表可将其转化为重量，$8m×2.422kg/m≈20kg$。

KV_1-7401-2 $\sim KV_4$-7401-2 可设置一组支架，采用安装标准图 2-19 角钢立架形式，再水平至总桥架。

支架承载 8 根电缆，每根支架为 $\begin{cases} l=400mm & 距离桥架 3m & 共 4 根 \\ l=300mm & 直立 2.55m & 3 根 \end{cases}$

计算得 $\begin{cases} (0.4×4+3)m=4.6m \text{ 转化为重量 } 4.6m×2.422kg/m=11.14kg \\ (0.3×3+3)m=3.9m \text{ 转化为重量 } 3.9m×2.422kg/m=9.446kg \end{cases}$

则合计 $(11.14+9.446)kg=20.5kg$

则支架量制作合计 $20kg+20.5kg=40.5kg$

（3）关于 AT-7104 变送器保护箱底坐制作

根据标准图 K08-30 如图 2-20 所示，保护箱混凝土基础和预埋钢板由土建专业完成，而保护箱支座则由仪表专业完成。

由分析可知：保温箱支座制作采用角钢 L50×50×5

工程量计算：$(2.172+0.8×4)m=5.372m$ 考虑余量系数

则 $5.372×1.1m=6m$

底板垫板 50×50：$\delta=6$，需要 4 块，则有：

$50mm×50mm×4=0.05×0.05×4m^2=0.01m^2$ 考虑余量为 $0.02m^2$

故可知：一台保护箱底座用钢材重量为：

$6m×3.77kg/m+0.02m^2×47.1kg/m^2=23.56kg$

再考虑不可预见性 5%，则重量为 $23.56×1.05kg=25kg$ 故综合可得：

支架量合计：$(40.5+25)kg=65.5kg$

1、2、3 工程量计算和套用定额见表 2-31（定额表）

本例按要求采用清单形式计算工程量，再将各清单按定额汇成总表。定额编号由设备材料名称查《全国统一安装工程预算定额》电气设备安装工程第 2 册第 2 版　自动化控制仪表安装工程第十册，《全国统一安装工程基础定额》第九册　电气设备、自动化控制仪表安装工程 GJD 209—2006 其清单见表 2-29～表 2-39。

工程量计算表（清单1）　　　　　　　　　　表 2-29

序号	项目编码	项目名称	项目特征描述	计量单位	工程数量
1	030408001001	电力电缆	随机	m	15
2	030408002001	控制电缆		m	266
3	030408004001	电缆槽盒		m	46
4	030408004002	电缆槽盒		t	0.068
5	030411001001	配管		m	15.5

工程量计算表(清单 2)　　　　　　　　　　　　　　　表 2-30

序号	项目编码	项目名称	项目特征描述	计量单位	工程数量
1	030603002001	调节阀		台	2
2	030602005001	盘装仪表		台	1
3	030603004001	输入输出组件		件	2
4	030610001001	盘、箱、柜安装		台	4
5	030605002001	物性检测仪表		套	4

包装系统安装工程仪表预算清单　　　　　　　　　　　　表 2-31

序号	项目编码	项目名称	项目特征描述	计量单位	工程数量
1	030809001001	电磁阀		个	9
2	030608004001	可编程逻辑控制器		台	1
3	030608003001	过程 I/O 组件		点	8
4	030605001001	PH 分析仪		套	4
	030602004001	传感器		台	4
	030601003001	变送单元仪表		台	4
	030602004002	记录仪		台	4

包装系统安装工程电缆、桥架敷设、支架制作、电气配管预算清单　　表 2-32

序号	项目编码	项目名称	项目特征描述	计量单位	工程数量
1	030408004002	组合式电缆槽盒		m	20
			配线桥架	m	26
			立柱、托臂安装	kg	327
2	030408004002	电缆槽盒		t	0.068
3	030408001002	电力电缆	随机	m	15
4	030408002002	控制电缆		m	284
			电缆终端	个	20
5	030412001002	沿钢结构明配管	DN15，沿墙暗配，穿线盒	m	14

车间热力站自控仪表安装工程预算清单

表 2-33

序号	项目编码	项目名称	项目特征描述	计量单位	工程数量
1	030601003002	压力变送器	保温箱	台	2
	030601003003	膜盒式差压变送器	变送器支架	台	2
2	030602005002	盘装仪表		台	1
	030602004003	开方计算器		台	2
	030602004004	单针指示仪		台	2
3	030113011005	冷凝容器	PN6.4MPa $DN100$	台	4
4	030503003001	浮球液位控制器		台	1
5	030902002001	无缝钢管	$\phi14\times2$	m	116.1
6	030404017001	动力配电箱		台	1
7	030611001001	螺纹截止阀	$DN10$	个	8
			取压球阀	个	2
			卡套球阀	个	4
8	030806002001	高压不锈钢管件	直通穿板接头 $\phi14$	个	6
			直通终端接头 $\phi14/G1/2$		
			填料函 $\phi16$		
			法兰接管 PN2.5MPa $DN16$		
			压力表直通接头		
9	030609001003	钢管	暗配 1/2	m	40
10	030411004001	管内穿线	BV-1.5	m	200

桥架、托臂、立柱重量表

表 2-34

型　　号	规格/(长度/m)	重量/(kg/L)
托臂 XQJ-TB-03		
TB-03-50	100	1.68

续表

型　　号	规格/(长度/m)	重量/(kg/L)
TB-03-100	150	2.46
TB-03-200	200	3.46
TB-03-300	300	4.37
TB-03-400	400	5.37
TB-03-500	500	6.67
TB-03-600	600	7.41
TB-03-700	700	8.16
TB-03-800	800	10.23
角钢立柱重量 XQJ-H-01D		
H-01D-3	300	2.09
H-01D-5	500	3.48
H-01D-8	800	5.57
H-01D-10	1000	6.96
H-01D-15	1500	10.44
H-01D-20	2000	13.92
槽钢立柱重量 XQJ-H-01E		
H-01E-3	300	2.31
H-01E-5	500	3.85
H-01E-8	800	6.16
H-01E-10	1000	7.7
H-01E-15	1500	11.55
H-01E-20	2000	15.4

悬臂式墙架规格表 表 2-35

L	C	悬臂墙架用钢规格
300 以下	100	L30×30×4
300～700	150	L30×30×4
700～900	150	L50×50×5
900～1300	200	L50×50×5
1300～1500	250	L63×63×6

安装工程预算表

专业：自控

表2-36
单位：元

序号	定额编号	名称	型号、规格、材质	单位	数量	单价	其中			合价	其中		
							人工费	辅材费	机械费		人工费	辅材费	机械费
一		仪表设备安装与调试											
1	10-279	电磁阀	螺纹连接	台	2	80.3	54.57	9.19	16.54	160.6	109.14	18.38	33.08
2	10-531	可编程逻辑控制器	容量48点	台	1	866.75	637.16	17.38	212.21	866.75	637.16	17.38	212.21
3	10-546	过程输入输出点	数字量16点	8点	2	39.44	22.29	0.2	16.95	78.88	44.58	0.4	33.9
4	10-347	pH分析仪	流通式	套	4	512.09	378.02	26.9	107.17	2048.36	1512.08	107.6	428.68
5	10-680	保护箱		台	4	75	52.01	14.77	8.22	300	208.04	59.08	32.88
		本页小计								3936.39	2838.42	257.98	839.99
		脚手架搭拆（人工费×4%，其中工资15%）								113.54	2838	85.15	
		总计								4049.93	2866.8	343.13	839.99

表 2-37

电缆桥架表

支架号	支架名称及规格	型号	数量	电缆桥架名称及规格	型号	数量	电缆穿管规格	数量	敷设方式	备注
①～⑬	托臂 b=700mm	TB-03-700	13	组合式电缆桥架 150×25 L=2000	ZH-01B-150	24 块	DN15	65m	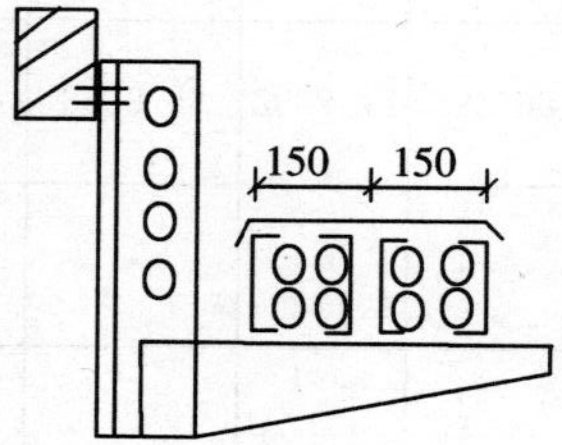 150 150	
				组合式电缆桥架 100×25 L=2000	ZH-01B-100	36 块	DN32	55m		
	槽钢立柱(I) L=1000mm	H-01E-10	13	盖板 308×20 L=2000	ZH-05-300	42 块				
⑭～㉒ ㊻～㊾	托臂 b=600mm	TB-03-600	16	组合式电缆桥架 100×25 L=2000	ZH-05-100	85 块	DN15	75m	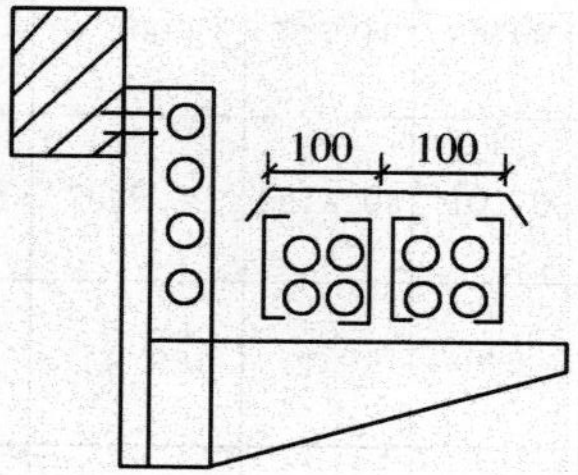 100 100	
	槽钢立柱(I) L=1000mm	H-01E-10	16	盖板 208×20 L=2000	ZH-05-200	17 块			100 100	
㉓～㉔ ㊿	托臂 b=150mm	TB-04-150	2	组合式电缆桥架 100×25 L=2000	ZH-01B-100	25 块	DN15		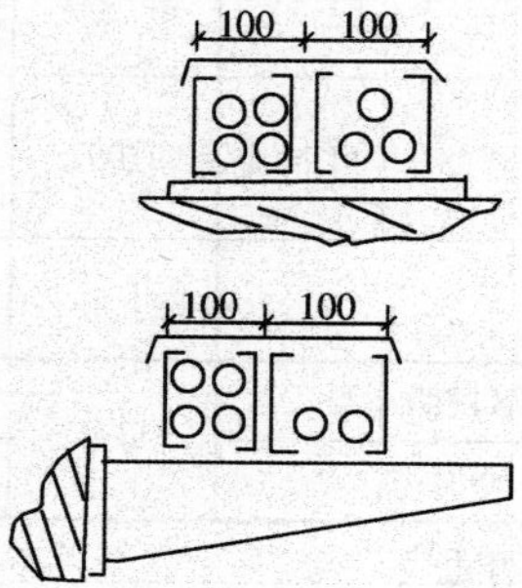 100 100	
	托臂 b=200mm	TB-03-200	2	盖板 208×20 L=2000	ZH-05-200	5 块	DN15		100 100	

续表

支架号	支架名称及规格	型号	数量	电缆桥架名称及规格	型号	数量	电缆穿管规格	数量	敷设方式	备注
⑥~⑥ ⑦~⑦	托臂 b=200mm	TB-03-200	2	配线桥架 50×50 L=2000	ZH-02B	18 块	DN15	30m		
	托臂 b=150mm	TB-03-150	6	盖板 108×20 L=2000	ZH-05-100	9 块				
⑥	托臂 b=150mm	TB-03-150	6	配线桥架 50×50 L=2000	ZH-02B	10 块	DN15	40m		
	角钢立柱(I) L=1000mm	H-01D-10	6	盖板 108×20 L=2000	ZH-05-100	5 块				
⑤~⑤ ⑥~⑥	托臂 b=150mm	TB-03-150	9	配线桥架 50×50 L=2000	ZH-02B	8 块	DN15	40m		
	角钢立柱(I) L=1000mm	H-01D-10	9	盖板 55×20 L=2000	ZH-05-50	8 块				

电缆支架及桥架表

表 2-38

支架号	桥架支架			电缆桥架			执行定额规格及工程量
	名称及规格	型号	数量	名称及规格	型号	数量	
㊻～㊾	托臂 $b=600$ 槽钢立柱 $L=100$	TB-03-600 H-01C-10	7.41kg/个×7个 =51.87kg 18.09kg/个×7个 =126.63kg	组合式电缆桥架 100×25 $L=2000$ 盖板 208×20 $L=2000$	ZH-01B-100 ZH-05-200	35 片 35×7.34kg=256.9kg 7 片 7×14.94kg=104.58kg	桥架 35 片 盖板折合 14 片 共计 49 片
㊿～54	托臂 $b=200$	TB-03-200	3.46kg/个×2个 =6.92kg	组合式电缆桥架 100×25 $L=2000$ 盖板 208×20 $L=2000$	ZH-01B-100 ZH-05-200	15 片 15×7.34kg=110.1kg 3 片 14.94×3kg=44.82kg	桥架 15 片 盖板折合 6 片 共计 21 片
58～63	托臂 $b=150$ 角钢立柱 $L=100$	TB-03-150 H-01D-10	2.46kg/个×6个 =14.76kg 6.96kg/个×6个 =41.76kg	配线桥架 50×50 $L=2000$ 盖板 108×20 $L=2000$	ZH-02B ZH-05-100	10 片 9.57×10kg=95.7kg 5 片 4.2×5kg=21kg	100×50 10m
55～57 64～69	托臂 $b=150$ 角钢立柱 $L=100$	TB-03-150 H-01D-I0	2.46kg/个×9个 =22.14kg 6.96kg/个×9个 =62.64kg	配线桥架 50×50 $L=2000$ 盖板 55×20 $L=2000$	ZH-02B ZH-05-50	8 片 9.57×8kg=76.56kg 8 片 2.15×8kg=17.2kg	50×50 16m

表 2-39

安装工程预算表

序号	定额编号	名称	型号、规格、材质	单位/元	数量	单价	其中/元 主材费	人工费	辅材费	机械费	合价/元	其中/元 主材费	人工费	辅材费	机械费
		电缆、桥架敷设、支架制作安装													
1	2-672	电缆敷设	控制电缆 KVV-C-2×1.5	100m	2.66	149.98		96.6	53.38	5.87	398.95		256.96	141.99	
	10-616		屏蔽电缆 KVVRP-1×2×1.5	100m	0.18	108.52		74.77	27.88	5.87	19.52		13.46	5.02	1.06
		电缆材料费	控制电缆 KVV-C-2×1.5	m	272										
			屏蔽电缆 KVVRP-1×2×1.5	m	19										
	2-680		电缆终端 控制电缆头	个	18	42.87		12.07	30.8		771.66		217.26	554.40	
	10-622		屏蔽电缆头	个	2	14.93		5.11	6.39	3.43	29.86		10.22	12.78	6.86
	10-616		随机专用电缆	100m	0.15	108.52		74.77	27.88	5.87	16.26		11.22	4.18	0.88
2		电缆桥架敷设													
	2-591		组合式电缆桥架	100 片	0.73	1297.54		1284.76	3.38	9.40	947.20		937.87	2.47	6.86
	2-542		槽式汇线桥架 （宽+高)150mm以下	10m	2.6	71.21		44.35	23.85	3.03	185.15		115.31	62.01	7.88
	2-592		立柱、托臂安装	100kg	3.27	240.78		136.53	89.93	14.32	787.35		446.45	294.07	46.83
		组合式桥架材料费	（附件和螺栓增加总重7%)	t	0.556										
		桥架立柱、托臂材料费		t	0.343										
		槽式汇线桥架材料费	（附件和螺栓增加总重7%)	t	0.227										

续表

序号	定额编号	名称	型号、规格、材质	单位	数量	单价/元	其中/元				合价/元	其中/元			
							主材费	人工费	辅材费	机械费		主材费	人工费	辅材费	机械费
		电气配管													
	2-1025	沿钢结构明配	DN15	100m	0.14	527.24		200.16	314.6	12.48	73.81		28.02	44.04	1.75
	2-1011	沿墙暗配	DN32	100m	0.015	328.75		215.71	92.29	20.75	4.93		3.24	1.38	0.31
	10-667	金属挠性管		10根	0.1	20.02		17.88	2.14		2.00		1.79	0.21	
3	10-669	穿线盒		10个	0.28	13.38		12.77	0.61		3.75		3.58	0.17	
		材料费	镀锌钢管 DN15	m	14.5										
			镀锌钢管 DN32	m	1.55										
			金属挠性管	根	1										
			穿线盒	个	3										
		支架制作安装													
	2-358	一般铁构件制作		100kg	0.68	424.11		250.78	131.90	41.43	288.39		170.53	89.69	28.17
	2-359	一般铁构件安装		100kg	0.68	212.83		163.00	24.39	25.44	144.72		110.84	16.59	17.30
		材料费		t	0.072										
4		本页小计									3673.55		2326.75	1229.00	117.90
		脚手架搭拆(人工费×4%,其中工资25%)									93.07		23.27	69.80	
		总计									3766.62		2350.02	1298.8	117.90

第三章 刷油、防腐蚀、绝热工程

第一节 分部分项实例

【例1】 如图 3-1 所示，某工艺管道配管拟采用 $\phi32\times2.5$mm 碳钢管，配管安装完后，对管道进行人工除轻锈，管线总长 12.76m，试计算除锈工程量并套用定额。

【解】 （1）清单工程量

清单除锈工程量包含在相应的管道安装项目中，不单独列项计算。

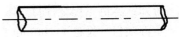

图 3-1 碳钢管示意图

（2）定额工程量

定额将管道除锈、刷油等工程内容单独列项以计算工程量。

管道除锈(轻锈)工程量计算规则以管道表面积为基准，方法如下：

$$S=\pi\cdot D\cdot L \qquad D\text{ 为管道直径}$$

可知：本例工程量计算

定额项目：管道除轻锈(手动)

定额编号：11-1

工程量：$S=\pi\cdot D\cdot L\text{m}^2=3.14\times0.032\times12.76\text{m}^2=1.28\text{m}^2=0.13\times10\text{m}^2$

计量单位：10m^2

基价：11.27 元；其中人工费7.89 元，材料费3.38 元

注：计算管道表面积时已包括各种管件、阀门，不再另外计算。

【例2】 分析手工、动力工具除锈如何区分轻、中、重锈标准？

【解】 根据《全国统一安装工程基础定额》第三册，刷油、绝热与防腐蚀(GJD—203—2006)标准，可得除锈标准为：

轻锈：部分氧化皮开始破裂脱落，红锈开始发生。

中锈：氧化皮部分破裂脱落，呈堆粉末状，除锈后用肉眼能看到腐蚀小凹点。

重锈：氧化皮大部分脱落，呈片状锈层或凸起的锈斑，除锈后出现麻点或麻坑。

【例3】 定额套用中怎样划分喷射除锈标准？

【解】 据《全国统一安装工程基础定额》刷油、绝热与防腐蚀第三分册(GJD—203—2006)定额编制方法，可得喷射除锈标准如下：

Sa3 级：除净金属表面上的油脂、氧化皮、锈蚀产物等一切杂物，呈现均一的金属本色，并有一定的粗糙度。

Sa2.5 级：完全除去金属表面的油脂、氧化皮、锈蚀产物等一切杂物，可见的阴影条纹、斑痕等残留物不得超过单位面积的 5%。

Sa2 级：除去金属表面上的油脂、锈皮、松疏氧化皮、浮锈等杂物，允许有附紧的氧

化皮。

注：定额套用中喷射除锈按 Sa2.5 级标准确定。

【例4】 如图 3-2 所示为圆柱筒体设备尺寸示意图，对该圆柱筒体进行人工除锈，计算除锈工程量。（图中设备接合图示略）

【解】 (1) 清单工程量

清单工程量计算中，设备除锈、底漆等工程内容均包含在容器制作项目中，以计算工程量，不再单独列项计算。

(2) 定额工程量

定额工程量计算时，将手工除锈管道和容器分为：管道和设备 ϕ1000mm 以上两类进行工程量计算，计量单位为"10m²"，计算方法以设备表面积计算工程量。

可知：本例工程量计算

定额项目：设备 ϕ1000mm 以上手工除中锈

定额编号：11-5

工程量：$S=\pi \cdot D \cdot L=3.14\times1.2\times3m^2=11.3m^2$

计量单位：10m²

基价：19.77 元；其中人工费 13.00 元，材料费 6.77 元

其中：D——设备直径；

L——设备筒体高。

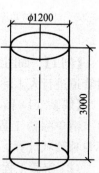

图 3-2　圆柱筒体设备尺寸示意图

注：1. 在除锈工程量计算设备表面积时，已包括人孔管口凹凸部分，工程量计算不再另行计算；

2. 适用动力工具除锈时，只对金属面除锈列项，计算表面积即为工程量。

【例5】 除锈刷油工程中，钢结构是如何划分来进行定额套用的？

【解】 (1)《全国统一安装工程基础定额》第三分册，刷油、绝热与防腐蚀 GJD203-2006 定额标准中，将钢结构划分为一般钢结构、管廊钢结构、H 型钢结构及大于 400mm 以上型钢三个类次进行定额项目制订。

(2)一般钢结构包括梯子、栏杆、支架、平台及金属构件等。

(3)管廊钢结构中的梯子、栏杆、平台、吊支架按一般钢结构执行，同时，管廊钢结构中的 H 钢结构及大于 400mm 以上的钢结构按 H 钢结构执行。

(4)在定额工程量计算中，一般钢结构、管廊钢结构以每 100kg 为计量单位，H 型钢制结构及大于 400mm 上型钢以 10m² 为计量单位。

【例6】 比较四种除锈方法及应用场合。

【解】 (1)手工除锈：手工除锈适用管道、设备 ϕ1000mm 以上，各种钢结构等各种场合，适用面广但除锈质量一般较差，仅适用一般刷油工程。

(2)动力工具除锈：适用大型设备、大口径管道的金属面大面积除锈，除锈质量比手工好。

(3)喷射除锈：《全国统一安装工程基础定额》对喷射除锈主要分：喷石英沙和喷河砂除锈，以及气柜喷射除锈来进行定额套用，除锈质量好、适用广。

(4)化学喷锈：主要对设备管道部件等金属面除锈，分一般、特殊两个类别，除锈质

量好，适用小面积或结构复杂的设备部件除锈工程，但应注意避免二次锈蚀。

【例7】　如图 3-3 所示为管道弯管截面图，弯管采用 $DN20mm$ 钢管煨制，管道两端长度如图示，安装完成后对该管道除轻锈后刷红丹防锈漆二遍，试计算工程量并套用定额(不含主材费)。

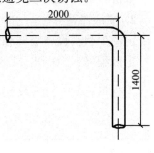

图 3-3　弯管截面图

【解】　(1) 清单工程量

清单工程量计算，按《通用安装工程工程量计算规范》(GB 50856—2013)可知，管道除锈刷油工程工程量包含在相应管道项目工程量计算，不在另行列项计算；弯管长度按两管交叉中心线交点计算。

(2) 定额工程量

1) 除锈工程量

定额项目：管道手工除轻锈

定额编号：11-1　　(GYD-211-2000)

工程量：$S = \pi \cdot D \cdot L = 3.14 \times 0.02 \times (2+1.4) m^2 = 0.21 m^2 = 0.021 \times 10 m^2$

基价：11.27 元；其中人工费 7.89 元，材料费 3.38 元

2) 刷油工程量

定额项目：管道刷红丹防锈漆一遍/二遍

定额编号：11-51/11-52(GYD-211-2000)

工程量：$S = \pi \cdot D \cdot L = 3.14 \times 0.02 \times (2+1.4) m^2 = 0.021 \times 10 m^2$

基价：7.34 元/7.23 元，其中人工费 6.27 元，材料费 1.07 元/0.96 元

注：(1)管道刷油各种管件、阀件刷油部分已综合考虑在内，不得另行计算。

(2)本例同样适用管道其他项目刷油工程。

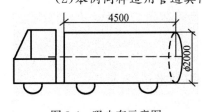

图 3-4　吸尘车示意图

【例8】　图 3-4 所示为吸尘车示意图，吸尘车采用平板封头圆卧式储罐，尺寸如图所示，工作一段时间后，对后置储罐进行重新刷油，刷防锈底漆一遍后，再喷漆两遍，试计算工程量并套用定额(不含不材费)。

【解】　(1) 清单工程量

清单容器刷油工程内容已包含在相应容器制作项目工程内容中，计算工程量时不再单独列项计算。

(2) 定额工程量(计量单位：$10m^2$)

1) 刷底漆一遍工程量

定额项目：刷防锈底漆一遍

定额编码：11-88

工程量：$S = \left(\pi \cdot D \cdot L + \dfrac{\pi D^2}{4} \times 2 \right)$

$$= (3.14 \times 2 \times 4.5 + 3.14 \times 2^2 / 4) m^2$$

$$= 31.4 m^2$$

基价：6.61 元；其中人工费 5.57 元，材料费 1.04 元

2）喷漆二遍

定额项目：设备喷调和漆一遍／二遍

定额编号：11-305／11-306

工程量：$S = \left(\pi \cdot D \cdot L + 2 \times \dfrac{\pi D^2}{4} \right)$

$\qquad = (3.14 \times 2 \times 4.5 + 3.14 \times 2^2 / 4) \text{m}^2$

$\qquad = 31.4 \text{m}^2$

基价：12.18 元／12.15 元；其中人工费 1.86 元，材料费 0.38 元／0.35 元，机械费 9.94 元

注：管道、设备筒体刷油工程量计算与除锈工程量计算方法相同使用：$S = \pi \cdot D \cdot L$ 公式。

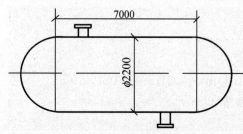

7000

φ2200

图 3-5　卧式储罐示意图

【例 9】　图 3-5 所示为卧式圆筒罐示意图，对该设备进行刷油防腐，除锈后刷防锈漆一遍，调和漆一遍，银粉漆二遍，计算图示工程量并套用定额（不含主材费）。

【解】（1）清单工程量

据《通用安装工程工程量计算规范》静置设备与工艺金属结构制作安装工程清单工程量计算规则中可得，容器制作项目工程量计算时工程内容包含除锈、底漆等工程内容，在工程量计算时直接列入相应容器设备制作项目中，不再单独列项。

（2）定额工程量

1）除锈工程量

定额项目：动力工具除锈（轻锈）

定额编号：11-16（GYD-211-2000）

计算工程量：（计量单位：10m²）

$S = \pi \cdot D \cdot L + \pi D^2 [圆筒体表面积 + 球形封头表面积（二半）]$

$\qquad = (3.14 \times 2.2 \times 7 + 3.14 \times 2.2^2) \text{m}^2$

$\qquad = (48.36 + 15.20) \text{m}^2$

$\qquad = 63.56 \text{m}^2$

基价：12.52 元；其中人工费 10.22 元，材料费 2.30 元

2）刷油工程量（计量单位 10m²）

① 设备刷防锈漆一遍　　定额编号：11-86（GYD-211-2000）

工程量：设备表面积 $S = \pi \cdot D \cdot L + \pi D^2 = 63.56 \text{m}^2$

基价：6.99 元；其中人工费 5.80 元，材料费 1.19 元

② 项目：设备刷调和漆一遍　　定额编号：11-93

工程量：设备表面积 $S = \pi \cdot D \cdot L + \pi D^2 = 63.56 \text{m}^2$

基价：6.12 元；其中人工费 5.80 元，材料费 0.32 元

③ 定额项目：刷银粉漆一遍／二遍　　定额编号：11-89／11-90

工程量：设备表面积 $S=63.56m^3$

基价：10.64 元/9.86 元；其中人工费 6.27 元/5.80 元，材料费 4.37 元/4.06 元

注：在设备除锈、刷油工程量计算时，设备上的人孔、管口所占面积不另行计算，同时在计算设备表面积时也不扣除。

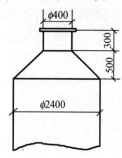

【例 10】 计算图 3-6 所示设备刷油(红丹防锈漆一遍)工程量并套用定额(不含主材费)。

【解】 (1)清单工程量

同前例，清单工程量计算刷油列入相应设备制造工程量计算中。

(2)定额工程量

图 3-6 设备尺寸示意图

刷油定额工程量计算以设备表面积计算工程量，再套用项目定额。

$$工程量：S=\left[\underset{①}{\underline{3.14\times0.4\times0.3}}+\underset{②}{\underline{\dfrac{\left(\dfrac{2.4}{2}+\dfrac{0.4}{2}\right)\times0.5\times3.14}{}}}\right]m^2$$

$$=(0.38+2.2)m^2$$

$$=2.58m^2=0.258\times10m^2$$

式中：① 上口部位刷油面积；

② 中间联接锥形筒体表面积。

套用预算定额 11-84

计量单位：$10m^2$

基价：6.87 元；其中人工费 5.80 元，材料费 1.07 元

【例 11】 如图 3-8 所示为某管道沿厂房外墙敷设平面图，管道采用 J101 固定支架支撑管道支架立面图如图 3-7 所示，支架采用一般钢结构制造，每件以 50kg 计算，试计算图示管架除锈刷油(红丹防锈漆一遍)工程量并套用定额(不含主材费)。

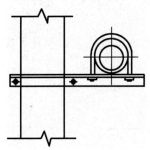

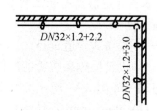

图 3-7 管道支架立面图　　　　　图 3-8 配管平面图

【解】 (1)清单工程量

清单工程量计算时，管架件制作安装工程清单项目包含管架中除锈及刷油工程内容，因此不再单独列项计算管架刷油工程量。

(2)定额工程量(计量单位 100kg)

1)除锈工程量

定额项目：一般钢结构手工除中锈

定额编号：11-8

图示工程量：5×50kg＝250kg＝2.5×100kg

基价：24.41元；其中人工费12.54元，材料费4.91元，机械费6.96元

2）刷油工程量

以管架质量计算，一般钢结构刷油定额套用预算定额11-117

图示工程量：5×50kg＝250kg＝2.5×100kg

基价：13.17元；其中人工费5.34元，材料费0.87元，机械费6.96元

注：管架件金属结构刷油除锈以质量(100kg)为计量单位计算工程量。

【例12】 如图3-9所示，某工业管道采用图示20#碳钢管 $DN32×1.5mm$ 铺设，管线总长36.8m，管道安装完后进行防腐施工，漆酚树脂漆计算防腐工程量并套用定额(不含主材费)。

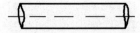

图3-9 工业管道示意图

【解】 (1) 清单工程量：

据《建设工程工程量清单计价规范》工业管道工程清单计价项目设置及工程量计算规则，管道防腐包含在相应管道项目清单工程量计算中，不再单独列项计算。

(2) 定额工程量：

定额工程量计算时将管道防腐以单项列出，工程量即为管道设备表面积。

本例适用定额项目：管道漆酚树脂漆底漆、中漆、面漆各二遍。

定额编号：11-331、11-333、11-335(GYD-211-2000)

工程量计算：$S＝\pi \cdot D \cdot L$

$＝3.14×0.032×36.8m^2$

$＝3.70m^2$

$＝0.37×10m^2$

基价：47.52元/32.46元/28.74元；其中人工费36.22元/28.79元/26.01元，材料费11.30元/3.67元/2.73元

注：本例管道防腐面积工程量计算公式同样适用于设备筒体表面积计算防腐工程量即：$S＝\pi \cdot D \cdot L$

式中　D——设备或管道直径；

L——设备筒体高或管道延长米。

【例13】 如图3-10所示为某配管段，其中管线规格为 $DN100×5mm$ 不锈钢管，中间采用法兰闸阀Z45T-10 $DN100mm$ 控制流量，管道安装完成后，漆环氧树脂漆进行防腐工程，试计算管件防腐工程量并套用定额(不含主材费)。

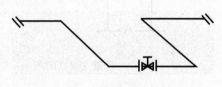

图3-10 某配管示意图

【解】 (1) 清单工程量(计量单位为10m²)：

工程量清单计算规范中，管件防腐工程量列入相应的主管道清单项目计算工程量，不再另行列项计算，阀门与法兰工程量则包含在相应项目工程内容中。

(2) 定额工程量：

在定额工程量计算中，弯头等管件刷油工程量计入管道刷油工程量中：阀门、法兰等附件刷油工程量亦计入相应公称直径管道刷油定额项目计算，但工程量计算方法如下：

1）弯头工程量

弯头表面积工程量：$S = \pi \times D \times 1.5D \times 2\pi \times N/B$
$$= 3.14 \times 0.1 \times 1.5 \times 0.1 \times 2 \times 3.14 \times 4/4 \, \text{m}^2$$
$$= 0.30 \, \text{m}^2$$

式中　N——弯头个数
　　　B——90°弯头　$B=4$
　　　　　45°弯头　$B=8$

2）法兰闸阀工程量

采用法兰闸阀 Z45T-10DN100mm，工程量为阀门表面积

$S = \pi \times D \times 2.5D \times K \times N$
$$= 3.14 \times 0.1 \times 2.5 \times 0.1 \times 1.05 \times 1 \, \text{m}^2$$
$$= 0.08 \, \text{m}^2$$

式中　K——系数，取 1.05
　　　N——阀门个数

3）法兰表面积

法兰闸阀采用平焊法兰，清单工程量为 1 副，可知防腐面积

$S = \pi \times D \times 1.5D \times K \times N$
$$= 3.14 \times 0.1 \times 1.5 \times 0.1 \times 1.05 \times 2 \, \text{m}^2$$
$$= 0.10 \, \text{m}^2$$

式中　K——系数，取 1.05；
　　　N——法兰个数。

因此防腐工程量列项定额如下：

定额项目：管道刷环氧树脂漆底漆、面漆各二遍

定额编号：11-384、11-386(GYD-211-2000)

工程量：$S = (0.3 + 0.08 + 0.1) \, \text{m}^2 = 0.48 \, \text{m}^2$

基价：66.97 元/45.53 元；其中人工费 31.11 元/22.29 元，材料费 35.86 元/23.24 元

注：本例主要列出弯头、阀门、法兰防腐蚀工程量计算表面积公式。

【例 14】　计算如图 3-11 所示防腐(环氧树脂漆底漆、面漆各两遍)工程量并套用定额(不含主材费)。

设备采用碟形封头，封头与筒体间采用法兰连接，法兰翻边宽度，筒体直径如图所示。

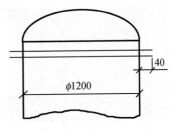

图 3-11　碟形封头示意图

【解】　(1)清单工程量

清单工程量依据《建设工程工程量清单计价规范》执行，防腐工程量被包含在相应设备、管道、部件等清单项目工程内容内计算工程量，因此，清单工程量计算时不再单独列项计算防腐工程量。

（2）定额工程量

1）碟形封头防腐工程量

若设备封头设计图纸给出直边高度等可直接计算出封头面积所需尺寸时，则按设计图尺寸直接计算，没有时按下式近似计算。

$$S=\pi\times\left(\frac{D}{2}\right)^2\times1.6N$$

式中　D——设备直径；

　　　N——封头个数。

可得图示碟形封头防腐表面积：

$$S=3.14\times(1.2/2)^2\times1.6m^2=1.81m^2$$

套用预算定额　11-380、11-382

计量单位：10m²

基价：73.54元/48.29元；其中人工费21.36元/15.09元，材料费34.02元/19.52元，机械费18.16元/13.68元

2）设备封头法兰翻边防腐工程量

设备和法兰翻边防腐蚀工程量采用下式计算式计算表面积：

$$S=\pi\times(D+A)\times A$$

式中　D——直径；

　　　A——法兰翻边宽。

可得图示法兰翻边防腐工程量：

$$S=3.14\times(1.2+0.04)\times0.04m^2=0.16m^2$$

套用预算定额　11-380、11-382

计量单位：10m²

基价：73.54元/48.29元；其中人工费21.36元/15.09元，材料费34.02元/19.52元，机械费18.16元/13.68元

注：本例主要举例说明设备封头无详细设计尺寸时的表面积防腐工程量计算式及设备封头法兰翻边防腐表面积计算式。

【例15】　如图3-12所示为液化石油气卧式储罐示意简图，储罐采用固定鞍座（左），

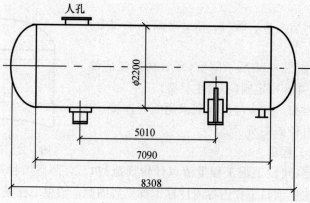

图3-12　液化石油气卧式储罐示意图

活动鞍座各一个，同时罐底设置排污口，上部设置入孔，其他检测仪表开孔略，拟完工后对罐内部内壁刷防静电涂料，试计算涂料防腐工程量并套用定额(不含主材费)。

【解】　(1) 清单工程量

根据《建设工程工程量清单计价规范》，本例应属项目大型金属油罐制作安装：项目编码：030504003，项目工程内容已包含除锈、刷油等项目，所以清单计算不再单独列项。

(2) 定额工程量(计量单位 $10m^2$)：

适用定额项目：防静电涂料金属油罐内壁底漆、面漆各二遍

定额编号：11-650、11-652(GYD-211-2000)

工程量为油罐内壁表面积

1) 椭圆封头内表面积(近似计算)

$$S_1 = \pi \times (D/2)^2 \times 1.6N = 3.14 \times (2.2/2)^2 \times 1.6 \times 2m^2 = 12.16m^2$$

注：椭圆封头采用例 14 设备封头近似表面积计算公式。

2) 设备筒体工程量表面积

$$S_2 = \pi \cdot D \cdot L = 3.14 \times 2.2 \times 7.09m^2 = 48.98m^2$$

可得液化石油气卧式储罐内壁刷防静电涂料底漆、面漆各二遍工程量(内表面积)为：

$$S = S_1 + S_2 = (12.16 + 48.98)m^2 = 61.14m^2$$

基价：53.72 元/33.47 元；其中人工费 23.45 元/16.49元，材料费 11.88 元/—，机械费 18.39 元/16.98 元

【例 16】　图示 3-13 所示设备筒体衬隔离层，选用三布两底两面环氧树脂玻璃钢，试计算图示工程量并套用定额(不含主材费)。

【解】　(1) 清单工程量

衬玻璃钢隔离层工程在清单工程量计算时列入相应的设备，管道及防腐工程量计算工程内容中，不另外列项计算。

(2) 定额工程量

定额工程量计算时以设备，管道表面积计算工程量，计量单位为"$10m^2$"。

工程量：$S_1 = \pi \cdot D \cdot L = 3.14 \times 2 \times 3.6m^2 = 22.61m^2$

封头 $S_2 = \pi \times (D/2)^2 \times 1.6N$

$\qquad = 3.14 \times 1^2 \times 1.6 \times 2 = 10.05m^2$

$\therefore S = S_1 + S_2 = 32.66m^2 = 3.27(10m^2)$

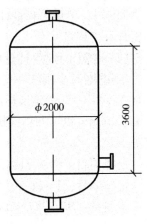

图 3-13　设备筒体衬隔离层示意图

适用定额项目：碳钢设备衬环氧树脂玻璃钢(三布两底两面)

定额编号：11-660、11-662、11-663(GYD-211-2000)

基价：43.03 元/207.69 元/26.76 元；其中人工费 11.61 元/120.28 元/8.36 元，材料费 20.81 元/58.17 元/11.56 元，机械费 10.61 元/29.24 元/6.84 元

注：本例同样适用设备塑料管道增强等其他手工糊衬玻璃钢工程，工程量计算均以表面积为基准。

【例 17】　如图 3-14 为衬胶钢管直管截面图，钢管衬里橡胶采用热硫化硬橡胶衬里，试计算衬里工程量并套用定额(不含主材费)。

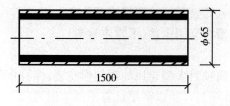

图 3-14 钢管直管截面图

【解】 （1）清单工程量

清单工程量计算橡胶及塑料板衬里时，包括在相应管道清单项目的保护层，防腐工程内容中计算工程量，不再单独列项计算工程量。

（2）定额工程量

管道橡胶衬里工程定额项目分为 $\phi 108mm$ 以下和 $\phi 426mm$ 以下两类计算工程量，工程量为管道内表面积计量单位为 $10m^2$，本例工程量计算如下：

定额项目：管道热硫化硬橡胶衬里 $\phi 108mm$ 以下

定额编号：11-740

工程量：$S = \pi \cdot D \cdot L$
$$= 3.14 \times 0.065 \times 1.5 m^2$$
$$\approx 0.31 m^2$$
$$= 0.031 m^2 (10m^2)$$

基价：619.95 元；其中人工费 371.75 元，材料费 171.46 元，机械费 76.74 元

【例 18】 如图 3-15 图示为 $DN40mm 45°$ 弯头截面图，弯头内衬热硫化硬橡胶衬里，计算图示衬胶工程量并套用定额（不含主材费）。

【解】（1）清单工程量

同例 1，清单工程量计入相应管道保护层工程内容列单独管道清单项目计算工程量。

（2）定额工程量（计量单位 $10m^2$）

定额执行《全国统一安装工程预算定额》十一册刷油防腐蚀、绝热工程（GYD-211-2000）定额标准，得弯头衬热硫化硬橡胶衬里分 $\phi 133mm$ 以下和 $\phi 426mm$ 以下两档次执行相关定额工程量计算，可得本例工程量计算如下：

图 3-15 45°弯头示意图

定额项目：弯头 $\phi 133mm$ 以下衬热硫化硬橡胶

定额编号：11-748

工程量：$S = \pi \times D \times 2\pi \times 1.5 D / B \times N$
$$= 3.14 \times 0.04 \times \frac{2 \times 3.14 \times 1.5 \times 0.04}{8} \times 1 m^2$$
$$= 0.006 m^2$$
$$= 0.0006 m^2 (10m^2)$$

式中　D——直径；

　　B——90°弯头　$B=4$；

　　　　45°弯头　$B=8$；

　　N——弯头个数。

基价：605.21 元；其中人工费 367.34 元，材料费 160.06 元，机械费 97.52 元

【例 19】 某工艺管道采用截止阀 T41T-16　$DN100$　12 个，管线采用热硫化硬橡胶衬里，求阀门衬里工程量。

【解】 (1) 清单工程量

同上例 1 所述，衬里工程包含在相应的阀门清单项目中计算工程量。

(2) 定额工程量(计量单位 10m²)

据 GYD-211-2003 定额标准，阀门热硫化硬橡胶衬里定额分 $\phi76mm$ 以下及 $\phi133mm$ 以下两个档次进行定额项目划分。

定额项目：截止阀 T41T-16 DN100 热硫化硬橡胶衬里

定额编号：11-744

工程量计算：$S=\pi\times D\times2.5D\times1.05\times N$

式中 D——阀门内径 m；

1.05——调整系数；

N——阀门个数。

可得 $S=3.14\times0.1\times2.5\times0.1\times1.05\times12m^2$

$\quad\quad\quad=0.99m^2$

基价：631.94 元；其中人工费 382.67 元，材料费 171.46 元，机械费 77.81 元

【例20】 如图 3-16 设备剖面图，设备采用硅质胶泥抹顶，设备筒体衬厚 $\delta=113mm$ 耐酸砖二层，封头衬 $\delta=100mm\times50mm\times10mm$ 耐酸瓷板两层，计算防腐工程量并套用定额(不含主材费)。

【解】 (1) 清单工程量

查阅《通用安装工程工程量计算规范》(GB 50856—2013)易得防腐工程量包含在相应设备清单项目工程内容中，不再单列项计算工程量。

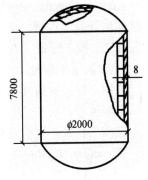

图 3-16 设备剖面图

(2) 定额工程量(计量单位 10m²)

1) 硅质胶泥抹面工程量

定额项目：硅质胶泥抹面 $\delta=20mm$

定额编号：11-1676

封头顶部胶泥抹面面积 $S=\pi\times\left(\dfrac{D}{2}\right)^2\times1.6N$

工程量：$S=3.14\times\left(\dfrac{2}{2}\right)^2\times1.6\times2m^2=5.02\times2m^2=10.05m^2=1.01m^2(10m^2)$

基价：880.14 元；其中人工费 476.94 元，材料费 195.52 元，机械费 207.68 元

2) 筒体衬耐酸砖二层工程量

定额项目：硅质胶泥衬 113mm 耐酸砖二层

定额编号：11-829

工程量：$S=\pi\cdot D\cdot L=3.14\times2\times7.8m^2=48.98m^2=4.90m^2(10m^2)$

基价：394.00 元；其中人工费 302.79 元，材料费 7.34 元，机械费 83.87 元

3) 封头衬耐酸瓷板二层工程量

定额项目：硅质胶泥衬耐酸板(100mm×50mm×10mm)二层

定额编号：11-843

工程量：$S = \pi \times \left(\dfrac{D}{2}\right)^2 \times 1.6N = 3.14 \times \left(\dfrac{2}{2}\right)^2 \times 1.6 \times 2\text{m}^2 = 10.05\text{m}^2 = 1.01\text{m}^2 (10\text{m}^2)$

基价：593.76 元；其中人工费 504.34 元，材料费 7.55 元，机械费 83.87 元

注：1. 计算设备、管道内壁防腐蚀工程量时，当壁厚大于等于 10mm 时，按内径计算工程量表面积，当壁厚小于 10mm 时，按外径计算表面积工程量；

2. 设备上的人孔、管口在计算防腐工程量时，其所占面积不另计算，同时在计算设备表面积时也不扣除；

3 复合层衬里工程或多层衬里工程均按第一层面积计算工程量。

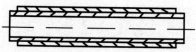

图 3-17 采暖管道保温层剖面图

【例 21】 如图 3-17 为采暖管道保温层剖面图管线采用 $DN100 \times 5\text{mm}$ 碳钢管，保温层选用 $\delta = 50\text{mm}$ 岩棉管壳，管线总长 60m，保温层外分玻璃布二层保护，试计算工程量并套用定额（不含主材费）。

【解】 （1）清单工程量

《清单计价规范》中规定管道保温绝热及保护层安装包含在相应管道清单项目中，不再单独列项计算工程量。

（2）定额工程量

1）保温层工程量

适用定额：管道纤维类管壳安装 $\phi 133\text{mm}$ 以下 $\delta = 50\text{mm}$

定额编号：11-1834

定额工程量：岩棉管壳体积

$$V = \pi(D + 1.033\delta) \times 1.033\delta L$$
$$= 3.14 \times (0.114 + 1.033 \times 0.05) \times 1.033 \times 0.05 \times 60\text{m}^3$$
$$= 1.61\text{m}^3$$

基价：80.77 元；其中人工费 55.03 元，材料费 18.99 元，机械费 6.75 元

2）玻璃布保护层工程量

定额编号：11-2153

定额项目：管道玻璃布保护层安装二层

工程量：绝热保护层面积

$$S = \pi(D + 2.1\delta + 0.0082) \cdot L$$
$$= 3.14 \times (0.114 + 2.1 \times 0.05 + 0.0082) \times 60\text{m}^2$$
$$= 42.80\text{m}^2$$
$$= 4.28\text{m}^2 (10\text{m}^2)$$

基价：11.11 元；其中人工费 10.91 元，材料费 0.20 元

注：1. 公式：$V = \pi(D + 1.033\delta) \times 1.033\delta L$

$\qquad\qquad S = \pi(D + 2.1\delta + 0.0082) \cdot L$

式中　V——体积；

　　S——表面积；

　　D——外径；

δ——绝热层厚度；

L——筒体或管道长。

以上两公式适用于设备筒体或管道绝热、防潮及保护层工程量计算，其中绝热层分多层时，计算下一层工程量时 D 为(筒体/管道直径＋前几层的绝热层厚度)即：

$$V_n=\pi[D+(n-1)\delta\times2+1.033\delta]\times1.033\delta\cdot L$$

2. 管道绝热工程施工及验收规范(GBJ126-1989)要求，保温层厚 $\delta>100$mm 保冷层厚 $\delta>80$mm 时，绝热保温层应分为两层或多层安装施工，各层厚度应接近。

【例22】 拱油罐罐顶绝热计算。

如图 3-18 所示为拱油罐罐顶示意图，其中罐顶高 h，半径为 r，拟对油罐进行岩棉板保温，保温厚度 δ，保护层采用抹面保护层，抹面厚度为 d，计算拱顶绝热保护层工程量。

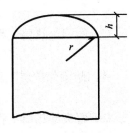

图 3-18 拱油罐罐顶示意图

【解】 (1)清单工程量

《通用安装工程工程量计算规范》(GB 50856—2013)将油罐拱顶绝热包含在相应油罐制作项目工程内容中计算工程量，不再单独列项计算。

(2)定额工程量

1)拱顶绝热工程量

套用定额项目：纤维类制品安装立式设备 δmm

工程量为岩棉板体积 $V=2\pi r(h+1.033\delta)\times1.033\delta$

2)抹面保护层工程量

$$S=2\pi r(h+2.1\delta)$$

注：1. 拱油罐罐顶绝热计算与普通设备封头绝热工程量计算区别；

2. 抹面保护层面积普通管道设备筒体计算公式为 $S=L\pi(D+2.1\delta+d)$，见下例23。

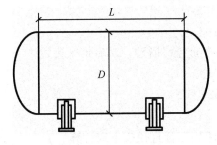

图 3-19 某卧式容器示意图

【例23】 如图 3-19 所示一卧式容器，拟对该设备进行绝热保温层安装，保温层厚为 δ，保护层采用抹面保护，抹面厚 d，计算绝热保护工程量。

【解】 (1)清单工程量

清单工程量绝热保护列入相应容器制作项目中，不单独列项计算。

(2)定额工程量

据《全国统一安装工程定额》刷油、防腐、绝热工程计算工程量定额。

1)绝热保温工程量

① 筒体保温层工程量

$$V_1=\pi(D+1.033\delta)\times1.033\delta L$$

② 封头保温层工程量

$$V_2=\pi[(D+1.033\delta)/2]^2\times1.033\delta\times1.5N(N\text{ 为封头个数})$$

绝热保温工程量为 $V=V_1+V_2$

2)抹面保护层工程量

① 设备筒体抹面工程量 $S_1 = L\pi(D+2.1\delta+d)$

② 封头抹面工程量 $S_2 = \pi\left(\dfrac{D+2.1\delta}{2}\right)^2 \times 1.5N$

可得总抹面工程量 $S = S_1 + S_2$

【例 24】 如何计算法兰、阀门、弯头绝热、防潮保护层工程量。

【解】 (1) 法兰绝热层工程量

$$V = \pi(D+1.033\delta) \times 1.5D \times 1.033\delta \times 1.05 \times N$$

法兰防潮保护层工程量

$$S = \pi(D+2.1\delta) \times 1.5D \times 1.05 \times N$$

(2) 阀门绝热层工程量

$$V = \pi(D+1.033\delta) \times 2.5D \times 1.033\delta \times 1.05 \times N$$

阀门防潮保护层工程量

$$S = \pi(D+2.1\delta) \times 2.5D \times 1.05 \times N$$

(3) 弯头绝热层工程量

$$V = \pi(D+1.033\delta) \times 1.5D \times 2\pi \times 1.033\delta \times N/B$$

弯头防潮保护层工程量

$$S = \pi(D+2.1\delta) \times 1.5D \times 2\pi \times N/B \qquad \text{m}^2$$

式中　D——外径；

　　　δ——绝热保护层厚度；

　　　N——个数；

　　　B——90°弯头　$B=4$；

　　　　　45°弯头　$B=8$。

注：上述工程量计算均为定额工程量计算，清单工程量计算时绝热保护工程量计入相应项目工程量计算工程内容中，不再单独列项。

【例 25】 伴热管道绝热工程量计算（定额工程量计算）。

伴热管道绝热工程量计算主要计算伴热管道的综合直径（外径），然后带入公式：

$$V = \pi(D+1.033\delta) \times 1.033\delta \cdot L$$

$$S = \pi(D+2.1\delta+0.0082) \cdot L$$

计算绝热、防潮、保护层工程量。

综合直径算法：(1) 单管伴热如图 3-20 所示单管伴热综合直径按下式计算

$$D' = D_{主} + D_{伴} + (10 \sim 20)\text{mm}$$

式中　$D_{主}$——主管道外径；

　　　$D_{伴}$——伴热管外径。

10～20mm：主管道与伴热管间隙；以设计图为准。

(2) 双管伴热如图 3-21 所示

1) 双伴热管管径相同，夹角 $\alpha < 90°$

$$D' = D_{主} + D_{伴} + (10 \sim 20)\text{mm}$$

2) 双伴热管管径相同，夹角 $\alpha > 90°$

$$D' = D_{主} + 1.5D_{伴} + (10 \sim 20)\text{mm}$$

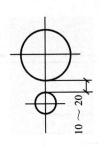

图 3-20 伴热管道截面图

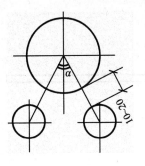

图 3-21 双管伴热截面图

3）双伴热管管径不同，夹角 $\alpha < 90°$

$$D' = D_1 + D_伴 + (10 \sim 20)\text{mm}$$

注：清单计算工程量时伴热管绝热保护工程量计入相应伴热管项目工程内容计算工程量。

第二节 综 合 实 例

【例 1】 油泵管路系统配管工程量及除锈刷油工程量。

如图 3-22 所示，油管配置采用无缝钢管，规格为 $\phi89 \times 4$ 和 $\phi57 \times 3.5$ 两种，管路流量调节阀门采用法兰阀，平焊法兰连接，其中止回阀两个，截止阀六个管路安装完工后，进行水压试验，经水洗后再油洗，管道手工除轻锈刷防锈漆二道、银粉漆二道，试计算配管工程量及除锈刷油工程量。

【解】 （1）清单工程量

1）管路配管工程量

①：$\phi89 \times 4$ 无缝钢管工程量

$$L = \left(\underbrace{\frac{2.2 - 0.6/2 + 7.2 - 0.5 - 0.8 + 0.4 + 3.6}{①}} + \underbrace{\frac{2.2 - 1.2}{②}} + \underbrace{\frac{2.2 + 3.6 - \frac{0.6}{2} + 0.2 + 1.0 - 0.2}{③}} + \right.$$

$$\left. \underbrace{\frac{1.9 - 1.6}{④}} + \underbrace{\frac{7.2 - 0.4 + 0.4 + 0.3}{⑤}} + \underbrace{\frac{1.6 - 0.40}{⑥}} \right)\text{m}$$

$$= 28.3\text{m}$$

式中 ①：曲轴箱至油冷却器输油管水平管长

②：曲轴箱至油冷却器管线立管长（标高层）

③④：曲轴箱至油泵管线水平管长，立管高度、标高差

⑤⑥：输油泵出管线至油冷器 $\phi89 \times 4$ 管道水平管长，立管长（标高差）

②$\phi57 \times 3.5\text{mm}$ 无缝钢管工程量

$$L = \left[\underbrace{\frac{(1.6 - 0.4) \times 2}{①}} + \underbrace{\frac{(2.4 + 0.2 + 0.4) \times 2}{②}} \right]\text{m} = 8.4\text{m}$$

式中 ①：进入油泵段立管长度（标高差）

②：油泵水平管长度，如图 3-23 所示

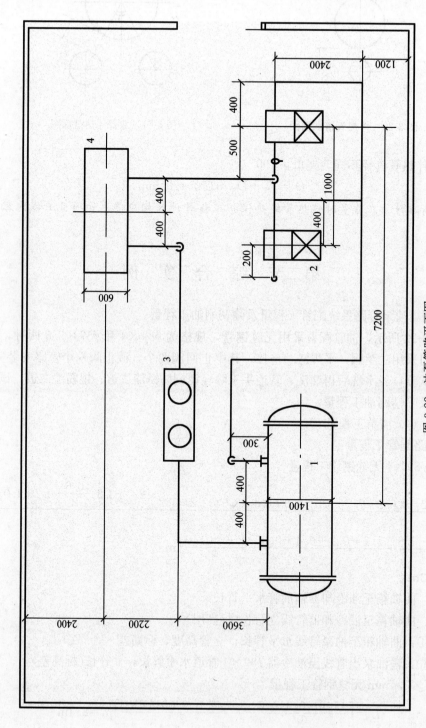

图 3-22　油泵管路平面图

1—油冷却器；2—油泵；3—过滤器；4—曲轴箱

2）成品管件工程量

① $DN80mm$ 碳钢管件：90°弯头：（3＋3＋5）个＝11个

三通：（1＋1）个＝2个

异径管：1＋1＋1＝3个

② $DN50$ 碳钢管件中：弯头 90°：2×2＝4个

3）法兰阀门工程量

① 低压碳钢法兰阀；J41T-16，$DN80$：2个

② 低压碳钢法兰阀；J41T-16，$DN50$：4个

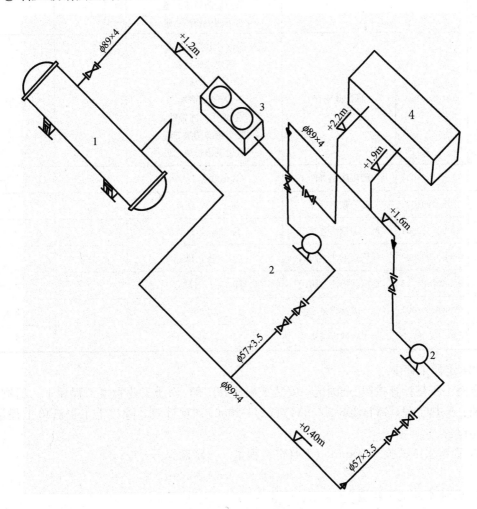

图 3-23 油泵管路系统配管图

1—油冷却器；2—油泵；3—过滤器；4—曲轴箱

③ 低压碳钢法兰阀；H44T-10，$DN50$：2个

4）平焊法兰工程量

① 低压碳钢平焊法兰；$DN80$：2副

② 低压碳钢平焊法兰；$DN50$：4＋2＝6副

5）清单工程量汇总表

按照《建设工程工程量清单计价规范》进行工程量汇总见表 3-1。

工程量汇总表(清单)　　　　　表 3-1

序号	项目编码	项目名称	项目特征描述	计量单位	工程量
1	030801001001	低压碳钢管	低压碳钢管电弧焊 $\phi89 \times 4$ 管道水压试验 管道水清洗 管道油清洗 管道手工除轻锈 管道刷防锈漆二道 管道刷银粉漆二道	m	28.30
2	030108001002	低压碳钢管	低压碳钢管电弧焊 $\phi57 \times 3.5$ 管道水压试验 管道水清洗 管道油清洗 管道手工除轻锈 管道刷防锈漆二道 管道刷银粉漆二道	m	8.40
3	030804001001	低压碳钢管件	氩电联焊 $DN80$	个	$11+2+3=16$
4	030804001002	低压碳钢管件	氩电联焊 $DN50$	个	4
5	030807003001	低压碳钢法兰阀门	J41T-16, $DN80$	个	2
6	030807003002	低压碳钢法兰阀门	J41T-16, $DN50$	个	4
7	030807003003	低压碳钢法兰阀门	H44T-10, $DN50$	个	2
8	030810002001	低压碳钢焊接法兰	$DN80$	副	2
9	030810002002	低压碳钢焊接法兰	$DN50$	副	6

（2）定额工程量

定额工程量计算按照《全国统一安装工程预算定额》六册工业管道工程和十一册刷油、防腐蚀、绝热工程(GYD-206-2000/GYD-211-2000)列项计算，除以上工程清单工程量以外，还包含：

1）管道水压试验 $\phi100mm$ 以下管道工程量　　　定额编号：6-2428

$$L=(28.3+8.4)m=36.7m$$

2）管道水冲洗工程量

① 管道 $DN50mm$ 以下水清洗工程量　　　定额编号：6-2474

$$L=8.4m$$

② 管道 $DN100mm$ 以下水清洗工程量　　　定额编号：6-2475

$$L=28.3m$$

3）管道油清洗工程量

① 管道 $DN50mm$ 以内油清洗工程量　　　定额编号：6-2521

$$L=8.4m$$

② $DN80mm$ 以内管道油清洗工程量　　定额编号：6-2523

$$L = 23.3m$$

4）管道手工除轻锈、刷油工程量

$$S = \pi DL = (3.14 \times 0.08 \times 28.3 + 3.14 \times 0.05 \times 8.4)\text{m}^2$$

$$= (7.11 + 1.32)\text{m}^2$$

$$= 8.43\text{m}^2$$

5）定额工程量汇总表

定额工程量列项计算工程量，依据《全国统一安装工程定额》第六册工业管道工程(GYD-206-2000)及刷油、防腐蚀、绝热工程(GYD-211-2000)执行。见表3-2。

工程量汇总表(定额)　　　　　　　　　　　　　　　　表3-2

序号	定额编号	项目名称	计量单位	工程量	基价/元	其中/元		
						人工费	材料费	机械费
1	6-30	低压碳钢管，电弧焊，DN50，$\phi57\times3.5$	10m	0.84	21.45	15.00	2.78	3.67
2	6-32	低压碳钢管，电弧焊，DN80，$\phi89\times4$	10m	2.83	34.95	22.71	5.59	6.65
3	6-664	低压碳钢管件，氩电联焊，DN50	10个	0.4	137.63	57.49	25.40	54.74
4	6-666	低压碳钢管件，氩电联焊，DN80	10个	1.6	242.02	86.33	51.48	104.21
5	6-1275	低压碳钢法兰阀门：J41T-16，DN50	个	4	15.27	7.73	4.63	2.91
6	6-1275	低压碳钢法兰阀门：H44T-10，DN50	个	2	15.27	7.73	4.63	2.91
7	6-1277	低压碳钢法兰阀门：J41T-16，DN80	个	2	23.92	14.74	5.85	3.33
8	6-1504	低压碳钢平焊法兰，电弧焊，DN50	副	6	14.30	6.90	3.22	4.18
9	6-1506	低压碳钢平焊法兰，电弧焊，DN80	副	2	20.28	8.87	5.76	5.65
10	6-2428	管道$\phi100mm$以下水压试验	100m	0.367	158.78	107.51	40.65	10.62
11	6-2472	DN50mm以下管道水清洗	100m	0.084	808.09	94.27	299.92	413.90
12	6-2475	DN100mm以下管道水清洗	100m	0.283	108.90	563.85	474.76	
13	6-2521	DN50mm以内管道油清洗	100m	0.084	959.04	659.45	71.03	228.56
14	6-2523	DN80mm以内管道油清洗	100m	0.238	946.78	561.46	93.88	291.44

序号	定额编号	项目名称	计量单位	工程量	基价/元	其中/元		
						人工费	材料费	机械费
15	11-1	管道手工除轻锈	10m²	0.843	11.27	7.89	3.38	—
16	11-53	管道刷防锈漆一遍	10m²	0.843	7.40	6.27	1.13	—
17	11-54	管道刷防锈漆二遍	10m²	0.843	7.28	6.27	1.01	—
18	11-56	管道刷银粉漆一遍	10m²	0.843	11.31	6.50	4.81	—
19	11-57	管道刷银粉漆二遍	10m²	0.843	10.64	6.27	4.37	—

第四章 通信设备及线路工程

第一节 分部分项实例

【例1】 如图 4-1 所示，铜芯电力电缆（截面 35mm²）由动力箱向上引至＋8m 标高处，水平敷设至 3.5m 平台后沿墙引下（卡设），在距 4m 平台 2m 处加明管敷设，4m 平台距电动机 1.6m，经 4.0m 平台楼板穿管暗配，试计算所用的工程量并套用定额。

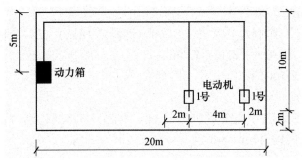

图 4-1 电力电缆敷设示意图

（1 号，2 号电机各为 75kW；动力箱为 XL(F)－15（箱高 1.7m，宽 0.7m））

（电缆为 2LQ2-1 3×120）

【释义】 管道：一个或一组设施，通过它可以在建筑物内安装通信电缆和导线。它是电缆的垂直或水平路径。

墙壁电缆：沿墙壁进行敷设的电缆。

【解】 基本工程量：

1) 由动力箱至 1 号电动机电缆工程量的计算。

① 电缆沿墙卡设的工程量：$(6.3+5+14+1.5+2.4)\text{m}=29.2\text{m}$

注：式中 6.3 为 8－1.7=6.3m 为从动力箱向上引的引上长；由于有电缆进入沟内或吊架上引上（下）预留 1.5m 的定额规定，所以式中加上 1.5m；

式中 5m 为从动力箱至墙的水平长；14m 为从动力箱至 1 号电动机的水平长；

2.4m 为动力箱高＋宽的长度。

② 保护管明配（$\phi80$）工程量：$(2+1.6)\text{m}=3.6\text{m}$

注：式中 2m 为电缆中间接头应预留的长度，1.6m 为由楼板引出至电动机的长度。

③ 保护管暗配（$\phi80$）工程量：4m

注：题中给出经 4m 平台楼板穿管暗配，这里的 4m 即为平台暗配长。

④ 电缆穿导管敷设：$(3.6+4+1)\text{m}=8.6\text{m}$

注：题中 3.6m 为明管长，4m 为暗管长，1m 为规定的接电动机应预留的长度。

2）由动力箱至 2 号电机电缆工程量的计算。

① 电缆沿墙卡设工程量：$(6.3＋5＋18＋1.5＋2.4)m＝33.2m$

注：参阅前面计算由动力箱至 1 号电动机电缆工程量的计算、解释。

② 保护管明配($\phi80$)工程量：$(2＋1.6)m＝3.6m$

注：参阅前面计算由动力箱至 1 号电动机电缆工程量的计量、解释。

③ 保护管暗配($\phi80$)工程量：4m

注：参阅前面计算由动力箱至 1 号电动机电缆工程量的计量、解释。

④ 电缆穿导管敷设：$(3.6＋4＋1)m＝8.6m$

注：参阅前面计算由动力箱至 1 号电动机电缆工程量的计量、解释。

3）全部工程量。

① 电缆沿墙卡设：$(29.2＋33.2)m＝62.4m$

套用预算定额 2-618

计量单位：100m

基价：332.42 元；其中人工费 163.24 元，材料费 164.03 元，机械费 5.15 元

② 保护管明配：$(3.6＋3.6)m＝7.2m$

套用预算定额 2-1004

计量单位：100m

基价：1643.23 元；其中人工费 969.90 元，材料费 625.42 元，机械费 47.91 元

③ 保护管暗配：$(4＋4)m＝8m$

套用预算定额：2-1015

计量单位：100m

基价：1080.08 元；其中人工费 797.61 元，材料费 234.56 元，机械费 47.91 元

④ 电缆穿导管敷设：$(8.6＋8.6)m＝17.2m$

套用预算定额 2-536

计量单位：10m

基价：46.36 元；其中人工费 24.38 元，材料费 21.98 元

⑤ 电缆试验：4 次/根

⑥ 电缆头制作(户外热缩式)：4 个

套用预算定额 2-648

计量单位：个

基价：146.05 元；其中人工费 60.37 元，材料费 85.68 元

⑦ 电机检查接线：2 台

套用预算定额 2-455

计量单位：台

基价：273.02 元；其中人工费 190.40 元，材料费 71.40 元，机械费 11.22 元

⑧ 电机解机检查：2 台

⑨ 电机调试：2 台

套用预算定额 2-902

计量单位：台

基价：1777.66 元；其中人工费 696.60 元，材料费 13.93 元，机械费 1067.13 元

⑩ 动力箱安装（落地式）：1台

套用预算定额 2-263

计量单位：台

基价：66.66 元；其中人工费 34.83 元，材料费 31.83 元

⑪ 基础槽钢：2.2m

套用预算定额 2-356

计量单位：10m

基价：90.86 元；其中人工费 48.07 元，材料费 33.52 元，机械费 9.27 元

注：电缆试验的目的是为了检查电缆安装完成后是否正确，能否正常通电，可以每根进行 4 次也可以每根进行 2 次。

电缆头：电缆敷设好后，为了使其成为一个连续的线路，各段线必须连接为一个整体，这些连接点称为电缆头。电缆线路两末端的接头称为终端头，中间部位的接头则称为中间头。它们的作用是使电缆保持密封，使线路畅通，并保证电缆接头处的绝缘等级，使其安全可靠地运行。电缆头按其芯材料可分为铝芯电力电缆头和铜芯电力电缆头。

清单工程量计算见表 4-1。

清单工程量计算表 表 4-1

序号	项目编码	项目名称	项目特征描述	计量单位	工程量
1	031103009001	墙壁电缆	沿墙卡设	m	62.40
2	030408003001	电缆保护管	明配	m	7.20
3	030408003002	电缆保护管	暗配	m	8.00
4	030406001001	发电机	75kW	台	2
5	030404017001	配电箱	动力箱落地式，XL(F)-15，箱高 1.7m，宽 0.7m	台	1
6	031103009002	埋式电缆	穿导管敷设	m	17.2

【例2】 全长 300m 电力电缆直埋工程，单根埋设时电缆沟上口宽度 0.7m，下口宽度 0.5m，深度 1.2m。现若同沟内并排埋设 6 根电缆，则：（1）挖土方量多少？套用定额。

（2）如果上述直埋的 6 根电缆横向穿过混凝土铺设的公路，已知路面宽 34m，混凝土路面厚度 300mm，电缆保护管 SC80，埋设深度 1.2m，试计算路面开挖预算工程量并套用定额。

【释义】 埋式电缆：在敷设电缆时，沿已定的路线挖沟，再将电缆埋入沟内填土覆盖。SC80：即电缆保护管直径为 80mm。

【解】 （1）根椐工程量计算规则，因为 1～2 根电缆开挖土方量相同，所以同沟并排埋设 6 根电缆时，其电缆沟上、下口增加宽度均为

（0.17×4）m＝0.68m，挖土方量为

$$V_1 = \left[\frac{(0.7+0.68+0.5+0.68)\times 1.2}{2}\times 300\right]\text{m}^3 = 460.8\text{m}^3$$

套用预算定额 2-521

计量单位：m³

基价：12.07 元；其中人工费 12.07 元

注：1. 电缆沟的横截面为梯形，其中 $\frac{1}{2}(0.7+0.68+0.5+0.68)\times1.2$ m 是并排埋入 6 根电缆时的电缆沟横截面面积，而电缆直埋工程共 300m，则需要挖土方量为其横截面面积乘以电缆长度 300m；

2. 如果要求电缆沟填土土方量。则

$$电缆沟填土土方量＝电缆沟挖土土方量－电缆体积$$

本题中若已给出电缆的直径，我们可以求出电缆敷设工程量，已知此两项，就可以求出填土方量。

(2) 6 根电缆横向穿过混凝土铺设的公路，电缆保护管为 SC80，由电缆保护管埋地敷设土方量计算规则可知，电缆沟下口宽度为 $b_1=[(0.08+0.003\times2)\times6+0.3\times2]$ m $=1.12$ m

注：式中 0.08m 为保护管直径，0.003m 为每根保护管应该预留的宽度，0.3m 是该电缆沟内有直撑挡土板，其厚度为 0.3m。

按电缆沟上、下口宽度的比例关系：

$k=\dfrac{0.7}{0.5}=\dfrac{7}{5}$，则电缆沟上口宽度为

$$b_2=kb_1=\frac{7}{5}\times1.12\text{m}=1.57\text{m}$$

在电缆沟开挖工程中，其中人工开挖路面厚度为 300mm，宽度为 34m 的路面面积工程量为：

$S=1.57\times34\text{m}^2=53.38\text{m}^2$

注：此面积为电缆沟上表面的表面积。

根据有关规定，电缆保护管横穿道路时，按路基宽度两端各增加 2m，则此时可算得所用保护管 SC80 的总长度(即单根延长米)为：

$$L=(34+2\times2)\times6\text{m}=38\times6\text{m}=228\text{m}$$

开挖土方量为：

$$V_2=[\frac{1}{2}\times(1.57+1.12)\times1.2\times34-53.38\times0.3]\text{m}^3$$

$$=(54.876-16.014)\text{m}^3$$

$$=38.86\text{m}^3$$

套用预算定额　2-521

计量单位：m³

基价：12.07 元；其中人工费 12.07 元

注：式中 $\frac{1}{2}\times(1.57+1.12)\times1.2\times34$ 为电缆沟从路面至 1.2m 深处的梯形电缆沟的总的体积，即开挖土方量。由于路面本身厚 300mm，而对其进行开挖不归入电缆沟的挖土方量，所以应减去厚为 300mm，面积为 53.38m² 的路面开挖碎石量。

清单工程量计算见表 4-2。

清单工程量计算表　　　　　　　　　　表 4-2

序号	项目编码	项目名称	项目特征描述	计量单位	工程量
1	040101003001	挖填电缆沟及接头坑	深度 1.2m，直埋	m³	460.80
2	040101002001	挖填电缆沟	深度 1.2m，直埋	m³	38.86

【例 3】　如图 4-2 所示，电缆由配电室 1 号低压盘通过地沟引至室外入埋设引至 100 号厂房 N_2 动力箱和 90 号厂房 N_1 动力箱，试计算工程量并套用定额。

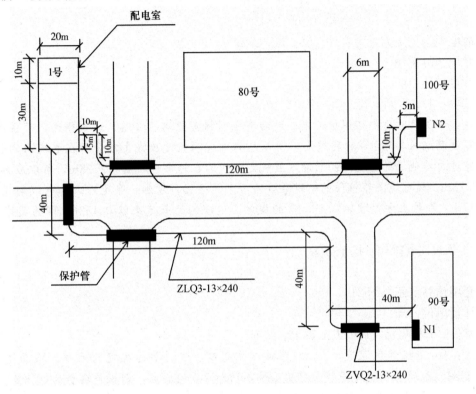

图 4-2　电缆敷设示意图

注：图中五处过马路为顶管敷设。

低压盘为 BSF-1-21　　　　　高 2.14m　　　宽 0.9m

动力箱为 XL(F)-15-0042　　　高 1.7m　　　宽 0.7m

每根电缆截面面积为 0.153m²，从 1 号至 N_1 共引出和引入 3 条电缆，从 1 号到 N_2 同样也是 3 条电缆。

【释义】　① 顶管：即在管道安装过程用以顶升管道的方法。通常是通过顶升机具来完成顶管工作的。

② 两根以内的电缆沟，系按上口宽 0.6m，下口宽 0.4m，深 0.9m 计算常规土方量；每增加一根电缆，其沟宽增加 0.17m；以上土方量系按埋深从自然地坪起算，如设计埋深超过 0.9m 时，多挖的土方量应另行计算。

【解】　基本工程量：

1. 由配电室 1 号低压盘至 90 号厂房 N_1 动力箱工程量计算。

1) 电缆沟挖土：

① 电缆沟穿过路面为自然地坪的挖土量为：

1～2 根土方量为：$[40+120+40+40-(6+2×2)×3+2.28×3]×0.45m^3$

$=216.84×0.45m^3$

$=97.58m^3$

每增加一根土方量：$[40+120+40+40-(6+2×2)×3+2.28×3]×0.153m^3$

$=216.84×0.153m^3$

$=33.18m^3$

故电缆沟挖土方量为：$(97.58+33.18)m^3=130.76m^3$

套用预算定额 2-521

计量单位：m^3

基价：12.07 元；其中人工费 12.07 元

注：相关尺寸可以从图中读出，因为有电缆横穿铁路、公路、城市街道、厂区道时，路基宽度两端应各增加 2m 的规定，所以总的电缆沟长度应减去顶管所在电缆沟的长度，才为穿过自然地坪的电缆沟的长度，且规定电缆沟在转弯时应预留 2.28m，所以应再加上 3 个 2.28m。该电缆工程铺设的电缆条数为 3 条，根据每增加一条电缆，其电缆沟宽各增加 0.17m，即挖土方量增加 $0.153m^3$ 的规定，电缆沟总长度乘以 $0.153m^3$ 即为要求的挖土方量。

② 顶过路管操作坑挖土方为：

$$[1×1.2×(6+4)]×3m^3=36m^3$$

套用预算定额 2-521

计量单位：m^3

基价：12.07 元；其中人工费 12.07 元

注：1m 为操作坑深度，1.2m 为操作坑宽度，这两个是规定的尺寸；路面宽度为 6m，根据过公路、街道时保护管路基两端各增加 2m 的规定，则操作坑长为 $(6+2×2)m=10m$，乘以 3 是因为有 3 个顶过路管。

2) 顶过路管：

(每根长 10m)共 3 根，则总长度为 $3×10m=30m$

套用预算定额 2-540

计量单位：10m

基价：478.21 元；其中人工费 158.13 元，材料费 154.61 元，机械费 165.47 元

3) 电缆沟铺砂盖砖：

1～2 根为：$[2.28×3+40+120+40+40-3×(6+2×2)]m=216.84m$

套用预算定额 2-529

计量单位：100m

基价：793.99 元；其中人工费 145.13 元，材料费 648.86 元

4) 每增加 1 根铺砂盖砖为 216.84m

套用预算定额 2-530

计量单位：100m

基价：298.90 元；其中人工费 38.78 元，材料费 260.12 元

5）保护管敷设：10×3m＝30m

套用预算定额　2-536

计量单位：10m

基价：46.36 元；其中人工费 24.38 元，材料费 21.98 元

注：即为顶过路管敷设（明配）。

6）电缆穿导管敷设：30m

套用预算定额　2-1002

计量单位：100m

基价：929.52 元；其中人工费 464.86 元，材料费 434.98 元，机械费 29.68 元

7）电缆埋设：3 条

$(30+0.8+2.28+40+120+40+40+2.28+0.8+2.28+0.8+2.4+2)×3m$
$=850.92m$

套用预算定额　2-672

计量单位：100m

基价：149.98 元；其中人工费 96.60 元，材料费 53.38 元

注：30m 为由 1 号盘引入外墙长，0.8 为非分配箱预留长度，2.28 为预留长，2.4 为动力箱长＋宽，2 为进出建筑物预留长度，其中共有 3 根电缆。

8）电缆试验：2×3＝6 次

9）电缆头制作：2×3＝6 个

套用预算定额　2-648

计量单位：个

基价：146.05 元；其中人工费 60.37 元，材料费 85.68 元

10）电缆出入建筑物保护密封：2×3＝6 处

11）动力箱基础槽钢制作：2.2m

套用预算定额　2-356

计量单位：10m

基价：90.86 元；其中人工费 48.07 元，材料费 33.52 元，机械费 9.27 元

12）动力箱安装：1 台

套用预算定额　2-263

计量单位：台

基价：66.66 元；其中人工费 34.83 元，材料费 31.83 元

2. 由配电室 1 号低压盘到 100 号厂房 N_2 动力箱工程量计算。

1）电缆沟挖土：

① 电缆沟穿过路面为自然地坪的挖土量为：

1～2 根：$[10+10+120+10+5+2.28×4-(6+2×2)×2]×0.45m^3$
　　　　$=144.12×0.45m^3$
　　　　$=64.85m^3$

每增加一根挖土方量为：$144.12×0.153m^3≈22.1m^3$

故电缆沟挖土方量为：$(64.85+22.1)m^3=86.95m^3$

套用预算定额　2-521

计量单位：m^3

基价：12.07 元；其中人工费 12.07 元

注：参阅前面一问的相关解释。

② 顶过路管操作坑挖土方量为：

$$1×1.2×(6+4)×3m^3=36m^3$$

套用预算定额　2-521

计量单位：m^3

基价：12.07 元；其中人工费 12.07 元

2）顶过路管：

每根长 10m，即$(6+2×2)m=10m$

共 3 根：则总长度为 $3×10m=30m$

套用预算定额　2-540

计量单位：10m

基价：478.21 元；其中人工费 158.13 元，材料费 154.61 元，机械费 165.47 元

注：规定电缆穿过公路，街道时，路基宽度两端各应增加 2m，则顶过路管长度为$(6+2×2)m=10m$

3）电缆沟铺砂盖盖砖：

1～2 根为：$[2.28×4+10+10+120+10+5-2×(6+2×2)]m=144.12m$

套用预算定额　2-529

计量单位：100m

基价：793.99 元；其中人工费 145.13 元，材料费 648.86 元

注：2.28m 为拐弯处电缆沟应预留的长度，需铺砂盖砖的电缆沟不包括有顶过路管的管道，所以需要减去。

4）每增加 1 根电缆铺砂盖砖为 144.12m

套用预算定额　2-530

计量单位：100m

基价：298.90 元；其中人工费 38.78 元，材料费 648.86 元

5）保护管敷设：

$$(6+2×2)×3m=30m$$

套用预算定额　2-536

计量单位：10m

基价：46.36 元，其中人工费 24.38 元，材料费 21.98 元

注：顶过路管即为保护管。

6）电缆穿导线管敷设：30m

套用预算定额　2-1002

计量单位：100m

基价：929.52 元；其中人工费 464.86 元，材料费 434.98 元，机械费 29.68 元

7）电缆埋设：3 条

$(30+0.8+2.28+10+10+120+10+5+2.28+2.28\times2+0.8+2.4+2)\times3m$

$=600.36m$

套用预算定额　2-672

计量单位：100m

基价：149.98 元；其中人工费 96.60 元，材料费 53.38 元

注：参阅上一问的有关解释。

8）电缆试验：2 次/根，共 3 根，则

$$2\times3=6 次$$

9）电缆头制作：2 个/根，共 3 根，则

$$2\times3=6 个$$

套用预算定额　2-648

计量单位：个

基价：146.05 元；其中人工费 60.37 元，材料费 53.38 元

10）电缆出入建筑物保护密封：$2\times3=6$ 处

11）动力箱基础槽钢制作：2.2m

套用预算定额　2-356

计量单位：10m

基价：90.86 元；其中人工费 48.07 元，材料费 33.52 元，机械费 9.27 元

12）动力箱安装：1 台

套用预算定额　2-263

计量单位：台

基价：66.66 元；其中人工费 34.83 元，材料费 31.83 元

总工程计算只需把 2 个工程的各项相加即可，这里省略计算总工程量的步骤。

清单工程量计算见表 4-3。

清单工程量计算表　　　　　　　　　　　　　　表 4-3

序号	项目编码	项目名称	项目特征描述	计量单位	工程量
1	040101002001	挖填电缆沟	截面积 0.45m²、直埋	m³	217.77
2	040101002002	挖填电缆沟	深度 1.2m，直埋	m³	72.00
3	040501002001	钢管管道	密封，保护管	m	60.00
4	031103009001	埋式电缆	埋设	m	1450.00
5	030404017001	配电箱	动力箱	台	1
6	040803007001	铺砖	铺砂盖砖	m	288.24

【例 4】　某厂 1 座 35m 高的水塔旁边，建有 1 个配电所，尺寸如图 4-3 和图 4-4 所示（单位为 m）。水塔上面装有 1 只高 4m 的避雷针，用来防护直击雷。试问水塔上的避雷针能否保护这一配电所？

【释义】　①避雷针：它的作用是能对雷电场产生一个附加电场（这是由于对避雷针产生静电感应引起的），使雷电场畸变，因而将雷云的放电通路吸引到避雷针本身，由它及

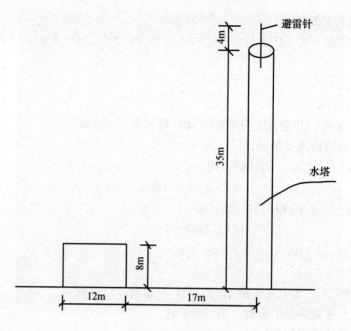

图 4-3 水塔尺寸图

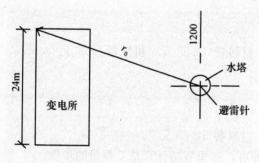

图 4-4 水塔配置图

与之相连的引下线和接地体将雷电流安全导入地中,从而保护了附近的建筑物和设备免受雷击。

② 一定高度的避雷针在地面上有一定的保护半径,且它对被保护物体的保护半径与被保护体的高度有关。

【解】 由图已知被保护体的高度 h_b =8m,

避雷针总长度 $h=(35+4)m=39m$

现假设变电所即被保护体在避雷针的保护范围内:

而 $\dfrac{h_b}{h}=\dfrac{8}{39}\approx0.205<0.5$

所以根据公式可求得被保护变电所高度水平面上的保护

半径: $r_b=(1.5h-2h_b)\cdot p$,其中 p 为高度影响系数。

当 $h<30m$ 时, $p=1$;当 $30<h<120m$ 时, $p=5.5/\sqrt{h}$

所以 $p=5.5/\sqrt{39}\approx0.88$

则 $r_b=(1.5\times39-2\times8)\times0.88m=37.4m$

现配电所一角离避雷针最远的水平距离为:

$$r=\sqrt{(12+17)^2+12^2}m\approx31.4m<r_b=37.4m$$

所以,水塔上的避雷针能保护这个配电所。

【例 5】 某电缆敷设工程,采用电缆沟铺砂盖砖直埋,并列敷设 6 根 VV29(3×50

＋1×25)电力电缆,如图 4-5 所示。图中所示,变电所配电柜至室内部分电缆穿 ϕ80mm 钢管作保护,共 6m 长,室外电缆敷设共 200m 长,中间穿过 2 个热力管沟,在配电间有 20m 穿 ϕ80mm 钢管保护。试求:(1)列概预算工程项目;(2)计算工程量并套用定额。

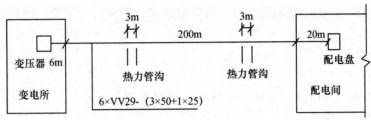

图 4-5　电缆敷设图

注:电缆埋深 0.8m,6 根电缆并排敷设的土方量为 $1.062\text{m}^3/\text{m}$,每根电缆的直径为 8mm。

【释义】 电力电缆:是用来输送和分配大功率电能的,按其所采用的绝缘材料可分为纸绝缘、橡皮绝缘、聚氯乙烯绝缘等电力电缆。

电力电缆都是由导电线芯,绝缘层及保护层三个主要部分组成。

电缆经过热力管沟时,需要有隔热材料来对电缆进行保护,一般采用密封式保护管。密封式保护管具有隔热的功能。

【解】 (1)概预算工程项目

该项电缆敷设工程分为电缆敷设电缆沟铺砂盖砖工程,穿管敷设,电缆沟挖填土工程等项。

(2)计算工程量并套用定额

①电缆敷设工程量:

$$(6+1.5+200+1.5×2+2×2+20+2+1.5)×6\text{m}=1428\text{m}$$

套用预算定额　2-672

计量单位:100m

基价:149.98 元;其中人工费 96.60 元,材料费 53.38 元

注:其中某些尺寸在图上可以读出,根据规定电缆出变电所应预留 1.5m,电缆进出建筑物各应预留 2.0m,电缆进出电缆沟各应预留 1.5m,电缆进配电盘应预留 2.0m,电缆终端头应预留 1.5m,所以在上式中考虑到所有应预留的长度和项目,并乘以 6 根,得到电缆总的长度为 1428m。

② 电缆沟铺砂盖砖工程量:

由图示可以看出电缆沟铺砂盖砖工程量为 200m;

套用预算定额　2-529

计量单位:100m

基价:793.99 元;其中人工费 145.13 元,材料费 648.86 元

且增加 5 根的工程量为:

$$5×100\text{m}=500\text{m}$$

套用预算定额 2-530

计量单位：100m

基价：298.90 元；其中人工费 38.78 元，材料费 648.86 元

③ 密封保护管工程量：

其工程量按实际的电缆根数统计，每条电缆有 4 根密封保护管，则共有 4×6 根＝24 根保护管。

套用预算定额 2-536

计量单位：10 根

基价：46.36 元；其中人工费 24.38 元，材料费 21.98 元

④ 穿管敷设工程量：

$$(3+3+6+20)m=32m$$

套用预算定额 2-1002

计量单位：100m

基价：929.52 元；其中人工费 464.86 元，材料费 434.98 元，机械费 29.68 元

注：共有两个热力管沟，电缆过热力管沟需要套保护管，则保护管长度为 6m，又经 $\phi80$ 钢管 6m＋20m＝26m，则总的穿管敷设工程量为 32m。

⑤ 电缆沟挖土工程量：

$$V_1=(200×1.062-3×2×1.062)m^3=206.028m^3$$

套用预算定额 2-521

计量单位：m^3

基价：12.07 元；其中人工费 12.07 元

注：电缆沟铺砂盖砖总长度为 200m，但应减去热力管沟的长度 6m，且并排敷设 6 根，电缆的每米土方量为 $1.062m^3$，则电缆沟挖土方量为 $206.28m^3$。

⑥ 电缆沟填土方量：

$$V_2=[V_1-\pi(\frac{0.008}{2})^2×(200-6+1.5×2)]m^3$$

$$=(206.028-0.009596)m^3$$

$$=206.0184m^3$$

$$≈206.02m^3$$

套用预算定额 2-521

计量单位：m^3

基价：12.07 元；其中人工费 12.07 元

注：在计算挖填土方量时，并未计算在变电所室内的穿钢管保护和配电间的穿钢管保护，此时是考虑到在变电所室内及配电间内无需再挖电缆沟，可以直接在地板上进行钢管保护（进行卡设），此时就无需计算这两处的挖填土方量；对于填土量应该用挖土量减去电缆及其管道（保护管）的体积。

清单工程量计算见表 4-4。

清单工程量计算表　　　　　　表 4-4

序号	项目编码	项目名称	项目特征描述	计量单位	工程量
1	031103009001	埋式电缆	直埋	m	1430.00
2	040501002001	钢管管道	密封，$\phi80mm$	m	32.00
3	040101002001	挖填电缆沟	每米立方量 1.06m³，挖沟	m³	206.03
4	040101002002	挖填电缆沟	松填，填沟	m³	206.02
5	040803007001	铺砖	铺砂盖砖	m	700.00

项目编码：031101027001/031101027002　　项目名称：电话交换机架/电话交换机台

【例6】　某工程设计图示有 20 架电话交换机架，3 台电话交机台。试编制其分部分项工程量清单并计价。

【解】　工程量清单项目设置见表 4-5。

分部分项工程量清单　　　　　　表 4-5

序号	项目编码	项目名称	项目特征描述	计量单位	工程量
1	031101027001	电话交换设备	电话交换机架 电话交换机架调试	架	20
2	031101027002	电话交换设备	电话交换机台 电话交换机台调测	架	3

项目编码：040101002/040501002/031103009　　项目名称：挖填沟管道/钢管管道/埋式电缆

【例7】　如图 4-6 所示，电缆自 N1 电杆(9m)引入埋设引至 3 号厂房 N3 动力箱、4 号厂房 N2 动力箱，试计算工程量及相关清单并套用定额。

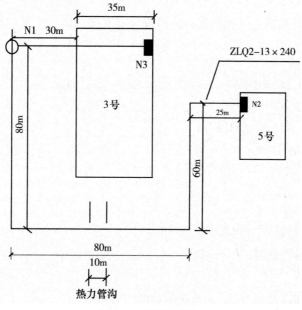

图 4-6　电缆敷设图

注：采用电缆沟铺砂盖砖，厂房内采用钢管保护。

【解】 基本工程量：

1）电缆沟挖土方量计算：

① 由 N1 至 N2：

电缆沟长度：$(80＋80＋60＋25－10＋3×2.28)m＝241.84m$ 该电缆敷设工程敷设2根电缆，

则电缆沟挖土方量为：$241.84×0.45m^3＝108.8m^3$

② 由 N1 至 N3：

电缆沟长度：30m

注：在厂房内直接采用钢管保护，将电缆引出至地板表面上用钢管敷盖，引至N3动力箱，无需挖沟。

则电缆沟挖土方量为 $30×0.45m^3＝13.5m^3$

2）电缆埋设工程量：

① 从 N1 到动力箱 N2

$$(80＋80＋60＋25＋1.5×2＋3×2.28＋1.5＋2＋1.5)m＝259.84m$$

注：规定电缆进出沟各预留1.5m，电缆转弯时预留2.28m，电缆进建筑物预留2m，电缆终端头接动力箱预留1.5m，电缆从电线杆引下预留1.5m，故总的电缆埋设工程量为259.84m。

② 从 N1 到动力箱 N3

$$(30＋35＋1.5＋2＋1.5×2)m＝71.5m$$

注：参阅上面的解释。

3）电缆沿杆卡设：$(9－1.5＋1)×2m＝17m$ （总共）

4）电缆保护管敷设：4根 （总共）

注：在电缆沟内共需2根保护管，过热力管沟需要一根保护管，在厂房3号内需要一根保护管。

5）电缆铺砂盖砖：

由 N1 至 N2：$(80＋80＋60＋25＋2.28×3)m＝251.84m$

由 N1 至 N3：30m

共 $(251.84＋30)m＝281.84m$

6）室外电缆头制作　　　　　2个（共）

7）室内电缆头制作　　　　　2个（共）

8）电缆试验　2次/根

则共 $2×4$ 次＝8次

9）电缆沿杆上敷设支架制作　6套（18kg）

10）电缆进建筑物密封　　　　2处

11）动力箱安装 2台

12）动力箱基础槽钢8号　　　$2.2×2m＝4.4m$

清单计算工程量见表4-6，定额工程量预算表见表4-7。

清单工程量计算表　　　　　　　　表 4-6

序号	项目编码	项目名称	项目特征描述	计量单位	工程量
1	040101002001	挖填管道沟	截面积 0.45m²	m³	122.30
2	040501002001	钢管管道	敷设	m	45.00
3	040803001001	电缆	埋式	m	330.00
4	030404017001	动力配电箱		台	2
5	040803007001	铺砖	铺砂盖砖	m	271.84

定额工程量预算表　　　　　　　　表 4-7

序号	定额编号	分项工程名称	定额单位	工程量	基价/元	其中/元 人工费	其中/元 材料费	其中/元 机械费
1	2-521	挖填管道沟	m³	122.3	12.07	12.07	—	
2	2-1002	钢管管道(DN50)	100m	0.45	929.52	464.86	434.98	29.68
3	2-672	电缆敷设	100m	3.3	149.98	96.60	53.38	—
4	2-529	电缆铺砂盖砖	100m	2.72	793.99	145.13	648.86	
5	2-263	动力箱安装	台	2	66.66	34.83	31.83	
6	2-648	电缆头制作	个	4	146.05	60.37	53.38	
7	2-536	电缆保护管	10 根	0.4	46.36	24.38	21.98	—
8	2-358	电缆沿杆上敷设支架制作	100kg	0.06M	424.11	250.78	131.90	41.43
9	2-356	动力箱基础槽钢	10m	0.44	90.86	48.07	33.52	9.27

【例8】　某电缆敷设工程采用电缆沟管道敷设，其中需横穿一个宽为 25m 的公路，电缆沟的相关尺寸如图 4-7 所示，过该公路采用钢管保护，且此敷设工程共敷设 6 根 ZLQ2-13×240 的电缆。试求该段路程中的工程量并套用定额(该公路为混凝土路面)。

【解】　由图可知，混凝土路面的深为 200mm

① 则宽度为 25m 的路面面积工程量为：

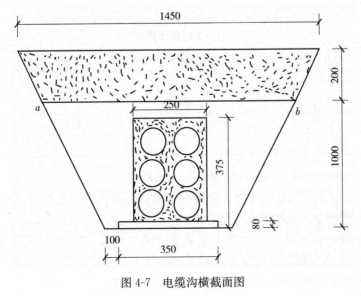

图 4-7　电缆沟横截面图

$$1450 \times 25 \times 10^{-3}\,\text{m}^2 = 36.25\,\text{m}^2$$

根据图中的比例关系及相关尺寸可以算出 ab＝1300mm＝1.3m

② 则在宽为 25m 的公路这段施工段中的挖土量为：

$$V_1 = \left[\frac{1}{2} \times (1450+550) \times 1200 \times 10^{-6}\,\text{m}^2 - \frac{1}{2} \times (1450+1300) \times 200 \times 10^{-6}\right] \times 25\,\text{m}^3$$

$$= (1.2 - 0.275) \times 25\,\text{m}^3$$

$$= 0.925 \times 25\,\text{m}^3$$

$$= 23.125\,\text{m}^3 \approx 23.13\,\text{m}^3$$

套用预算定额　2-521

计量单位：m³

基价：12.07 元；其中人工费 12.07 元

③ 当电缆敷设完毕后的填土量为：

$$V_2 = V_1 - 0.35 \times 0.08 \times 25\,\text{m}^3 - 0.375 \times 0.25 \times 25\,\text{m}^3$$

$$= (23.13 - 0.7 - 2.34)\,\text{m}^3$$

$$= 20.09\,\text{m}^3$$

套用预算定额　2-521

计量单位：m³

基价：12.07 元；其中人工费 12.07 元

注：填土量＝挖土量－(钢管＋基础)的体积。

④ 钢管工程量为：

$$(25 + 2 \times 2)\,\text{m} = 29\,\text{m}$$

套用预算定额　2-536

计量单位：10m

基价：46.36 元；其中人工费 24.38 元，材料费 21.98 元

注：根据规定：电缆保护管穿越道路时，按路基宽度两端各增加 2m。

清单工程量计算见表 4-8。

清单工程量计算表　表 4-8

项目编码	项目名称	项目特征描述	计量单位	工程量
040101002001	挖填沟管道	挖管道沟	m³	23.13
040103002001	回填方	填管道沟	m³	20.09
040202001001	路面	混凝土	m²	36.25
040501002001	钢管管道	保护管	m	29.00

项目编码：040205001　　项目名称：人(手)孔井

【例 9】 某安装工程需要挖一个人孔坑放管道，人孔坑的相关尺寸如图 4-8 所示，试计算人孔坑的面积和挖人孔坑的土方量。

注：该题分两种情况计算，①是人孔坑深度≤1.0m，不需放坡②是人孔坑深度＞1.0m，需要放坡；本例题设土质为普通土

【解】 ①人孔坑深度 $H=0.8\text{m} \leqslant 1.0\text{m}$，则不需放坡。

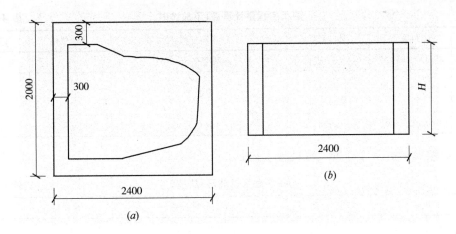

图 4-8　人孔坑示意图

(a) 俯视图；(b) 剖面图

则人孔坑面积 $S_1 = 2.0 \times 2.4 \mathrm{m}^2 = 4.8 \mathrm{m}^2$

注：根据相关公式 $A = a \cdot b$ 得出，a、b 分别为人孔坑底短边、长边长度。

则挖人孔坑的土方量。

$$V_1 = a \cdot b \cdot H = 2.0 \times 2.4 \times 0.8 \mathrm{m}^3 = 3.84 \mathrm{m}^3$$

② 人孔坑深度 $H = 1.2 \mathrm{m} > 1.0 \mathrm{m}$，则需要放坡。

从表中可以查出放坡系数 $i = 0.33$

则人孔坑面积为 $S_2 = (2Hi + 2.0) \times (2Hi + 2.4)$

$$= (2 \times 1.2 \times 0.33 + 2.0) \times (2 \times 1.2 \times 0.33 + 2.4) \mathrm{m}^2$$

$$= 2.792 \times 3.192 \mathrm{m}^2 = 8.91 \mathrm{m}^2$$

则人孔坑挖土方量为 $V = \dfrac{1}{3} H (S_上 + S_下 + \sqrt{S_上 \cdot S_下})$

$$= \dfrac{1}{3} \times 1.2 \times (8.91 + 4.8 + \sqrt{8.91 \times 4.8})$$

$$= 8.10 (\mathrm{m}^2)$$

注：放坡系数与人孔坑深 H 的关系见表 4-9。

放坡系数表　　　　　　　　　　　　　　　　表 4-9

土质	放坡起点深度/m	放坡系数
普通土	1.00 以上	0.33
硬土	1.50 以上	0.33
砂砾土	2.00 以上	0.25

套用清单：

① 不放坡时，清单工程量计算见表 4-10。

清单工程量计算表(不放坡时)　　　　表 4-10

序号	项目编码	项目名称	项目特征描述	计量单位	工程量
1	040205001001	人(手)孔井	深度 0.8m	个	1
2	040101003001	挖填管道沟及人孔坑	普通土	m³	3.84
3	040202001001	路面	混凝土	m²	4.8

②放坡时,清单工程量计算见表 4-11。

清单工程量计算表(放坡时)　　　　表 4-11

序号	项目编码	项目名称	项目特征描述	计量单位	工程量
1	040205001002	人(手)孔井	深度 1.2m	个	1
2	040101003002	挖填管道沟及人孔坑	普通土	m³	8.10
3	040202001002	路面	混凝土	m²	8.91

第二节　综　合　实　例

【例1】　某电缆敷设工程,采用电缆沟直埋铺砂盖砖,3 根 VV29(3×50+1×16),进建筑物时电缆穿管 SC50,电缆室外水平距离 200m,中途穿过两个热力管沟,需要有隔热材料,进入车间后 10m 到配电柜,从配电室的配电柜到外墙 5m(室内部分共 15m,用电缆穿钢管保护,本例暂不列项)如图 4-9 所示。试列出概算项目、计算工程量、套定额计算工程直接费。

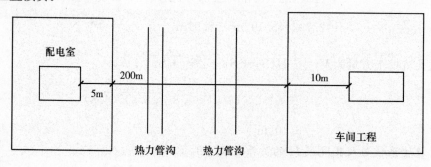

图 4-9　电缆敷设工程

【释义】　挖填光(电)缆沟反接头坑:在敷设光(电)缆时进行开挖沟槽及接头坑,敷设完毕后进行回填土。

电缆经过热力管沟时,需要有隔热材料来对电缆进行保护,一般采用密封式保护管。密封式保护管具有隔热的功能。

【解】　电缆沟铺砂盖砖工程量:200m(电缆经过室外时,须挖填电缆沟及接头坑,敷设完毕后还要进行回填土,就需要计算电缆沟铺砂盖砖的工程量,本题电缆室外的水平距离为 200m,所以电缆沟铺砂盖砖工程量为 200m)

电缆敷设工程量：$(200+10+5+2\times2+1.5\times2+3\times2+0.5\times2)\times3m=687m$

$(200+10+5)$是从图上可以明显看出来的电缆的长度，式中剩下的全是电缆敷设工程中，电缆需要预留的长度，2.3×2是进了两次建筑物的预留，1.5×2是进了两次动力箱的预留，3×2是进了两次动力柜的预留，0.5×2是一次由垂直到水平，一次由水平到垂直的预留。所以，总的电缆敷设工程量应该由各项相加，由工程量计算规则可得，电缆敷设按单根延长米计算，如一个架上敷设 3 根各长 100m 的电缆，应按 300m 计算，以此类推，所以本题是由 3 根 VV29 电缆敷设的，最后再乘以 3。

增加两根的工程量：$(200\times2)m=400m$

每增加一根的工程量应该看原来电缆敷设中电缆的根数，本题中是由 3 根电缆一起敷设的，比用一根电缆多出了 2 根，又因为一根为 200m，所以 2 根为$(200\times2)m=400m$

密封式保护管的安装需要 12 根，因为电缆经过了两个热力管沟，每经过一个热力管沟，就需要用到 6 根密封式保护管，所以经过两个，就需要 12 根密封式保护管。

注：1. 在作概算时，中间头的预留量暂不计算，待到作结算时按实际做了几个中间头如实计算；

2. 电缆敷设项目包含了局部保护隔热等，所以不用另列项；

3. 室内的 15m 暂时没按电缆穿钢管埋地敷设列项，按常理应再另列两个项目："钢管埋地敷设"、"电缆穿保护管敷设"；

4. 电缆敷设工程量中要考虑电缆在各处的预留长度，而不考虑电缆的施工损耗。

概算项目、工程量、定额单价和计算出的直接费列在表 4-12 中。

工程直接费用表　　　　　　　　　　　　　　　　　　表 4-12

序号	定额号	工程项目	单位	工程量	单价/元	合价/元	人工单价/元	人工合价/元
1	2-1	电缆沟铺砂盖砖	m	200	13.76	2752	7.78	1556
2	2-2	每增加一根	m	200	4.83	966	2.52	504
3	2-6	密封式保护管安装	根	12	88.96	1068	15.09	181
4	2-15	电缆敷设	m	687	109.44	75382	2.60	1791
5	合计					80168		4032

清单工程量计算见表 4-13。

清单工程量计算表　　　　　　　　　　　　　　　　　　表 4-13

项目编码	项目名称	项目特征描述	计量单位	工程量
040803007001	铺砖	铺砂盖砖	m	200.00
040501002001	钢管	密封式保护管	m	670.8
040803001001	电缆	埋式	m	690.00

【例 2】 如图 4-10 所示，电缆由 N1 电杆（6m）引下入埋埋设到 1 号厂房 N1 动力箱，试计算工程量及套用定额。

【释义】 电杆：架空配电线路的重要组成部分，是用来安装横担、绝缘子和架设导线的。因此，电杆应具有足够的机械强度，同时也应具备造价低、寿命长的特点。

电缆由电杆引下时，必须有预留长度。

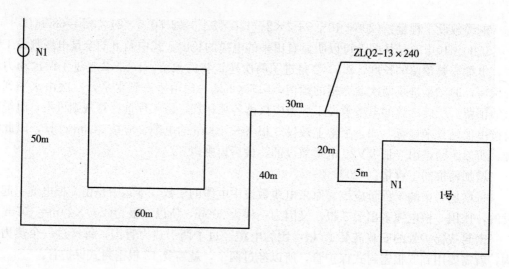

图 4-10　电缆引下敷设工程

电缆在线路拐角或转弯处也必须有预留长度。

一般来说，有一根电缆，设计要求埋设深度为 800mm，则每米电缆沟土方量为 $0.5 \times (0.8+0.1)m^3 = 0.45m^3$。增加一根电缆每米电缆沟土方量为 $0.17 \times 0.9m^3 = 0.153m^3$。

【解】　基本工程量：

① 电缆沟挖填土方量工程量：

$$(50+60+40+30+20+5+2.28 \times 5) \times 0.45m^3 = 97.38m^3$$

套用预算定额　2-521

计量单位：m^3

基价：12.07 元；其中人工费 12.07 元

由图上可以明显地看出电缆沟挖填土方量应包括 50＋60＋40＋30＋20＋5，2.28×5 是表明 5 处拐角处的多挖的填土方量，总的电缆沟挖填土方量应该是由这两项相加，又因为每米电缆沟土方量为 0.45m，所以应该再乘以 0.45。

② 电缆埋设工程量计算：

$$(50+60+40+30+20+5+2.28 \times 5+0.4+3)m = 219.8m$$

套用预算定额　2-672

计量单位：100m

基价：149.98 元；其中人工费 96.60 元，材料费 53.38 元

电缆埋设工程量也考虑了 5 个拐角处的预留长度，还用电缆由电杆引下时的预留长度，还有进入厂房动力柜的预留长度 0.4m，电缆由电杆引下时的预留长度为 3m，所以总的电缆埋设工程量应为各项之和，即 219.8m。

③ 电缆沿杆卡设：$(3+1)m = 4m$，杆上预留长为 4m，

套用预算定额　2-672

计量单位：100m

基价：149.98 元；其中人工费 96.60 元，材料费 53.38 元

电缆由呆架上引上（下）预留 3m，因为电杆的长度为 6m，所以剩余了 $(6-3)m = 3m$，所以电缆沿杆卡设为 $(3+1)m = 4m$。

④ 电缆保护管敷设　1根

电缆在进入厂房时要加一根电缆保护管。

套用预算定额　2-536

计量单位：10根

基价：46.36元；其中人工费24.38元，材料费21.98元

⑤ 电缆铺砂盖砖

$$(50+60+40+30+20+5+5×2.28+0.4)m=216.8m$$

套用预算定额　2-529

计量单位：100m

基价：793.99元；其中人工费145.13元，材料费648.86元

电缆铺砂盖砖的工程量比电缆沟挖填土方量的电缆沟的长度多出了进动力箱预留的0.4m。

⑥ 室外电缆头制作　1个

套用预算定额　2-680

计量单位：个

基价：42.87元；其中人工费12.07元，材料费30.80元

⑦ 室内电缆头制作　1个

套用预算定额　2-680

计量单位：个

基价：42.87元；其中人工费12.07元，材料费30.80元

管道电缆或直埋电缆在引出地面时，均应采用钢管等保护（或称引上管）。电缆引上管应具有防腐蚀及防机械损伤的能力，此题中电缆由电杆引下时室外须有一个电缆头，电缆引入厂房时，也就是直埋电缆引出了地面也需有一个室内电缆头，如图4-11所示。

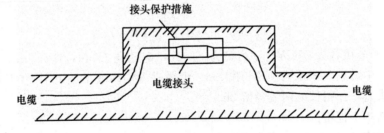

图4-11　电缆接头埋设图

⑧ 电缆试验2次

每根电缆为保险起见都要试验2次。

⑨ 电缆进建筑物密封　1处

⑩ 动力箱安装　　　1台

套用预算定额　2-263

计量单位：台

基价：66.66元；其中人工费34.83元，材料费31.83元

清单工程量计算见表4-14。

清单工程量计算表　　　　　　　　　　　　　　　　　　　　　　　　表 4-14

序号	项目编码	项目名称	项目特征描述	计量单位	工程量
1	040101002001	挖填管道沟	截面积 0.45m²	m³	97.38
2	031103009001	埋式电缆		m	220.00
3	031103009002	墙壁电缆	沿杆卡设	m	4.00
4	040803007001	铺砖	铺砂盖砖	m	216.80
5	030404017001	配电箱	动力箱	台	1

【例 3】 如图 4-12 所示，电力电缆由动力箱向上引出至＋5m 标高处，水平敷设至 3.5m，平台处沿支架引下（卡设），经 3.5m 平台楼板穿管暗配，试计算工程量并套用定额。

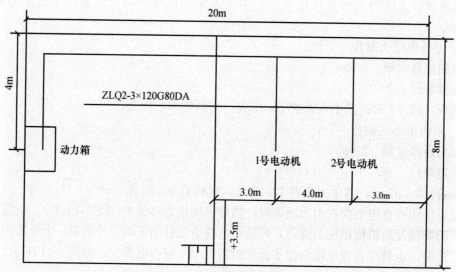

图 4-12　电缆由动力箱引出工程示意图

1 号、2 号电机各为 75kW；动力箱为 XL(F)-15（箱高 1.5m，宽 0.9m）

【释义】 电缆进入建筑物预留长度 2m；电缆进入沟内或吊架上引上（下）预留 1.5m；电缆中间接头盒，预留长度两端各留 2m。

【解】 基本工程量：

1）由动力箱至 1 号电机电缆的工程量：

① 电缆沿支架卡设：(3.5＋4＋13＋1.5＋2.4)m＝24.4m

(5－1.5)m＝3.5m，因为电力电缆由动力箱向上引出到了＋5 标高处，动力箱的箱高为 1.5m，所以实际引出到＋5m 标高处的电力电缆的长度为 3.5m，从图上可以看出电力电缆又经过了 4m 宽之水平长，从图上还可以看出当电力电缆走至中间位置时为 10m，又经过 3m 到达了 1 号电动机，还有电缆从动力箱向上引出时，还经过了动力箱的长和宽即 (1.5＋0.9)m＝2.4m，所以结果为各项之和即 24.4m)

② 保护管明配（φ80）：(2＋0.6)m＝2.6m

(其中的 2m 为引下长，0.6m 为由楼板引出至电动机的长)

③ 保护管暗配（φ80）：4m

（因为电缆水平敷设至 3.5m 平台处沿支架引下，经过 3.5m 平台楼板穿管暗配，所以保护管暗配要加上预留长度，即保护管暗配应为 4m）

④ 电缆穿导管敷设：(2.6＋4＋1)m＝7.6m

（2.6m 为保护管明配长，4m 为保护管暗配长，1m 为电机的预留长，所以总的电缆穿导管敷设为各项之和即 7.6m）

2）由动力箱至 2 号电机电缆工程量的计算：

① 电缆沿墙卡设：(3.5＋4＋17＋2.4)m＝26.9m

（此步骤的解释与前面的由动力箱至 2 号电机电缆工程量类似，只不过电缆走至中间位置 10m，然后又经过了(4＋3)m＝7m 到达了 2 号电机电缆工程）

② 保护管明配（$\phi80$）：(2＋0.6)m＝2.6m（与前面的解释一样）

③ 保护管暗配（$\phi80$）：4m

（4m 跟前面的解释一样）

④ 电缆穿导管敷设：(2.6＋4＋1)m＝7.6m（与前面的解释一样）

3）全部工程量为

① 电缆沿墙卡设：(24.4＋26.9)m＝51.3m（前面两项相加）

套用预算定额　2-672

计量单位：100m

基价：149.98 元；其中人工费 96.60 元，材料费 53.38 元

② 保护管明配：(2.6＋2.6)m＝5.2m

套用预算定额　2-1004

计量单位：100m

基价：1643.23 元；其中人工费 969.90 元，材料费 625.42 元，机械费 47.91 元

③ 保护管暗配：(4＋4)m＝8m

套用预算定额　2-1015

计量单位：100m

基价：1080.08 元；其中人工费 535.69 元，材料费 217.17 元，机械费 45.25 元

④ 电缆穿导管敷设：(7.6＋7.6)m＝15.2m

套用预算定额　2-1002

计量单位：100m

基价：929.52 元；其中人工费 464.86 元，材料费 434.98 元，机械费 29.68 元

⑤ 电缆试验：4 次/根

⑥ 电缆头制安：4 个（参见前面例子的解释）

套用预算定额　2-648

计量单位：个

基价：146.05 元；其中人工费 60.37 元，材料费 53.38 元

⑦ 电机检查接线：2 台

套用预算定额　2-455

计量单位：台

基价：273.02 元；其中人工费 190.40 元，材料费 71.40 元，机械费 11.22 元

⑧ 电机解体检查：2 台

⑨ 电机试调：2 台

套用预算定额　2-902

计量单位：台

基价：1777.66 元；其中人工费 696.60 元，材料费 13.93 元，机械费 1067.13 元

⑩ 动力箱安装：1 台

套用预算定额：2-263

计量单位：台

基价：66.66 元；其中人工费 34.83 元，材料费 31.83 元

清单工程量计算见表 4-15。

清单工程量计算表　　　　　　　　　　　　　　　表 4-15

序号	项目编码	项目名称	项目特征描述	计量单位	工程量
1	031103009001	墙壁电缆	沿墙卡设	m	51.30
2	040501002001	钢管管道	保护管明配	m	5.20
3	040501002002	钢管管道	保护管暗配	m	8.00
4	031103009002	埋式电缆	穿导管敷设	m	15.00
5	030406001001	发电机	试调	台	2
6	030404017001	配电箱	动力箱	台	1

【例 4】　水平子系统确定缆线长度，如图 4-13 所示。

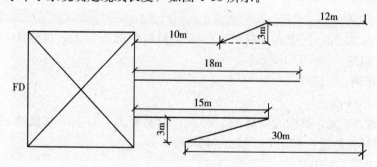

图 4-13　电缆水平布线图

【释义】　电缆长度的计算按下列步骤进行：

(1)确定布线方法和走向。

(2)确立每个楼层配线间或二级交换间所管理的区域。

(3)确认离楼层配线间距离最远的信息插座（I_0）位置。

(4)确认离楼层配线间距离最近的信息插座（I_0）位置。

(5)按照可能采用的电缆路由，确定最远和最近的信息插座的连接电缆走线距离。

(6)平均电缆长度＝最远与最近两根电缆路由的总长除以 2。

(7)电缆平均走线长度＝平均电缆长度＋备用部分（平均电缆长度的 10%）＋端接容差 6m（变量）。每个楼层用线量的计算公式如下：

$$C=[0.5\times(F+N)+0.5\times(F+N)\times10\%+6m]\times n=[0.55(F+N)+6m]\times n$$

式中 C——每个楼层的用线量；

F——最远的信息插座(I_0)离配线间的距离；

N——最近的信息插座(I_0)离配线间的距离；

n——为每层楼的信息插座(I_0)的数量。

整座楼的用线量：

$W = \sum C(\mathrm{m})$（各楼层用线量合计）

【解】 在图中 $N = 18\mathrm{m}$；

$$F = (15+3+30+10+3+12)\mathrm{m} = 73\mathrm{m};$$

所以布线的平均长度：$(N+F)/2 = 81\mathrm{m}/2 = 40.5\mathrm{m}$；

备用部分：$\dfrac{1}{2}(F+N) \times 10\% /2 = 4.05\mathrm{m}$；

端接容量：$6\mathrm{m}$；

缆线平均走线长度：$(40.5+4.05+6)\mathrm{m} = 50.55\mathrm{m}$

套用预算定额 2-618

计量单位：$100\mathrm{m}$

基价：332.42 元；其中人工费 163.24 元，材料费 164.03 元，机械费 5.15 元

清单工程量计算见表 4-16。

清单工程量计算表 表 4-16

项目编码	项目名称	项目特征描述	计量单位	工程量
030502005001	双绞电缆	电缆走线	m	50.55

【例 5】 已知某架空线路直线杆 5 根，水泥电杆高 7m，土质为普通土，按土质设计要求电杆坑深为 1.0m，选用 600mm×500mm 水泥底盘，试计算土方量共计多少并套用定额。

【释义】 对于无底盘和卡盘的电杆坑土石方量为：

$$V = 0.8 \times 0.8 \times h \quad \mathrm{m}^3$$

式中 h——杆坑深度，m。

对于有底盘和卡盘的平截方长尖柱体电杆坑，其土方量为：

$$V = \frac{h}{6}\left[ab + (a+a_1)(b+b_1) + a_1 b_1\right] \quad \mathrm{m}^3$$

式中 h——杆坑深度，m；

a，b——分别为坑底宽度和长度，即 $a = A + 2C$，$b = B + 2C$（A、B 分别为底盘的宽度和长度，C 为每边操作裕度，一般按 $C = 0.1\mathrm{m}$ 选取）；

a_1、b_1——分别为坑口宽度，即 $a_1 = a + 2h\eta$，$b_1 = b + 2h\eta$（η 为边放坡系数，各类土质的边放坡系数，见表 4-17，m。

各类土质的边放坡系数 η 表 4-17

土质类别	普通土、水坑	坚土	松砂石	泥水、流砂、岩石
边放坡系数 η	0.3	0.25	0.2	无放坡

带卡盘的电杆坑，如原计算尺寸不能满足卡盘安装要求时，所增加的土（石）方量可另行计算。电杆坑的马道土（石）方量按每坑 0.2m³ 计算。

【解】 因为水泥底盘规格为 600mm×500mm，则电杆坑底宽度和长度分别为：

$$a＝A+2C=(0.6+2×0.1)m=0.8m$$

$$b＝B+2C=(0.5+2×0.1)m=0.7m$$

再查表得土质为普通土时的放坡系数 $\eta=0.3$

所以杆坑的宽度和长度均为：

$$a_1＝a+2h\eta=(0.8+2×1×0.3)m=1.4m$$

$$b_1＝b+2h\eta=(0.7+2×1×0.3)m=1.3m$$

由释义中的公式可求得每个杆坑及马道的土方量为：

$$V'＝\frac{h}{6}\left[ab+(a+a_1)(b+b_1)+a_1b_1\right]+0.2m^3$$

$$=\{\frac{1}{6}×[0.8×0.7+(0.8+1.4)×(0.7+1.3)+1.4×1.3]+0.2\}m^3$$

$$=[\frac{1}{6}×(0.56+4.4+1.82)+0.2]m^3=1.33m^3$$

则由题中可知此架空线路直线杆共有 5 根，所以 5 根直线杆的杆坑总挖方量为：

$$V_\Sigma＝5V'=(5×1.33)m^3=6.65m^3$$

套用预算定额 2-521

计量单位：m³

基价：12.07 元；其中人工费 12.07 元

清单工程量计算见表 4-18。

清单工程量计算表　　　　　　　　　　　　　　　　　　　　　表 4-18

项目编码	项目名称	项目特征描述	计量单位	工程量
040101003001	挖填管道沟及人孔坑	杆坑	m³	6.65

【例 6】 已知某地区进行敷设钢管，所选用的钢管公称外径为 58.80mm，钢管的公称壁厚 2.12mm，问此钢管的理论重量为多少？

【释义】 钢管敷设：钢管敷设的工程量计算，应按沿砖、混凝土结构明配和暗配，区别钢管的不同公称口径，分别以延长米为单位计算。

钢管沿钢模板暗配的工程量计算，应按钢管的不同公称口径，分别以延长米为单位计算。

钢管沿钢结构支架，钢索配管的工程量计算，应按钢管的不同公称口径，分别以延长米为单位计算。

钢管理论重量计算（钢的相对密度为 7.85）的公式为：

$$P=0.02466S(D-S)$$

式中　P——钢管的理论重量，kg/m；

　　　D——钢管公称外径，mm；

　　　S——钢管的公称壁厚，mm。

为了便于穿线，要根据所穿导线截面、根数选择配管管径。

【解】　由上面的公式　$P=0.02466S(D-S)$

所以　　$P=[0.02466\times2.12\times(58.8-2.12)]\text{kg/m}$

　　　　　$=(0.0522792\times56.68)\text{kg/m}$

　　　　　$=2.963\text{kg/m}$

则此钢管的理论重量为 2.963kg/m。

【例7】　某电缆工程采用电缆沟敷设，沟长 200m，共 16 根电缆 VV29(3×120+1×35)，分四层，双边，支架镀锌，试列出项目和工程量并套用定额，该题的图示如图 4-14 所示。

【释义】　直埋电缆敷设：是沿已定的路线挖沟，然后把电缆埋入沟内。一般电缆根数较少，且敷设距离较长时采用此法。电缆埋设深度要求一般为：电缆表面距地面的距离不应小于 0.7m，穿越农田时不应小于 1m，当遇到障碍物或冻土层较深的地方，则应适当加深，使电缆埋于冻土层以下。

【解】　①电缆沟支架制作安装工程量：$(200\times2)\text{m}=400\text{m}$

（因为从图上可以看出 16 根电缆 VV29(3×120+1×35)分成了四层，每层 4 根，第一层和最后一层不用电缆沟支架制作安装，第二层和第三层才需要电缆沟支架，因为一个电缆沟支架的长度为 200m，所以 2 个的工程量为 400m）

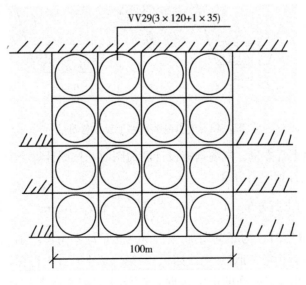

VV29(3 × 120+1 × 35)

100m

图 4-14　电缆沟敷设工程示意图

② 电缆敷设工程量：

$$[(200+1.5+1.5\times2+0.5\times2+3)\times16]\text{m}=3336.00\text{m}$$

（式子前面第一个 1.5 是电缆进建筑物的预留长度，缆头两个 1.5m×2，水平到垂直两次 0.5m×2，低压柜 3m，4 层，双边，每边 8 根。）

工程项目和工程量见表 4-19。

电缆敷设工程量　　　　　　　表 4-19

定额编号	工程项目	单位	数量	单价/元	说明	基价/元	其中/元		
							人工费	材料费	机械费
	电缆沟支架制作安装 4 层	m	400.00	80.88	双边 200×2＝400				
2-672	电缆沿沟内敷设	m	3336.00	149.98	不考虑定额损耗	149.98	96.60	53.38	—

清单工程量计算见表 4-20。

清单工程量计算表　　　　　　　表 4-20

项目编码	项目名称	项目特征描述	计量单位	工程量
031103009001	埋式电缆	沿沟内敷设	m	3340.00

【例 8】　一个电力电缆直埋工程，如图 4-15 所示，全长为 400mm，若单根埋设时开挖的电缆沟上口宽度为 0.6m，下口宽度为 0.4m，深度为 1.2m，现在同沟内并排敷设 4 根电缆，如图 4-15 所示，则：①挖土方量多少？②若上述直埋的 4 根电缆横向的穿过混凝土铺设的公路，已知路面宽 20m，混凝土路面厚度为 200mm，电缆保护管为 SC80，埋设深度为 1.2m，计算路面开挖预算工程量并套用定额。

【释义】　电缆直埋时，电缆沟挖填土（石）方工程量：

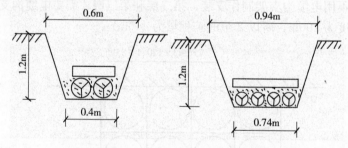

图 4-15　电力电缆直埋工程示意图

（1）电缆沟挖填土石方量。电缆沟有设计断面图时，按图计算土石方量。电缆沟无设计断面图时，按下式计算土石方量：

1）两根电缆以内土石方量　$V=\dfrac{(0.6+0.4)\times 1.2}{2}\text{m}^3=0.6\text{m}^3$

2）每增加一根电缆时，沟底宽增加 0.17m。也即每米沟长增加 0.153m³ 土石方量。电缆沟土石方量，可套用第三册《送电线路工程》第二章土石方工程相应子目。

（2）挖混凝土、柏油等路面的电缆沟时，按设计的沟断面图计算挖方量，可按下式计算：

$$V=Hbl$$

式中　V——挖方体积；

H——电缆沟深度；

b——电缆沟宽度；

l——电缆沟长度。

定额套用《通信线路工程》有关子目。

【解】 ①根据上面所写释义的工程量的有关规则，1~2 根电缆开挖土方量相同，所以同沟并排埋设 4 根电缆时，其电缆沟上、下口增加宽度均为 $0.17 \times 2 = 0.34$m，见此题的第二个图，所以挖填土方量为：

$$V_1 = \frac{(0.6 + 0.34 + 0.4 + 0.34) \times 1.2}{2} \times 400 \text{m}^3 = 403.2 \text{m}^3$$

套用预算定额 2-521

计量单位：m^3

基价：12.07 元；其中人工费 12.07 元

（上式中 0.6+0.34 为上口宽，0.4+0.34 为下口宽，1.2 为深，$\frac{(0.6 + 0.34 + 0.4 + 0.34)}{2} \times 1.2$ 是沟的截面积，然后再乘以沟的长度）

② 4 根电缆横向穿过混凝土铺设的公路时，电缆保护管为 SC80，由电缆保护管埋地敷设土方量计算规则可以知道，电缆沟下口宽度为：

$$b_2 = [(0.08 + 0.003 \times 2) \times 4 + 0.3 \times 2] \text{m} = 0.944 \text{m}$$

由于电缆上、下口的运算比例为：$k = 0.6/0.4 = 1.5$

所以电缆沟上口的宽度为：

$$b_1 = k b_2 = 1.5 \times 0.944 \text{m} = 1.416 \text{m}$$

根据规定，在电缆保护管横穿道路时，按路基宽度两端各增加 2m，即保护管 SC80 总长度为：

$$L = (20 + 2 \times 2) \times 4 \text{m} = 96 \text{m}$$

在电缆沟开挖工程中，其中人工开挖路面厚度为 200mm，宽度为 20m 的路面面积工程量为：

$$S = b_1 B = 1.416 \times 20 \text{m}^2 = 28.32 \text{m}^2$$

开挖土方量为：$V_2 = \dfrac{(0.944 + 1.416)}{2} \times 1.2 \times 24 - 28.32 \times 0.2 \text{m}^3$

$$= 33.984 - 5.664 \text{m}^3$$

$$= 28.32 \text{m}^3$$

套用预算定额 2-521

计量单位：m^3

基价：12.07 元；其中人工费 12.07 元

（在 V_2 的公式中，0.944 即下口宽，1.416 是上口宽，$\dfrac{0.944 + 1.416}{2} \times 1.2$ 是沟的截面积，再乘以长度 24，28.32×0.2 是上面混凝土层所需开挖的土方量，必须减去，由此得到开挖土方量 V_2 为 28.32m²）

清单工程量计算见表 4-21。

清单工程量计算表

表 4-21

项目编码	项目名称	项目特征描述	计量单位	工程量
040101002001	挖填电缆沟		m³	403.20
040101002002	挖填电缆沟	挖电缆沟	m³	28.32

【例9】 电缆槽(沟)的土(石)方开挖和回填。应在扣除路面开挖部分的实际挖填量后,按不同土质套用坑深2m以内的电杆坑挖、填方定额,计算基础土(石)方量。如图4-16所示,试计算电缆槽(沟)土(石)方量并套用定额。

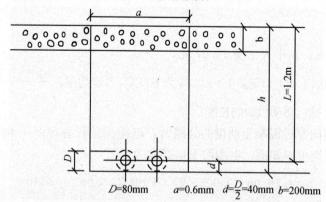

$D=80mm \quad a=0.6mm \quad d=\dfrac{D}{2}=40mm \quad b=200mm$

图 4-16 电缆槽(沟)的土(石)方开挖和回填示意图

① 直埋方式,其计算公式为:

$$V=aLh=[0.6+0.35(n-1)](h-b)L$$

从图上可得:$h=L+d=(1.2+0.04)m=1.24m$

$$b=0.2m \qquad n=2$$

所以:$V=(0.6+0.35)\times(1.24-0.2)\times1.2m^3=0.95\times1.04\times1.2m^3=1.19m^3$

② 保护管方式,其计算公式为:

$$V=aLh=\left[\frac{n}{2}(d+D)+0.1(n-1)+0.4\right](h-b)L$$

套用预算定额 2-521

计量单位:m³

基价:12.07元;其中人工费12.07元

从图上可得 $n=2 \quad d+D=(0.08+0.04)m=0.12m$

所以:$V=(d+D+0.1+0.4)\times(h-b)L$

$$=(0.12+0.1+0.4)\times(1.24-0.2)\times1.2m^3=0.77m^3$$

套用预算定额 2-521

计量单位:m³

基价:12.07元;其中人工费12.07元

以上各式中 V——体积(m^3);

$\qquad\qquad\qquad a$——槽(沟)实宽(m);

$\qquad\qquad\qquad h$——槽(沟)实深(m);

$\qquad\qquad\qquad L$——槽(沟)长度(m);

b——路面厚度，定额中分 0.15m 和 0.25m 两档(m)；

d——电缆直径或保护管内径(m)；

D——保护管插口外径(m)；

n——电缆并列埋深根数。

清单工程量计算见表 4-22。

清单工程量计算表　　　　　　　　　　　　　　　　表 4-22

项目编码	项目名称	项目特征描述	计量单位	工程量
040101002001	挖填电缆沟	直埋方式	m³	1.19
040101002002	挖填电缆沟	保护管方式	m³	0.77

【例 10】　某企业 1 座 20m 高的烟囱旁边，建有 1 个配电所，它的大小尺寸如图 4-17 所示，烟囱上面装有 1 支高 1.5m 的避雷针，用来防护直击雷。试问水塔上的避雷针能否保护这个配电所？

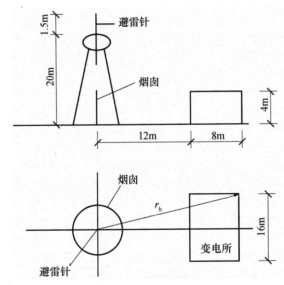

图 4-17　避雷针安装工程示意图

【释义】　避雷针在地面上的保护半径按下式计算：$r = 1.5h$

其中：r——避雷针在地面上的保护半径(m)；

　　　　h——示避雷针总长度(m)。

避雷针在被保护物高度 h_b 水平面上的保护半径 r_b 按下式计算：

(1) 当 $h_b > 0.5h$ 时，$r_b = (h - h_b) \cdot p = h_a \cdot p$

其中 r_b 表示避雷针在被保护物高度 h_b 水平面上的保护半径(m)；h_a 表示避雷针的有效高度(m)；p 表示高度影响系数，$h < 30m$ 时，$p = 1$；$30m < h < 120m$ 时，$p = 5.5/\sqrt{h}$。

(2) 当 $h_b < 0.5h$ 时：$r_b = (1.5h - 2h_b) \cdot p$

【解】　因为：$h_b = 4m$，$h = (20 + 1.5)m = 21.5m$

$$h_b/h = 4/21.5 = 0.186 < 0.5$$

由上面的释义所讲的工程量的计算公式可知，被保护配电所高度水面上的保护半径：

$$r_b = (1.5h - 2h_b) \cdot p$$
$$= (1.5 \times 21.5 - 2 \times 4) \times 1m$$
$$= 24.25m$$

现配电所一角离避雷针最远的水平距离为：

$$r = \sqrt{(12+8)^2 + 8^2}\,m = 21.54m < r_b$$

所以，烟囱上的避雷针能保护这个配电所。